ENCYCLOPÉDIE DES TRAVAUX PUBLICS

—

RESTAURATION DES MONTAGNES

ENCYCLOPÉDIE

DES

TRAVAUX PUBLICS

Fondée par **M.-C. LECHALAS**, Insp' gén' des Ponts et Chaussées

Médaille d'or à l'Exposition universelle de 1889

RESTAURATION DES MONTAGNES
CORRECTION DES TORRENTS
REBOISEMENT

PAR

E. THIÉRY

PROFESSEUR A L'ÉCOLE NATIONALE FORESTIÈRE

AVEC UNE INTRODUCTION PAR M.-C. LECHALAS

PARIS

LIBRAIRIE POLYTECHNIQUE

BAUDRY ET C\ie, LIBRAIRES-ÉDITEURS

15, RUE DES SAINTS-PÈRES

MÊME MAISON A LIÉGE

1891

ERRATA

Page 2, 21e ligne. *Avant* du bassin, *ajouter* : dans le haut.

id.   22e ligne. *Au lieu de* : qu'ils, *lire* : que ces graviers.

Page 30, 17e ligne. *Au lieu de* : $\pi Q \times \tau Q(d-\pi)$, *lire* : $\pi Q + \tau Q(d-\pi)$.

Page 36, 25e ligne. *Au lieu de* : $\sqrt[3]{\dfrac{0,881 \times 27^2}{0,956 \times 5,126^2}}$, *lire* : $\sqrt[3]{\dfrac{0,881 \times 27^2}{0,956 \times 51,26^2}}$.

Page 44. *La figure de cette page doit porter le n° 14.*

Page 58, 20e ligne. *Au lieu de* : pertes, *lire* : pentes.

Page 69, avant-dernière ligne. *Au lieu de* 4°, *lire* : 3°.

Page 76, 10e ligne. *Au lieu de* : V, *lire* : v.

Page 78, 17e ligne. *Au lieu de* : les matériaux, *lire* : les matériaux les plus gros.

Page 101, avant-dernière ligne. *Au lieu de* : DC, *lire* : DG.

Page 125, dernière ligne. *Au lieu de* $\dfrac{2P}{S}$ 1 — 1, *lire* : $\dfrac{2P}{S}$ (1 — 1).

Page 127, 3e ligne. *Au lieu de* : $\left(\dfrac{2P}{S} \, 2 - \dfrac{3a}{b}\right)$, *lire* : $\dfrac{2P}{S}\left(2 - \dfrac{3a}{b}\right)$.

Page 160, 4e ligne du paragraphe 3. *Au lieu de* : du lit cette opération, *lire* : du lit ; cette opération.

Page 166, 3e ligne. *Au lieu de* : $\dfrac{-}{3} h$, *lire* : $\dfrac{1}{3} h$.

Page 214, 9e ligne. *Au lieu de* : nh, *lire* : n'h.

Page 215, formule de la 25e ligne. *Au lieu de* : 25000, *lire* : 250000.

Page 216, formule de la 1re ligne. *Au lieu de* : 16000, *lire* : 160000.

Page 221, 2e ligne. *Au lieu de* : dont le poids spécifique, *lire* : , que le poids spécifique de cette maçonnerie.

Page 222, 7e ligne. *Au lieu de* : 1660 ; *lire* : 1640.

Page 229, 37e ligne. *Au lieu de* : ΔR, *lire* : R — ΔR.

Page 241, 10e et 11e lignes. *Au lieu de* : G vers y ou de y vers G, *lire* : y vers G ou de G vers y.

Page 257, 35e ligne. *Au lieu de* : prescrire, *lire* : proscrire.

Page 279, dernière ligne. *Au lieu de* : fig. 111, *lire* : fig. 121.

Page 286, avant-dernière ligne. *Au lieu de* : Cc, *lire* : Ce.

Page 295,   id.   *Au lieu de* : $45^{mc},73$, *lire* : $45^{m},73$.

Page 305, 4e ligne. *Au lieu de* : 2,88, *lire*, 2,828.

Page 317, 8e ligne. *Au lieu de* : $\dfrac{H}{2\sin^2 \frac{\gamma}{2}}$, *lire* : $\dfrac{H}{\sin^2 \frac{\gamma}{2}}$.

id.   9e ligne. *Au lieu de* : $\dfrac{C\sin^2}{\sin \gamma \frac{\gamma}{2}}$, *lire* : $\dfrac{C\sin^2 \frac{\gamma}{2}}{\sin \gamma}$.

id.   dernière ligne. *Au lieu de* : $\dfrac{H}{2\sin^2}\frac{\gamma}{2}$, *lire* : $\dfrac{H}{2\sin^2 \frac{\gamma}{2}}$.

Page 324, 8e ligne. *Au lieu de* : $\left(\dfrac{H}{r}, \overline{\dfrac{2\gamma}{r}}\right)$, *lire* : $\left(\dfrac{H}{r}, \overline{\dfrac{2\gamma}{r}}\right)$.

Page 340, dernière ligne. *Au lieu de* : 6,48, *lire* : 6,80.

TABLE DES MATIÈRES

PREMIÈRE PARTIE
DESCRIPTION DU PHÉNOMÈNE TORRENTIEL

CHAPITRE IV

Origine des matières charriées

CHAPITRE V

Mode de transport et de dépôt des matières charriées

CHAPITRE VI

Formation des lits de déjection

CHAPITRE VII

Ravages causés par les torrents

DEUXIÈME PARTIE
TRAVAUX DE CORRECTION DES TORRENTS

CHAPITRE VIII

Résistance et stabilité des constructions en maçonnerie

CHAPITRE IX

Opérations successives à exécuter en vue de l'extinction des torrents

CHAPITRE X

Méthode générale de correction des torrents à affouillement

CHAPITRE XI

Méthode générale de correction des torrents à clappes et des torrents glaciaires

CHAPITRE XII

Classification des barrages

CHAPITRE XIII

Etude du torrent au point de vue de la correction

CHAPITRE XIV

Stabilité des barrages en maçonnerie

CHAPITRE XV

Notions générales sur la construction des ouvrages de défense

CHAPITRE XVI

Problèmes relatifs à l'établissement des barrages

CHAPITRE XVII

Débouché à donner à la cuvette d'un barrage

CHAPITRE XVIII

Application des problèmes précédents à la correction d'un torrent composé, à clappes

TROISIÈME PARTIE

TRAVAUX DE REBOISEMENT

CHAPITRE XIX

Difficultés de l'entreprise.

CHAPITRE XX

Notions générales sur les reboisements; méthodes employées.

CHAPITRE XXI

Exécution des travaux de reboisement.

LISTE DES OUVRAGES CONSULTÉS

J.-F. d'Aubuisson de Voisins. — *Traité d'hydraulique à l'usage des ingénieurs*. Paris, Piton, Levrault et Cie, 81, rue de la Harpe, 1840.

E. de Mont-Rond, ingénieur des ponts et chaussées. — *Du Rhône et de ses affluents*. Paris, Carilian-Gœury et V°ᵉ Dalmont, 39 et 41, Quai des Augustins. — Grenoble, Ch. Vellot et Cie, 1847.

M. Scipion Gras, ingénieur en chef des mines. — *Etudes sur les torrents des Alpes*. Paris, Victor Dalmont, 49, Quai des Augustins, 1857.

A. Mathieu, professeur d'histoire naturelle à l'École forestière. — *Le reboisement et le regazonnement des Alpes*. Paris, typographie Hennuyer et fils, 7, rue du Boulevard, 1865.

Ph. Breton, ingénieur des ponts et chaussées. — *Mémoire sur les barrages de retenue des graviers dans les gorges des torrents*. Paris, Dunod, 49, Quai des Augustins, 1867.

Alexandre Surell, ingénieur des ponts et chaussées. — *Etude sur les torrents des Hautes-Alpes*, 2ᵉ édition, avec une note par Ernest Cézanne, ingénieur des ponts et chaussées. Paris, Dunod, 49, Quai des Augustins, 1870.

M.-L. Marchand, garde général des forêts. — *Les torrents des Alpes et le pâturage*. Arbois, Mlle Savon, 1872.

Michel Costa de Bastelica, conservateur des forêts. — *Les torrents, leurs lois, leurs causes, leurs effets, moyen de les réprimer et de les utiliser, leur action météorologique universelle*. Paris, Baudry, 15, rue des Saints-Pères, 1874.

Ph. Breton, ingénieur en chef des ponts et chaussées. — *Etude d'un système général de défense contre les torrents*. Paris, Imprimerie Nationale, 1875.

P. Demontzey, conservateur des forêts. — *Etude sur les travaux de reboisement et de gazonnement des montagnes*. Paris, Imprimerie Nationale, 1878.

P. Demontzey, conservateur des forêts. — *Traité pratique du reboisement et du gazonnement des montagnes*. Paris, J. Rotschild, 13, rue des Saints-Pères, 1882.

Arthur Noel, sous-inspecteur des forêts. — *Essai sur les repeuplements artificiels et la restauration des vides et clairières des forêts*. Paris, Berger-Levrault et Cⁱᵉ, rue des Beaux-Arts, 5, et librairie agricole, 26, rue Jacob, 1882.

Em. Parisel. — *Pépinières forestières*. Bruxelles, Ad. Mertens, 12, Rue d'Or, 1834.

L. Boppe, professeur de sylviculture à l'École nationale forestière. — *Traité de Sylviculture*. Paris, Berger-Levrault et Cⁱᵉ, 5, rue des Beaux-Arts ; même maison à Nancy, 1889.

INTRODUCTION

Les phénomènes torrentiels se développent partout à la surface de la terre. Après les grands cataclysmes de la formation des montagnes, les agents atmosphériques, et tout particulièrement les eaux incessamment versées sous forme de pluie ou de neige, tendent à l'abaissement des sommets et au comblement des dépressions. Les érosions dans les montagnes, les remaniements des anciens dépôts dans les vallées, les encombrements des embouchures de fleuves se rencontrent partout ; mais en analysant les phénomènes locaux, on reconnaît que des dépôts se forment aussi en des points à altitudes diverses (cônes de déjections), et des érosions en des points bas (dégradations des côtes de la mer, etc.). — En somme, le phénomène torrentiel ne se montre guère dans la simplicité des énoncés de Surell (déblai, équilibre, remblai) ; mais en un certain sens on le trouve partout : partout on rencontre des points où le déblai domine, d'autres où le déblai et le remblai se compensent approximativement, d'autres enfin où le remblai est prépondérant. Le grand succès de l'exposé de Surell est en partie dû à la simplification du tableau qu'il nous a tracé : il a vu dans les Hautes-Alpes des parties qui se dégradaient rapidement ; ce sont naturellement celles où les eaux se rassemblent en grandes masses (les bassins de réception) ; il a vu beaucoup plus bas des amoncellements dans la plaine (les cônes de déjections), et entre les deux il a supposé une zone d'équilibre (le canal d'écoulement, nom qui ferait croire que là les eaux passent sans déposer ni prendre, en emportant avec elles ce qu'elles ont pris dans le bassin de réception). Tout cela est d'une simplicité frappante, et a effectivement frappé tous les esprits ; on a *vu* les choses, parce qu'on ne s'embarrassait pas des détails qui auraient pu nuire à la clarté de la vision, et il en est résulté une opinion générale, populaire, qui a amené en assez peu d'années les gens de la plaine, c'est-à-dire la majorité, à décider l'exécution de grands travaux dans les montagnes, fort souvent malgré les montagnards. Nos forestiers se sont mis à l'œuvre et ont parfaitement rempli leur office spécial de planteurs ; mais ils sont ingénieurs aussi, et n'ont pas perdu de vue que le *reboisement* n'est qu'une partie de la question. Les travaux autres que le reboisement, aussi nécessaires et d'une application peut-être plus générale, font le sujet principal de l'ouvrage que nous présentons aux lecteurs de l'*Encyclopédie des travaux publics*.

Avant de donner la parole à l'auteur, insistons sur la généralité des phénomènes d'érosion, de transport et de dépôt des matières solides soumises à l'action des eaux. — Quand le célèbre ingénieur Comoy s'est occupé du bassin de la Loire, il a constaté que les déblais faits par les agents atmosphériques du bassin donnent lieu à des remblais aux points où les graviers atteignent les plaines, mais qu'ils se trouvent alors aux prises avec les agriculteurs, qui ont intérêt à débarrasser les petits cours d'eau des apports tendant à les encombrer, et font des curages qui arrêtent les déjections dans leur marche vers l'aval. La vase échappe seule à l'action de l'homme, en sorte que les gens qui voient dans les graviers et les sables de l'Allier et de la Loire les produits de déjections récentes des montagnes sont tout à fait dans le faux, du moins pour la plus grande partie de ces matières. Qu'il y ait lieu de faire sur quelques points des travaux en montagne, dans le bassin de la Loire, c'est fort probable, malgré la nature primitive des roches, mais cela n'a que fort peu de rapport avec les grèves qui voyagent dans les grands cours d'eau. Les vallées ont reçu toutefois, à des époques géologiques antérieures, des masses de sable et de gravier, et les rivières les remanient incessamment partout où les rives ne sont pas défendues. L'Allier se déplace sans cesse, une partie de la Loire aussi : chaque mètre cube de rive qui tombe à l'eau donne près des deux tiers de matières solides et un tiers de vase ; des attérissements se forment, surtout à de petites distances, et le solde se met en marche vers la mer, à grande vitesse quant à la vase, à petite vitesse quant aux graviers et sables, et n'y arrive d'ailleurs qu'après des pertes en route. En somme les rivières s'élargissent, mais pourtant leur fond ne se relève pas d'une manière générale, puisqu'on trouve à nu de distance en distance dans la Loire des affleurements de rocher qui sans cela auraient disparu ; les *grèves* en marche exhaussent certains points, puis les abandonnent et les anciens niveaux du lit se retrouvent. — On voit qu'en pleine vallée, presque sans intervention actuelle de la montagne, le remblai et le déblai existent ; ils donnent lieu à des séries d'oscillations du profil en long, l'encombrement d'un point étant suivi d'un dégagement. Les parages d'Orléans, de Tours, Saumur, Nantes, pourraient être qualifiés de zône de compensation, tandis qu'en amont du bec d'Allier on aurait une zône de déblai, et dans l'estuaire une zône de remblai. Les trois termes de la trilogie Surell n'appartiennent donc pas en propre à la montagne ; ils correspondent à tous les cas où les causes de déblai se trouvent en un point, s'atténuent ensuite, et enfin cèdent la place à des causes prédominantes de remblai. Chaque zône comporte elle-même des alternatives secondaires, comparables aux oscillations d'une courbe tremblée autour des courbes plus régulières que l'on peut considérer comme rendant compte du phénomène dans sa généralité.

Il n'échappera pas au lecteur que l'élargissement des cours d'eau à rives non défendues se concilie parfaitement avec le non exhaussement de leurs lits, puisque cet élargissement n'est en somme qu'un abaissement d'une partie des plaines latérales, et que le volume perdu est représenté par celui qui est jeté dans la zône inférieure et par les limons portés jusque dans la mer. Le phénomène se complique, toutefois, quand les montagnes du bassin ne sont pas formées de roches résistantes, comme par exemple pour ce qui concerne la Durance.

Le lit de la Durance s'est élargi, par suite des corrosions produites par les crues, non seulement les grandes crues débordées mais aussi celles de pleins bords. Il y a donc eu une masse de graviers mise en mouvement, concurremment avec les matières provenant de la montagne, qui n'est pas résistante comme celles du bassin de la Loire. La source des encombrements étant double, il est fort possible que le lit se soit exhaussé ; le profil longitudinal a pris des pentes en rapport avec le travail de transport à faire par les eaux, et ce travail est tel que les blocs d'amont et les graviers de la plaine s'usent en route et n'arrivent au Rhône qu'à l'état de petits galets. Le débit solide à l'embouchure est bien faible, car à quelques lieues plus bas il n'y a plus de galets dans le fleuve. — Il a été démontré (Baumgarten, mémoire de 1848, dans les Annales des ponts et chaussées) que la Garonne ne reçoit pas actuellement de graviers des montagnes, que ceux qu'on remarque dans son lit proviennent des démolitions latérales et que leur mouvement est très lent dans le sens longitudinal ; il y a d'ailleurs usure en route, par les frottements des matières solides les unes contre les autres, et la Gironde ne reçoit aucun gravier d'amont. Mais il y a du sable en mouvement, et l'on sait maintenant qu'il est possible d'éviter tout dépôt dommageable en traçant convenablement les rives ; en effet, M. Fargue a transformé diverses parties du fleuve, entre l'embouchure du canal latéral et Bordeaux, à tel point que les hauts fonds où il n'y avait que 0m.70 d'eau à l'étiage ont maintenant 2m.30 au moins, sans qu'il y ait à rétablir les choses de temps en temps avec la drague.

Considérons une partie de rivière comprise entre deux sommets de courbes, c'est-à-dire entre deux points où le chenal est profond. Il n'est pas nécessaire qu'il n'y ait point de *débit solide* dans la rivière pour que le relèvement du lit à l'inflexion soit modéré, car il suffit, pour qu'une position initiale supposée borne se conserve, que le débit solide à l'origine de la section (entrée par le profil en travers du premier sommet) soit compensé par le débit de sortie des sables et graviers par le profil en travers du sommet suivant, étant admis que le tracé est régulier, à courbures et largeurs graduées. Si les rives sont disposées de telle façon que les courants abordent carrément le profil en travers du point d'inflexion, lorsque la hauteur des eaux comporte des mouvements notables de sable, il pourra ne point se faire de remblai sur les parties culminantes du profil en long. En effet, les motifs d'atténuation des vitesses maxima seront combattus par la réduction de la largeur au passage critique ; les vitesses capables de transporter les sables sont moindres que le long de la courbe concave du passage à courbure maxima, mais elles ont sur une largeur plus grande des valeurs suffisantes pour effectuer ce transport [1]. Avec les tracés peu étudiés d'autrefois, la situation était bien différente : les distances entre un sommet de courbe et le sommet suivant variaient beaucoup, ce qui empêchait la direction des courants au passage du maigre d'être partout aussi favorable ; de plus les largeurs étaient aussi grandes, et parfois davantage, aux points d'inflexion qu'aux sommets. — Si une longueur de courbe et un tracé sont tels que les vitesses abordent carrément le profil de l'inflexion au moment du débit de pleins bords, il ne peut en être de même avec un autre tracé et une autre longueur ; le profil dangereux étant mal abordé, des dépôts s'y formeront et le désordre se fera sentir vers l'aval, mal influencé par la façon dont

1. Eclairons par un exemple, sans craindre de nous répéter, ce point important : Si la largeur est de 200 mètres au profil de la mouille (sommet de la courbe), il n'y aura peut être que 100 mètres de largeur où les vitesses soient capables d'entraîner sérieusement les sables ; une largeur réduite à 160 m. au passage du maigre pourra suffire pour le même débit solide, parce que partout l'entraînement aura lieu, avec moins de force que le long de la rive concave, mais sur plus de largeur. Le difficile, c'est de reconnaître, par l'observation des anciennes parties qui se trouvent être bien tracées, les conditions du règlement des largeurs et des courbures, ainsi que la longueur à donner aux courbes, pour avoir l'équilibre cherché.

les eaux y arriveront. L'expérience de 25 ans de M. Fargue démontre incontestablement que, par l'observation des parties de la Garonne bonnes avant les travaux, il a trouvé la longueur convenable des courbes dans les parages où il a opéré en même temps que les meilleures conditions de tracé ; en suivant la même méthode on pourra faire de même ailleurs dans la Garonne, et sur tous les autres cours d'eau. Dans notre mémoire sur les rivières à fond de sable, paru en 1871 dans les Annales des ponts et chaussées, nous disions qu'un règlement convenable en plan aurait pour conséquence un amoindrissement graduel de la pente superficielle ; ce n'était alors qu'une vue de l'esprit, mais on a constaté depuis que tel a été la conséquence des travaux de M. Fargue dans la Garonne [1] : la profondeur au moment de l'étiage, sur le radier de l'écluse d'embouchure du canal latéral, à Castets, était autrefois de 2m. ; elle n'est plus que de 1m.25 ; la cote de l'étiage n'ayant pas varié vers Bordeaux, il faut que la pente ait diminué [2]. Ce résultat est compréhensible, car l'écoulement du volume de sable qui arrive dans une section de rivière, ou la sortie d'un volume équivalent d'anciens sables, ne demande pas autant de travail mécanique quand la réforme du tracé amène la diminution des pertes de force vive dans les eaux en marche, par le frottement des particules liquides entre elles et contre le lit et les rives. Avec les pentes superficielles anciennes, il reste plus de travail disponible, donc entraînements plus grands, approfondissements ; l'équilibre se rétablit par l'amoindrissement du travail mécanique moteur, conséquence de la diminution de la pente superficielle. — Ce qui s'est passé dans la Garonne ne peut avoir de suites graves, en dehors de la dé-

---

1. Voir la seconde édition de notre mémoire de 1871, à la fin du T. I de l'ouvrage de M. Guillemain (*Navigation intérieure ; rivières et canaux*), annexe A, et surtout le résumé, pages 525 à 529.

2. Des faits analogues ont été constatés sur le Rhône. — Au lieu d'y établir des barrages de soutènement du lit accompagnés d'écluses (en dérivation ou autrement), on a cru devoir forcer le lit à conserver son ancienne pente moyenne, au moyen d'un nombre immense d'épis noyés. Ce n'était pas ce qu'il y avait de mieux à faire.

monstration essentielle qui en résulte ; si l'abaissement
d'étiage à Castets donne une chute supplémentaire aux eaux
d'amont, il y a dans le lit des points où le rocher est à nu,
en sorte que là se trouvent pour ainsi dire des barrages naturels, qui empêchent l'abaissement de ce lit de s'étendre
indéfiniment vers le haut du fleuve. Mais si rien n'entravait
la marche des choses, l'abaissement de l'étiage (avec le temps)
deviendrait de plus en plus fort vers l'amont et les berges
seraient plus que difficiles à maintenir. Au cas où l'on vou-
drait obtenir la plus grande amélioration possible du cours
d'eau, il faudrait établir de distance en distance des *barrages de soutènement du lit*, afin que l'évolution ne s'éternisât

pas et que le déchaussement des berges fût limité : ABCD
de notre croquis représente la pente ancienne du lit ; EB,
FC, GH les pentes nouvelles (dans les biefs) ; AE, BF, etc.,
sont les barrages de soutènement du lit. Les mêmes arrivages de sable, dans la partie considérée de la rivière, sont
balancés par des sorties égales, malgré la moindre pente, à
cause du meilleur tracé. — Si l'on parvenait à amoindrir les
volumes de sable et de gravier arrivant au fleuve, la pente
superficielle, à la suite de celle du lit, s'amoindrirait encore;
si l'on arrivait à annihiler ces volumes, on aurait après le
dégagement des parties supérieures du fleuve la *pente-limite*.
Celles qui s'étaient établies précédemment étaient des *pentes
de compensation*, expression qu'il faut entendre par opposition
à la situation d'une section de rivière où arriverait plus de
sable qu'elle ne pourrait en écouler, et où par suite il y aurait
encombrement progressif, à défaut de compensation des
arrivages par les sorties.

Voyons comment se passent les choses dans les montagnes. On peut prévoir à l'avance que, les forces en jeu

étant plus brutales, les effets seront plus nets, plus rapides, partant plus faciles à saisir et à interpréter.

En montagne, quand les terres ont été dénudées par suite du déboisement et de l'abus du pâturage, les eaux provenant des pluies et de la fonte des neiges se concentrent avec une grande rapidité, se précipitent avec violence dans le fond des ravins, gonflent les torrents, puis les rivières et enfin donnent naissance à des débordements qui vont porter au loin la ruine et la désolation.

C'est dans le midi que ces dangers sont le plus à craindre, car les pluies y déversent dans le même temps de plus grandes quantités d'eau qu'ailleurs ; d'un autre côté la fonte des neiges, à cause de la latitude, s'effectue plus rapidement que dans les régions septentrionales. Mais la disparition des forêts et des pâturages n'a pas produit partout les mêmes résultats : dans les Cévennes et dans la plus grande partie des Pyrénées, les roches sont solides et les eaux ne font que décaper les versants sans les affouiller. Dans les Alpes, au contraire, et sur quelques points des Pyrénées, les roches calcaires se décomposent avec la plus grande facilité sous l'influence des agents atmosphériques, et les débris de ces roches sont entraînés à chaque orage et à chaque fonte de neige. Les eaux deviennent boueuses et affouillent les berges des torrents, en corrodent le lit et détruisent les derniers débris de la végétation. Leurs infiltrations amènent de formidables glissements.

Ces ravages sont dus à l'absence de végétation sur les sommets et sur les flancs des montagnes formées de terrains affouillables. La forêt protège le sol contre le choc de la pluie et de la grêle ; les roches ne se décomposent plus et les eaux ne devenant plus boueuses ont une force d'entraînement moins considérable.

La forêt est nécessaire, sur les pentes escarpées des montagnes, pour défendre le sol s'il est affouillable, et dans tous les cas pour assurer une production aux parties les moins favorisées du territoire.

Dans les Cévennes, dans la majeure partie des Pyrénées

et en général dans toutes les contrées où la roche est solide, l'introduction de la végétation ne peut être aussi utile que dans les Alpes et partout où l'affouillement est possible. En pareil cas les eaux, dans leur travail de destruction, dégradent les versants abrupts et déversent dans les vallées les matériaux qu'elles ont arrachés à la montagne ; elles tendent à modeler le sol suivant une pente compatible avec la permanence du lit. Mais il faudrait des siècles pour atteindre cette permanence, et elle ne serait obtenue qu'à la suite de bouleversements que l'intervention de l'homme tend à prévenir.

Tous les travaux accomplis avant Surell n'avaient pour but que d'atténuer les effets des torrents, car on ne croyait pas à la possibilité de les annihiler. Après la publication de son *Etude sur les torrents des Hautes-Alpes*, les ingénieurs se partagèrent en deux camps; ceux qui acceptèrent sans restriction les idées du maître furent les moins nombreux ; les autres établirent deux catégories de torrents : les *curables*, c'est-à-dire ceux qu'on peut éteindre par le reboisement ; les *incurables*, ceux dont le bassin de réception ne semble pas boisable. On s'est naturellement occupé de restaurer les montagnes à terrains très affouillables, pour lesquels il n'y a pas de divergences d'opinion.

Voici l'ordre qui généralement a été suivi pour l'exécution des travaux :

1° Tracé des *périmètres* des terrains à reboiser ou à maintenir boisés ;

2° Reboisement des parties stables ;

3° Fixation des terrains instables, en commençant par les ravins et en terminant par la branche principale des torrents ;

4° Reboisement des terrains instables au fur et à mesure de la fixation des torrents et ravins, sans laquelle l'instabilité des parties voisines était incurable.

La source des matériaux transportés par les torrents est multiple : les uns proviennent des sommités où la végétation n'est pas possible, et sont entraînés soit par la pesanteur, soit par les avalanches, soit par les glaciers; le seul moyen de les arrêter consiste à les retenir derrière des barrages (*barrages de retenue*). — D'autres matériaux sont dûs au creusement du lit et aux éboulements des berges, produits soit par l'affouillement longitudinal, soit par l'affouillement latéral. On ne peut en tarir la source que par une série de barrages de consolidation, derrière lesquels les galets et les blocs des régions supérieures viennent se disposer selon la *pente de compensation*, amenant ainsi la permanence du lit, redonnant de l'assiette aux berges qui allaient s'effondrer, et diminuant la puissance d'affouillement par suite de l'élargissement du lit et aussi de la production d'une succession de chutes qui absorbent de la force vive. — Ce ne sont pas seulement des éboulements partiels des berges qui se produisent avant les travaux, ce sont aussi des glissements de masses de terrain ; mais les rempiétements dont on vient de parler, avec des drainages au besoin, permettent de les prévenir. Dans certains cas, il peut être nécessaire de détourner le torrent afin de le reporter sur un sol rocheux résistant.

Les barrages nécessaires pour la correction des torrents et des ravins pourront devenir inutiles, après le succès du reboisement des surfaces environnantes ; l'attaque cessant, la défense ne serait plus motivée. Mais dans les gorges principales les barrages devront avoir une longue durée, et il faudra les construire en maçonnerie; dans les ravins, où la durée sera moindre, ils pourront être en pierres sèches ou même en clayonnages et fascinages.

En ce qui concerne les reboisements, les premiers pas furent difficiles. On voulut les pousser jusqu'à 3.000 mètres, c'est-à-dire jusqu'aux escarpements qui dominent les bassins de réception, alors que la végétation semblait s'arrêter à 2.000 mètres. On opéra lentement au début, en se servant du mélèze et du pin cembro. Les semis et les plantations ne réussirent pas partout à la fois ; mais chaque partie réussie devint un centre de verdure autour duquel le sol, rafraîchi par l'ombrage, ameubli par les racines et amendé par les feuilles mortes, devint de plus en plus apte à se recouvrir de végétation ; cela fit la *tache d'huile*. Les succès furent dus en partie à la création de *pépinières volantes*, c'est-à-dire de pépinières de faible étendue établies sur les sols les plus propices et destinées à faciliter le reboisement des parties environnantes. Ces pépinières ont le double avantage de diminuer les transports et d'élever les jeunes plants sur les sols et dans les climats où ils seront appelés à se développer. — Dans les régions inférieures on n'admit que les essences indigènes, à l'exception du pin d'Autriche qui, aux altitudes de 1200 à 1600 mètres, n'avait pas son équivalent en France pour le reboisement des terrains calcaires.

Au fur et à mesure de l'exécution des reboisements, lorsque les pentes ont une tendance à s'adoucir sur les attérissements des barrages principaux, on établit sur ces attérissements des ouvrages secondaires (barrages en pierres sèches, clayonnages), de manière à arriver à la *pente d'équilibre* du lit. On fixe alors le fond de ce lit et les parties inférieures des berges à l'aide d'essences feuillues ; on prend surtout celles qui ont une croissance rapide et peuvent former de nombreuses souches, et surtout celles qui drageonnent le mieux.

Enfin, une fois que la source des alluvions est complètement tarie, on régularise le lit partout où cela est reconnu nécessaire. Dans ce but *on rejette les gros blocs contre les rives, et on fixe le nouveau lit au moyen de seuils.*

Dans la dernière partie des indications qui précèdent, pour laquelle nous nous sommes grandement servi de notes de M. Thiéry, tout en maintenant nos appréciations personnelles, on doit voir à quel point les phénomènes constatés dans les montagnes se rapprochent de ce qui se passe dans les fleuves à lit mobile et à régime torrentiel ou semi-torrentiel, toute proportion gardée. Dans ces fleuves, on ne pourra réussir complètement les travaux de correction qu'en améliorant les tracés des rives, en défendant celles-ci très sérieusement et en cantonnant les abaissements du lit entre des barrages dont les crêtes correspondraient aux anciens niveaux de celui-ci.

On a vu que ces abaissements du lit résultent d'un bon tracé des rives, tracé qui a pour conséquence un supplément d'entraînement des sables jusqu'à ce que la pente soit suffisamment réduite ; alors l'équilibre entre ces arrivages et les sorties, dans la section considérée, est rétabli. Mais cela ne pourrait avoir lieu si des points fixes n'étaient créés (s'il n'en existe pas naturellement) pour s'opposer à l'extension indéfinie du phénomène vers l'amont et à l'effondrement des rives. On voit que, dans la solution qui s'impose pour la transformation du régime des rivières plus ou moins torrentielles, tous les changements se passeront au dessous du profil longitudinal ancien du lit, tandis que dans les montagnes on opère en vue du relèvement du lit des torrents. Pourquoi ? parce que les terrains aux abords de ceux-ci ne peuvent souffrir de l'élévation des niveaux de crue, et qu'au contraire l'élévation du lit a pour effet d'accroître la largeur de la section mouillée et d'atténuer les vitesses d'écoulement, tandis que les débordements deviendraient intolérables dans les vallées de la plaine si l'on y provoquait un exhaussement du lit.

L'incohérence des anciennes idées concernant le régime des rivières à fond mobile tenait à ce qu'on n'avait pas démêlé les analogies essentielles de ces rivières et des torrents des montagnes, en même temps que la différence des modes de traitement nécessitée par les conditions différentes des terrains avoisinants. — En outre, on n'avait pas suffisamment mis en relief les conséquences les plus remarquables des travaux de M. Fargue (la diminution des pentes des eaux et du lit) ; vouloir conserver un bief unique sur d'immenses longueurs de rivière à tracé amélioré, c'est amener le déplacement des désordres, mais non la réforme générale du régime ; on l'a bien vu sur le Rhône où, comme

le dit M. Guillemain (*Rivières et Canaux*, pages 111 et 109) :
« Il est même permis de dire que si les ouvrages régula-
« teurs dont nous avons parlé (les épis-noyés) modèrent les
« grandes vitesses et régularisent les pentes, l'uniformisa-
« tion du lit, en détruisant les tourbillons et les remous, an-
« nule des pertes de force vive et accroît dans une certaine
« mesure l'action générale de la gravité. Le courant, pour
« avoir perdu ses écarts, qui étaient parfois un obstacle
« local infranchissable, n'en a donc pas moins conservé sa
« puissance moyenne, accrue plutôt que diminuée.... Au
« fond, ce sera toujours le même genre de navigation que
« par le passé, exigeant de puissants engins et un personnel
« exercé. » — Mais la division en biefs des rivières torrentielles (Rhône) ou demi-torrentielles (Garonne, Loire), conséquence de la réduction des pentes amenée par l'amélioration
du tracé, doit être bien différente de celle qu'on pratique
couramment dans les rivières à régime tranquille.

Dans la montagne, c'est aussi à des barrages et à des
défenses de rives qu'on doit avoir recours, mais les phénomènes sont plus accentués et l'observateur s'en rend
plus facilement compte ; dans les rivières les choses se passent plus doucement, les évolutions sont longues et il était
difficile d'y voir clair. — A vrai dire, les avis sont encore
partagés sur la véritable manière d'interpréter les phénomènes observés dans les fleuves ; mais les succès de nos forestiers contribueront à éclairer les ingénieurs de la plaine,
qui n'auront plus à envier à leurs émules la féconde unité
de vues qui règne parmi eux.

M.-C. L.

L'administration forestière a effectué, de 1861 à 1888, des travaux
de correction et des reboisements sur une surface totale de 144.400
hectares, dont 60.000 à l'Etat, 50.200 aux communes, 34.200 aux
particuliers. Les 60.000 ont été entièrement à la charge de l'administration, les 84.400 ont été seulement subventionnés par elle.
Nous extrayons les chiffres suivants d'un rapport présenté au congrès
forestier de Vienne, en septembre 1890, par M. Demontzey.

La dépense totale pour les 144.400 hectares a été de 51.670.000 fr., se décomposant de la manière suivante :

Travaux dans les terrains de l'Etat.	25.390.000 fr.
Subvention aux travaux faits au compte des communes et des particuliers	6.050.000
Acquisitions amiables ou par expropriation de 70.300 hectares . .	12.410.000
Frais généraux et dépenses diverses, y compris le personnel pendant dix années	7.820.000

Les 25.390.000 fr. dépensés dans les terrains de l'État se sont ainsi répartis entre les diverses natures de travaux :

Travaux de correction. . .	12.520.000 fr.
Travaux de sylviculture . .	7.170.000
Travaux auxiliaires (chemins, bornages, etc.)	5.700.000

Dans le total de ces dépenses, la région des Alpes comprend :

Travaux de correction. . .	7.440.000
Travaux de sylviculture . .	4.630.000
Travaux auxiliaires. . . .	3.390.000
Total	15.460.000 fr.

Pour les reboisements, la dépense moyenne par hectare a été inférieure à 120 fr. pour les 60.000 hectares à l'Etat.

Les travaux de correction faits dans les torrents et ravins et les autres travaux tendant à la fixation du sol sont plus coûteux que le reboisement.

RESTAURATION DES MONTAGNES

PREMIÈRE PARTIE

DESCRIPTION DU PHÉNOMÈNE TORRENTIEL

CHAPITRE I

PROPOSITIONS PRÉLIMINAIRES

1. Périmètre mouillé. Surface mouillée. Rayon moyen. Coefficient de forme. — On appelle *périmètre mouillé* la longueur développée des lignes AB, BC, CD, DE, EF suivant lesquelles une section normale à l'axe d'un cours d'eau (fig. 1) est touchée par le liquide.

Fig. 1.

On appelle *surface mouillée* l'aire de la figure ABCDEF.

Soit C le périmètre mouillé dans une section normale de surface mouillée S; le rapport $\frac{S}{C}$ se nomme le *rayon moyen* de la section ; nous le désignerons par R.

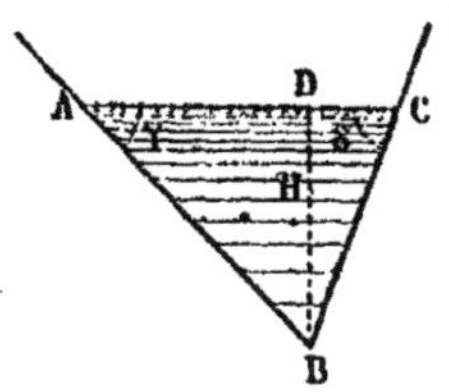

Fig. 2.

Le rayon moyen peut quelquefois être mis sous une forme très simple. Si nous considérons, par exemple, une section en forme de V (fig. 2) et si nous désignons par γ et δ les angles d'inclinaison des talus sur l'horizontale, puis par H la hauteur maximum de l'eau dans la section, nous aurons :

$$S = \frac{1}{2} H^2 (\operatorname{cotg} \gamma + \operatorname{cotg} \delta)$$

et
$$C = H \left(\frac{1}{\sin \gamma} + \frac{1}{\sin \delta} \right)$$

d'où
$$R = \frac{S}{C} = \frac{1}{2} H \frac{\operatorname{cotg} \gamma + \operatorname{cotg} \delta}{\dfrac{1}{\sin \gamma} + \dfrac{1}{\sin \delta}} = \frac{1}{2} H \frac{\sin (\gamma + \delta)}{\sin \gamma + \sin \delta}$$

et enfin
$$R = \frac{1}{2} H \frac{\cos \dfrac{\gamma + \delta}{2}}{\cos \dfrac{\gamma - \delta}{2}} \qquad (1)$$

Dans le cas particulier où les angles γ et δ seraient égaux, l'expression deviendrait :

$$R = \frac{1}{2} H \cos \gamma \qquad (2)$$

Il résulte de ces formules que, dans toute section normale ayant la forme d'un V, le rayon moyen est proportionnel à la hauteur maximum de l'eau. Si donc m est une quantité constante on pourra poser :

$$R = m H.$$

La quantité m relative à une section donnée se déterminera facilement en menant, à une distance quelconque H du fond du lit, une horizontale AC, et en divisant par cette distance le rayon moyen correspondant à la surface mouillée. Elle caractérise la forme de la section ; et pour cette raison nous l'appellerons *facteur* ou *coefficient de forme*.

Si les angles γ et δ augmentent d'une même quantité, $\cos \dfrac{\gamma + \delta}{2}$ diminuera et $\cos \dfrac{\gamma - \delta}{2}$ conservera une valeur constante ; il en résulte que le coefficient m diminuera ; et l'on arrive à cette conclusion que toute augmentation dans la pente des talus entraînera une diminution dans la valeur du coefficient de forme. Ce résultat devient plus saisissant encore quand les deux berges sont inclinées sur l'horizon du même angle γ. On voit aisément que, dans ce cas, le coefficient m, qui est égal à $\dfrac{1}{2} \cos \gamma$, diminue lorsque l'angle γ augmente. Il ne peut pas avoir une valeur supérieure à $\frac{1}{2}$, et il peut descendre jusqu'à zéro. Nous donnons, ci-dessous, une table de ces valeurs, pour des pentes de talus, allant de 10 à 200 p. 0/0.

Pentes des talus $tg\gamma$	Facteur de forme m	Différences	Pentes des talus $tg\gamma$	Facteur de forme m	Différences
10 0/0	0,497	3	110 0/0	0,336	9
15 0/0	0,494	4	115 0/0	0,328	8
20 0/0	0,490	5	120 0/0	0,320	8
25 0/0	0,485	6	125 0/0	0,312	8
30 0/0	0,479	7	130 0/0	0,304	8
35 0/0	0,472	8	135 0/0	0,297	7
40 0/0	0,464	8	140 0/0	0,290	7
45 0/0	0,456	9	145 0/0	0,284	6
50 0/0	0,447	9	150 0/0	0,277	7
55 0/0	0,438	9	155 0/0	0.271	6
60 0/0	0,429	10	160 0/0	0,265	6
65 0/0	0,419	9	165 0/0	0,259	6
70 0/0	0,410	10	170 0/0	0,253	6
75 0/0	0,400	10	175 0/0	0,248	5
80 0/0	0,390	9	180 0/0	0,243	5
85 0/0	0,381	9	185 0/0	0,238	5
90 0/0	0,372	10	190 0/0	0,233	5
95 0/0	0,362	9	195 0/0	0,228	5
100 0/0	0,353	8	200 0/0	0,223	5
105 0/0	0,345				

Dans une section rectangulaire de base L et de hauteur H, la surface mouillée est LH, et le périmètre mouillé L + 2 H ; on a donc :

$$R = \frac{LH}{L+2H} = H\,\frac{L}{L+2H} \qquad (3)$$

Le rapport $\frac{R}{H}$ n'est plus indépendant de H comme dans le cas précédent ; nous continuerons néanmoins à donner à ce rapport le nom de coefficient de forme ; seulement ce ne sera plus un facteur constant ; il y aura autant de coefficients que de hauteurs. Pour éviter toute confusion, on pourra, si l'on veut, désigner par m_H le facteur relatif à la hauteur H.

Si la largeur de la section est grande par rapport à la hauteur, le coefficient $\frac{L}{L+2H}$ tendra à redevenir constant, et la proportionnalité des deux quantités R et H pourra encore être admise. Il y a lieu de remarquer, en outre, que le coefficient m se rapproche de l'unité quand la largeur de la section devient assez grande pour que l'on puisse supprimer 2H devant L ; c'est ce qui explique pourquoi, dans l'étude des rivières larges et des fleuves, les ingénieurs remplacent tout simplement le rayon moyen par la hauteur de l'eau.

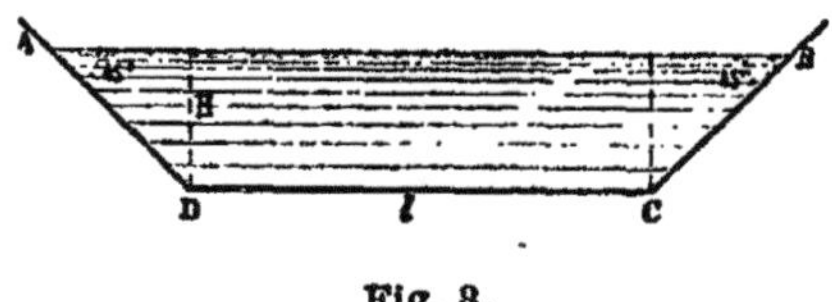

Fig. 3.

Dans une section trapézoïdale dont les talus seraient inclinés à 45° (fig. 3), la formule du rayon moyen est la suivante (l étant la largeur à la base) :

$$R = \frac{lH + H^2}{l + \frac{2H}{\sin 45°}} = H\,\frac{l + H}{l + 2,83\,H}\,.$$

On a, par conséquent :

$$m_H = \frac{l + H}{l + 2,83\,H} \tag{4}$$

On voit que le facteur de forme tend vers l'unité quand l est très grand par rapport à H.

Nous donnons le tableau ci-après pour montrer les variations de m correspondant à celles de l et de H.

Largeur de la section	Valeur des coefficients de forme pour			Largeur de la section	Valeur des coefficients de forme pour		
	$H = 1^m$	$H = 1^m30$	$H = 2^m$		$H = 1^m$	$H = 1^m30$	$H = 2^m$
1	0.522	0.475	0.450	18	0.912	0.877	0.845
2	0.621	0.561	0.522	19	0.916	0.882	0.852
3	0.680	0.621	0.577	20	0.020	0.887	0.857
4	0.732	0.607	0.621	22	0.026	0.895	0.868
5	0.766	0.704	0.657	24	0.932	0.903	0.877
6	0.793	0.732	0.685	26	0.936	0.909	0.884
7	0.813	0.756	0.711	28	0.910	0.915	0.891
8	0.831	0.784	0.732	30	0.044	0.920	0.897
9	0.845	0.792	0.750	35	0.051	0.930	0.91
10	0.857	0.807	0.766	40	0.957	0.938	0.92
11	0.868	0.820	0.780	45	0.062	0.944	0.928
12	0.876	0.834	0.793	50	0.065	0.049	0.934
13	0.884	0.841	0.806	60	0.071	0.957	0.944
14	0.891	0.849	0.815	70	0.975	0.963	0.952
15	0.898	0.857	0.823	80	0.978	0.967	0.957
16	0.903	0.865	0.831	90	0.980	0.971	0.962
17	0.908	0.871	0.838	100	0.982	0.973	0.966

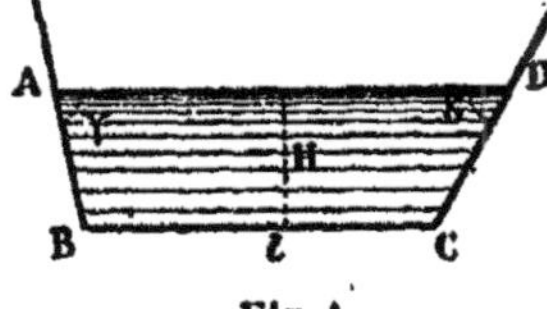

Fig. 4.

Cette table montre que si H est constant, m augmente en même temps que l, et que si l est constant m diminue quand H augmente.

Enfin si l'inclinaison des talus est quelconque dans une section trapézoïdale (fig. 4), la surface mouillée est égale à

$$lH + \frac{1}{2} H^2 (\cotg \gamma + \cotg \delta)$$

d'autre part, le périmètre mouillé est égal à

$$l + H \left(\frac{1}{\sin \gamma} + \frac{1}{\sin \delta} \right)$$

et l'on a :
$$m_{\text{B}} = \frac{l + \frac{1}{2} H (\cotg \gamma + \cotg \delta)}{l + H \left(\frac{1}{\sin \gamma} + \frac{1}{\sin \delta}\right)} \tag{5}$$

En examinant cette dernière formule, on voit que si les angles augmentent, le numérateur diminue ainsi que le dénominateur ; on ne peut donc plus indiquer ici les variations de m en fonction des variations angulaires. Mais pour une forme déterminée les variations de ce coefficient suivent, en regard de celles de H et de l, les mêmes lois que dans le cas des talus à 45°.

9. Distribution des vitesses dans une section transversale. — Cette répartition a été déterminée pour la première fois par Dubuat, qui opérait sur des canaux en bois d'une section restreinte.

De Prony et Eytelwein recommencèrent les expériences sur des canaux d'une section quelconque, et arrivèrent aux résultats suivants :

1° La vitesse la plus grande V a lieu pour un filet voisin de la surface, et situé un peu au-dessous de cette surface.

2° La vitesse la plus petite W a lieu pour un point du fond du canal.

Si l'on désigne par Q le volume d'eau qui traverse en une seconde une section déterminée, la vitesse moyenne u est celle qui étant multipliée par la section conduit au volume Q ; ou, autrement dit, c'est le quotient du volume Q par la surface mouillée S.

On a cherché à déterminer le rapport qui existe entre la vitesse moyenne u et la vitesse maximum V ; la formule donnée par de Prony est la suivante :
$$\frac{u}{V} = \frac{V + 2.37}{V + 3.15} \tag{6}$$

que les ingénieurs remplacent souvent par la formule plus simple :
$$u = 0,80 \ V \tag{6 bis}$$

Quant à la vitesse au fond, les expériences qui ont été faites à ce sujet ont montré que la différence V — W a varié entre $\frac{1}{4}$V et $\frac{1}{2}$ V, avec le degré de rugosité des parois. Dans les torrents, où les parois sont tapissées de pierres de toutes grosseurs qui opposent certainement une grande résistance au mouvement, il y a lieu d'adopter le plus grand écart $\frac{1}{2}$ V ; on a alors :

$$V - W = \frac{1}{2} V, \qquad \text{ou } W = \frac{1}{2} V$$

et si l'on prend la relation simple $u = 0{,}80$ V, on trouve :

$$W = \frac{u}{1{,}60} = 0{,}625\ u$$

ou plus simplement et approximativement : $W = 0{,}60\ u$.

3. Force d'entraînement. — Les formules de l'hydraulique sont toutes établies dans l'hypothèse où le mouvement de l'eau est parvenu à un état de régime tel que la vitesse des molécules qui passent successivement par un même point déterminé de l'espace est, en ce point, constante en grandeur et en direction ; nous verrons plus tard que ce régime est appelé régime permanent.

L'ensemble de toutes les molécules situées, à un moment donné, sur une trajectoire déterminée, constitue ce que l'on appelle un filet liquide ; et c'est le mouvement de ce filet qu'on étudie en hydraulique comme mouvement élémentaire.

On admet ensuite les règles approximatives suivantes :

1° Lorsqu'un courant à ciel ouvert est formé de filets liquides animés d'un mouvement rectiligne et uniforme, la pression est la même qu'à l'état statique, attendu que les forces extérieures se faisant équilibre sur chaque molécule d'un filet, les pressions que ce filet exerce sur les filets voisins ou supporte de leur part sont les mêmes que si le liquide était au repos.

2° Il en est sensiblement de même quand, le mouvement étant varié, l'accélération est faible, puisque l'on se trouve dans un état voisin de l'équilibre.

Cela posé, le mouvement d'un filet quelconque d'une masse liquide est produit : 1° par l'action directe de la pesanteur, 2° par les pressions qu'il reçoit de la part des filets environnants.

Pour évaluer ces diverses actions, supposons d'abord que l'on ait un canal dans lequel la surface libre serait parallèle au fond du lit, et soit i l'inclinaison commune de ces deux surfaces sur l'horizontale.

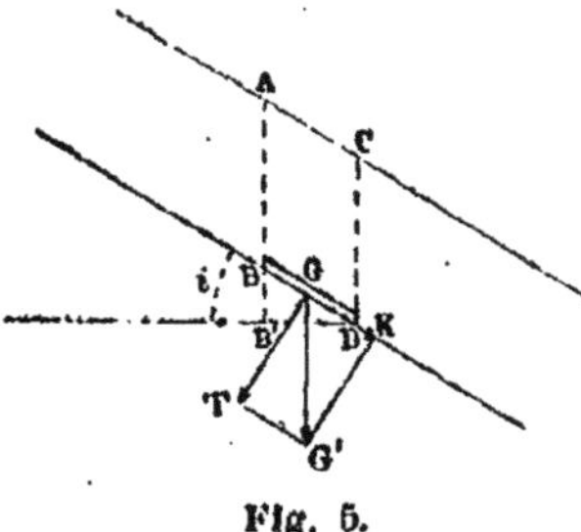

Fig. 5.

Considérons, dans ce canal, un filet de fond BD (fig. 5)

assez petit pour qu'on puisse le regarder comme rectiligne, et auquel nous attribuerons une forme cylindrique de base s et de hauteur $l = $ BD. En désignant par p le poids de ce filet et par π le poids spécifique du liquide, on aura :

$$p = \pi l s$$

Ce poids peut être décomposé en deux forces : l'une GK suivant BD et l'autre KG' perpendiculaire au fond ; celle-ci est détruite par la résistance de ce fond ; quant à la première, elle est égale à $p \sin i$ ou à $\pi l s \times \sin i$, et c'est elle qui produit le mouvement.

En résumé, l'action directe de la pesanteur se traduit par une force dirigée suivant BD et égale à :

$$\pi l s \,.\, \sin i = \pi s \times \overline{\mathrm{BB'}}.$$

Examinons maintenant l'action des pressions exercées par les filets environnants. Il y a d'abord une première pression, que je désigne par P, qui s'exerce sur la base située en B, et qui est égale au poids d'une colonne liquide dont s est la base et AB la hauteur ; cette pression peut être exprimée par la formule :

$$\mathrm{P} = \pi.s \times \overline{\mathrm{AB}},$$

et elle est normale à la base, c'est-à-dire dirigée suivant BD.

Il y a ensuite une seconde pression P', qui s'exerce sur la base située en D ; elle peut être exprimée par la formule :

$$\mathrm{P'} = \pi.s \times \overline{\mathrm{CD}}$$

et elle est dirigée suivant DB.

Quant aux pressions latérales, c'est-à-dire perpendiculaires à la direction du filet, elles se détruisent deux à deux, et sont sans effet sur la marche de ce filet. L'action des pressions se réduit donc à la résultante des forces P et P', qui sont égales et de signe contraire, et qui, par conséquent, se neutralisent.

Donc, dans le cas particulier que nous étudions, le filet ne marche que sous l'action directe de la pesanteur, action dont l'intensité est $\pi l s \times \sin i$.

Il est clair, du reste, à cause du parallélisme du fond et de la surface libre, que les filets qui se trouvent au-dessus du filet BD suivent la même marche que lui, car les pressions qui agissent sur les deux bases du filet sont toujours égales et de sens contraires, et la composante normale est toujours détruite par la réaction normale des filets situés au-dessous.

Supposons, en second lieu, un courant dont la surface libre serait plus inclinée que le fond, et soit i l'inclinaison de la première. Considérons un filet quelconque MN, et menons par ses extrémités M et N des verticales qui rencontrent en A et C la surface libre ; puis par le point C faisons passer une parallèle CE à la direction MN (fig. 6).

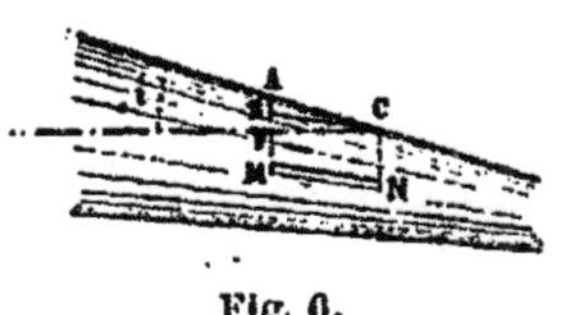

Fig. 6.

D'après ce qui vient d'être dit, la force effective due à l'action directe de la pesanteur sera égale à $\pi s \times \overline{EF}$.

La pression P sera égale à $\pi s \times \overline{AM}$, et la pression P' à $\pi s \times \overline{CN}$.

Les deux premières étant dirigées dans le même sens, et la troisième en sens contraire, leur résultante sera égale à :

$$\pi s \cdot (\overline{EF} + \overline{AM} - \overline{CN}) = \pi s \times \overline{AF} = \pi s \lambda \times \sin i,$$

en désignant par λ la longueur AC.

Si le fond du lit était horizontal, le filet BD ne serait pas sollicité directement par la pesanteur, mais le mouvement ne s'en produirait pas moins avec une force égale à $\pi s \lambda \times \sin i$, due à la différence des pressions qui s'exerceraient en B et D. Pour un autre filet quelconque MN, on trouverait le même résultat (fig. 7).

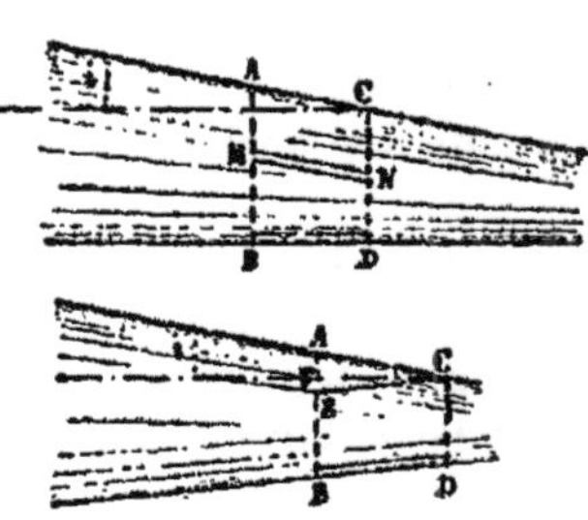

Fig. 7 et 8.

Enfin, si le fond était en contre-pente (fig. 8), le filet de fond BD tendrait, sous l'action directe de la pesanteur, à être rejeté vers l'amont, et la force qui produirait ce mouvement de recul serait égale à $\pi s \times \overline{EF}$, EC étant parallèle à BD. Mais, d'autre part, le filet tend à être poussé vers l'aval par la différence des pressions, et la force qui produit ce dernier mouvement étant égale à $\pi s \times \overline{AE}$, on en conclut que la force résultante est égale à $\pi s \lambda \times \sin i$.

Il résulte de tout cela que l'intensité de la force qui produit le mouvement auquel obéit un filet liquide, dans un cours d'eau quelconque, ne dépend que de la pente à la surface, et non de la pente du fond.

Si l'on veut maintenant calculer la force d'entraînement totale qui agit sur une tranche liquide ABA'B' (fig. 9), il faut faire la somme de toutes les forces élémentaires agissant sur chacun des filets qui la composent.

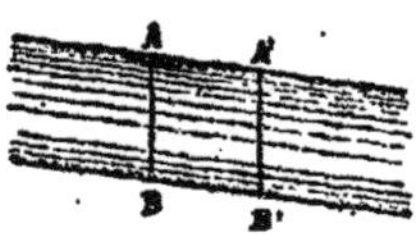

Fig. 9.

Si la section est constante, tous les filets seront parallèles entre eux et parallèles à la surface et au fond du lit ; toutes les forces élémentaires seront alors parallèles entre elles, et leur résultante sera la somme des composantes ; elle sera donc :

$$\Sigma \pi l s . \sin i = \pi l . \sin i \Sigma s ;$$

mais Σs n'est autre chose que l'aire S de la surface mouillée ; la force totale d'entraînement sera donc :

$$\pi l S . \sin i.$$

Si la section varie, les filets ne sont plus parallèles entre eux, et la résultante de toutes les forces élémentaires n'est plus la somme des composantes. Cependant, si les variations sont insensibles, la résultante différera peu de la quantité $\pi l S . \sin i$, et l'on aura encore une approximation suffisante en appliquant cette formule.

Lorsque l'angle i est faible, son cosinus est très voisin de l'unité, et l'on peut confondre le sinus avec la tangente ; en appelant I la valeur commune de ces deux lignes trigonométriques, on pourra donner à la force d'entraînement la forme définitive :

$$\pi l S I.$$

4. Résistance du lit. — Si nous considérons maintenant une portion l de cours d'eau dans laquelle la section S et la pente par mètre I ne varient pas, la force d'entraînement $\pi l S I$ du liquide sera une force constante, qui tendra à lui faire prendre un mouvement accéléré.

L'expérience prouve au contraire que, dans ce cas, la vitesse moyenne du courant tend à prendre une valeur invariable. Il faut donc que l'action accélératrice de la force d'entraînement soit mise en équilibre, à chaque instant, par une force retardatrice. Alors le fluide ne se mouvra qu'en vertu de la vitesse acquise pendant les premiers instants de l'écoulement. Ce phénomène n'a rien d'ailleurs d'extraordinaire, et il est tout semblable à celui qui se produit dans le mouvement uniforme des machines.

Avant d'aller plus loin, il est donc nécessaire de se faire une idée nette des causes de cette force retardatrice. Pour y arriver, on part des deux faits suivants, qui ont été mis en lumière par M. de Prony : 1° les molécules d'eau adhèrent à presque tous les corps avec lesquels elles sont mises en contact ; 2° elles adhèrent aussi entre elles.

Ainsi les filets d'eau qui sont en contact immédiat avec le lit engrènent leurs molécules avec celles de ce dernier, et la vitesse de ces filets est retardée. En second lieu, par suite de l'adhérence des molécules fluides entre elles, adhérence à laquelle on a donné le nom de cohésion, le ralentissement produit par la résistance du lit se communique de proche en proche à toutes les couches liquides, et la vitesse moyenne de la masse est, en conséquence, moins grande que si l'adhérence de la paroi et la cohésion n'existaient pas.

Les résistances qui donnent lieu à cette force retardatrice étant connues, il s'agissait de l'évaluer. C'est encore à l'expérience que l'on a eu recours. Les observations que l'on a faites à cet égard ont démontré que la force retardatrice est proportionnelle au poids du liquide en mouvement et à la surface de frottement contre les parois. On a remarqué d'ailleurs qu'elle varie avec la vitesse moyenne u, et plus vite que la première puissance de cette vitesse. Dès lors, elle a été mise sous la forme :

$$\pi l C \,(au + bu')$$

π et l étant, comme précédemment, le poids spécifique du liquide et la longueur de la tranche considérée, C le périmètre mouillé de cette tranche, a et b deux coefficients que M. de Prony avait fixés d'abord à 0,000.044 et à 0,000.309, et qu'Eytelwein, à la suite d'expériences nombreuses et plus concluantes, a trouvés égaux à 0,000.024 et à 0,000.366.

Les deux formules s'accordent pour $u = 0.36$; au-dessous, la formule d'Eytelwein donne des valeurs plus petites que celles de Prony ; au-dessus, c'est le contraire.

On accorde généralement plus de confiance aux chiffres d'Eytelwein, parce qu'ils reposent sur un plus grand nombre d'observations.

5. Équation du mouvement uniforme. — Quand il y a équilibre entre la force d'impulsion due à la pesanteur et la résistance, le mouvement est uniforme, et l'on a la relation :

$$\pi l S I = \pi l C \left(au + bu^2 \right)$$
$$\text{ou } \frac{S}{C} I = au + bu^2$$
$$\text{ou enfin : } RI = au + bu^2 \tag{7}.$$

Telle est l'équation du mouvement uniforme, en s'en tenant à la théorie de de Prony.

MM. Darcy et Bazin, après de nombreuses expériences faites dans d'excellentes conditions, modifièrent sensiblement cette équation.

Dans chaque expérience, ils calculèrent avec beaucoup de soin le rayon moyen R, la pente par mètre I et la vitesse moyenne u ; ils en déduisirent, dans chaque cas, la fraction $\frac{RI}{u^2}$, et remarquèrent que cette fraction variait avec le rayon moyen et la nature des parois.

Ils admirent alors, pour l'équation générale, la forme :

$$\frac{RI}{u^2} = \alpha \left(1 + \frac{K}{R} \right),$$

et arrivèrent aux quatre formules pratiques suivantes :

1° Parois très unies : Ciment lissé, bois raboté :

$$\frac{RI}{u^2} = 0,00015 \left(1 + \frac{0,03}{R} \right)$$

2° Parois unies : Pierres de tailles, briques, planches :

$$\frac{RI}{u^2} = 0,00019 \left(1 + \frac{0,07}{R} \right)$$

3° Parois peu unies : Maçonnerie de moellons :

$$\frac{RI}{u^2} = 0,00024 \left(1 + \frac{0,25}{R} \right)$$

4° Parois en terre :

$$\frac{RI}{u^2} = 0,00028 \left(1 + \frac{1,25}{R} \right)$$

M. Bazin étudia, de plus, la valeur de $\frac{RI}{u^2}$ dans le cas des cours d'eau torrentiels charriant des galets, et il arriva à la formule suivante :

$$\frac{RI}{u^2} = 0,0004 \left(1 + \frac{1,75}{R} \right).$$

Cette dernière formule ne concerne évidemment que les parois en terre.

Dans ces nouvelles conditions, la formule du mouvement uniforme est simplifiée et devient, en désignant d'une manière générale par A le coefficient du 2° membre des expressions précédentes :

$$RI = Au^2. \tag{8}$$

La résistance du lit se trouve alors exprimée par la formule $\pi l C A u^2$, au lieu de $\pi l C (au + bu)^2$.

De l'équation $RI = Au^2$, on tire :

$$u = \frac{1}{\sqrt{A}} \sqrt{RI}.$$

Telle est l'expression de la vitesse du mouvement uniforme.

En remplaçant $\frac{1}{\sqrt{A}}$ par B, on a :

$$u = B \sqrt{RI}. \tag{9}$$

Dans tout ce qui va suivre, nous désignerons ce dernier coefficient sous le nom de *facteur de la vitesse.*

Nous donnons à la fin du volume une table des facteurs de la vitesse pour les différentes natures de parois et pour des rayons moyens compris entre 0.05 et 6^m ; cette table porte le n° 1.

Remarque I. — Si l'on compare les valeurs du coefficient de résistance A que l'on obtient: 1° pour l'eau pure, et 2° pour l'eau entraînant des galets, en supposant les parois en terre et le rayon moyen égal à 1 m., par exemple, on trouve, dans le premier cas :

$$A = 0,00028 \times 2,25 = 0,000630$$

et dans le second cas :

$$A = 0,0004 \times 2,75 = 0,00110.$$

On en conclut, pour B, les 2 valeurs suivantes :

$$B = \frac{1}{\sqrt{0,00063}} = 39,8 \text{ et } B = \frac{1}{\sqrt{0,0011}} = 30,1.$$

Cette augmentation qui se produit dans la valeur de A lorsque l'eau entraîne des galets, et qui a pour conséquence une diminution dans la vitesse, peut s'expliquer par les considérations suivantes :

Je désigne par Q le volume d'eau pure qui passe, en une seconde, par une section normale donnée ; soit u la vitesse moyenne dans cette section et π le poids d'un mètre cube de liquide.

Le poids en mouvement est πQ.

Je suppose maintenant qu'on verse dans le courant un volume de galets représenté par ηQ, η étant un coefficient quelconque, plus petit ou plus grand que l'unité ; soit d le poids d'un mètre cube de ces galets, le nouveau poids en mouvement sera :

$$\pi Q \times \eta Q(d - \pi).$$

La vitesse diminuera, le mouvement sera d'abord varié, mais peu à peu il redeviendra uniforme ; soit alors u' la nouvelle vitesse moyenne ; la quantité de mouvement étant restée la même, puisqu'il y a toujours équilibre entre la force d'entraînement et la force retardatrice, on aura :

$$\pi Qu = \left[\pi Q + \eta Q(d - \pi)\right] u',$$

d'où l'on tire :

$$u' = u\, \frac{\pi}{\pi + \eta(d - \pi)} \qquad (10)$$

Or, le coefficient de résistance A dans le cas de l'eau pure est égal à $\frac{RI}{u^2}$ (équation 8). Si je désigne, d'autre part, par A' la valeur de ce coefficient dans le cas d'un volume de matériaux qui soit, avec le volume primitif, dans le rapport de η à 1, j'aurai :

$$A' = \frac{RI}{u'^2} = \frac{RI}{u^2}\left(\frac{\pi + \eta(d - \pi)}{\pi}\right)^2 ;$$

et j'en tirerai :

$$\frac{A'}{A} = \left(\frac{\pi + \eta(d - \pi)}{\pi}\right)^2$$

Ce qui justifie la proposition énoncée, puisque d est toujours plus grand que π.

En appelant enfin B et B' les facteurs correspondant à A et A', j'aurai :

$$\frac{B'}{B} = \frac{\sqrt{A}}{\sqrt{A'}} = \frac{\pi}{\pi + \eta(d - \pi)} \qquad (11)$$

Si, par exemple, d est égal à 2400 k., π à 1000 k. et η à 0,2, il viendra :

$$\frac{B'}{B} = \frac{1000}{1000 + 280} = \frac{1}{1,28} = 0,78$$

Ce nombre exprime à peu près le rapport qui existe entre les deux facteurs 30,1 et 39,8, qui ont été calculés tout à l'heure.

Si η était égal à l'unité, on aurait :

$$\frac{B'}{B} = \frac{1000}{1000 + 1400} = \frac{1}{2,4} = 0,42,$$

Nous ne prétendons pas que l'on puisse, par ce moyen, calculer le coefficient de la vitesse. Nous pensons néanmoins qu'on peut en déduire des données approximatives pouvant servir à expliquer bien des phénomènes de l'écoulement dans les torrents.

REMARQUE II. — En s'en tenant à la théorie de M. de Prony et en remarquant que le coefficient a est petit par rapport au coefficient b, et n'a qu'une très faible influence dans le cas de vitesses assez grandes, bien des ingénieurs ont remplacé la formule (7) par la suivante, qui est plus simple :

$$RI = bu^2,$$

et qu'ils écrivent souvent sous la forme $u = 50\sqrt{RI}$, en attribuant à b la valeur 0,0004.

Cette dernière formule, dite des ingénieurs italiens, est d'un usage très fréquent dans les avant-projets, pour calculer le débit des fossés, des canaux d'écoulement, etc., ouverts dans les terres ordinaires. Il est essentiel de remarquer, cependant, qu'elle ne conduit pas toujours à des résultats approximativement exacts.

Elle devrait pour cela concorder avec la formule Darcy et Bazin applicable aux canaux à parois en terre ; pour se rendre compte des différences qui peuvent exister, il suffit de comparer les résultats dans le cas d'une largeur très grande par rapport à la profondeur d'eau, comme l'a fait M. Lechalas dans son ouvrage sur l'*Hydraulique fluviale*. On peut alors remplacer R par la profondeur d'eau H ; en donnant plusieurs valeurs à H, on trouve que le coefficient $b = \dfrac{HI}{u^2}$ devient, pour que les deux formules soient équivalentes :

H = 1	H = 2	H = 3	H = 4	H = 5	H = 6	H = 7
0,00063	0,00046	0,00040	0,00037	0,00035	0,00034	0,00033

Il résulte de ce tableau qu'il n'y a une quasi-équivalence entre les deux formules, si l'on ne veut pas avoir diverses valeurs de b suivant les hauteurs H, qu'en adoptant $HI = 0,00035 u^2$ pour la formule simplifiée, et en ne l'appliquant que pour les valeurs de H dépassant 3 mètres.

Remarque III. — La formule (9) peut s'écrire sous la forme suivante :

$$u = B \sqrt{R \sin \alpha} \qquad (12)$$

en appelant α l'inclinaison du fond, puisqu'elle a toujours été établie dans l'hypothèse de filets parallèles, ce qui implique l'idée de parallélisme du fond et de la surface libre du liquide.

8. Équation du mouvement permanent. — Dans une rivière, si le rayon moyen et la pente varient à chaque instant, la vitesse ne peut avoir une valeur constante et par suite ne peut pas être uniforme ; il suffit, pour s'en convaincre, de jeter les yeux sur l'équation (12).

Toutefois, si la quantité d'eau admise dans une section déterminée demeure la même pendant un certain temps t, la vitesse moyenne, pendant ce temps t, restera constante dans cette section, et l'on dira que le mouvement est permanent (voir article 3). Tant que les conditions qui ont produit cet état de stabilité ne varieront pas, le régime de la rivière restera permanent ; que ces conditions viennent à changer, le régime changera avec elles, et ne tardera pas à reconquérir un nouvel état de permanence en rapport avec les conditions nouvelles et qui persistera autant qu'elles.

On peut aussi mettre en équation la permanence d'un régime.

Considérons, dans une rivière, un tronçon ABCD compris entre deux affluents, et supposons que, dans un certain temps t, le régime puisse être considéré comme permanent dans ce tronçon (fig. 10).

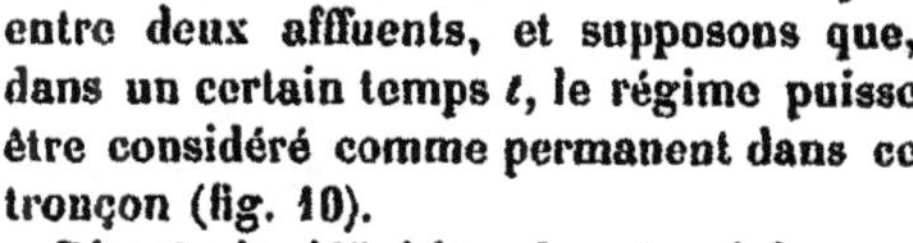
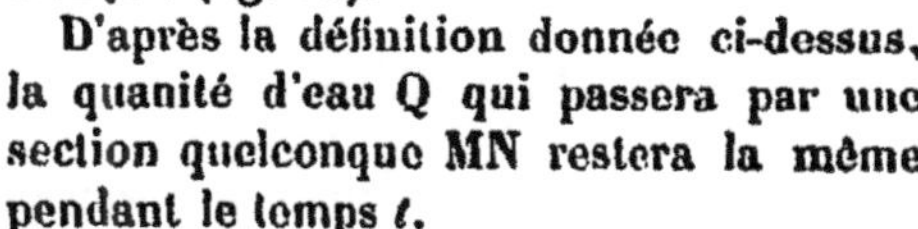

D'après la définition donnée ci-dessus, la quanité d'eau Q qui passera par une section quelconque MN restera la même pendant le temps t.

Je dis, de plus, que le volume qui traversera, dans l'unité de temps, une autre section M'N' du même tronçon sera encore égal à Q. Car, s'il était plus grand, la partie MNN'M' de la rivière finirait par se vider, et s'il était plus petit cette partie se comblerait indéfiniment ; or ces deux hypothèses sont incompatibles avec la notion du mouvement permanent.

On peut donc dire que le volume de liquide qui passe, dans l'unité de temps, par une section transversale quelconque d'un même tronçon soumis au régime permanent est le même pour chaque section ; ce volume s'appelle *débit* ou *dépense*. Il variera avec les conditions qui produisent le mouvement permanent ; il grandira si le volume d'eau qui arrive en AB est plus grand ; il diminuera si celui-ci devient plus faible.

Fig. 10.

Cela étant, désignons par S et S' les surfaces mouillées des deux sections MN et M'N', et par u et u' les vitesses moyennes dans ces deux sections ; on aura :

D'une part : $Q = Su$,

D'autre part : $Q = S'u'$,

et l'équation du mouvement permanent deviendra :

$$Su = S'u' = Q \qquad (13).$$

Cela posé, si je considère, dans un cours d'eau soumis au régime permanent, deux portions MNN_1M_1, $M'N'N_1'M_1'$ dans lesquelles on puisse admettre que le mouvement est uniforme ; si, de plus, je désigne par Q le débit, par H la hauteur, par L la largeur moyenne (c'est-à-dire celle qui multipliée par H donne la valeur de la surface mouillée), par u la vitesse moyenne, par B le facteur de cette vitesse, par R le rayon moyen, par m le coefficient de forme, et par α l'inclinaison du fond du lit dans le premier tronçon ; et enfin par H', L', u', B', R', m', α' les quantités similaires dans le deuxième tronçon, l'application des équations (12) et (13) à ces deux portions de cours d'eau donnera :

$$Q = LH . B \sqrt{R \sin \alpha} = L'H' . B' \sqrt{R' \sin \alpha'} \qquad (14)$$

Si, comme cela se présente généralement dans la pratique quand les deux sections ne sont pas très éloignées, les coefficients B et B' ne diffèrent pas beaucoup l'un de l'autre et peuvent être remplacés, sans erreur sensible, par un coefficient moyen B_1, l'équation précédente pourra s'écrire, en remplaçant R par m H :

$$LH \sqrt{m H \sin \alpha} = L'H' \sqrt{m'H' \sin \alpha'} = \frac{Q}{B_1}$$

ou bien, en élevant au carré :

$$mL^2H^3 \sin \alpha = m'L'^2H'^3 \sin \alpha' = \frac{Q^2}{B_1^2} . \qquad (15)$$

Ainsi, lorsque le régime est permanent dans une rivière, il existe une relation constante entre les quantités m, L, H et α, qui caractérisent les régions où l'on peut appliquer l'équation du mouvement uniforme.

La relation (15) ne semble pas applicable à tout un tronçon présentant des changements dans la pente de fond et dans la section. Nous allons démontrer que cependant on peut encore s'en servir quand on n'a pas besoin d'une grande précision, que les variations ne sont pas brusques et qu'enfin les pentes du lit sont fortes, comme dans les torrents.

A cet égard nous distinguerons deux cas : ou bien le fond du lit est fixe, ou bien il est mobile.

Premier cas. Le fond du lit est invariable. — Supposons d'abord qu'il se présente un élargissement de section à variations insensibles. Dans toute la région ABED, où le profil en travers est constant, la surface fluide *ab* est parallèle au fond *di*. Il en est

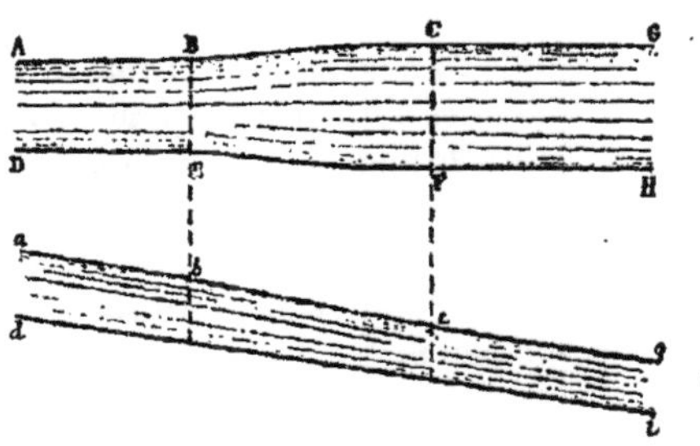

Fig. 11.

de même de la région GCFH, dans laquelle la section normale est redevenue constante ; les filets *cg* sont encore parallèles au fond, quoique plus rapprochés de ce dernier, ainsi que nous allons le prouver.

Reprenons, en effet, la relation :

$$m\, L^2\, H^3\, \sin\alpha = m'\, L'^2\, H'^3\, \sin\alpha',$$

les quantités qui forment le premier membre s'appliquant à la portion d'amont, et celles du deuxième membre à la portion d'aval.

L'angle α étant le même, par hypothèse, dans les deux cas, cette relation devient :

$$m\, L^2\, H^3 = m'\, L'^2\, H'^3,$$

d'où l'on tire :

$$H' = H \sqrt[3]{\frac{mL^2}{m'L'^2}}$$

Cette équation montre que H' est plus petit que H, puisque L est inférieur à L' et que les variations de m et de m' se font dans le même sens que celles de L et de L' (Voir article 1).

Dans la région intermédiaire BCFE, la surface liquide se dispose suivant une surface de raccordement dont la trace est *bc*. Le raccordement étant graduel comme les variations de l'élargissement, les valeurs de I et de sin α différeront assez peu dans chacun des profils qui constituent le tronçon pour qu'on puisse considérer la surface fluide comme parallèle au fond du lit, pourvu toutefois, ce qui est, du reste, le cas général dans les torrents, que les pentes soient fortes.

Prenons un exemple : La section du tronçon est un trapèze dont les talus sont inclinés à 45° et la largeur au fond, dans la portion d'amont, est égale à 25 mètres et la hauteur de l'eau à 2 mètres; dans la partie d'aval, la largeur au fond devient égale à 50 mètres ; et nous pouvons bien admettre que, les largeurs passant du simple au double, la partie intermédiaire ait 300 mètres de longueur; enfin la pente par mètre du fond est égale à 0,10.

Les quantités L′ et m′ dépendant de la hauteur inconnue H′, on ne peut pas obtenir directement par l'équation précédente la valeur de cette dernière. En supposant d'abord comme première approximation que la largeur moyenne L′ est le double de la largeur L, et que les deux coefficients m et m′ sont égaux, on aura :

$$H' = H \sqrt[3]{\frac{1}{4}} = 2 \times 0,63 = 1 \text{ m}. 26.$$

Cherchons maintenant une valeur plus approchée de H′ en partant de cette première valeur 1m.26.

Nous aurons successivement, en appliquant l'équation (4) :

$$L = 25 + 2 = 27 \text{ m}.; \quad m = \frac{25 + 2}{25 + 2 \times 2,83} = 0,881 ;$$

$$L' = 50 + 1,26 = 51 \text{ m}. 26; \quad m' = \frac{50 + 1,26}{50 + 1,26 \times 2,83} = 0.956,$$

ce qui donnera :

$$H' = 2 \sqrt[3]{\frac{0,881 \times 27^2}{0,956 \times 5,126^2}} = 1 \text{ m}. 27.$$

Dans ces conditions, la pente par mètre de la surface de raccordement sera :

$$\frac{32 - 1,27}{300} = 0,102$$

Cette pente est peu différente de celle du fond.

Si l'élargissement de section est brusque, la pente qui s'établira de *b* en *c* sera plus forte, et il conviendra de rechercher, dans chaque cas, si l'équation générale peut être applicable, étant donnée l'approximation que l'on veut obtenir.

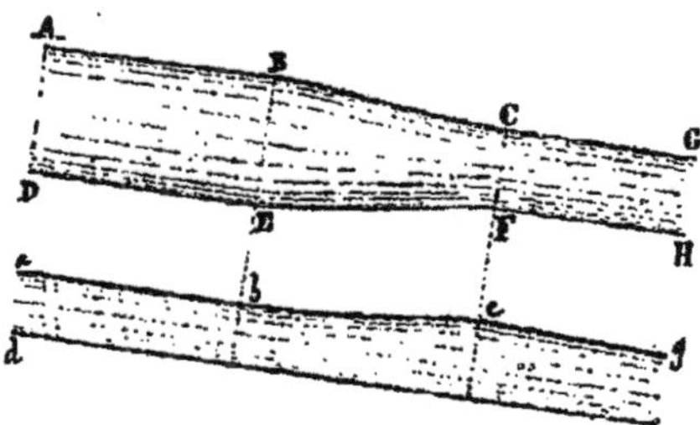

Fig. 12.

En cas de rétrécissement, c'est l'inverse qui se produit (fig. 12). Si le rétrécissement se fait progressivement, il se forme entre les deux surfaces ab et cg parallèles au fond, une surface de raccordement bc, graduelle comme les variations du profil en travers, et l'équation générale peut être appliquée à toute la région AGHD. Si, au contraire, le rétrécissement est brusque, la pente augmentera de b en c, et il pourra se faire que l'équation devienne inapplicable.

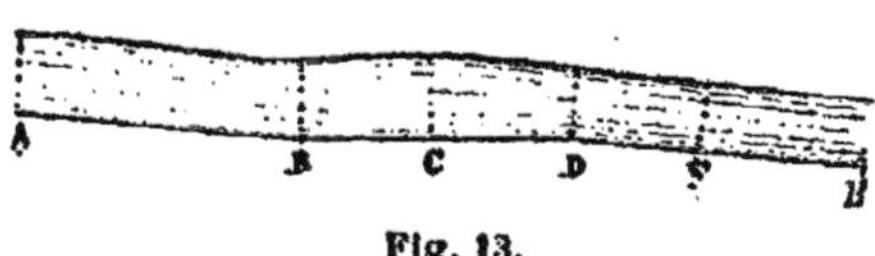

Fig. 13.

Supposons maintenant qu'à une pente de fond AB succède une autre pente BD un peu plus faible, et que le régime uniforme se soit établi dans la partie supérieure (fig. 13). Quand les eaux arriveront dans la tranche normale en B, la largeur étant supposée constante, la hauteur H augmentera, car dans ce cas l'équation générale devient :

$$m\, H^3 \sin \alpha = m'\, H'^3 \sin \alpha',$$

et, en supposant que m et m' diffèrent peu l'un de l'autre, il est facile de voir que H' sera plus grand que H, puisque $\sin \alpha'$ est par hypothèse inférieur à $\sin \alpha$. Mais les forces retardatrices diminuant en même temps que la vitesse, le mouvement tendra à redevenir uniforme vers le point C, par exemple, et la surface fluide à redevenir parallèle au fond. Si la variation de pente est insensible on pourra, sans grande erreur, admettre le parallélisme sur tout l'ensemble, et appliquer la relation (15).

Si, après la pente BD il se présentait une pente un peu plus forte DE, le phénomène inverse se produirait ; il en résulterait pour la surface fluide une forme légèrement convexe entre B et F. Cette forme s'accentuerait si les variations de la pente étaient plus sensibles.

On montrerait de la même manière que les filets fluides seraient concaves à la surface si une forte pente se trouvait comprise entre deux pentes faibles.

Deuxième cas. — Le fond du lit est mobile. — Toute rivière à fond mobile et qui serait réellement soumise à un régime permanent finirait par se tracer, dans une partie donnée de son cours, un lit à section et à pente à peu près régulières ; dans cette partie le mouvement deviendrait sensiblement uniforme, avec parallélisme du fond et de la surface liquide. Mais il ne faut pas se dissimuler que la plupart des rivières échappent aux conditions supposées (débit constant pendant un temps suffisant) ; en effet, les grands mouvements des matières du lit n'ont lieu que pendant les crues, car il arrive souvent que l'on revient rapidement des crues au débit ordinaire. Le régime du lit, bouleversé pendant une crue, ne pouvant se rétablir qu'à la longue, et une nouvelle crue pouvant survenir auparavant, l'instabilité deviendrait plutôt la règle que l'exception.

En résumé, dans une rivière à régime permanent, on peut appliquer l'équation (15), lorsqu'on n'a pas besoin d'une grande exactitude, à toutes les régions qui ne renferment de variations brusques ni dans la pente de fond ni dans le profil en travers. Mais avec un fond mobile on est généralement dominé par les désordres que les crues amènent dans le lit, tout au moins lorsque les matières de ce lit sont alimentées par la destruction des rives ou par les arrivages des parties montagneuses du bassin.

7. Note sur le choc des fluides. — Lorsqu'un fluide choque un corps qui y est entièrement plongé, il exerce une action non seulement sur la face d'amont, mais encore sur les faces latérales, et même sur la face située en aval.

Considérons un prisme entièrement plongé dans un courant et dont l'axe est parallèle à la direction du mouvement. L'interposition de ce corps forcera les filets liquides à se détourner un peu en avant, pour aller en divergeant, passer autour de sa face d'amont. Resserrés alors dans un espace moindre, car la masse fluide qui se trouve entre le prisme et les berges fait, pour ainsi dire, l'office d'un corps résistant, ces filets augmentent de vitesse ; repoussés ensuite, et comme réfléchis vers le prisme par cette masse, ils vont se réunir derrière la face d'aval en conservant une partie de l'excès de vitesse qu'ils avaient acquis, partie d'autant plus grande que la route parcourue, ou, autrement dit, la longueur du prisme sera plus courte.

Lorsque les filets ont commencé à se détourner en avant du prisme, ils ont laissé, entre eux et la face d'amont de ce dernier, une petite masse fluide qu'ils pressent constamment contre cette face ; les molécules de celle-ci tendent alors à s'échapper en allant du centre à la circonférence, et celles qui sont en contact avec la face du corps plongé se meuvent parallèlement à cette dernière avec une vitesse qui s'accélère en approchant des bords.

De même les filets, en convergeant au-delà de la face d'aval, comprennent entre eux une masse fluide dont ils entraînent les molécules, en vertu de l'excès de vitesse qu'ils ont conservé ; de sorte que, dans cette région, le vide tend continuellement à se former, ce qui produit sur la face d'aval une pression négative.

En résumé, la pression sur la face d'amont est plus grande que la pression hydrostatique, et sur la face d'aval elle est plus faible que cette dernière.

Quant aux pressions qui s'exercent sur les faces latérales, elles se détruisent deux à deux, et n'ont aucune influence sur le mouvement du corps.

De nombreuses expériences ont démontré que toutes ces pressions sont proportionnelles au carré de la vitesse absolue du cours d'eau si le corps est au repos, et au carré de la vitesse relative s'il est en mouvement, puis au poids spécifique du milieu et à la surface choquée.

Si donc on désigne par V la vitesse, par π le poids spécifique, par A la surface choquée et par K et K' deux coefficients, on pourra exprimer par $K\pi\dfrac{AV^2}{2g}$ la pression qui s'exerce sur la face d'amont, (g étant l'accélération due à la pesanteur) et par $K'\pi\dfrac{AV^2}{2g}$ celle qui s'exerce sur la face d'aval, et que Dubuat a appelée non-pression.

Il en résulte que la pression totale tendant à pousser le corps dans le sens de l'axe pourra être exprimée par la formule :

$$(K + K')\,\pi\,\frac{AV^2}{2g}.$$

Dubuat a cherché à déterminer expérimentalement les valeurs des deux coefficients K et K'. Il a pris trois parallélipipèdes rectangles dont la face verticale, perpendiculaire à la direction du mouvement, était un carré de 0m.325 de côté, la dimension parallèle au courant étant 0m.009 pour le premier, 0m.325 pour le deuxième, 0m.975 pour le troisième. Il les a fixés dans un courant dont la vitesse était de 0m.975 à l'endroit où ils étaient placés. Il a cherché ensuite à déterminer les pressions supportées aux divers points des deux faces d'amont et d'aval, et il a trouvé, pour les trois prismes K $=$ 1,19 ; mais le coefficient K' relatif à la non-pression a varié et a été 0,67 pour la plaque, 0,27 pour le cube et 0,15 pour le prisme d'une longueur triple. Ainsi le coefficient (K $+$ K') de pression résultante a été, dans les trois cas : 1,86, 1,46, 1,34.

Les explications qui précèdent montrent bien que la non-pression doit diminuer quand augmente la dimension du prisme dans le sens de l'axe, puisque l'excès de vitesse conservé par les filets, lorsqu'ils viennent converger devant la face d'aval, va lui-même en diminuant.

CHAPITRE II

DÉFINITION ET CLASSIFICATION DES TORRENTS

8. Classification des cours d'eau des montagnes alpestres. — Les cours d'eau des montagnes alpestres se répartissent, d'après M. Surell, en quatre classes : les rivières, les rivières torrentielles, les torrents et les ruisseaux.

« Les rivières coulent dans des vallées larges, ont un assez fort volume d'eau et des crues *prolongées* ; leur pente, constante sur, de grandes longueurs, n'excède pas 15 millimètres par mètre ; leur trait saillant est de divaguer sur un lit très large et dont elles n'occupent jamais qu'une très petite portion. — Exemples : La Durance, l'Ubaye, le Drac, et une partie du cours de l'Isère.

« Les rivières torrentielles forment les affluents principaux des rivières ; leurs vallées sont moins longues et plus resserrées ; les variations de leur pente sont plus rapides ; leur volume d'eau est moins considérable ; elles divaguent peu ou point, parce que leurs berges sont plus solides et mieux encaissées, et leur pente n'excède pas 6 centimètres par mètre. Exemple : la Romanche.

« Les torrents coulent dans des vallées très courtes, parfois même dans de simples dépressions ; leurs crues sont *courtes* et presque toujours *subites* ; leur pente excède 6 centimètres par mètre sur la plus grande longueur de leur cours ; elle varie très vite et ne s'abaisse pas au-dessous de 2 centimètres par mètre ; ils ont une propriété tout à fait spécifique ; ils *affouillent* dans la montagne, ils *déposent* dans la vallée et *divaguent* ensuite, par suite de ces dépôts ; cette propriété, formée par un triple fait, ne se retrouve dans aucune des deux classes précédentes et fournit un caractère bien tranché.

« Les ruisseaux ont un petit volume d'eau, un parcours peu

prolongé ; soit qu'ils coulent sur des pentes douces, soit que leurs berges et leur lit soient solides, ils n'affouillent pas, ne charrient pas de matériaux, et dès lors ne déposent pas ; ils fournissent la plupart des cascades.

« Cette classification n'a rien d'absolu : L'on conçoit facilement qu'il peut y avoir des cours d'eau qui n'appartiennent rigoureusement à aucune de ces quatre classes et qui, dans l'étendue de leurs cours, ne manifestent que des caractères mixtes, résultat de la fusion de deux classes voisines.

« Il y a plus, le même cours d'eau, observé en différents points de sa longueur, ne présente pas partout les mêmes caractères et peut passer d'une classe à l'autre selon les cas et les parties de son cours que l'on considère. »

En ce qui concerne les torrents, la définition de M. Surell ne semble pas suffisamment générale ; elle est inapplicable, en effet, à certains cours d'eau coulant sur des rochers très solides et grossissant très rapidement à la suite d'un orage, cours d'eau auxquels on ne peut cependant pas refuser, quoiqu'ils ne donnent lieu à aucun affouillement, la qualification de torrents.

Je préfère la définition suivante due à M. Scipion Gras :

Un torrent est un cours d'eau dont les crues sont subites et violentes, les pentes considérables et irrégulières, et qui *le plus souvent* exhausse certaines parties de son lit par suite du dépôt des matières charriées, ce qui fait divaguer les eaux au moment des crues.

L'éminent ingénieur, comme on le voit, n'attribue aux torrents que deux caractères spécifiques : 1° La brusque apparition et la violence des crues ; 2° la grandeur et l'irrégularité des pentes, laissant entendre que le transport et le dépôt des matières ne sont que des conséquences, non forcées, des propriétés précédemment définies.

Du reste peut-on dire que les torrents seuls charrient et déposent ? Et qu'est-ce donc que le delta d'un fleuve, sinon un dépôt de matières qui ont été transportées par le courant ? Et si ce delta ne se rencontre pas à l'embouchure de tous les fleuves, ne serait-ce pas, comme le fait remarquer spirituellement M. Philippe Breton, parce que le monde n'est pas encore assez vieux ?[1] Ce

1. Il est reconnu d'ailleurs que le phénomène des marées est contraire à la formation des deltas. Aussi tous les deltas célèbres sont-ils situés dans des mers sans marées ou à faibles marées.

n'est pas ici le lieu de traiter à fond cette question ; et je n'ai fait
cette remarque que pour appeler l'attention sur ce fait que le
phénomène du transport et du dépôt des matières n'est pas,
comme l'affirme M. Surell, un caractère essentiel des torrents ;
ce phénomène est plus apparent ici qu'ailleurs, voilà tout. La définition de M. Scipion Gras est muette sur l'origine des matières
charriées, origine que M. Surell attribue au seul affouillement
du lit. Or, comme le fait remarquer M. Demontzey, les matériaux de transport des torrents ne proviennent pas exclusivement
de leur action affouillante, mais encore de deux autres causes :
1° De la chute de débris de rochers situés à des altitudes supérieures à celles de la végétation et entraînés soit par le simple
effet de la pesanteur, soit par des avalanches de neige ; 2° des
glaciers qui deviennent à leur point de fusion des cours d'eau capables d'entraîner une partie des moraines.

Si l'on remarque enfin que M. Scipion Gras ne spécifie pas les
parties du lit sur lesquelles se font plus particulièrement les dépôts de matières, on sera amené, pour avoir une définition générale, à appeler torrent un cours d'eau dont les crues sont subites
et violentes, les pentes considérables et irrégulières, et qui le plus
souvent transporte et dépose, dans la plaine, des matériaux arrachés aux flancs des montagnes ou tombés de leurs crêtes, ce qui
fait divaguer les eaux au moment des crues.

Aux quatre classes de cours d'eau que nous venons de définir,
nous ajouterons avec M. Demontzey le *ravin*, qui n'est qu'un
diminutif du torrent et fonctionne d'une manière identique. A
l'état isolé, il représente généralement le début d'un torrent ; à
l'état d'affluent, il devient l'auxiliaire de l'agrandissement du torrent [1].

9. Parties constitutives d'un torrent. — Un torrent complet présente dans son cours quatre parties distinctes : le bassin
de réception, le canal d'écoulement, le lit de déjection et le lit
d'écoulement.

---

1. Signalons, en passant, les très curieux ravins des terrains primitifs, ravins
secs la plupart du temps et parfois même toute l'année. Exceptionnellement le
ravin devient une vallée à rivière par l'arrivée de sources, comme par exemple
la vallée du Robec où la ville de Rouen prend son eau d'alimentation. Au-dessus
des sources la vallée n'est qu'un ravin sec qui règne sur une grande longueur, et
ne présente un filet d'eau sur quelques parties que dans le cas exceptionnel de
brusque fonte de neige ou de fort orage.

44 CHAPITRE DEUXIÈME

Le bassin de réception est la région supérieure du torrent, celle d'où proviennent les eaux et les matériaux charriés par le torrent. Cette région a souvent la forme d'un vaste entonnoir, de telle sorte que la masse d'eau qui tombe sur cette surface se trouve très rapidement concentrée en un même point. En aval de ce point se trouve souvent une gorge étroite appelée goulot, dans laquelle les berges sont généralement abruptes et traversées par un grand nombre de petits ravins. Ces berges minées par le pied s'éboulent dans le lit du torrent et lui fournissent une grande quantité de matières, boues, galets et blocs de toute grosseur.

- Le canal d'écoulement se trouve situé à la suite du goulot ; c'est, d'après M. Surell, la région où il n'y a plus d'affouillement et où il n'y a pas encore de dépôt.

- Le lit de déjection est la région où se forment les dépôts ; il est situé à l'issue de la gorge par laquelle le torrent débouche dans la plaine.

- Le lit d'écoulement est la région comprise entre l'extrémité inférieure du lit de déjection et la rivière dans laquelle se jette le torrent.

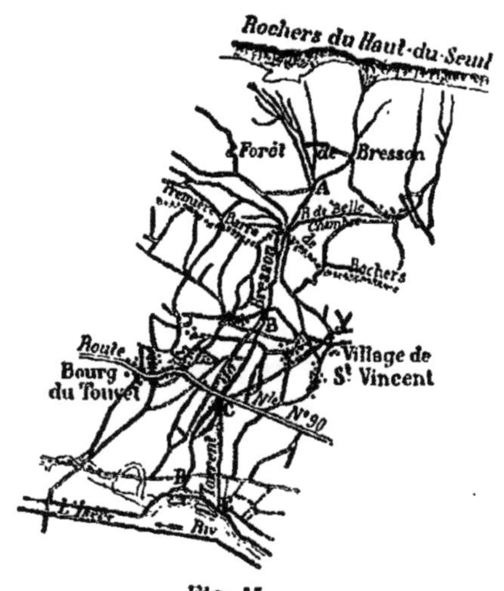

Fig. 15.

Quand il n'y a pas de lit de déjection, le lit d'écoulement devient le prolongement du canal d'écoulement. Au contraire, quand le lit de déjection existe, il n'est pas rare qu'il n'y ait point de lit d'écoulement, surtout quand la vallée est très étroite.

La figure 14 représente le torrent du Bresson (Isère).

Toute la partie ravinée qui se trouve au-dessus du point A constitue le bassin de réception ; le canal d'écoulement va de A en B ; le lit de déjection, qui commence en B, se termine en C. Avant d'arriver jusqu'à l'Isère, les eaux, après avoir abandonné leurs matières de transport, se divisent en 2 branches CD et CE qui représentent le lit d'écoulement.

Ces définitions établies, nous allons examiner les caractères de chacune de ces parties constitutives d'un torrent.

Bassins de réception. — Les bassins de réception présentent une grande variété de forme et d'étendue. D'après M. Scipion Gras, on peut les ranger tous en 4 types principaux.

. Ceux du 1ᵉʳ type se composent d'un rocher escarpé, à surface irrégulièrement creusée par les agents atmosphériques, et dont la hauteur est quelquefois de plusieurs centaines de mètres. Quoique ce rocher n'occupe en projection horizontale qu'une surface relativement faible, il donne presque toujours naissance à un torrent dangereux, et cela pour deux motifs : le premier, c'est que les parois de ce bassin étant presque verticales, les eaux arrivent très rapidement à la base de l'escarpement ; le second, c'est que les rochers qui le constituent, étant presque entièrement dénudés, se décomposent très facilement sous l'influence des agents atmosphériques ; il en résulte des amas de pierres dont le transport dans les vallées est, comme nous le verrons plus loin, une grande cause de perturbation (fig. 15).

Les bassins du 2ᵉ type sont creusés dans des terrains faciles à désagréger ; ils offrent toujours la forme d'un entonnoir terminé par un goulot (fig. 16). Quand ces bassins sont dénudés, ils tendent constamment à s'agrandir par l'éboulement de leurs parois.

Les bassins du 3ᵉ type réunissent les caractères des deux précédents. Ils se composent d'un banc de rochers nus, à la base desquels les eaux ont creusé une excavation en forme d'entonnoir semblable à la précédente. La décomposition des rochers fournit de nombreux débris qui s'accumulent dans l'excavation inférieure, et les eaux qui arrivent en grande quantité par les temps d'orages ou après les fontes de neige entraînent avec elles

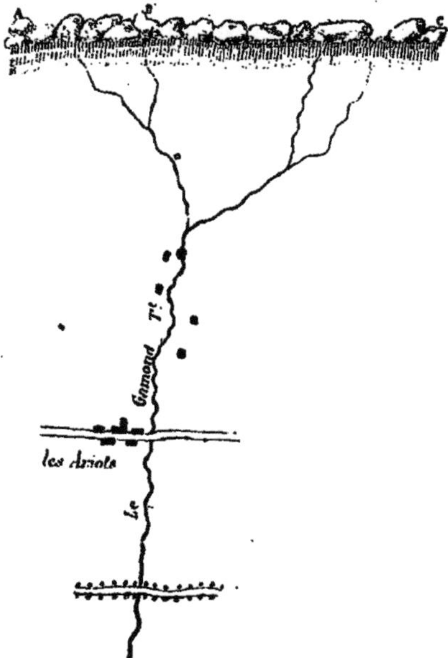

Fig. 15.

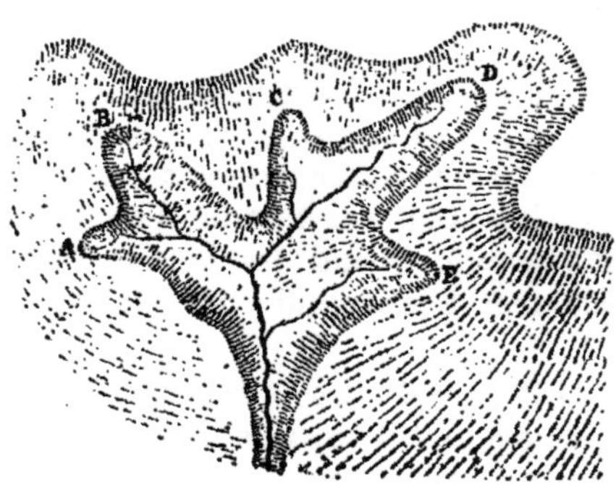

Fig. 16.

de grandes masses de cailloux. Les torrents qui ont de semblables bassins sont généralement très dangereux.

Le torrent du Bresson, représenté par la fig. 14, offre un bassin de réception du 3° type.

Enfin les bassins du 4° type se composent d'une haute vallée partant généralement d'un col, et recevant les eaux de torrents secondaires. Ces derniers ont chacun un bassin distinct appartenant à un des types précédents et sont reliés par un tronc commun.

Canal d'écoulement. — Le canal d'écoulement est généralement encaissé entre des berges abruptes ; on y observe le plus souvent des débris de rochers qui proviennent, soit directement des berges, soit des régions supérieures. Ces amas de pierres n'ont pas jusqu'alors été entraînés par les simples courants d'eau pluviale ; mais quand arrivera soit un orage, soit une fonte de neige, ils seront transportés vers les plaines.

La longueur du canal d'écoulement est très variable ; elle peut être de plusieurs lieues quand les bassins de réception appartiennent au 4° type ; d'autres fois cette longueur est très faible et elle peut même se réduire à un point, notamment quand les bassins de réception sont du 1ᵉʳ ou du 2ᵉ type.

M. Demontzey fait remarquer que le canal d'écoulement répond rarement à la stabilité qui sert de base à la définition précédente imaginée par M. Surell, et il désigne sous le nom de *gorge* le canal qui se trouve entre le goulot et le point où cessent les berges. Nous emploierons plus particulièrement cette expression, qui est devenue classique.

Lit de déjection. — Les dépôts dans le lit de déjection ont une forme caractéristique qu'on a comparée à un cône dont le sommet est à la sortie de la gorge et dont la base, demi-circulaire ou demi-ellipsoïdale, s'appuie sur la plaine ; c'est ce qui lui a fait donner le nom de cône de déjection généralement adopté. L'inclinaison des arêtes de ce cône dépend de la configuration du lit du torrent, de la grosseur des matières charriées et surtout de leur proportion relativement au volume de l'eau. Si les matières sont abondantes et grosses, s'il existe à la sortie de la gorge un brusque changement de pente, l'inclinaison des arêtes est très forte. Si au contraire la pente est à peu près régulière, si les matières sont d'un petit volume, comme le sable et les galets, si le volume d'eau qui les charrie est considérable par rapport au volume des matières, le cône est très aplati.

La séparation entre le lit de déjection et la partie inférieure de la gorge n'est quelquefois pas bien nette ; au moment des crues modérées, les dépôts se font quelquefois dans cette gorge ; par de fortes crues, au contraire, les matières sont poussées plus bas sur le lit de déjection ; mais si la séparation n'est pas toujours bien définie au point de vue des matériaux charriés, elle est toujours parfaitement déterminée par la configuration physique des lieux.

Lit d'écoulement. — Lorsqu'un torrent, après être sorti des montagnes, a devant lui une grande plaine à traverser, il arrive toujours qu'après s'être débarrassé dans le lit de déjection des matières de transport en excès, il s'encaisse de lui-même et coule tranquillement jusqu'à la rivière. C'est cette dernière partie que nous avons appelée lit d'écoulement ; dans cette région, le torrent s'est presque transformé en ruisseau ; quand il grossit, il entraîne encore quelques matériaux, mais il n'y a plus d'encombrement. Il se produit, entre le lit d'écoulement et le lit de déjection, une transition insensible comme entre ce dernier et la gorge.

Dans les vallées étroites comme celles des Basses et des Hautes-Alpes, il n'y a presque jamais de lits d'écoulement ; mais il en existe dans la vallée de l'Isère, principalement en amont de Grenoble (vallée du Graisivaudan). Le torrent du Bresson présente un lit d'écoulement (fig. 14).

10. Classification des torrents. — M. Surell a proposé pour les torrents une classification basée sur la position que leurs bassins de réception occupent dans les montagnes et les a répartis en trois genres :

Le premier comprend ceux qui partent d'un col et coulent dans une véritable vallée ;

Le deuxième, ceux qui descendent d'un faîte en suivant la ligne de plus grande pente ;

Le troisième enfin, ceux dont la source est au-dessous du faîte et sur les flancs mêmes de la montagne.

M. Scipion Gras a fait une classification fondée sur l'étendue et la configuration physique du bassin de réception.

Il appelle *petits torrents* ceux dont les bassins de réception appartiennent au premier type précédemment décrit ; ces bassins de réception n'ayant généralement que quelques hectares en surface horizontale, les ravages des torrents qui en résultent, et qui sont nombreux dans les Alpes, ne s'étendent pas très loin ; mais ils sont très nuisibles par leur multiplicité.

Il nomme *torrents moyens* ceux dont les bassins de réception appartiennent au deuxième et au troisième type et comprennent une superficie de plusieurs centaines d'hectares ; ce sont les *torrents alpins proprement dits*, ceux qui frappent le plus les yeux du voyageur ; en temps normal ils sont généralement à sec ou ne renferment qu'un très mince filet d'eau.

Enfin il désigne sous le nom de *grands torrents* ceux dont le bassin de réception appartient au quatrième type et peut embrasser une superficie de plusieurs milliers d'hectares.

Enfin M. Costa de Bastelica a proposé une classification reposant sur la forme générale des torrents.

Il les divise en deux genres :

1° Les torrents simples, c'est-à-dire ceux qui n'ont qu'une gorge à laquelle aboutissent des ravins en plus ou en moins grand nombre.

2° Les torrents composés, c'est-à-dire ceux qui sont formés par plusieurs torrents simples se réunissant dans une même gorge.

M. Demontzey, tout en adoptant cette classification, la complète en ajoutant la *combe* qui se présente sous la forme d'une large échancrure entamant la base ou le flanc d'un versant, profondément rongée par une multitude de petits ravins qui se réunissent presque au même point, sont toujours à sec, et ne reçoivent en temps de pluie que l'eau qui tombe sur leur champ d'érosion ; dans la combe, la gorge n'existe qu'à l'état rudimentaire.

Si l'on compare les classifications de M. Surell et de M. Costa, on peut dire que presque tous les torrents du 2° genre de M. Surell sont des torrents simples, et que les torrents du 1er genre sont des torrents composés. Quant à la combe, c'est un torrent du 3° genre.

Les grands torrents de M. Scipion Gras sont les torrents composés de M. Costa et les torrents du premier genre de M. Surell. Les torrents moyens ont une certaine analogie avec les torrents

du deuxième genre; c'est dans ces torrents qu'on observe le
mieux la forme en entonnoir du bassin de réception. Enfin les
petits torrents ressemblent à ceux du troisième genre.

La figure 17, qui représente l'ensemble du périmètre de Saint-
Pons (Basses-Alpes), donne plusieurs exemples de chaque espèce
de torrents.

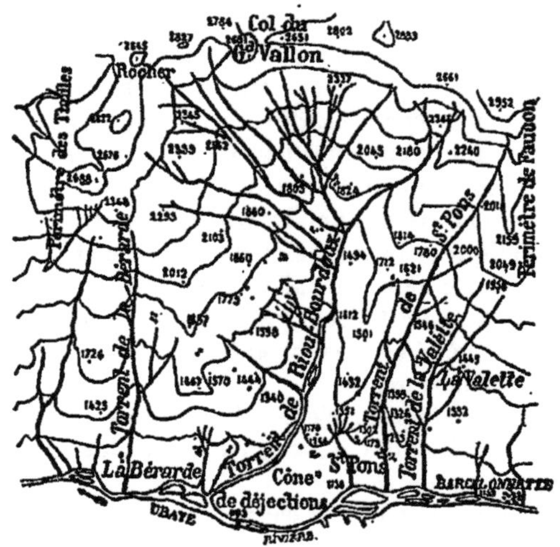

PLAN DU PÉRIMÈTRE DE S*PONS (VALLÉE DE BARCELONNETTE)

Fig. 17.

Le Riou-Bourdoux est un torrent du premier genre de M. Surell, un torrent composé de M. Costa, un grand torrent de M. Scipion Gras.

Le torrent de la Valette est un torrent du troisième genre de
M. Surell, un torrent composé de M. Costa.

Le torrent de la Bérarde est un torrent du deuxième genre,
un torrent simple ou un torrent moyen. Il en est de même du torrent de Saint-Pons.

Toutes ces classifications ne fixent point par une simple dési-
gnation l'importance d'un torrent donné. Tel torrent simple, par
exemple, peut être plus dangereux que tel torrent composé;
et il peut arriver qu'une simple combe présente des dangers bien
plus sérieux qu'un torrent des deux autres genres. Nous donnerons plus loin une classification ayant pour but principal d'indiquer le mode de formation d'un torrent et les causes des dévastations qu'il produit.

CHAPITRE III

CAUSES DE LA FORMATION DES TORRENTS

Le signe presque toujours caractéristique de la présence d'un torrent, c'est l'existence d'un lit de déjection. Ce dernier étant dû généralement à l'affouillement qui s'exerce dans le sein de la montagne, il y a lieu de rechercher les causes de *cet affouillement*.

Or, l'affouillement ne peut se produire que par l'action d'une grande force d'érosion sur un terrain susceptible d'être facilement corrodé. Je vais démontrer que ces conditions se trouvent réunies dans les Alpes, et que la formation des torrents est due à la nature géologique et à la situation climatérique de ces montagnes.

11. Influence de la nature géologique dans les Alpes. — Les principaux terrains qu'on rencontre sont les terrains massifs et strato-cristallins, les terrains jurassiques et infra-crétacés, des dépôts tertiaires, et enfin quelques terrains de transport.

Les terrains jurassiques, au lieu d'être formés, comme dans les autres régions de la France, de couches alternantes d'argile et de calcaire résistant, y sont habituellement constitués par des argiles, des marnes ou des calcaires argileux qui se désagrègent très facilement sous l'influence des agents extérieurs, et qui, en se délitant, subissent une véritable décomposition chimique, grâce à laquelle la désagrégation s'accélère.

Les marnes argilo-schisteuses du lias, qui occupent la base des montagnes, surtout dans l'Embrunais et dans la vallée de l'Ubaye, peuvent passer par tous les degrés de consistance : les unes, à l'état de boue durcie, sont d'un noir très foncé, se ramollissent par la pluie, puis se durcissent de nouveau après quelques jours de sécheresse ; d'autres présentent une texture feuilletée et se délitent si facilement et si profondément qu'en essayant de gravir des berges qui en sont formées on enfonce jusqu'aux genoux dans les détritus. Ce sont ces marnes qui, délayées dans l'eau, donnent naissance à une boue noirâtre dont l'influence est si considérable, comme on le verra dans le chapitre suivant.

Un certain nombre de bassins de réception se sont formés dans le gypse ; ce genre de terrain, comme le fait remarquer M. Surell, se dissout avec une extrême facilité sous l'influence de l'eau.

Les terrains de transport que l'on rencontre dans les Alpes se présentent tantôt sous l'aspect d'agglomérations puissantes de débris de rochers et de cailloux roulés empâtés dans un ciment argileux, ou bien forment des amas considérables de galets se touchant les uns les autres, où les vides remplis par le ciment se trouvent réduits au minimum. Généralement, quand ils sont ravinés, les parties saillantes vont toujours en s'amincissant et présentent une succession d'arêtes effilées du plus triste aspect, ou bien une suite d'aiguilles ou de pyramides d'un effet pittoresque ; quelques-unes de ces pyramides ont jusqu'à 40 m. de hauteur ; elles sont ordinairement coiffées d'une large pierre plate qu'on a appelée chapeau dans le pays et qui leur a fait donner le nom de demoiselles. Ces terrains de transport sont dus, selon M. Cézanne, aux forces glaciaires, et d'après M. Costa à l'action torrentielle des temps préhistoriques.

En résumé, tous les terrains dont je viens de parler, à part les roches primitives, forment des masses peu solides et facilement altérables ; certaines d'entre elles sont même tellement friables qu'elles se délitent sous l'influence seule du soleil, sans le concours de l'humidité ni de la gelée ; on cite certaines variétés de calcaire qui présentent une grande dureté, qu'on a employées comme enrochements et qui, au bout de deux ans, étaient complètement transformées en terreau.

Il n'est donc pas étonnant que des torrents aient pu se former dans de pareils terrains ; et l'on remarque, du reste, qu'ils abondent dans les roches les plus tendres, qu'ils deviennent plus rares dans les roches plus compactes, et qu'ils manquent complètement dans les terrains primitifs.

Est-il besoin d'insister davantage pour démontrer l'influence de la nature du sol sur la formation des torrents. « Dans la vallée de la Romanche où le terrain devient primitif, dit M. Surell, les torrents cessent brusquement. On peut rencontrer là un contraste extrêmement remarquable. Une cascade (celle de Fréaux) marque le passage des calcaires aux gneiss. Du côté des gneiss la montagne se dresse à pic sur une hauteur de près de 500 m. et les cours d'eau se précipitent en cascades. Du côté des calcaires, le même revers s'incline suivant un profil accidenté, et les cours d'eau le creusent en y formant des torrents. Ceux-ci, à la vérité, ne sont pas remarquables par leur énergie ; mais l'influence de la nature du sol, observée sur ces deux terrains de formation différente, qui se touchent et sont soumis au même climat, n'en est pas moins démontrée d'une manière décisive. »

12. Influence de l'action climatérique. — Je passe à l'action climatérique.

L'expérience a démontré que les crues des torrents ne se produisent jamais qu'à la suite d'orages ou de fonte de neige. Or ces deux causes sont accompagnées dans les Alpes de circonstances qui les rendent plus dangereuses que dans les autres régions montagneuses.

Et d'abord les Alpes étant plus élevées pénètrent plus avant dans la région des hautes neiges, où se produit un amoncellement plus considérable ; de plus, quand le printemps ramène le soleil, la chaleur, à cause de la latitude, ne tarde pas à avoir une intensité suffisante pour opérer la fonte de ces neiges, laquelle est activée encore par l'arrivée des vents chauds qui soufflent du Sud, et la débâcle se fait en quelques jours.

D'autre part les pluies, étant très rares dans les montagnes, tombent, chaque fois qu'elles se produisent, en flaques énormes ; et la pureté du ciel étant l'état normal de l'atmosphère pendant six mois de l'année, il en résulte une grande sécheresse qui ne fait qu'augmenter l'appauvrissement de ces terres déjà si dénudées.

C'est surtout dans les Hautes-Alpes et dans la vallée de l'Ubaye (Basses-Alpes) que le climat est aussi dissolvant ; dans le département de l'Isère, les pluies deviennent plus fréquentes, et le climat se rapproche de celui du Nord. Ces différences vont nous donner une nouvelle preuve de l'influence de l'action climatérique sur la formation des torrents.

Dans la vallée de la Romanche, on rencontre les mêmes marnes noires que dans l'Embrunais, et cependant les torrents y sont beaucoup moins redoutables ; cela ne peut tenir évidemment qu'à ce fait que le sol, dans la vallée de la Romanche, se couvrant spontanément de végétation sous l'influence d'une atmosphère humide, donne moins de prise aux eaux pluviales.

Enfin, si l'on parcourt une vallée allant de l'Est à l'Ouest et présentant la même nature de terrains sur les deux versants, on remarquera presque généralement que les coteaux exposés au Sud sont plus infestés par les torrents que ceux tournés vers le Nord ; et il est bien certain qu'une pareille différence ne peut s'expliquer que par l'influence de l'exposition, qui tempère sur les versants tournés au Nord les effets pernicieux du soleil méridional.

La situation particulièrement mauvaise de l'Embrunais vient ajouter une dernière preuve à toutes celles que nous venons de donner. Cette contrée repose sur un calcaire feuilleté très tendre, et elle est placée sous le ciel de la Provence, deux circonstances tout à fait favorables à la formation des torrents. En allant du côté du Nord, on marche sur le même terrain, mais on trouve un climat plus humide ; en allant vers le Sud, le ciel est le même, mais les terrains ont plus de consistance. A Embrun, on trouve la triste coïncidence du plus mauvais terrain et du climat le plus funeste, dès lors il n'est pas étonnant que cette région présente un aspect aussi désolé.

13. La destruction des forêts favorise la formation des torrents. — Il nous paraît donc suffisamment démontré que c'est à la nature géologique du sol et à la situation climatérique des Alpes qu'est due la formation des torrents. Il est facile en outre de reconnaître que la naissance d'un certain nombre d'entre eux ne remonte pas au-delà des temps historiques. — Dans la vallée du Devoluy, par exemple, on a été obligé de construire une digue pour contenir les eaux d'un torrent qui menace une église bâtie au XIIIe siècle, et l'on ne peut admettre que l'église eût été construite sur ce point si le torrent avait existé à cette époque. On pourrait multiplier les exemples de formations plus récentes encore.

Mais alors comment se fait-il que les mêmes eaux, qui pendant de longs siècles sont restées sans effet sur un terrain, commencent à l'attaquer aujourd'hui ? Comme la nature du terrain n'a pas changé, il faut que de nouvelles circonstances soient venues apporter une modification aux conditions primitives. Or, en parcourant les montagnes, on voit, à côté de torrents redoutables, d'autres torrents presqu'inoffensifs ; et cependant le climat, l'exposition, la nature géologique du terrain sont les mêmes. Quelques-uns, aujourd'hui inoffensifs, montrent, par la dimension de leurs lits de déjection, qu'autrefois ils étaient en pleine activité, rongeaient la montagne et recouvraient la vallée de leurs dépôts. D'où vient cette différence? Pour s'en rendre compte, il suffit d'examiner les bassins de réception.

Lorsqu'on voit des torrents en activité, on remarque toujours que les terrains au milieu desquels ils se forment sont dépouillés d'arbres et de toute espèce de végétation touffue. On voit même des revers récemment déboisés où se sont formées déjà de petites ravines qui vont en s'élargissant et donneront bientôt naissance à un torrent.

D'un autre côté, partout où les bassins de réception sont boisés, les torrents n'existent pas ou n'existent plus. Il serait facile de donner de nombreux exemples, car chaque torrent porte avec lui son enseignement. On peut d'ailleurs interroger les habitants de la montagne : on entend souvent raconter que sur tel ou tel coteau, aujourd'hui nu et dévoré par les eaux, existaient de belles forêts sans trace de torrent.

Dans bien des terrains ravinés et dépouillés de toute végétation, on rencontre souvent des souches de pin ou de mélèze qui attestent qu'à une époque peu reculée ils étaient recouverts par de magnifiques forêts. Il y a peu de temps encore on arrachait ces souches pour se procurer du bois de chauffage au moment des pâturages.

Aussi, dès l'année 1841, M. Surell, dans son ouvrage devenu classique, émettait-il les principes suivants qui sont hors de discussion aujourd'hui :

1° La présence d'une forêt sur un sol empêche la formation d'un torrent ;

2° La destruction d'une forêt livre le sol en proie aux torrents.

Il expliquait ces faits de la manière suivante (je cite textuellement) :

« Quand les arbres se fixent sur un sol, leurs racines le consolident en l'enserrant de mille fibres ; leurs rameaux le protègent, comme une tente, contre le choc violent des ondées. Leurs troncs, et en même temps les rejetons, les broussailles, le gazon et cette multitude de végétaux de toute espèce qui croissent à leurs pieds, opposent des obstacles accidentés aux courants qui tendraient à l'affouiller. L'effet total est de recouvrir le sol, meuble par lui-même, d'une enveloppe plus solide et moins affouillable. En outre, elle divise les courants et les disperse sur toute la superficie du terrain, ce qui les empêche de se concentrer en masse dans les creux du thalweg, ainsi que cela arriverait si elles couraient librement sur les surfaces lisses d'un terrain dénudé. Enfin, elle absorbe une partie des eaux, qui s'imbibent dans l'humus spongieux, ce qui diminue d'autant la somme des forces d'affouillement.

« Il suit de là qu'une forêt, lorsqu'elle s'établit sur une montagne, en modifie réellement la superficie, qui, seule, est en contact avec les causes atmosphériques ; et toutes les conditions se trouvent alors modifiées, comme elles le seraient si au premier terrain on avait substitué un terrain totalement différent. Dès lors, il n'est pas plus étonnant de voir le même sol, tour à tour infesté ou libre de torrents, selon qu'il est dépouillé ou revêtu de forêts, qu'il n'est étonnant de voir les torrents cesser dans les roches primitives ou resurgir brusquement dans les calcaires friables. »

14. Influence de la destruction des pâturages. — La destruction des pâturages est venue ajouter ses désastreux effets à ceux provenant de la suppression des forêts. Depuis un temps immémorial, les communes des Alpes afferment leurs montagnes aux bergers de la Provence, qui amènent au printemps des troupeaux de moutons dont l'importance est en désaccord avec les maigres terrains qui doivent les nourrir. Ces troupeaux, qu'on désigne dans le pays sous le nom de *transhumants*, dévorent l'herbe jusqu'à la racine, foulent et écrasent les jeunes arbres, piétinent le sol qui, soulevé par des milliers de sabots étroits et pointus, est bientôt entraîné par les eaux. M. de Kirwan, dans l'excellent article intitulé *Montagnes et torrents* [1], évalue à 500.000 le nombre des moutons qui viennent habituellement se fixer pendant l'été dans les Alpes occidentales, tandis qu'il n'y a que 150 à 160.000 bêtes à laine indigènes. Il fait

---

[1] *Revue des Questions scientifiques*, publiée par la Société scientifique de Bruxelles. — *Montagnes et torrents*, par M. Ch. de Kirwan.

très bien ressortir ce fait que les dégâts causés par les transhumants sont bien plus désastreux, en mettant même le nombre de côté, que ceux produits par les moutons du pays. « Sur le sol rocailleux des plaines de la Provence, dit-il, l'herbe est rare ; et les moutons, pour y vivre, doivent, à l'aide des pattes et du museau, soulever les pierres pour dévorer la racine même des plantes. Ils transportent dans les Alpes cette habitude dont les conséquences sont incalculables. De plus, ils sont affamés par une longue route, et ils ne laissent aucune trace de l'herbe naissante. »

Ce n'est pas que les moutons indigènes soient inoffensifs ; comme les autres, ils ont les pieds coupants et l'habitude de manger l'herbe par un mouvement saccadé du museau, deux circonstances très défavorables au point de vue qui nous occupe ; les dégâts causés par leur pâturage viennent s'ajouter à ceux des troupeaux étrangers.

Il faut tenir compte aussi des chèvres ; celles-ci sont au nombre de 150.000 ; et à certains égards, la chèvre est plus nuisible que le mouton ; elle peut grimper sur les rochers les plus escarpés et causer des ravages sur des points que ne peuvent atteindre les autres animaux. Quand elle s'échappe dans les forêts qui avoisinent les pâturages, elle ronge les tiges des jeunes arbres et leur fait d'autant plus de mal qu'elle peut les atteindre à une grande hauteur en se dressant sur ses pattes de derrière.

Ainsi, *en résumé*, la cause primitive de la formation des torrents dans les Alpes est le déboisement et l'abus du pâturage. Les terrains sur lesquels reposent ces montagnes étant facilement attaquables par les agents atmosphériques une fois qu'ils sont découverts, sont à un moment donné entraînés par les eaux dont la violence, grâce à la situation climatérique, est plus grande que dans d'autres contrées.

CHAPITRE IV

ORIGINE DES MATIÈRES CHARRIÉES

Les matériaux transportés par les torrents proviennent des causes suivantes :

1° La chute de débris de rochers situés à des altitudes supérieures à celles de la végétation ;

2° Les glaciers et les avalanches ;

3° L'affouillement ;

4° L'action destructive des agents atmosphériques ;

5° L'action dissolvante de l'eau sur les terrains argileux.

15. Chute des débris de rochers. Clappes ou casses. Cônes d'éboulis. — La première source des matériaux transportés par les torrents est donc la désagrégation des roches qui forment les crêtes des bassins de réception ; les agents atmosphériques, chaleur, humidité, pluie, grêle, gel, dégel, détruisent la cohésion des roches les plus dures, et journellement des débris se détachent des escarpements ; quelquefois des pans entiers de rochers s'écroulent avec fracas ; ces débris se réunissent peu à peu au fond du goulot, et forment des approvisionnements considérables prêts à être entraînés. Les grandes pluies et la grêle sont surtout très à craindre ; les eaux, que rien n'arrête sur ces versants à fortes pertes, se concentrent dans la moindre dépression et entraînent les terres qui servent d'appui aux roches. Les effets de la grêle sont terribles dans certains terrains ; il se produit un déchaussement autour des pierres qui, perdant simultanément leur assiette, se précipitent dans un temps très court au fond de chaque ravin. Les habitants du pays appellent *clappes* ou *casses* les espaces plus ou moins recouverts par ces débris.

Ces derniers se disposent sous forme de cônes, que M. Ph. Breton a nommés *cônes d'éboulis*. Ces cônes recouvrent sans interruption les flancs de la plupart des montagnes, depuis les crêtes rocheuses jusqu'au fond des vallées. Leurs sommets, rangés à des hauteurs à peu près égales et à la file les uns des autres, au pied de la roche nue, sont très nombreux et bien distincts. Mais, à mesure qu'ils s'élargissent en descendant, ils se recouvrent mutuellement en s'aplatissant, et finissent par ne plus former tous ensemble qu'une surface inclinée à 3 de base pour 2 de hauteur et ondulée dans le sens transversal.

16. Glaciers et avalanches. — Ces grandes masses de glace, de neiges successivement fondues et congelées, qu'on appelle *névés*, remplissent, aux altitudes où règne un hiver éternel, les moindres dépressions de terrains et s'accumulent dans de vastes cirques ; elles coulent le long des pentes, à l'instar des fleuves, mais avec plus de lenteur, jusqu'à ce qu'elles atteignent leur point de fusion, point qui varie avec la latitude, l'époque de l'année, la largeur de la vallée, etc.

Ce mouvement des glaciers ne peut s'exécuter sans corrosion du fond et des berges de leur lit, sans entraînement de sables, de galets et de fragments de toutes dimensions qui s'accumulent sur la surface glacée, et qui marchent avec elle. Ces matériaux sont tantôt rejetés sur les bords et forment ces longues traînées que l'on appelle *moraines latérales ;* tantôt ils suivent le cours, toujours plus rapide, du milieu du glacier et s'arrêtent en tombant au pied de l'escarpement terminal, là où le point de fusion, liquéfiant ses névés et ses blocs, met obstacle à sa progression ultérieure ; la limite extrême de celle ci est ainsi formée par un amoncellement de pierres de toutes grosseurs, qui barrent toute la largeur du lit et qui constituent la *moraine frontale.*

Cette action destructive des glaciers est accrue par le déplacement de leur extrémité inférieure, qui remonte pendant chaque été pour redescendre chaque hiver ; elle peut varier aussi avec les fluctuations passagères du climat. M. Cézanne cite un très remarquable exemple de ces oscillations. Dix ou douze glaciers se présentent en panorama sur le revers méridional du Mont-Blanc ; du sommet du Cramont ou du col de la Seigne, on les voit, partant de la même crête, s'épancher par les déchirures de la montagne ; quelques coulées plus puissantes sortant de gorges plus profondes et plus ramifiées, arrivent jusqu'au bas de la vallée ; il en est même qui la traversent et appuient leur moraine terminale contre le flanc de la montagne opposée, tandis que les premiers, issus de déchirures plus larges mais moins profondes et recevant moins d'affluents, restent suspendus à mi-hauteur comme des cataractes pétrifiées.

Il est des cas où, par une coïncidence de circonstances défavorables, ou à cause de la rapidité des oscillations, un glacier peut causer de véritables catastrophes, déraciner des forêts, entraîner les arbres, les mutiler et les rejeter dans le torrent qui fait suite. C'est ce qui est arrivé en septembre 1848, au glacier d'Aletsch, qu'alimente le cirque de la Jungfrau : sur un parcours de 4 kilomètres, toute une forêt de sapins fut ravagée, et les arbres détruits étaient âgés de plus de 200 ans.

Ajoutons bien vite que ces cas ne se présentent pas fréquemment ; et comme l'entraînement des moraines ne se produit généralement que lorsqu'elles ont été mises à découvert par un mouvement de recul du glacier, et que d'autre part elles sont en forme de digues, l'enlèvement ne se fait que petit à petit. Aussi les glaciers sont-ils moins à craindre, dans les crues exceptionnelles des torrents, que les neiges non perpétuelles qui fondent en été. Celles-ci donnent naissances à des avalanches ou à des débâcles partielles sur les rampes des montagnes.

La neige reste immobile tant que le sol est gelé, et même à la température de la glace fondante tant qu'elle repose sur le sol par toute sa surface. Mais pendant le dégel, chacun le sait, les grands amas de neige fondent bien plus vite par dessous que par dessus, et cela tient à ce que l'eau de fusion, plus lourde que la neige, atteint rapidement les parties inférieures et attaque ainsi l'amoncellement par sa base, de sorte qu'au bout d'un certain temps une partie de cet amoncellement ne repose plus sur le sol que par quelques points d'appui disséminés. Ceux-ci, corrodés continuellement par l'eau qui ruisselle, finissent par céder. A ce moment deux phénomènes peuvent se produire.

Soit P le poids de l'amas de neige qui vient de perdre l'équilibre, et α l'angle d'inclinaison du sol sur lequel il repose. Le poids P peut se décomposer en deux forces, l'une $P \sin \alpha$ parallèle au sol et l'autre perpendiculaire P cos α (fig. 18). Cette dernière donne

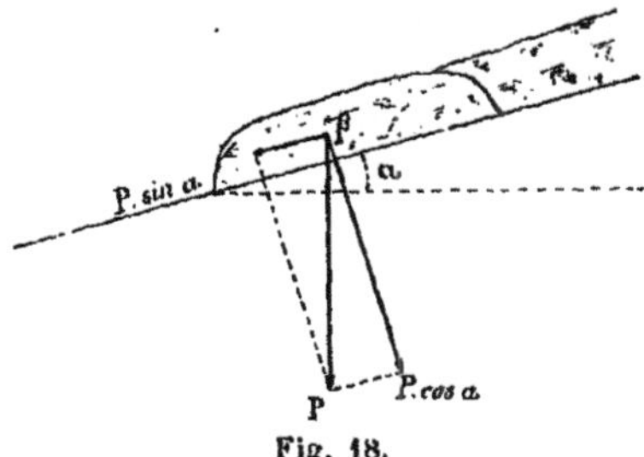

Fig. 18.

lieu (voir art. 42) à une résistance de frottement fP cos α, f étant le coefficient de frottement de la neige sur elle-même.

Si la force d'entraînement P sin α est plus faible que la résistance fP cos α, c'est-à-dire si la pente $tg\ α$ du bassin est plus petite que le coefficient de frottement f, l'amas de neige considéré restera en place en s'asseyant sur de nouveaux appuis. Dans le cas contraire, il glissera, et l'éboulement qui en résultera se propagera à d'autres masses qui étaient sur le point de perdre l'équilibre, et qui finiront elles-mêmes par se mettre en mouvement. Si l'une de ces grandes plaques était retardée dans sa marche, celle qui vient par derrière la pousserait. Du reste, tous ces amas mobiles prennent bientôt un mouvement de rotation qui augmente l'accélération.

Fig. 19.

Les neiges ainsi ébranlées dans toute l'étendue de leur bassin, descendent dans le thalweg; puis, en vertu de la vitesse acquise, se précipitent périodiquement par l'orifice B, dans un couloir E qui est le prolongement de ce thalweg ; dans leur passage, elles arrachent chaque fois des débris qu'elles entraînent avec elles, et finissent par s'arrêter, au fond d'une vallée, sous la forme d'un cône ordinairement tout noir à la surface, par suite des particules de terre ou de pierres broyées et réduites en boues qu'elles ont charriées (fig. 19).

Ce cône, dont les pentes sont réglées par le frottement de la neige sur elle-même, se laisse bientôt percer par les eaux tièdes qui arrivent sur son sommet et qui sont fournies par l'égouttage du bassin d'où l'avalanche vient de descendre. Ces eaux, en se refroidissant au contact de la neige, deviennent de plus en plus lourdes jusqu'à ce qu'elles atteignent la température de 4° ; les filets qui descendent au-dessous de cette température deviennent plus légers par ce fait même, remontent dans la masse et, en se mêlant à de l'eau plus chaude, reviennent à 4o et retombent. Il en résulte que le travail de fusion se trouve concentré au point le plus bas de l'espace occupé à chaque instant par l'eau, et que celle-ci, par suite, parvient à se faire jour sous l'avalanche en la perçant depuis le sommet jusqu'au pied.

Fig. 20.

L'eau de fusion s'étant ainsi ouvert un trou à la base des dépôts, toute la neige finit par se liquéfier et par disparaître en suivant cette voie. Alors il ne reste plus que les matières solides, pierres et végétaux, que l'avalanche a entraînées, les plus légères occupant les parties hautes, et qui sont disposées sous la forme d'un cône. Ces débris s'accumulent chaque année, et finissent par former un cône complet G (fig. 20), que l'on nomme *cône d'avalanche*.

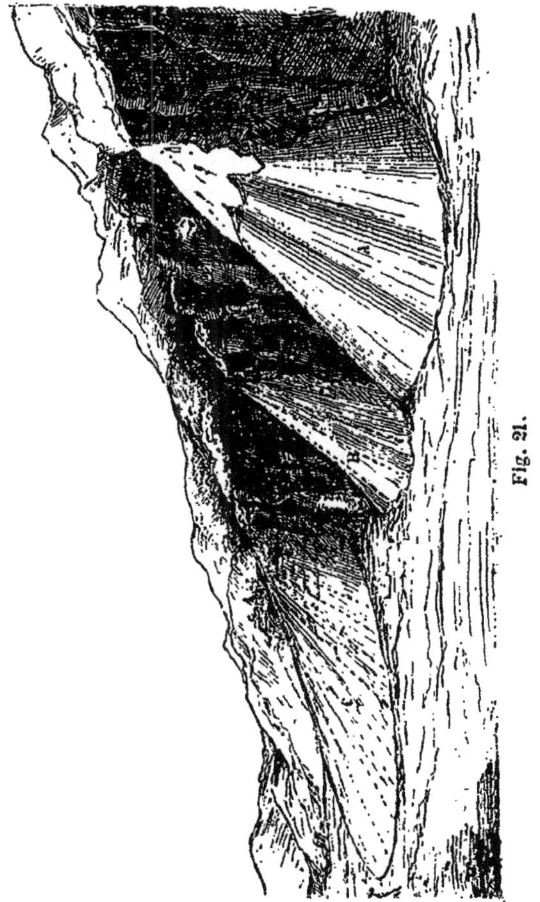

La pente des cônes d'avalanche est intermédiaire entre celle des cônes d'éboulis et celle des lits de déjection des torrents; de plus elle est toujours un peu plus faible que celle des cônes neigeux dont les premiers ne sont que les résidus. Il en résulte que l'avalanche descend rarement jusqu'au pied de l'amoncellement terreux. Alors les populations, toujours imprudentes, construisent des maisons, quelquefois des villages entiers, à la partie inférieure des dépôts. Plus tard, quand arrivera une masse extraordinaire de neige, toutes ces habitations seront englouties, sans qu'on puisse leur porter secours.

Ces catastrophes sont heureusement très rares, mais il arrive souvent que la masse de neige, entassée à proximité du pied des cônes, est assez considérable pour se maintenir jusqu'aux chaleurs de l'été ; puis, s'il survient une pluie d'orage, la fusion s'opère avec une extrême rapidité, et une grande quantité de matériaux peut être entraînée dans le lit d'un torrent.

De tout ce que nous venons de dire il résulte que les avalanches ne sont pas des phénomènes isolés et imprévus. Elles ne peuvent prendre naissance que dans des terrains concaves et dont la pente, comme nous venons de le voir, soit supérieure au coefficient de frottement de la neige sur elle-même. Il faut, de plus, que le thalweg soit assez incliné pour que l'amas neigeux, en passant, ne perde pas trop promptement sa vitesse.

Si, dans les cirques supérieurs à un bassin d'avalanche, il y a des neiges persistantes, il coule toute l'année un petit torrent, soit dans le couloir, soit à la rencontre du cône avec un cône voisin. Dans ce cas il se forme un cône intermédiaire C et une avalanche qui l'alimente (fig. 20).

La fig. 21 montre en A un cône d'avalanche coiffé de ses cônes neigeux, en B un cône d'éboulis et en C un lit de déjection de torrent.

17. Affouillements. Éboulements. — Il faut distinguer deux sortes d'affouillements : l'affouillement *longitudinal* et l'affouillement *latéral*. Le premier se produit dans le sens du profil en long, et l'autre dans le sens du profil en travers.

L'affouillement longitudinal fournit à l'entraînement non seulement les matériaux qu'il enlève directement au fond du lit, mais aussi ceux qui proviennent des *éboulements* produits par son action indirecte sur les berges. Quand, en effet, un torrent n'a pas été en crue pendant un certain nombre d'années, les talus, par suite des intempéries des saisons, se sont dégradés à la surface ; les blocs, les terres et les blocailles se sont détachés et ont glissé vers le cours d'eau, de sorte que les berges finissent à la longue par prendre les pentes *ac, bd*, qui leur conviennent (fig. 22). Supposons maintenant qu'à la suite d'une crue, un affouillement se soit produit dans le sens longitudinal, sans que la surface supérieure ait été altérée ; le fond du lit se trouvera transporté de *ab* en *a'b'*, et si l'on mène par les points *a'* et *b'* des parallèles à *ac* et à *bd*, les volumes de terre *aa'mc, bb'nd* n'auront plus d'assiette et tendront à s'ébouler dans le fond du torrent. L'enlèvement du prisme de terres et blocs dont la section droite est *aa'b'b* sera dû à l'action directe de la puissance affouillante ; l'éboulement des prismes *aa'mc, bb'nd* en sera la conséquence indirecte.

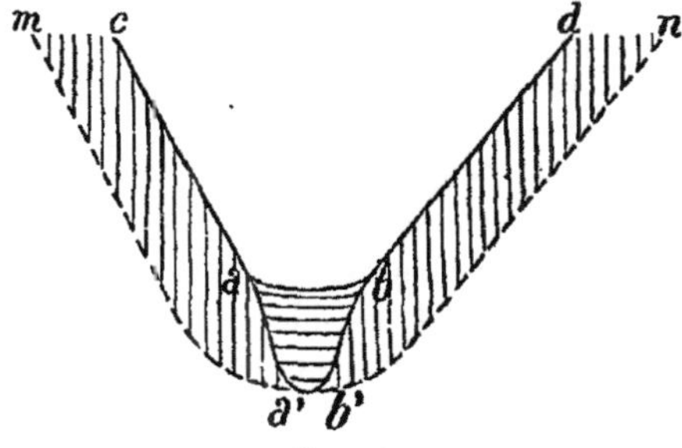

Fig. 22.

L'affouillement latéral se produit lorsque les eaux d'une crue, rejetées de l'axe du thalweg par une cause quelconque, sont projetées contre les berges et en minent le pied. Ces affouillements provoquent des éboulements semblables à ceux que nous venons de décrire.

18. Action destructive des agents atmosphériques. Décapage. — J'ai dit, dans le chapitre précédent, que la plupart des roches que l'on rencontre dans les Alpes sont très facilement décomposables sous l'influence des agents extérieurs ; j'ai ajouté que certaines d'entre elles sont tellement friables qu'elles se délitent sous l'influence seule du soleil ; j'ai cité en particulier les calcaires du lias, qui en s'effritant subissent une décomposition chimique qui en accélère la désagrégation, et les marnes argilo-schisteuses du lias qui, malgré leur dureté, finissent par se transformer en boue. Ces roches sont poreuses, et, dès qu'elles sont exposées à l'air sec, elles laissent évaporer une partie de l'eau renfermée dans leurs pores. Cette dessiccation produit des retraits qui divisent la masse en fragments. Ces retraits pouvant être inégaux, les fragments qui se sont formés se courbent, et cette courbure agrandit les fissures ; d'où résulte une augmentation apparente du volume de la masse fendillée. Lorsque les fragments se gonflent ensuite sous l'influence de l'humidité, ils ne peuvent se recoller, quoiqu'ayant repris leur volume, à cause des petits dérangements qu'ils ont subis pendant la sécheresse. La masse reste fendillée, et, le même phénomène se renouvelant à chaque alternative de sécheresse et d'humidité, les fissures deviennent de plus en plus nombreuses ; la roche se convertit à la fin en une masse peu cohérente, susceptible de se transformer en pâte, puis en boue.

Des effets analogues sont produits par les variations de la température sur les roches formées d'éléments divers, ou bien sur celles dont les principes sont les mêmes, mais subissent des dilatations inégales ou de sens différent.

Je ne citerai que pour mémoire l'action simultanée de l'eau et de la gelée, qui fait éclater les roches, même les plus dures, cette action étant connue de tout le monde.

Grâce à toutes ces actions destructives, les berges des torrents se décapent lentement, mais sûrement ; les éboulements partiels qui résultent de ce décapage, quoique d'un volume bien inférieur à ceux provenant de l'affouillement, n'en fournissent pas moins une quantité relativement importante de matériaux prêts à être entraînés par les crues.

19. Action dissolvante de l'eau sur les terrains argileux. Glissements. — Chacun connaît les propriétés physiques de l'argile. Elle est essentiellement imperméable ; l'eau qui y séjourne la ramollit sur une épaisseur plus ou moins grande, mais ne la traverse pas, et lui fait subir un foisonnement notable.

Soumise ensuite à la dessiccation, elle éprouve un retrait correspondant et reprend son volume primitif, mais en se fendillant.

L'argile sèche ou légèrement humide possède une très grande cohésion ; elle a l'aspect et la ténacité des roches tendres ; cette cohésion ne peut être détruite que par un effet de traction considérable. La rupture a lieu de préférence suivant certaines surfaces préexistantes, nommées *délits*, qui présentent un aspect savonneux.

Lorsque l'argile s'imprègne d'eau, sa cohésion diminue, et elle finit par se transformer en bouillie absolument molle.

Ce sont ces propriétés de l'argile qui sont la cause de presque tous les glissements.

Il y a lieu de distinguer les glissements superficiels et les glissements de fond.

Les premiers sont dus à la présence d'un talus dont la surface est argileuse. La terre se sature d'eau et devient assez fluente pour couler ; ou bien se gonfle par l'humidité et éprouve, en se desséchant, un retrait qui la fendille et la divise par petits fragments, formant une masse sans cohésion qui tend à couler vers le fond du torrent.

Les glissements de fond se produisent lorsqu'une couche perméable de terre est superposée à une couche d'argile. Trois cas peuvent se présenter :

Premier cas. — Il peut arriver qu'il existe une fente AB dans la masse d'argile (fig. 23). L'eau qui a traversé la couche perméa-

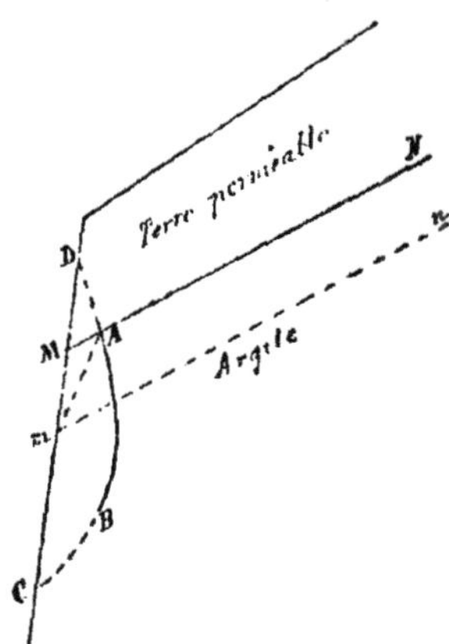

Fig. 23.

ble s'arrête à la surface MN de la couche imperméable et pénètre dans la fente. Elle exerce alors sur ses parois une pression hydrostatique considérable qui pousse au vide du côté de la tranchée et finit par détruire la cohésion de l'argile suivant la ligne BC où sa résistance est la moindre. Ce phénomène est favorisé par la présence des délits. Le prisme ABCM est projeté au dehors et tombe sur le talus, entraînant la portion AMD du terrain perméable qui est au-dessus.

Deuxième cas. — L'eau qui est parvenue à la surface de séparation MN tend à sortir en M et à s'écouler sur le talus. S'il arrive qu'il y ait en M une obstruction, elle ne peut couler et séjourne sur la surface MN. L'argile qui se trouve au-dessous se ramollit sur une épaisseur M*mnN* de plus en plus grande, et devient assez fluente pour ne plus tenir sous l'inclinaison MN. Un prisme *m*AM s'écroule sur le talus, entraînant dans sa chute une portion de terre à laquelle l'argile servait de support.

Troisième cas. — Si la surface de séparation MN est très inclinée, il peut arriver que la couche superposée vienne à glisser lorsque l'argile est délavée. Soit P le poids de la terre superposée ; ce poids se décompose en deux forces, l'une P cos α normale à la surface MN, l'autre P sin α qui lui est parallèle et tend à entraîner la masse vers le vide. Cette masse est retenue par le frottement fP cosα : il peut y avoir glissement si f est $<$ tg α (fig. 24).

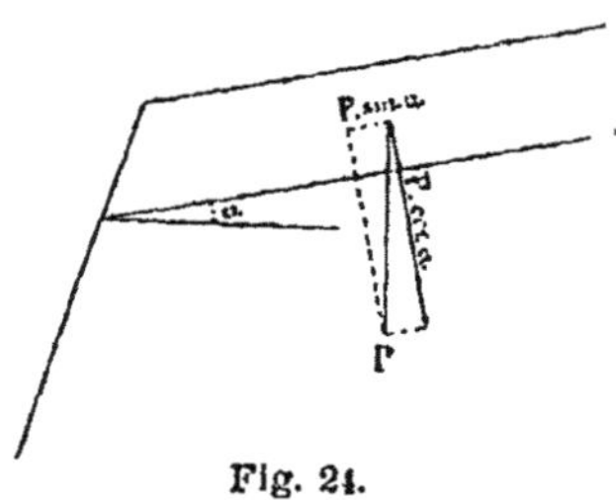

Fig. 24.

Cette dernière circonstance ne se présente pas souvent ; le glissement des couches l'une sur l'autre suppose à la surface MN une inclinaison ou un degré de ramollissement également rares. Dans la plupart des glissements constatés, on a trouvé le banc de suintement de l'eau, non pas au-dessous, mais vers le milieu de la partie écroulée, comme dans la fig. 23. Il peut y avoir glissement toutefois lorsqu'une couche très mince d'argile est interposée entre le terrain perméable et un sous-sol rocheux ; alors cette couche mince se sursature d'eau et tombe en bouillie.

Le second cas se présente surtout pendant les gelées. L'humidité dont est imprégné le talus se congèle et en transforme la surface, sur une certaine épaisseur, en une masse dure et compacte, qui s'oppose à la sortie des eaux intérieures. Ces eaux sont d'ailleurs d'autant plus abondantes à ce moment-là que le sol est recouvert de neige. Lorsque le dégel arrive, la résistance disparaît ; mais ce n'est plus seulement de l'eau, c'est de la boue argileuse qui descend sur le talus.

Les fentes internes indiquées au premier cas peuvent préexister sous la forme de délits, ou provenir des alternatives d'humidité et de sécheresse qui, après avoir fait gonfler l'argile, lui font éprouver un retrait avec fissures. Elles sont surtout à craindre dans le cas où l'écoulement de l'eau à la surface séparative est intermittent.

Les glissements dans les contrées torrentielles sont favorisés par l'affouillement et par l'enlèvement incessant, produit par les eaux, des matières qui tombent au fond du lit. La masse qui descend peut quelquefois trouver une assiette stable, et dans ce cas le mal est suspendu, quelquefois même guéri ; c'est ce qui arrivera chaque fois que la tranche inférieure pourra s'appuyer sur le fond du torrent supposé à sec ou même sur la rive opposée. Mais la crue suivante enlèvera tout ce qui gêne son passage, et le glissement recommencera. De là une série de crevasses en aval desquelles le terrain s'incline suivant une pente contraire à celle des versants, et par suite une succession de dépressions dans lesquelles viennent s'entasser les neiges chassées par le vent. Au printemps, les eaux de fusion ne pouvant s'écouler facilement à la surface, pénètrent dans les crevasses, et une fois arrivées sur les plans de glissement deviennent un puissant auxiliaire des crues.

20. Nouvelle classification des torrents. — *En résumé,* un torrent peut être alimenté par des matériaux provenant de cônes d'éboulis, de glaciers, de cônes d'avalanches, du creusement du lit, d'éboulements produits soit par l'affouillement longitudinal soit par l'affouillement latéral, du décapage des berges sous l'influence des agents atmosphériques, et enfin de glissements dus à l'action dissolvante de l'eau sur l'argile, et entretenus par l'affouillement.

Cette multiple source de matières charriées a amené M. Demontzey à donner des torrents la classification suivante :

1° *Torrents à affouillement,* les torrents qui ne charrient et ne déposent que les matériaux qu'ils ont arrachés eux-mêmes aux flancs des montagnes (creusement du lit, éboulements, décapage, glissements) ;

2° *Torrents à cluppes ou à casses,* ceux qui, outre les produits de l'affouillement, charrient les débris de rochers tombés dans leur lit (cônes d'éboulis et cônes d'avalanches) ;

4° *Torrents glaciaires,* ceux qui prennent naissance à la terminaison des glaciers.

21. Classement des matières transportées par les torrents. Laves. — M Surell divise en quatre classes les matières transportées par les torrents : *boue, gravier, galets, blocs.*

La *boue* entraînée par les torrents provient surtout, comme je l'ai dit précédemment, des marnes du lias ; elle communique aux eaux sa couleur qui le plus souvent est noire, mais quelquefois grise. Il arrive fréquemment, vers le commencement des crues, que les eaux surchargées de cette boue coulent sous la consistance d'un liquide épais et visqueux, s'avançant lentement en se ramifiant ; et quand elles rencontrent des obstacles peu élevés, elles s'accumulent derrière eux et finissent par les surmonter. C'est ainsi que procèdent les laves volcaniques ; aussi dans le pays a-t-on donné le nom de *laves* à ces sortes de coulées. Ces laves ont un poids spécifique beaucoup plus considérable que celui de l'eau. Il résulte de l'expérience que, dans la plupart des cas, le volume de l'eau ne dépasse guère $\frac{1}{10}$ du volume total de la lave et que le poids d'un mètre cube de cette lave atteint 1.800 kilogrammes.

Le *gravier* comprend les pierrailles de toute nature depuis la grosseur d'un grain de sable jusqu'à celle des matériaux servant à l'empierrement des chaussées.

Les *blocs* comprennent les pierres qui ont plus de 0,25 de diamètre ou de côté, et les *galets* sont compris entre les graviers et les blocs. Ceux-ci atteignent quelquefois des dimensions énormes, ils proviennent des berges ou de quelque clappe voisine ; il n'est pas rare, en remontant la berge d'un torrent, d'en trouver qui mesurent 50 à 60 mètres cubes, et que l'on exploite comme des carrières.

CHAPITRE V

MODE DE TRANSPORT ET DE DÉPOT DES MATIÈRES CHARRIÉES

28. Conditions générales de l'entraînement. Vitesse-limite. — Par suite de la désagrégation des roches qui forment le bassin de réception d'un torrent, et par suite aussi de l'érosion des berges, des débris de diverses grosseurs se trouvent accumulés dans la gorge.

Dans l'état ordinaire du torrent, ces matières sont au repos, en faisant abstraction toutefois du sable dont l'eau conserve toujours quelques particules. L'équilibre s'est établi entre l'action de l'eau et la résistance du lit.

Mais s'il survient une crue, la force d'entraînement du courant augmentant, l'équilibre se détruit et le mouvement recommence.

On conçoit qu'il est impossible de donner la loi précise de ce mouvement ; mais on peut toujours, si l'on connaît d'une part la force qui tend à entraîner les galets tapissant le lit du torrent, et d'autre part la résistance opposée par ces galets à l'entraînement, exprimer les conditions générales du mouvement.

Or, nous avons vu, dans l'article 7, qu'un corps au repos plongé dans un liquide en mouvement éprouve, de la part de ce liquide, une impulsion proportionnelle à la surface choquée, au poids spécifique du liquide et au carré de la vitesse.

Pour que ce corps puisse être déplacé, il faut que la résistance qu'il oppose à la force du courant soit inférieure à celle qui tend à l'entraîner. Cette résistance dépend du poids spécifique, du volume, de la forme et de la position du corps choqué.

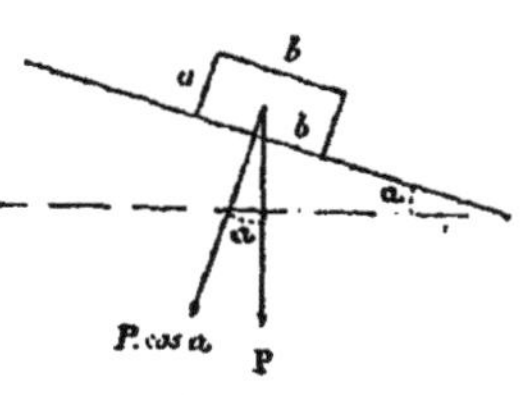

Fig. 25.

Cela étant, je considère d'abord un corps prismatique soumis à l'influence du courant et reposant sur le fond du lit ; soit d le poids d'un mètre cube de ce corps, b sa longueur dans le sens du courant, a et c les deux autres dimensions dont le produit exprime la surface choquée; soit enfin u la vitesse moyenne du courant (fig. 25).

L'impulsion produite par le choc de la veine fluide est égale, d'après ce que nous avons dit, à :

$$(K + K')\pi ac\frac{u^2}{2g}.$$

Nous savons que $K = 1,19$ et que K' varie suivant la longueur b. Comme il serait superflu, dans la question qui nous occupe, d'attribuer, pour chaque pierre que l'on considérerait, une valeur différente à K', faisons ce dernier coefficient égal à 0,31, ce qui correspond sensiblement au cas du cube.

Dans ces conditions, l'expression précédente deviendra :

$$1,50\pi ac\frac{u^2}{19.62} = 0,076\,\pi acu^2.$$

D'un autre côté la force qui résiste n'est pas autre chose que le frottement, dont la valeur est le produit du coefficient f de frottement par la pression normale que le corps exerce sur le fond du lit. Or si P est le poids de ce corps, et α l'inclinaison du fond sur l'horizontale, la pression normale sera égale à P cos α, et le frottement à f P cos α. En vertu du principe d'Archimède, le poids P a pour expression $(d - \pi)abc$; la valeur définitive du frottement est donc :

$$(d - \pi)\,abcf\cos\alpha.$$

Cela étant, le mouvement aura lieu si la force d'impulsion est supérieure à la force de frottement, c'est-à-dire si l'on a :

$$0,076\,\pi\,acu^2 > (d - \pi)abcf\cos\alpha$$

ou

$$u^2 > \frac{(d - \pi)\, bf \cos \alpha}{0,076\, \pi}$$

ou enfin

$$u > \sqrt{\frac{(d - \pi)\, bf \cos \alpha}{0,076\, \pi}}\,.$$

Il y aura équilibre quand la vitesse moyenne u du courant sera égale à la quantité qui forme le deuxième membre de l'inégalité précédente ; cette quantité porte le nom de *vitesse-limite d'entraînement* du corps considéré.

Cette vitesse-limite augmente avec le poids spécifique du corps, avec la longueur de sa dimension parallèle à l'axe du courant, avec le coefficient de frottement. Elle diminue, au contraire, quand augmentent l'inclinaison du fond du lit et le poids spécifique du liquide. L'influence de ce dernier élément est très considérable. Supposons, en effet, pour fixer les idées, que le poids d'un mètre cube de liquide passe de la valeur 1000 à la valeur 1400, et admettons que le poids d'un mètre cube de pierre est de 2400 k. Le rapport $\dfrac{d - \pi}{\pi}$ sera égal à $\dfrac{1000}{1400} = 0,715$, tandis qu'avec de l'eau claire il serait de $\dfrac{1400}{1000} = 1,4$, c'est-à-dire environ deux fois aussi considérable.

Quand le cours d'eau est à l'état de lave, dont le poids spécifique peut atteindre 1,8, le rapport $\dfrac{d - \pi}{\pi}$ descend à la valeur $\dfrac{600}{1800} = 0,33$, ou le quart du chiffre convenant au cas de l'eau limpide. Ceci veut dire que, pour entraîner la même pierre, un courant de lave n'aura besoin que de la moitié de la vitesse qui serait nécessaire à l'eau claire.

Mais là ne se bornent pas les effets désastreux de la viscosité. Lorsqu'un bloc est empâté dans la lave, son poids effectif peut être mis en équilibre par les réactions du liquide visqueux. Nous allons prouver ce fait par un exemple très simple. Considérons une pierre cubique A, de 1 m. de côté, enfoncée de toute sa hauteur dans une lave. L'action qui s'exerce sur une face latérale quelconque est égale au poids d'une colonne liquide de 1 m. de base et de 0,50 de hauteur, c'est-à-dire à $\dfrac{\pi}{2}$ kilogr. ; et la somme des actions sur les quatre faces est égale à 2π, c'est-à-dire 3600

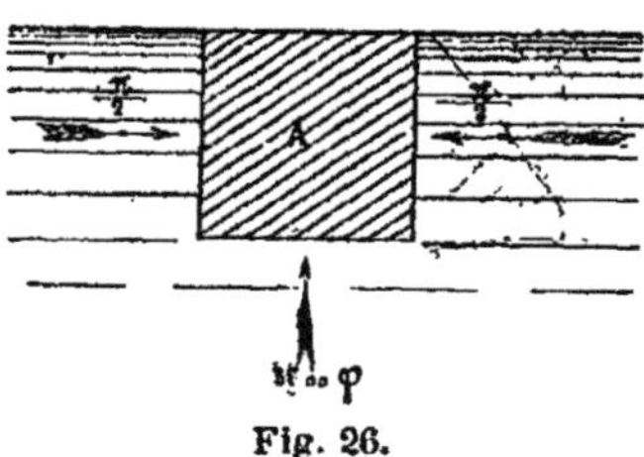

Fig. 26.

kilogr. Ces actions donnent lieu à une force de frottement égale à 3600 φ, φ étant le coefficient de frottement. Mais le poids effectif du bloc n'est que de 2400 — 1800 = 600 kg. ; il y aura donc équilibre si l'on a: 3600 φ=600, ou bien φ=0,167. Or le coefficient de frottement de l'argile mouillée sur la pierre est égal à 0,34 (fig. 26).

Ce calcul donne l'explication de ce fait très connu et rapporté par la plupart des personnes qui ont assisté à la descente d'une lave, à savoir que de très grosses pierres sont entraînées par cette lave sans toucher le fond du lit et semblent surnager à la surface. On comprend dès lors que rien ne puisse résister à l'entraînement d'une pareille matière, puisque des blocs d'un volume supérieur à 1 mc. peuvent rester en équilibre dans la masse pâteuse.

Mais revenons à l'eau claire. L'expression $\sqrt{\dfrac{(d - \pi)\, b f \cos\alpha}{0{,}076\pi}}$ peut permettre de calculer la vitesse-limite d'entraînement d'une pierre reposant sur le sol. Si la surface sur laquelle elle est appuyée est rocheuse, le coefficient de frottement sera égal à 0,76. Admettons que la dimension b de cette pierre soit égale à 0,30, et que la pente par mètre soit de 10 p. 0/0 ; la vitesse limite cherchée sera :

$$\sqrt{\frac{0{,}76 \times 1400 \times 0{,}30 \times 0{,}004}{0{,}076 \times 1000}} = 2^m{,}04 .$$

Un autre corps qui aura même volume que le précédent sera plus facilement entraîné si sa dimension b est plus petite ; cela résulte de la formule précédente, et c'était évident à priori : un galet plat reposant sur sa partie plate offrira évidemment plus de résistance que s'il était posé de champ. A la limite, si b se réduit à un point, c'est-à-dire si l'on a affaire à un corps sphérique, il faudra une bien faible vitesse pour l'entraîner. Telle est l'influence de la forme du corps.

Si le corps, au lieu de reposer sur le lit, est plus ou moins enfoncé, le coefficient f augmente, et avec lui la résistance à l'entraînement.

Enfin il est clair que si un galet est calé à l'amont, il sera plus facilement entraîné que s'il est calé à l'aval.

Cela étant, supposons qu'un liquide soit animé d'une vitesse plus grande que la vitesse-limite d'entraînement d'un caillou plongé dans son sein ; celui-ci commencera à se mouvoir. Pendant les premiers instants sa vitesse sera accélérée ; mais le filet d'eau, en poussant le caillou, lui cède une certaine quantité de mouvement et a, par conséquent, perdu de sa vitesse ; une fois que la quantité de mouvement gagnée par le caillou sera égale à celle perdue par le liquide, l'équilibre s'établira entre la force d'impulsion et la résistance ; et alors le mouvement du caillou deviendra sensiblement uniforme.

Il est évident d'ailleurs que ce mouvement sera d'autant plus rapide que l'excès de la vitesse du fluide sur la vitesse-limite d'entraînement sera plus considérable. Il en résulte que si des matières de grosseur, de forme et de pesanteur spécifique différentes sont emportées par le courant, leurs vitesses ne seront pas égales. Les plus volumineuses et les plus denses se mouvront avec plus de lenteur que les autres [1].

22. Saturation. — Je viens de dire que le choc du filet liquide contre le caillou qu'il tend à entraîner lui fait perdre une certaine quantité de mouvement, et par conséquent une partie de sa vitesse. On en conclut que plus les galets entraînés seront nombreux, plus sera ralentie la marche de la masse fluide qui les entraîne. Il en résulte également que le poids total des galets susceptibles d'être charriés par un courant d'une force d'entraînement déterminée, est limité.

Ce fait, que j'ai démontré dans l'article 5, a été, d'autre part, parfaitement mis en lumière par M. Scipion Gras :

« Considérons, dit-il, un cours d'eau exempt de matières étran-
« gères, ayant un régime constant pendant un certain temps, V
« étant la vitesse de ce régime.

« Imaginons que, sur un point de son cours, on verse d'une
« manière continue, et en proportion toujours croissante, des

---

1. Dans la théorie qui précède, nous avons négligé la composante P sin α, qui vient ajouter son effet à la force d'entraînement due au choc ; mais elle est très faible en comparaison de cette dernière.

« galets différents de forme et de densité, et répartis uniformé-
« ment sur toute la largeur du cours. En admettant qu'après une
« certaine addition de matières, le vitesse reste au fond plus
« grande que la vitesse-limite d'entraînement v correspondant à
« celui des cailloux qui a le plus de résistance, il est clair que
« ceux-ci seront tous emportés. Mais comme ils sont supposés
« versés d'une manière croissante, et que la vitesse V diminue
« en même temps que la proportion des galets augmente, il arri-
« vera nécessairement un moment où la vitesse du courant sera
« tellement près de devenir égale à V, que la moindre addition de
« matières fera disparaître la différence. Dès cet instant, le maxi-
« mum de cailloux susceptible d'être entraîné sera atteint, et on
« dira que le cours d'eau est saturé de matières de transport.
« En effet, toute nouvelle addition de graviers ayant pour ré-
« sultat de rendre la vitesse V égale ou inférieure à v, celui des
« galets dont l'équilibre au fond de l'eau correspondra à cette
« limite s'arrêtera forcément.

« Ainsi, l'on peut définir la *saturation* des matières de trans-
« port : un état tel que la moindre addition de matière entraîne
« un dépôt. »

Pour mieux faire ressortir encore cette définition de la saturation, qui est si importante dans l'étude des torrents, je vais
prendre un exemple, en m'appuyant sur la théorie que j'ai développée précédemment.

Je considère, dans un torrent, une section normale dont le
rayon moyen est égal à l'unité, et la pente par mètre égale à
0,06. Si l'on suppose que le courant qui passe dans cette section
est absolument exempt de matières étrangères, le facteur de la
vitesse est égal à 39,80 (voir la table numérique I) et, si l'on désigne par u cette vitesse, on aura :

$$u = 39,80 \times \sqrt{1 \times 0,06} = 9 \text{ m. } 75.$$

J'admets maintenant que le courant se charge progressivement
de matériaux et que la vitesse-limite d'entraînement des pierres
les plus grosses soit égale à 4 m. La saturation existera quand la
valeur de la vitesse moyenne aura passé de 9 m, 75 à 4 m. Or,
si je désigne par d le poids d'un mètre cube de pierres, et par η
le rapport qui doit exister entre le volume des matériaux et celui
de l'eau qui les entraîne pour que la vitesse diminue de 9 m, 75
à 4 m., je devrai avoir, d'après l'équation (10) :

$$4 = 9.75 \times \frac{1000}{1000 + \tau \times 1400}$$

Je tire de là :

$$4000 + 5600\, \eta = 9750$$

d'où :

$$\eta = \frac{5750}{5600}.$$

Ainsi, dans ce cas particulier, le cours d'eau sera saturé quand il charriera un volume de matériaux à peu près égal à son propre volume.

24. Affouillements et dépôts. Pente de compensation ou pente-limite. — Les articles précédents ne concernent que l'action de l'eau sur les matériaux reposant sur le fond du torrent. C'est en vertu d'une loi semblable que se produit la tendance du courant à attaquer les aspérités de son lit, à le dégrader, à l'*affouiller* en un mot.

La puissance d'*affouillement* ou d'érosion provient de la même cause que la puissance d'entraînement ; mais il est facile de voir, après ce qui a été dit précédemment, que ces deux forces varient en raison inverse l'une de l'autre. En effet, tout charriage de matériaux produit un décroissement dans la vitesse, et par suite une diminution dans la force d'affouillement.

La tendance à l'érosion ne se produit donc qu'en vertu de la vitesse que l'eau conserve près s'être chargée de matériaux, vitesse à peu près égale à la vitesse-limite d'entraînement des cailloux les plus résistants parmi ceux qui sont charriés. Elle est maximum quand les eaux sont claires ; et elle diminue lorsqu'augmente la proportion entre le volume des matières transportées et celui de l'eau qui les entraîne.

L'équation (10) met ce fait parfaitement en évidence ; on voit, à l'inspection seule de cette équation, que la vitesse u' diminue quand la quantité η augmente.

Les effets de l'affouillement sont bien différents suivant que la saturation existe ou n'existe pas.

Lorsqu'il y a saturation, et que la force d'entraînement reste constante, l'affouillement ne peut avoir lieu sans qu'il y ait en même temps un dépôt ; et cette proposition s'explique facilement, quelque paradoxale qu'elle semble au premier abord. Car les matières enlevées par l'érosion, en venant s'ajouter à celles qui sont déjà transportées par le courant, diminuent la vitesse de ce dernier qui devient ainsi inférieure à la vitesse-limite d'entraînement des matériaux les plus lourds ; ceux-ci se déposent alors, et l'on arrive à ce fait très curieux que des galets enlevés au lit peuvent être remplacés par des pierres dont la masse est plus considérable.

Dans le cas particulier que nous avons cité tout à l'heure, la vitesse-limite d'entraînement des pierres les plus grosses parmi celles qui sont charriées ayant été supposée égale à 4 m., nous avons montré que le cours d'eau est saturé quand le volume des matériaux transportés est à peu près égal à celui de l'eau qui les transporte. S'il se trouve, dans le fond du lit et pendant l'époque de la saturation, des cailloux dont la vitesse-limite soit inférieure à 4 m., ils seront évidemment entraînés ; mais ce surcroît de matières ayant pour effet de faire descendre au-dessous de 4 m. la valeur de la vitesse, les matériaux se déposeront, en admettant, bien entendu, qu'il ne se soit pas produit de changement dans la valeur de la force d'entraînement.

A l'appui de cette théorie, nous citerons le fait d'un mur qui a été affouillé pendant une crue et dont le pied cependant était recouvert de gros blocs amenés par cette crue.

Si, par suite d'une augmentation dans la puissance d'entraînement, ou pour toute autre cause, *le cours d'eau perd son état de saturation*, la tendance à l'érosion augmentera, et si *le fond du lit* est indéfiniment attaqué, *il se dégradera jusqu'à ce que l'état de saturation ait reparu.* Il y aura affouillement sans compensation de dépôts, et par suite le poids des matériaux descendant vers l'aval sera plus grand que celui des cailloux venant de l'amont. — Reprenons, en effet, notre courant de tout à l'heure et supposons qu'il soit arrivé à la saturation. Nous savons qu'à ce moment sa vitesse est égale à 4 m.; si la force d'entraînement vient à augmenter, la vitesse croîtra aussi, et il en résultera les deux faits suivants : d'une part, les produits de l'affouillement seront plus considérables que dans le premier cas, et d'autre part il ne pourra pas se produire de dépôts tant que la vitesse n'aura pas repris, par suite de ces affouillements mêmes, la valeur de 4 m., c'est-à-dire tant que l'état de saturation n'aura pas reparu ; le fond du lit se creusera donc forcément.

Enfin, *si la puissance d'entraînement d'un cours d'eau saturé vient à diminuer*, sa vitesse pourra s'abaisser au-dessous de la vitesse-limite d'entraînement des cailloux les plus résistants et ceux-ci s'arrêteront ; d'un autre côté, le volume des matériaux enlevés par l'affouillement diminuant en même temps que la vitesse, il est bien clair que le poids des galets venant de l'amont sera plus grand que celui des cailloux descendant vers l'aval.

En résumé, dans un cours d'eau saturé et dont la force d'entraînement reste constante, le fond du lit demeure permanent ; si la puissance d'entraînement vient à augmenter, le lit se creuse et il s'exhausse dans le cas contraire.

Pour mieux faire comprendre cette théorie, je prendrai cet autre exemple très simple :

Je considérerai un tronçon **ABCD** du lit d'un torrent dans lequel le poids spécifique et la surface mouillée restent constants (fig. 27) ; je supposerai que la pente de la ligne de fond **AB** est

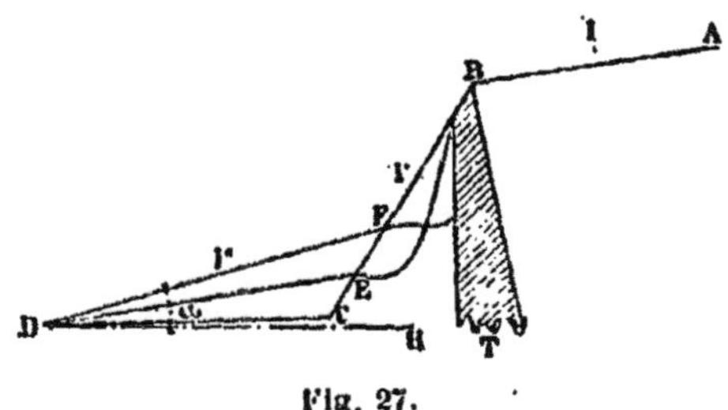

Fig. 27.

plus petite que celle de **BC** et plus grande que celle de **CD**. Si je désigne par I, I', I" les pentes par mètre des surfaces libres du liquide dans chacune des régions considérées, on aura entre ces trois quantités la relation :

$$I'' < I < I'.$$

Pour réaliser la conception d'une surface mouillée invariable, il suffira d'admettre que le profil en travers varie avec la pente, ce qui entraîne des modifications dans la hauteur de l'eau.

J'admettrai, en second lieu, que la portion CB est adossée à une roche inaffouillable **BT**, et que la portion CD est barrée, en **D**, par un obstacle naturel, comme un rocher, ou artificiel, tel qu'une poutre jetée en travers du torrent.

Enfin, je supposerai que le cours d'eau arrive saturé en A, et qu'il parcourt toute la portion AB du lit sans qu'il puisse se produire de changements dans la valeur de la puissance d'entraînement. D'après ce qui a été dit plus haut, le fond restera permanent dans toute cette partie. Il pourra bien se faire que des matériaux légers provenant de l'affouillement soient remplacés par d'autres cailloux plus résistants ; mais la compensation s'établira.

Lorsque la masse fluide parviendra en B, la pente augmentant, la puissance d'entraînement qui, dans l'hypothèse où je me suis placé, est proportionnelle à cette pente (voir art. 3), croîtra également ; le cours d'eau perdra son état de saturation et il se produira, le long de BC, un affouillement sans compensation de dépôts ; le lit s'approfondira jusqu'à ce que l'état de saturation ait reparu.

Enfin, quand la masse, après s'être de nouveau saturée, atteindra le bas de la pente BC, la force d'entraînement diminuera dans le rapport de I″ à I′ et il se formera des dépôts sans compensation d'affouillements ; le lit s'exhaussera.

Je ne ferai actuellement aucune hypothèse sur la forme de ces dépôts ; on verra plus tard qu'ils sont tantôt convexes et tantôt concaves dans le sens du profil en long ; je ne veux parler maintenant que de la pente générale de ces dépôts.

Cette réserve faite, je supposerai qu'au bout d'un certain temps les matériaux se soient disposés suivant la pente DE ; cette pente étant supérieure à la pente primitive, il pourra bien se faire qu'à partir de cet instant une notable partie des matériaux venant de l'amont soit entraînée au-delà du point D, mais ceux qui s'arrêteront augmenteront encore la pente des dépôts ; et il arrivera forcément un moment où celle-ci aura pris une valeur assez grande pour que la force d'entraînement soit capable d'emmener tous les matériaux venant de l'amont. Alors l'exhaussement prendra fin ; les dépôts pourront être remaniés, mais la compensation s'établira ; et si la ligne FD représente la limite de l'exhaussement, le lit restera permanent suivant cette ligne, au moins pendant tout le temps que ne changeront pas les conditions de l'entraînement, ou, pour employer l'expression de M. Costa, tant que ne variera pas l'*état de torrentialité*.

La pente de la ligne FD, suivant laquelle se maintiendra la

permanence ou l'invariabilité du lit, se nomme la *pente de compensation relative à un état donné de torrentialité,* ou, plus simplement, la *pente de compensation.* Cette expression, due à M. Ph. Breton, est devenue classique. M. Surell a indiqué le terme de *pente-limite* pour exprimer que cette pente est la limite de l'exhaussement.

Si l'on désigne par α l'inclinaison de la ligne FD, la pente de compensation sera représentée par tang α. C'est une grandeur essentiellement variable ; en un point déterminé du torrent, elle dépend de l'état de torrentialité, c'est-à-dire du rapport qui existe entre le volume des matières charriées et celui de l'eau qui les entraîne, ainsi que des différentes quantités qui entrent dans la formule de la vitesse-limite d'entraînement des pierres ; puis, en supposant constant l'état de torrentialité, elle varie, en chaque point du profil en long, suivant la forme des profils en travers et la valeur du débit.

L'étude de ces variations étant une question assez compliquée, nous avons essayé de la rendre plus intelligible en cherchant à grouper, dans une même formule, les différents facteurs qui influent sur la valeur de la pente de compensation. Nous n'avons certes pas la prétention d'assimiler à une courbe de génération simple le profil résultant des modifications de cette pente, et nous sommes en cela complètement d'accord avec M. Ph. Breton ; mais nous pensons qu'en joignant les conséquences que nous tirerons de notre formule à une étude approfondie du phénomène torrentiel et à une connaissance très exacte de la forme du lit du cours d'eau, on pourra établir d'une manière très suffisante pour la pratique la succession des pentes qui tendront à se former pendant l'époque de la saturation, c'est-à-dire le *profil de compensation.*

Nous savons que la vitesse moyenne d'un cours d'eau peut se mettre sous la forme :

$$u = B \sqrt{R \sin \alpha}.$$

Cela étant, une pierre, dont la vitesse-limite d'entraînement sera u_1 s'arrêtera, ainsi que nous l'avons fait remarquer précédemment, lorsque l'on aura :

$$u_1 = u$$

Si la vitesse-limite d'entraînement de cette pierre est égale à
$\sqrt{\dfrac{f(d - \pi)\, b \cos \alpha}{0,076\, \pi}}$ (voir article 22) le dépôt s'effectuera lorsque l'on
aura :

$$\sqrt{\frac{f(d - \pi)\, b \cos \alpha}{0,076\, \pi}} = B \sqrt{R \sin \alpha}.$$

En élevant au carré les deux membres de cette équation, il vient :

$$\frac{f(d - \pi)\, b \cos \alpha}{0,076\, \pi} = B^2 R \sin \alpha,$$

d'où l'on tire :

$$\operatorname{tg} \alpha = \frac{f(d - \pi)\, b}{0,076\, \pi\, B^2 R} \; .$$

Tg α est la pente suivant laquelle s'arrêtera la pierre considérée, ou, autrement dit, la pente de compensation relative à cette pierre dans la section normale dont le rayon moyen est **R**.

En remplaçant dans cette expression le rayon moyen par le produit mH du coefficient de forme et de la hauteur de l'eau dans la section considérée, l'équation précédente deviendra :

$$\operatorname{tg} \alpha = \frac{f(d - \pi)\, b}{0,076\, \pi\, B^2\, mH} \tag{16}$$

25. Transport partiel. Transport en masse. Courant de lave. — J'ai montré précédemment que les matériaux entraînés par l'eau marcheront d'autant plus lentement que leur vitesse-limite d'entraînement sera plus grande. Ainsi, le sable et le gravier fuiront avec rapidité, tandis que les galets et les blocs les plus petits s'arrêteront par intervalles.

Tout cela suppose que les matériaux laissent entre eux un espace suffisant pour ne pas se gêner mutuellement. S'ils étaient très nombreux, de manière à se toucher, leur vitesse tendrait à devenir à peu près la même et se rapprocherait de la vitesse moyenne qu'aurait la même matière si les diverses parties étaient invariablement liées entre elles.

Ce dernier mode d'entraînement a été nommé *transport en masse*, par opposition au premier que l'on désigne sous le nom de *transport partiel* ou de *triage des matériaux*.

Il arrive quelquefois que de grands amas de débris, provenant de l'éboulement ou du glissement des berges, s'entassent dans la gorge d'un torrent, sans qu'il survienne une pluie assez forte pour les entraîner ; ils forment alors une espèce de barrage qui retient et accumule les eaux. Puis, un jour, un orage éclate dans la montagne ; les filets liquides descendent des escarpements avec une extrême rapidité et poussent confusément le barrage dont il vient d'être parlé. Les matériaux qui le constituent gênent la marche des eaux et ralentissent leur vitesse ; mais les filets continuent à affluer par derrière, se mélangent avec l'argile des débris, et finissent par former une lave d'une force irrésistible, ainsi que nous l'avons fait voir tout à l'heure.

Ces courants de lave sont de véritables débâcles, et comme les avalanches sont généralement précédés d'un coup de vent violent : ils s'assimilent tout ce qui se trouve sur leur passage. Ils marchent avec lenteur, et leur vitesse est d'autant plus faible qu'ils sont plus chargés de blocs ou que la pente est moindre. M. Marchand cite les laves de l'Illgraben (Valais) qui ne vont pas plus vite qu'un homme marchant au pas, ce qui correspond à peu près à 1 m.50 de vitesse. D'autre part, dans une note de l'ouvrage de M. Demontzey, un témoin oculaire de la lave qui s'est produite en 1876 dans le torrent du Faucon (Vallée de l'Ubaye) évalue la vitesse de cette lave en la comparant à celle d'un cheval trottant sur une route plane, ce qui fait environ 4 à 5 m.

Ces chiffres, comme on le voit, sont faibles en comparaison de ceux qui exprimeraient la vitesse d'une eau claire descendant sur une pente raide.

Cela étant, nous appellerons :

Régime normal d'un torrent, celui qui correspond à la période de stabilité ;

Crue modérée, celle qui donnera lieu à un transport partiel ;

Forte crue, celle qui produit le transport en masse ;

Crue excessive, celle qui donne lieu aux courants de lave.

Au point de vue des crues, on peut ranger les torrents en deux catégories : 1° ceux dont les crues sont tellement subites qu'on ne ne peut distinguer ni une période d'accroissement ni une période de décroissement régulier ; 2° ceux dont les crues durent plusieurs heures.

Dans les premiers, le profil de compensation relatif à un état déterminé de torrentialité se produira plus rapidement que dans les autres, et en voici la raison : Dans les fortes crues un peu prolongées il y a trois périodes : la période de croissance, la période du maximum et celle de décroissance. Dans les deux premières périodes le courant est généralement saturé, et le lit tend à la permanence ; mais pour peu que la troisième période se prolonge, les eaux pourront être peu chargées de matériaux et même redevenir claires ; la force d'affouillement reprendra ses droits, le travail de régularisation produit pendant les premières périodes pourra être détruit, et l'irrégularité reparaîtra dans une certaine mesure. Ainsi, en admettant que le lit d'un torrent à crues prolongées tende à former son profil de compensation, il mettra plus de temps que les autres pour y arriver.

Cette tendance vers le profil de compensation amène des affouillements sur certains points, et des dépôts sur d'autres (voir la fig. 27). Or, l'abaissement du lit entraîne forcément des éboulements dans les berges et des glissements.

Chacun sait à quels désastres vraiment épouvantables donnent lieu les bouleversements provoqués par les fortes crues dans les torrents.

Il n'en est pas de même des crues modérées. Supposons que les matériaux qui se sont éboulés dans le bassin de réception soient atteints par une de ces crues. Tous les blocs dont la vitesse-limite sera supérieure à la vitesse de l'eau ne bougeront pas ; les autres seront emportés, et s'ils sont nombreux ils se déposeront plus bas, là où, par la diminution de la pente, la force d'entraînement aura diminué.

Si une deuxième crue modérée succède assez rapidement à la première, les eaux, ne rencontrant plus de menus débris dans la partie supérieure, descendront presque pures ; n'étant plus saturées comme la première fois, elles reprendront une partie des graviers qu'elles avaient déposés ; puis elles détermineront un affouillement dont le produit sera transporté plus loin, et ainsi de suite.

Plusieurs crues modérées successives ont donc pour résultat de débarrasser la gorge, dans toute son étendue, des cailloux et des graviers de petites dimensions, jusqu'à ce que les gros blocs, faisant l'office de radier, soient suffisants pour empêcher l'entraînement des matériaux qu'ils recouvrent.

88. Vitesse des torrents. — La vitesse des torents est très

grande. M. Surell (2ᵉ édition, page 289) donne l'exemple suivant :

« Les eaux coulent à plein bord sur une pente de 0,06 par
« mètre, et dans un canal ayant 8 m. de largeur sur 2 m. de
« hauteur. Cette hypothèse, dit-il, se justifie par un bon nom-
« bre d'observations qu'on peut faire dans les parties où les tor-
« rents sont naturellement encaissés. Elle se justifie aussi par
« l'existence d'un grand nombre de ponts dont le débouché
« présente toujours des dimensions égales à celles-ci, et sous
« lesquels on a pu observer la hauteur des eaux dans les
« crues. »

Il applique, pour calculer la vitesse, la formule :

$$u = 54 \sqrt{\frac{ps}{c}}$$

dans laquelle p est la pente par mètre, s la surface et c le périmètre mouillé ; cette expression est équivalente à la suivante :

$$u = 54 \sqrt{R \sin \alpha}$$

R étant le rayon moyen et α l'inclinaison du fond du lit.

En remplaçant les lettres par les chiffres de son exemple, il
trouve :

$$u = 14 \text{ m. } 28.$$

Le coefficient 54 employé par M. Surell est celui qui résulte
de la théorie de Prony. Si l'on veut tenir compte, comme l'ont
fait Darcy et Bazin, de la nature des parois et de la valeur du
rayon moyen, on obtiendra, pour le facteur de la vitesse, un chif-
fre un peu plus faible ; R est, en effet, égal à $\frac{2 \times 8}{8 + 4} = 1,33$; or,
pour R $= 1,33$, on trouve B $= 42,9$; d'où :

$$u = 42,9 \times \sqrt{1,33 \times 0,06} = 12 \text{ m. } 14,$$

ce qui est encore un chiffre très respectable, car la vitesse des
vents les plus impétueux ne dépasse pas 15 mètres.

Ces chiffres énormes qui, du reste, auraient besoin pour être
admis d'être contrôlés par des expériences directes, ne sont applicables qu'à l'eau claire.

Nous avons vu, en effet, dans l'article 5, que le facteur de la vitesse diminue notablement quand l'eau charrie des matériaux, et qu'en particulier il n'est que les 0,42 du facteur relatif à l'eau claire quand le volume des galets est égal à celui du liquide qui les entraîne.

En appliquant ce coefficient à l'exemple choisi par M. Surell, on trouve que la vitesse du courant se trouve réduite à $12^m,14 \times 0,42 = 5^m,06$.

Si la proportion des galets augmente encore, la vitesse continue à diminuer ; et dès lors il n'est pas étonnant que, dans le cas d'un courant de lave, elle descende à 2 ou 3 m., comme nous l'avons fait remarquer précédemment.

En résumé, si les vitesses sont énormes dans les torrents quand l'eau coule pure, elles diminuent considérablement lorsque le volume des matières entraînées devient grand, pour descendre à quelques mètres en cas de lave. Quoi qu'il en soit, du reste, leurs variations ne dépendent que de celles du coefficient B, c'est-à-dire du facteur le plus important de l'état torrentiel.

Il y aurait peut-être moyen d'avoir une valeur approximative de ce coefficient, en mesurant directement, au moyen de flotteurs par exemple, la vitesse à la surface au moment des crues, et en répétant simultanément l'expérience dans plusieurs régions à section et à pente à peu près constantes. Passant alors de la vitesse superficielle à la vitesse moyenne à l'aide de la formule (6), on porterait la valeur de cette dernière dans l'expression : $u = B\sqrt{R}\sin\alpha$, et l'on en tirerait facilement le chiffre à appliquer à B, après avoir mesuré le rayon moyen et la pente par mètre dans chaque région.

Chaque cours d'eau serait ainsi caractérisé par une vitesse spéciale qui ne varierait qu'avec l'état de torrentialité.

27. Forme des dépôts. — Le profil en long des dépôts est tantôt concave et tantôt convexe.

Dans les crues modérées, le transport étant partiel, le dépôt se forme par triage ; les plus gros matériaux se déposent les premiers, puis les moyens et enfin les petits, chacun suivant la pente de compensation qui lui correspond. Or, la pente de compensation variant dans le même sens que la grosseur des galets charriés, il en résultera évidemment une forme concave du profil en long.

Dans les fortes crues, où le transport se fait en masse, les matières charriées sont toutes animées d'une même vitesse. Si celle-ci vient à diminuer, la masse pourra s'arrêter ; mais les plus gros matériaux, possédant la quantité de mouvement la plus grande, ne perdront leur vitesse que les derniers. Après l'arrêt de la masse, ils continueront à s'avancer au travers de cette masse, de sorte qu'ils seront bien plus nombreux dans la partie antérieure. Il en sera de même pour les moyens, mais dans une proportion plus faible. Il en résultera que le dépôt, tout en renfermant, en chaque point, des pierres de toutes dimensions, contiendra plus de gros matériaux dans les sections antérieures. Ce dépôt se fera, pour ainsi dire, dans l'ordre inverse des grosseurs, les plus gros vers l'aval ; les pentes allant ainsi en augmentant de l'amont vers l'aval, le profil en long sera convexe.

On peut encore expliquer par les considérations suivantes ce mouvement en avant des plus gros matériaux :

Nous avons dit que, dans un courant liquide, la vitesse est variable suivant la profondeur, qu'elle est la plus faible au fond et la plus grande vers la surface. La puissance d'entraînement du courant est donc plus forte près de la surface que près du fond, et il en résulte que les matériaux les plus gros tendront toujours à se rapprocher de la surface.

Dans cet état de choses, si la vitesse vient à diminuer, la diminution se fera d'abord sentir près des parois, et de là se propagera vers la surface, de sorte que les matériaux qui se trouveront près de celle-ci s'arrêteront les derniers.

Un témoin occulaire nous a affirmé avoir remarqué bien nettement, dans un cas de transport en masse, que beaucoup de gros matériaux étaient voisins de la surface du courant.

Quant au profil en travers des dépôts, il sera toujours convexe.

Cette forme résulte de ce que la vitesse d'entraînement d'un courant est plus grande vers le milieu que sur les bords. La quantité de matières charriées dans une section parallèle à l'axe est donc d'autant plus considérable par rapport au volume d'eau que cette section se rapproche plus du centre. Par conséquent, lorsque la masse de matières charriées s'arrêtera, et lorsque l'eau qui entraîne ces matériaux se sera écoulée, le volume des matières déposées sera plus fort au centre que sur les bords, et plus généralement au point où la puissance d'entraînement est la plus grande.

Ce phénomène explique pourquoi les eaux d'un torrent, après le dépôt des matières, se jettent généralement vers les rives ; car c'est justement de ce côté que se trouvent les points les plus bas du lit.

28. Nouvelle expression de la pente de compensation. — Reprenons la formule de la pente de compensation :

$$\operatorname{tg} \alpha = \frac{f\,(d^2 - \pi)\,b}{0{,}076\,\pi\,\mathrm{B}^2 m\,\mathrm{H}} .$$

Avant d'étudier les variations qui peuvent se produire dans la valeur de la pente de compensation, il nous faut d'abord résoudre une question fondamentale : La pente de compensation se forme-t-elle sous l'action des courants de lave ou pendant le transport partiel ? Pour résoudre ce problème, nous citerons les lignes suivantes extraites de l'ouvrage de M. Demontzey (2ᵉ édition, page 425, observations faites par M. Carrière, inspecteur des forêts, dans le torrent des Sanières, pendant l'orage du 8 août 1876) :

« L'inspection opérée, dès le lendemain de cette crue extraor-
« dinaire, sur les atterrissements des barrages nᵒˢ 1, 2, 3 et 4,
« fournit une preuve matérielle et précise de la loi du transport
« en masse et de la formation de leurs dépôts.

« Les profils en long des atterrissements donnaient à peine
« une pente de 1 1/2 à 2 0/0, et cependant on y constatait d'é-
« normes matériaux, mais toujours rangés contrairement à la
« loi du triage, car les plus gros se trouvaient juste contre le pa-
« rement amont des barrages, et, en remontant sur les atterris-
« sements, on constatait le décroissement constant de leurs di-
« mensions. Si l'on considère que cette inspection n'a pu avoir
« lieu que le lendemain de l'événement, c'est-à-dire après que
« l'eau ordinaire du torrent a pu avoir le temps d'apporter, par
« la loi du triage, une certaine modification au profil en long,
« on est amené à penser que ces pentes de 1,5 ou 2 0/0 ne de-
« vaient pas même exister aussitôt après le passage des laves.
« Ce qui confirme ces précieuses observations, qui sortent du do-
« maine de la théorie, c'est que, moins d'un mois après, les atter-
« rissements avaient quitté leurs pentes de 2 0/0 pour atteindre

« _ , et 12 0/0 à la suite de petits orages sans laves, c'est-à-dire
« sans transport en masse. »

D'autres faits sont venus confirmer celui que nous venons de
citer, et cette constatation simplifie singulièrement le problème
que nous avons à résoudre. Il eût été difficile d'admettre, en
effet, que les formules établies précédemment fussent applicables
à ces flots de boues dans lesquels sont empâtés des matériaux de
toutes grosseurs. Nous n'aurons donc à considérer dorénavant les
courants de laves que comme des accidents sans aucune influence
sur la formation de la pente de compensation.

Il résulte de là que la valeur de π à introduire dans la formule (16) doit être le chiffre 1000 qui représente le poids d'un
mètre cube d'eau pure.

D'autre part, le facteur f ne s'éloignera pas beaucoup du chiffre 0,76, qui représente le coefficient de frottement de la pierre
sur la pierre. En effet, au moment où se formeront les derniers
dépôts, le lit sera tapissé de matériaux ; et il n'y a pas lieu de
tenir compte des changements pouvant provenir de la présence
de l'argile, puisqu'il est entendu que les courants de lave n'ont
rien de commun avec les pentes de compensation.

Dans ces conditions, la formule (16) deviendra :

$$\operatorname{tg}\ \alpha = \frac{0,76\,(d - 1000)\,b}{0,076 \times 1000 \times B^2 m\ H}$$

ou, en effectuant les calculs :

$$\operatorname{tg}\ \alpha = \frac{d - 1000}{100} \times \frac{b}{B^2 m\ H} \tag{17}$$

Dans cette expression, m caractérise la forme du torrent. Les
quantités d, b et B sont les facteurs de l'entraînement ; elles indiquent, dans leur ensemble, les conditions de cet entraînement,
c'est-à-dire l'état de torrentialité. Quant à la hauteur H, elle
pourra être considérée comme un facteur de l'état torrentiel si
elle est employée pour comparer les volumes d'eau qui passent
en un point donné dans différentes crues ; mais elle deviendra,
au contraire, une caractéristique de la forme du torrent si l'on
s'en sert pour comparer les volumes d'eau qui passent, dans la
même crue, par les différents points du profil en long.

Cela posé, nous examinerons d'abord les variations de la pente
de compensation pouvant résulter de changements dans les élé-

ments qui constituent l'état de torrentialité, puis celles répondant à un état de torrentialité donné et ne dépendant que de la forme du profil en travers et des variations du débit, c'est-à-dire des circonstances qui font varier *m* et H.

99. Variations de la pente de compensation suivant l'état de torrentialité. Pente d'équilibre. — L'état de torrentialité est caractérisé par le poids *d*, par la dimension *b* des plus grosses pierres entraînées, par le volume des crues et par la valeur du facteur B, qui dépend elle-même du rapport n existant entre le volume des matériaux charriés et le volume de l'eau qui les entraîne.

1° *Influence du poids spécifique des pierres.* Le facteur *d* varie peu dans un courant donné ; sa présence dans la formule générale pourrait surtout servir à comparer les pentes de compensation dans deux ou plusieurs torrents, où les pierres entraînées ne sont pas également denses. Cette formule montre, du reste, que toutes choses égales, on peut maintenir la permanence du lit sur des pentes plus raides dans les torrents qui ·coulent entre des roches dont le poids spécifique est considérable.

2° *Influence de la grosseur et de l'importance relative du volume des matières charriées.* Nous avons montré plus haut (chapitre I, art. 5) que le coefficient B diminue lorsqu'augmente le rapport n qui existe entre le volume des matières charriées et celui de l'eau qui les entraîne ; il en résulte que la pente de compensation augmente avec ce rapport.

En second lieu, la pente-limite augmente avec la dimension *b* des galets charriés.

Si donc, par suite de nouvelles dégradations dans le bassin de réception, la grosseur et le volume relatif des matériaux entraînés viennent à augmenter, la pente de compensation se raidira. Si, au contraire, par suite de travaux dans les régions supérieures du torrent, on diminue l'apport des matières difficiles à charrier, la pente s'adoucira. Si enfin l'on parvient à supprimer à peu près complètement cet apport, la quantité *b* devenant très petite, et d'autre part le coefficient B prenant sa valeur maximum, la pente de compensation deviendra très faible. Sur cette pente, les cailloux les plus légers resteront en équilibre ; et pour cette raison elle prendra le nom de *pente d'équilibre*. ·

La pente d'équilibre indique donc, comme la pente de compensation, l'état de permanence du fond du lit. Il y a lieu néanmoins d'établir, entre ces deux pentes, une distinction fort importante; c'est que l'état de permanence qui se produit suivant la pente de compensation provient de ce que le volume des matériaux descendant vers l'aval est égal au volume de ceux venant de l'amont, tandis que l'état de permanence caractérisé par la pente d'équilibre tient à ce fait qu'aucun caillou du fond du lit ne peut être entraîné par les eaux.

3° *Influence du volume des crues.* — Il peut arriver aussi que, par suite de modifications survenues dans le bassin de réception, le volume de l'eau qui arrive, en un temps donné, dans une section déterminée, subisse des variations sensibles et entraîne des changements correspondants dans la valeur de la pente de compensation. Nous avons parlé précédemment des effets bienfaisants de la végétation, qui tend à aménager les eaux, en les empêchant de se précipiter rapidement dans les creux des thalwegs, et en en absorbant une certaine quantité. Si donc on a reboisé tout ou partie des régions supérieures, la hauteur H sera moins grande en chaque point au moment des crues, et le profil de compensation se raidira. Il est vrai que, dans la plupart des cas, la végétation introduite dans le bassin de réception aura également pour résultat de diminuer l'apport des matériaux charriés, et que c'est surtout le rapport des volumes qu'il faut considérer ; mais l'influence des variations de la hauteur H n'en est pas moins démontrée.

30. Variations de la pente de compensation répondant à un état de torrentialité donné. Pente de divagation. — Nous venons d'étudier l'influence de la hauteur H sur la pente de compensation qui se formera, suivant tel ou tel état de torrentialité, en un point donné du profil en long. Nous allons maintenant chercher à résoudre le problème inverse, c'est-à-dire à déterminer, en admettant un état constant de torrentialité, la pente de compensation qui tendra à s'établir en chaque point du torrent.

Si A est un nombre constant représentant la valeur actuelle de la fonction $\dfrac{d - 1000}{100} \times \dfrac{b}{B^3}$, la formule de la pente limite deviendra :

$$\operatorname{tg} \alpha = \frac{A}{m\,H} \tag{18}$$

Dans une autre section où le coefficient de forme et la hauteur de l'eau seront respectivement égaux à m' et à H', la valeur $\operatorname{tg} \alpha'$ de la pente de compensation sera :

$$\operatorname{tg} \alpha' = \frac{A}{m'H'}$$

d'où :

$$\frac{\operatorname{tg} \alpha'}{\operatorname{tg} \alpha} = \frac{mH}{m'H'} \qquad (19)$$

Mais en désignant par S et C la surface et le périmètre mouillés dans la première section et par S' et C' les quantités similaires de la deuxième, on sait que $m\,H = \dfrac{S}{C}$ et $m'\,H' = \dfrac{S'}{C'}$; d'où :

$$\frac{\operatorname{tg} \alpha'}{\operatorname{tg} \alpha} = \frac{S}{S'} \times \frac{C'}{C} \cdot \qquad (20)$$

Appelons maintenant Q et Q' les débits des tronçons auxquels appartiennent les deux sections considérées. Le rapport $\dfrac{\operatorname{tg} \alpha'}{\operatorname{tg} \alpha}$ de deux pentes sur lesquelles doivent s'arrêter des matériaux de même nature doit être évidemment tel que, sur ces pentes, les vitesses soient égales ; soit u la valeur commune de ces vitesses ; on aura :

$$Q = Su \quad \text{et} \quad Q' = S'u$$

d'où :

$$\frac{S}{S'} = \frac{Q}{Q'}$$

et par suite :

$$\frac{\operatorname{tg} \alpha'}{\operatorname{tg} \alpha} = \frac{C'}{C} \times \frac{Q}{Q'} \qquad (21)$$

Remarque.—On peut passer de l'équation (19) à l'équation (21) en se servant de la formule (15), de laquelle on tire la valeur suivante de H :

$$H = \sqrt[3]{\frac{Q^2}{B^2\, mL^2\, \sin \alpha}} \cdot$$

Or, si l'on consulte une table de sinus et de tangentes naturels, on remarque que jusqu'à 0,20 la valeur du sinus est sensiblement la même que celle de la tangente ; dans les conditions ordinaires de la pratique, l'expression précédente peut donc s'écrire :

$$H = \sqrt[3]{\frac{Q^2}{B^3 \, mL^2 \, tg \, \alpha}}$$

L'équation (19) peut alors se mettre sous la forme :

$$\frac{tg \, \alpha'}{tg \, \alpha} = \frac{m \, \sqrt[3]{\dfrac{Q^2}{B^2 \, mL^2 \, tg \, \alpha}}}{m' \, \sqrt[3]{\dfrac{Q'^2}{B^2 \, m'L'^2 \, tg\alpha'}}}$$

en remarquant que le facteur de la vitesse est le même dans les deux cas.

En élevant au cube et en faisant les réductions, on trouve :

$$\frac{tg \, \alpha'}{tg \, \alpha} = \frac{\dfrac{m \, Q}{L}}{\dfrac{m' \, Q'}{L'}} \; ;$$

mais

$$m = \frac{S}{CH} = \frac{LH}{CH} = \frac{L}{C} ,$$

de sorte que

$$\frac{m}{L} = \frac{1}{C} .$$

On en déduit :

$$\frac{tg \, \alpha'}{tg \, \alpha} = \frac{C'}{C} \times \frac{Q}{Q'} .$$

A l'aide de cette égalité, si l'on connaît la pente-limite en un point du torrent, on pourra, par la simple comparaison du débit et du périmètre mouillé dans chaque section normale soumise au même état torrentiel, déterminer le profil complet de la compensation.

Si l'on considère, dans un tronçon à débit constant, deux sections MN et M'N' (fig. 10) dont les périmètres mouillés sont C et C', on obtiendra le rapport des pentes de compensation dans ces deux sections par la relation :

$$\frac{tg \, \alpha'}{tg \, \alpha} = \frac{C'}{C} \qquad\qquad (22)$$

Donc, dans un tronçon à débit constant, la pente de compensation varie en raison directe du périmètre mouillé.

Si maintenant l'on considère deux sections M'N' et M"N" de même périmètre mouillé dans deux tronçons soumis au même état de torrentialité, et dont les débits sont Q et Q', on aura :

$$\frac{\operatorname{tg} \alpha'}{\operatorname{tg} \alpha} = \frac{Q}{Q'} \qquad (23)$$

Par conséquent, dans un torrent dont le périmètre mouillé serait à peu près le même, le profil de compensation serait formé de pentes variant en raison inverse du débit ; ce dernier allant toujours en augmentant de la source à l'embouchure, les pentes iraient en diminuant de l'amont vers l'aval, et par suite le profil de compensation serait concave vers le ciel.

Il est extrêmement rare qu'un torrent ait la même section en chaque point de son profil en long ; le plus souvent on rencontre, dans le profil en travers, des alternatives de rétrécissements et d'élargissements ; ordinairement une grande largeur est comprise entre deux étranglements. M. Costa de Bastelica, en constatant ce fait, montre, par un raisonnement qu'il serait trop long de reproduire ici, qu'entre deux rétrécissements la forme générale des dépôts est une courbe de la forme ABC, présentant un point d'inflexion en B, concave vers le ciel en aval de ce point et convexe en amont.

On arrive au même résultat en appliquant l'équation (22). Le lit s'élargissant de a en b, la pente de compensation augmente avec le périmètre mouillé ; puis le lit se rétrécissant de b en c, les pentes diminuent ; et l'on obtient, en définitive, une concavité de A en B, et une convexité de B en C.

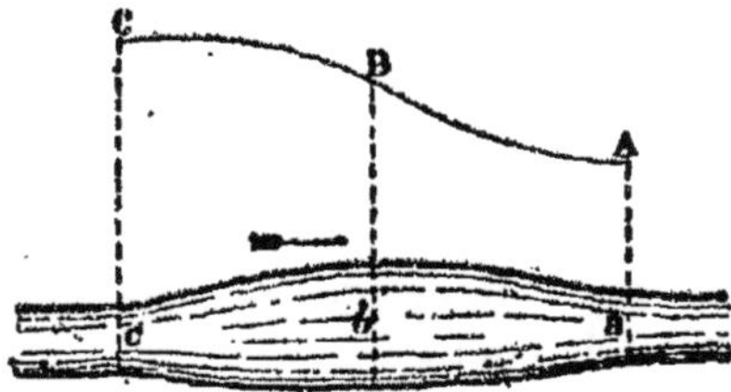

Fig. 23.

En résumé, la forme générale du profil de compensation est une courbe concave vers le ciel, puisque le débit augmente de l'amont vers l'aval. Mais cette forme générale est modifiée dans chaque élargissement du lit, comme le montre la figure 28.

Lorsque le lit d'un torrent n'est pas contenu entre deux berges déterminées, les eaux se dispersent et la hauteur II de la formule (16) devient très faible. Il en résulte une augmentation très considérable dans la valeur de la pente de compensation. M. Breton l'a désignée, dans ce cas, sous le nom de *pente de divagation*.

La pente d'équilibre et la pente de divagation sont les deux valeurs extrêmes de la pente de compensation.

CHAPITRE VI

FORMATION DES LITS DE DÉJECTION

J'ai défini, dans le chapitre précédent, la pente de compensation et la pente de divagation.

Je vais chercher maintenant à expliquer comment se forme le lit de déjec'ion d'un torrent complet.

Je supposerai d'abord que les profils de compensation et de divagation soient des lignes droites.

On distingue trois phases dans la formation du lit de déjection

31. 1re PHASE. — La gorge du torrent dont l'axe est AB, ab (fig. 29) débouche au flanc d'une montagne par une échancrure,

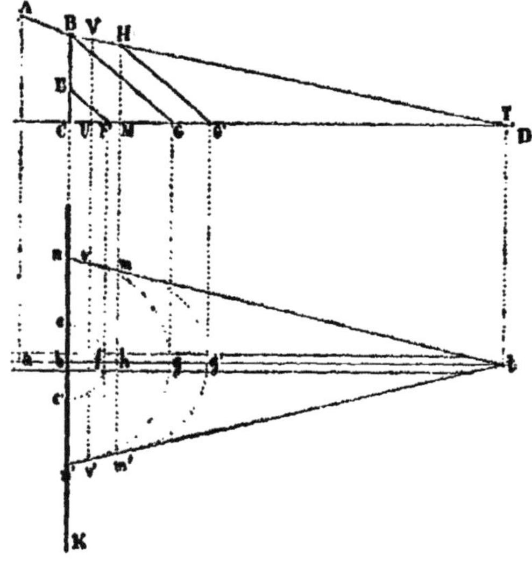

Fig. 29.

au-dessus d'une plaine d'alluvions CD occupant le fond de la vallée. J'admettrai tout d'abord, pour ne pas compliquer la figure, que l'eau tombe verticalement de la montagne dans la plaine, que celle-ci se trouve à peu près en plan horizontal, et que la surface de séparation de la montagne et de la plaine est un plan perpendiculaire à l'axe de la gorge, plan dont la trace est CK.

Jusqu'alors ce cours d'eau n'a donné que de l'eau claire ; mais des troubles viennent de se produire dans le bassin de réception, et des matériaux arrivent à l'extrémité de la gorge.

Ces matériaux descendent d'abord le long de la montagne en suivant la ligne de plus grande pente. Arrivés au fond, ils restent entassés en forme de cône comme le sable d'un sablier ; il y a seulement cette différence que dans le sablier il se forme un cône complet, tandis que le cône torrentiel, qui a son sommet sur le flanc de la montage, est incomplet.

Il est facile d'en déterminer les projections. Une fois que ce petit cône est complètement formé, ses génératrices, dont l'une est EF, sont dirigées suivant la pente de divagation. Son sommet se projette horizontalement en b et le point F en f, sur la trace at du plan vertical ABCD. Si donc, du point b comme centre, avec bf pour rayon, je décris une demi-circonférence cfc', le demi-cercle $bcfc'$ sera la projection horizontale cherchée.

A mesure que les déjections viendront recharger par le sommet cet entassement conique, elles se répandront sur le cône et se répartiront sur sa surface jusqu'à ce que le sommet soit au niveau B de la gorge du torrent. Le cône total ainsi formé a pour projection verticale le triangle BGC, dont le côté BG est parallèle à EF, et pour projection horizontale le demi-cercle ngn'.

Le cône final ne se trouve constitué de cette manière que s'il s'est formé dans une seule forte crue. Si, dans l'intervalle, il se produit des moments de repos ou des crues modérées, il y aura bien des affouillements partiels, mais le résultat sera le même.

La 1re phase est terminée.

88. 2° PHASE. — Le sommet du cône n'est pas un point mathématique, c'est une petite surface. Quand de nouveaux matériaux se présenteront à la sortie de la gorge, ceux du milieu continueront à être poussés en avant ; mais ceux des côtés, marchant moins vite, s'arrêteront sur les bords de l'échancrure, et comme ils sont protégés par les flancs de la montagne, ils formeront deux bourrelets sur le sommet des dépôts. La gorge se trouvera ainsi prolongée jusqu'à un certain point h. Menons par ce point un plan vertical dont la trace sur le plan horizontal est mm'.

La formation des bourrelets sur le sommet des dépôts aura deux conséquences : 1° le lit du courant se trouvant encaissé tendra à prendre une direction BT parallèle à la ligne de compensation, direction qui diffère sensiblement de celle BG parallèle à la ligne de divagation ; 2° les bourrelets empêchant tout déversement latéral, il se formera en avant du plan vertical passant par le point H un cône HG'M semblable au cône BGC, c'est-à-dire un entassement conique dont les génératrices auront la pente de divagation et dont le sommet se trouvera sur la droite BT.

Les mêmes phénomènes se reproduisant dans le même ordre, on finira par obtenir une succession de cônes dont les sommets seront les différents points de la ligne BT, dont les bases se dérouleront sur la plaine CD, et dont les génératrices seront inclinées suivant la pente de divagation.

L'enveloppe de ces cônes est déterminée par le plan de base et par les plans tangents (BT, tv) et (BT, tv') menés à l'un d'eux (BGC, $bngn'$) par la ligne (BT, bt).

En limitant cette surface enveloppe au plan vertical VU, vv', on aurait une pyramide triangulaire VTU, vtv' dont la base serait contenue dans ce plan vertical. Une de ses faces reposerait sur la plaine, et les deux autres, inclinées suivant la pente de divagation, se couperaient suivant une droite parallèle à la ligne de compensation ; cette dernière droite est remplacée dans la pratique par un pan coupé dans lequel s'est creusé un canal.

En réalité, l'entassement complet n'est autre chose que cette pyramide augmentée d'une zone conique dont la projection horizontale est $nvv'n'$.

Les choses se passeront exactement de la même manière si les eaux, au lieu de tomber verticalement dans la plaine, descendent dans celle-ci suivant un plan incliné, comme le montre la figure 30. La seule différence à constater, dans la 1re phase, c'est que les différents cônes auront pour base, non plus des demi-cercles, mais de simples secteurs tels que $bngn'$.

Quant à la pyramide de la 2° phase, elle se transformera éga_
lement dans les mêmes conditions que précédemment. Pour le

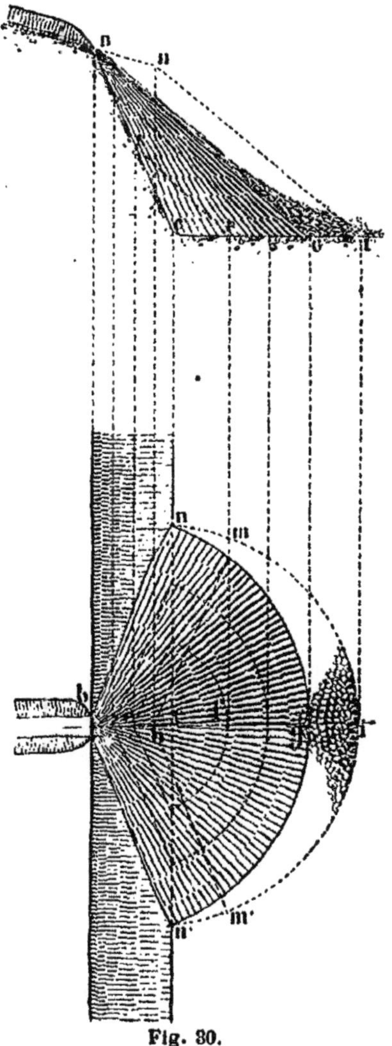

Fig. 30.

reconnaître, il suffit, étant donnée la position, à un instant quelconque, de la génératrice HF (voir fig. 31) qui forme le passage

entre le cône de divagation et l'une des faces latérales, de démontrer que cette génératrice se meut parallèlement à elle-même.
Or, le travail de déjection se produisant toujours dans les mêmes
conditions doit avoir les mêmes effets. C'est ainsi que le plan
vertical BCF sera toujours un plan de symétrie pour le cône,
et les génératrices-limites de ce cône feront toujours le même
angle avec ce plan. Elles font aussi avec le plan horizontal un
angle constant; donc elles se meuvent parallèlement à elles-
mêmes. Cela revient à dire que le secteur conique des déjections
avance parallèlement à lui-même, son sommet se mouvant sur la
ligne de compensation, et son angle d'ouverture restant constant.

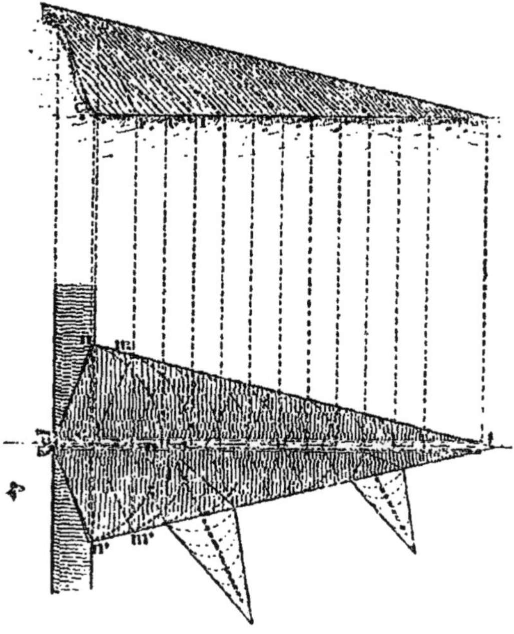

Fig. 31.

Ceci justifie la construction faite dans la figure 31 ; les projections *hm* et *hm'* des génératrices HF du cône terminal FHI se
sont mues parallèlement à elles-mêmes, depuis leur position primitive *nb* et *bn'*; et elles ont engendré la surface *bnmhn'm'* qui

représente la projection horizontale d'un tronc de pyramide dont
la projection verticale est BHFC. Le résultat final est donc le
même que dans le premier cas.

Il y a lieu de remarquer néanmoins que la pyramide ne sera
continuée par une zone conique que dans le cas où le plan de
séparation BC_1, bc_1 de la montagne et de la plaine sera situé à
gauche de la génératrice de contact BC, bc de l'un des plans
tangents définis précédemment ; dans le cas où le plan de séparation sera situé entre le sommet et la génératrice de contact,
la pyramide sera, au contraire, diminuée d'une zone conique
(fig. 32).

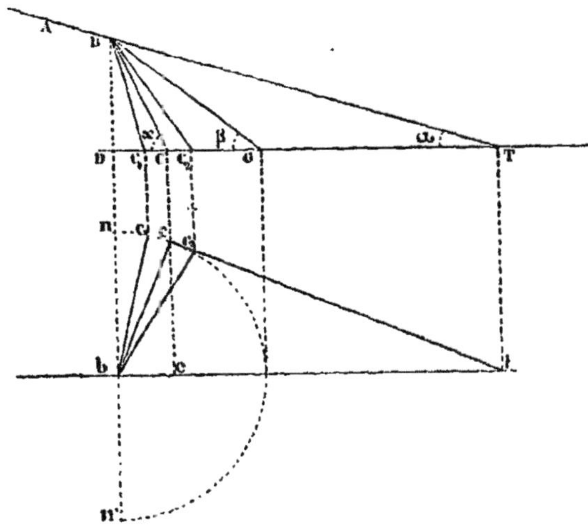

Fig. 32.

Cette remarque nous conduit à chercher la relation qui doit
exister entre l'inclinaison x du plan de séparation et celles α et β
des lignes de compensation et de divagation pour que l'entasse-
ment de la fin de la 2ᵉ phase soit purement et simplement une
pyramide, sans addition ni diminution d'une zone conique.

On a, dans le triangle rectangle bcl :

$$\overline{bc}^2 = be \times bl$$

Ou bien, en remarquant que bc est égal à DC :

$$\overline{DC}^2 = DC \times DT,$$

ou
$$\frac{\overline{BD}^2}{tg^2\,\beta} = \frac{BD}{tg\,x} \times \frac{BD}{tg\,\alpha} = \frac{\overline{BD}^2}{tg\,x\;tg\,\alpha}\;;$$

d'où
$$tg\,x = \frac{tg^2\,\beta}{tg\,\alpha}\,.$$

Il y aura donc pyramide complète quand la pente du plan qui sépare la montagne de la plaine sera égale au quotient du carré de la pente de divagation par la pente de compensation.

Si la séparation de la montagne et de la plaine, au lieu d'être un plan, est une surface quelconque, la pyramide est limitée à cette surface, ou bien est prolongée ou diminuée d'une zone qui s'arrête à cette dernière.

Il reste à examiner le cas où la plaine n'est plus horizontale, mais inclinée suivant la ligne CT. Nous supposerons d'abord qu'elle reste perpendiculaire à l'axe du courant, c'est-à-dire qu'il n'y ait pas d'inclinaison dans le sens transversal. La détermination des projections de la pyramide ne présentera pas plus de difficulté que dans le cas précédent (fig. 33).

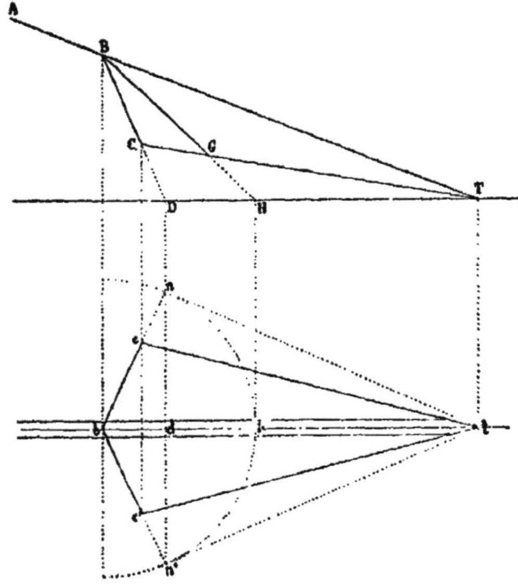

Fig. 33.

La projection verticale est BCT ; quant à l'autre, il suffit pour la trouver de mener une horizontale par le point T, de déterminer, comme on l'a fait tout à l'heure, la projection horizontale *bntn'* de la pyramide qui existerait si le terrain était horizontal ; puis, après avoir cherché les projections *bc* et *bc'* des deux génératrices coniques qui se projettent verticalement en BC, de joindre les deux points *c* et *c'* au point *t*. La projection cherchée est *bctc'*.

Enfin, s'il y avait une inclinaison de la plaine dans le sens transversal, la construction serait un peu plus compliquée, mais on arriverait toujours au même résultat. Je n'insisterai pas davantage.

33. 3ᵉ PHASE. — Le chenal situé dans le pan coupé qui remplace l'arête supérieure de la pyramide n'a jamais une bien grande profondeur. Quand la pyramide est complète, les dépôts ne peuvent plus se faire dans la plaine ; ils encombrent alors le chenal dans la partie aval, et l'encombrement se propage peu à peu vers l'amont. Mais dès que cet encombrement se produit, le torrent déborde à droite ou à gauche, où il trouve des pentes plus fortes, coupe les berges qu'il avait formées et crée sur un flanc de la pyramide un petit cône saillant. Le torrent peut suivre alors, pendant un certain temps, cette nouvelle direction et former une petite pyamide MN (fig. 34), pour recommencer plus tard sur un autre point M'.

Mais dans la partie aval, où l'encombrement se produit tout d'abord, la hauteur de l'échancrure au-dessus de la plaine est très faible, et la pyramide est rapidement formée. La partie inférieure du lit de déjection sera donc transformée très rapidement en un solide dont les arêtes n'auront que la pente des arêtes de la pyramide, c'est-à-dire la pente de compensation. L'encombrement remontera rapidement dans le chenal vers l'amont, et le torrent continuera à former de nouveaux dépôts sur le flanc de la pyramide de la 2ᵉ phase. Ces phénomènes se reproduisant dans la suite des siècles, donneront lieu à la formation d'un immense dépôt dont les arêtes n'auront que la pente-limite des lits encaissés.

Il est facile de reconnaître que ce dépôt, dont la projection horizontale est AB'DC', est également une pyramide. Il est bien clair, en effet, que MN étant égal à MD, et M'N' à M'D, le lieu des points N, N'.... est une ligne droite.

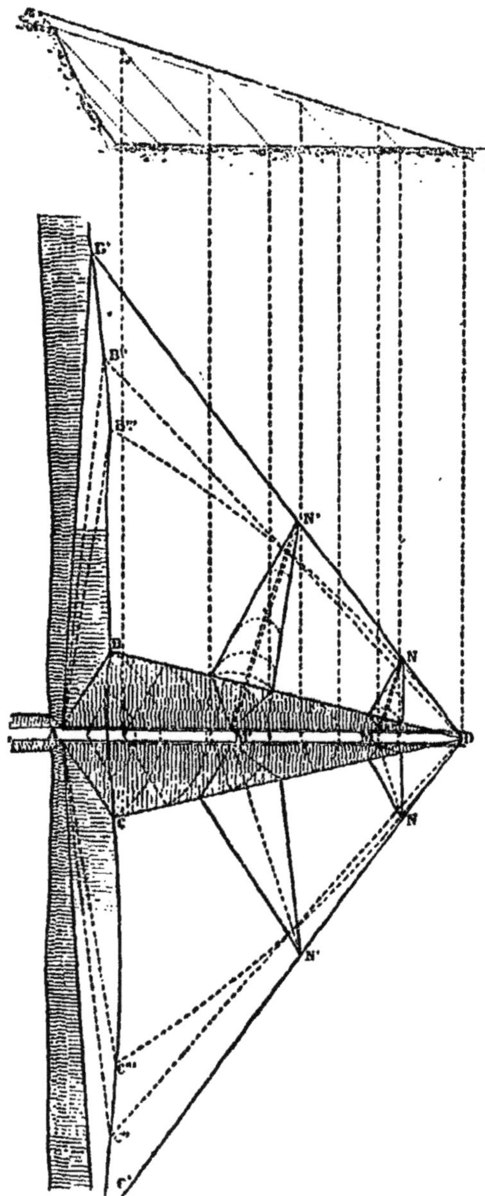

Fig. 84.

Si le terrain primitif n'est pas horizontal, la pyramide aura la
même forme extérieure ; mais sa surface d'appui sur le sol sera
l'intersection de ce sol avec la pyramide qui se formerait sur un
terrain horizontal. Si, par exemple, le terrain est un plan incliné,
les lignes d'appui seront des lignes telles que DB″ et DC″; si le
terrain est en pente variable, ce seront des lignes courbes ou brisées telles que DB″ et DC″.

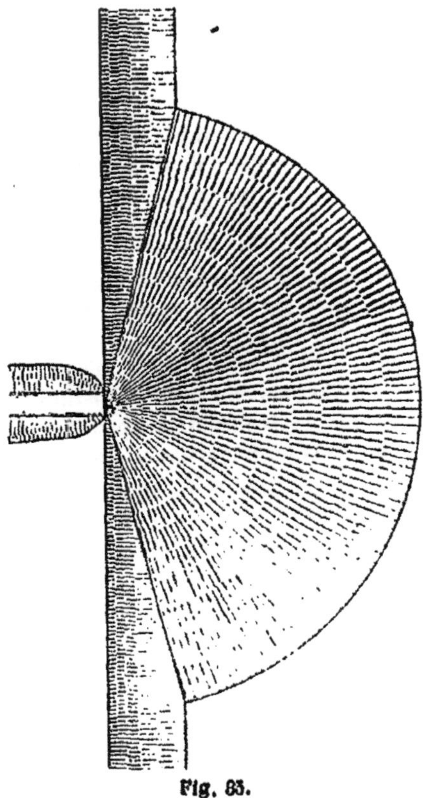

Fig. 83.

Quand la grande pyramide est complète, les dépôts remontent
dans la gorge et le torrent divague sur toute la surface, à moins
que des travaux ne viennent protéger momentanément certaines
parties du dépôt, ou bien qu'il se produise quelque phénomène
modifiant le régime du torrent.

Remarque. — Dans la nature, les lits de déjection n'ont pas généralement la forme en pointe qui leur est assignée par la figure théorique 34. Mais si l'on suppose que cette pointe soit plus ou moins arrondie, on arrivera à une figure se rapprochant de la figure 35.

34. Sécurité temporaire des flancs de la pyramide. —

Des explications qui précèdent, il résulte que pendant la 2° phase de la formation du lit de déjection, les flancs de la pyramide jouissent d'une certaine sécurité. Cependant les bourrelets étant peu élevés, une crue extraordinaire peut amener un débordement et des dépôts sur les flancs. Mais les habitants, qui ont pris possession de ces flancs de la pyramide, ne manquent pas, pour se mettre à l'abri, d'exhausser les deux bourrelets et de former ainsi de véritables digues continues qui leur donnent une sécurité à peu près complète, au moins pendant la durée de la 2° phase généralement très longue.

Il arrive quelquefois que cette sécurité des flancs de la pyramide se produit naturellement. C'est lorsque la rivière qui coule dans la vallée atteint la base du cône terminal, ou produit par son déplacement, une troncature soit dans le cône, soit dans la pyramide, si de plus elle a une puissance d'entraînement capable d'emmener toutes les déjections. Dans ce cas, en effet, la pyramide ou le cône ne peuvent plus avancer ; aucun dépôt ne se forme plus, et même le lit du torrent s'encaisse de plus en plus dans son ancienne déjection en commençant par l'aval où il trouve soit une chute, soit une pente plus forte que celle de l'arête supérieure de la pyramide. Il se forme alors un ravin profond suivant la *pente de compensation*; cette pente s'allonge vers l'amont jusqu'à l'ancien flanc de la montagne. On a quelquefois intérêt à arrêter cet encaissement spontané, ce qui se fait à l'aide de quelques seuils que l'on construit dans le fond du lit.

La sécurité est alors complète.

Si la rivière se retire dans la suite des temps et que le lit ne se soit pas encore encaissé jusqu'au niveau de la plaine, les déjections se déposent de nouveau en passant par la 1re et la 2 phases, le fond du lit, au droit de la troncature, correspondant à l'exhaussement de la sortie de la gorge.

Mais si le lit est encaissé jusqu'au niveau de la rivière, les dépôts se forment tout de suite dans le chenal, et la 3e phase commence immédiatement.

Lorsqu'on considère les dangers qui menacent les propriétés riveraines des torrents, on s'étonne souvent de voir des hameaux, des villages et même des bourgs très importants bâtis dans des situations semblables et menacés continuellement d'être engloutis sous les avalanches de boues et de sables amenés par le torrent. On est souvent tenté de croire que ces torrents n'ont pas toujours existé et qu'à une certaine époque il n'y avait là que des cours d'eau tranquilles. Ce fait peut être vrai dans bien des cas ; mais on voit aussi, par les explications qui précèdent, que les flancs de la pyramide sont dans un état de sécurité relative pendant toute la période de la 2e phase qui peut être très longue ; que la sécurité est même complète s'il y a une troncature et si la rivière peut charrier toutes les déjections. Pendant ce temps, les habitants de la vallée, trouvant un sol meuble, de l'eau pour les irrigations et pour les usages domestiques, des pierres pour les constructions, viennent défricher ce sol, le mettre en culture, et s'établissent définitivement en bâtissant un village vers le sommet de la pyramide.

CHAPITRE VII

RAVAGES CAUSÉS PAR LES TORRENTS

25. Ruine des habitations et des cultures situées sur le lit de déjection. — Certains torrents sont sujets à des crues excessives. Les courants de lave, qui se forment quelquefois à la suite d'un orage ou d'une fonte de neige, peuvent causer des désastres incalculables. Quand la débâcle a lieu, ce n'est plus de l'eau qui s'écoule, c'est une boue noire mélangée de blocs et de rochers d'un volume et d'un poids considérables, descendant à la manière d'un corps solide qui suivrait un plan incliné. Les blocs de rochers paraissent surnager à la surface, et, s'ils rencontrent un obstacle, bondissent au-dessus du courant. Quelquefois leurs bonds sont si brusques et si impétueux qu'ils peuvent être projetés à droite et à gauche, hors du lit. On en a vu qui s'étaient engagés dans la charpente de ponts en partie démembrés par la crue, et qui sont ainsi restés suspendus en l'air à plusieurs mètres de hauteur. Ce flot de boue est doué d'une force énorme ; il s'assimile tout ce qui se trouve sur son passage, il entraîne des quartiers de rochers, déracine des arbres, détruit les berges du torrent qui s'éboulent dans le lit et dont les débris sont entraînés par la masse d'eau qui vient en arrière.

Enfin, arrivées à la sortie de la gorge, ces avalanches s'étendent sur le lit de déjection, et portent au loin la dévastation, renversant les maisons, creusant de profondes ravines et couvrant les terres d'une épaisseur considérable de limons, de graviers et de blocs de rocher.

26. Inondations. — Quand le torrent s'est bien encaissé dans son lit de déjection, il arrive quelquefois que les matières charriées pénètrent au confluent du torrent et produisent dans la ri-

vière qui les reçoit des troubles considérables. Le lit de cette rivière se trouve souvent barré complètement et les eaux sont obligées de s'ouvrir un nouveau lit au milieu des champs cultivés.
Quand ces eaux ne peuvent s'ouvrir un nouveau lit, le gonflement
augmente en arrière du confluent et forme un lac qui détruit toutes
les récoltes en amont. Ou bien si ces eaux gonflées acquièrent
assez de force pour briser le barrage qui vient d'être formé, elles
s'écoulent avec impétuosité et produisent en aval de grands désastres.

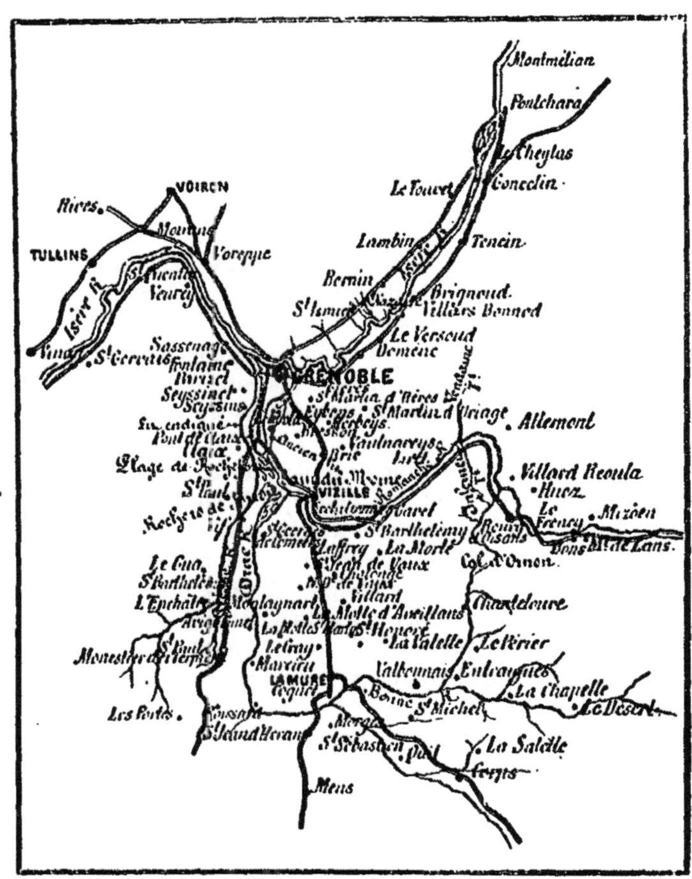

Fig. 86.

Nous citons ci-dessous, comme un exemple très saisissant des faits que nous venons d'énoncer, un extrait d'une étude de M. Ph. Charlemagne, inspecteur des forêts, sur l'urgence des travaux de restauration et de conservation des montagnes dans le département de l'Isère.

« En l'année 1191, une crue simultanée des torrents de Vaudaine et de l'Infernet, qui se jettent en face l'un de l'autre dans la Romanche, à l'extrémité aval de la plaine d'Oisans, barra le cours de cette rivière par un amoncellement de blocs et de pierres d'une hauteur considérable (*Voir la figure 36*).

« Les eaux envahirent toute la vallée de Bourg-d'Oisans et formèrent un lac dont le niveau au-dessus de la plaine s'éleva à 20 mètres.

« Ce lac, qui reçut le nom de lac Saint-Laurent, dura 28 ans, jusqu'au 14 septembre 1219.

« Dans la soirée du 14 septembre, le barrage qui maintenait le lac s'effondra, et une véritable trombe d'eau se précipita dans les vallées Séchilienne et de Vizille; après avoir tout ravagé sur son passage et emporté le pont de Claix, la trombe arriva à Grenoble vers les dix heures du soir, en suivant l'ancien lit du Drac aboutissant au pied de la vieille enceinte de Grenoble, en face des rochers de la Porte-de-France.

« L'Isère fut barrée et les eaux s'élevèrent dans la ville jusqu'à la clef de voûte de la porte principale (ancienne) de la cathédrale, c'est-à-dire jusqu'à *huit* mètres au-dessus du sol de la place Notre-Dame.

« Les habitants de la rive gauche de l'Isère, surpris dans leur premier sommeil, n'eurent que le temps de chercher un refuge dans le haut des maisons les plus élevées, dans les tours et dans les clochers ; un certain nombre d'entre eux coururent au pont pour traverser la rivière et se réfugier dans la montagne; malheureusement la porte élevée au milieu du pont se trouva fermée et avant qu'on pût l'ouvrir les eaux s'élevèrent à une telle hauteur qu'elles franchirent les parapets et emportèrent la plupart des fugitifs.

« Plusieurs milliers de personnes trouvèrent la mort dans le déluge de 1219. »

Depuis un peu plus d'un demi siècle, les rivières d'une grande partie de la France se sont élevées dans leurs crues à des hauteurs qui n'avaient été atteintes qu'à des époques très reculées, dans quelques grandes catastrophes dont la souvenir s'était presque effacé et dont on croyait le retour impossible.

Ces grandes crues n'ont sévi nulle part avec autant de violence et surtout de continuité que dans le bassin du Rhône.

En nous restreignant à la vallée de l'Isère, nous citerons la crue du 18 novembre 1840 qui inonda le faubourg Tros-Cloîtres de la ville de Grenoble, les eaux s'étant élevées à 3^{m}20 au-dessus de l'étiage.

Celle de 1843 qui produisit l'inondation de la vallée du Drac.

Celle du 18 juin 1849 qui fit déborder l'Isère en amont et en aval de Grenoble.

Celle du 31 juillet et du 1er août 1851 qui inonda la vallée à Voreppe et à Saint-Quentin.

Celle du 13 août 1852 qui fit déborder l'Isère dans la vallée.

Celle du 31 mai 1856, pendant laquelle les eaux de l'Isère, s'élevant à 3^{m}30 au-dessus de l'étiage, inondèrent toute la ville de Grenoble.

Enfin, la plus terrible, celle du 2 novembre 1859, où les eaux s'élevèrent à 5^{m}35 au-dessus de l'étiage. Toute la vallée ne formait plus qu'un lac s'étendant du pied de la montagne de la rive droite au pied de celles de la rive gauche; des digues furent coupées, et les communications par chemins de fer durent être interrompues pendant quinze jours; les eaux s'élevèrent dans Grenoble à 1^{m}36 au dessus de la place Grenette; pendant deux semaines entières le service des inhumations fut suspendu et l'on enterra les morts provisoirement sur un bastion de la porte des Alpes.

Sans doute il serait téméraire d'affirmer qu'il n'y a rien eu d'accidentel dans les grandes crues de ce siècle, et notamment dans l'immense désastre de 1840, qui en a commencé la série et qui a accumulé tant de malheurs dans une grande partie du bassin du Rhône. Mais il est hors de doute aujourd'hui qu'à côté des causes météorologiques qui se sont manifestées par l'abondance des pluies et des neiges, deux autres causes ont joué un rôle important dans la reproduction de ces crues; ces deux causes sont, d'une part, les modifications apportées dans le lit des rivières, puis, d'autre part, le déboisement et la destruction des pâturages qui ont amené la formation des torrents.

Nous reviendrons, dans la deuxième partie de cette étude, sur les effets des endiguements et des redressements qui produisent une aggravation des crues jusqu'à une grande distance en aval. Quant aux funestes effets des déboisements et des défrichements sur les terrains en pente, ils ont été décrits, avec de très grands détails, pour les parties supérieures du bassin du Rhône, dans le remarquable ouvrage de M. Surell Nous avons déjà précédemdemment dit, à ce sujet, que les eaux pluviales, en tombant sur les arbres, et en coulant sur des pentes garnies de broussailles ou de gazon, éprouvent un ralentissement très sensible dans leur vitesse. Ajoutons qu'une partie de ces eaux, s'infiltrant peu à peu dans le sol, pénètre jusqu'à une couche imperméable, et ne reparaît au jour qu'après une marche souterraine qui agit encore d'une manière plus puissante. Toutes ces eaux n'arrivent donc au fond de la vallée que progressivement, et leur retard contribue à diminuer l'accélération et l'intensité de la crue. Quand, au contraire, des torrents se sont formés, la concentration se produit avec une énorme vitesse, et la hauteur des crues se trouve rapidement augmentée. Cependant tous les phénomènes doivent être étudiés de près, dans chaque cas particulier, quand il s'agit de leur influence sur les crues d'un grand fleuve ; en effet, l'accélération de l'arrivage des eaux des affluents d'aval pourrait être utile à ce point de vue, si elle avait pour effet de faire écouler leurs crues jusqu'à la mer avant l'arrivée du produit des rivières d'amont, provenant de la même série de phénomènes météorologiques.

87. Exhaussements. — Les inondations ne sont pas les seuls désordres apportés par les torrents dans le cours des rivières et des fleuves. Si l'on suit les routes longitudinales aux vallées, on rencontrera, pour peu que ces vallées aient une certaine largeur, des parties souvent notables de cours d'eau dont le lit se présente en relief au-dessus de la plaine.

Ces exhaussements proviennent des matériaux de différentes grosseurs qui sont jetés dans les rivières, au moment des fortes crues, par les affluents secondaires alimentés eux-mêmes par les torrents. La rivière principale ayant une pente généralement inférieure à celle de tous ces affluents et une largeur souvent bien plus considérable, il se produit, au débouché dans cette rivière, une grande diminution dans la vitesse et par conséquent dans la force d'entraînement des matières, qui sont alors forcées de se déposer.

Plus tard les eaux, quand elles redeviennent claires, remanient les dépôts en rangeant les matériaux suivant leur pente de compensation ; celle-ci étant plus grande que celle qui correspond aux galets les plus petits qui tapissent le fond du lit de la rivière, il en résulte un exhaussement qui, après chaque crue, se propage en amont et en aval de chaque confluent, mais principalement en aval.

Ce serait une erreur de croire, comme certains auteurs l'ont affirmé, que les grandes crues de la rivière principale sont capables de tout balayer sur leur passage ; car, aux moments où se produisent ces grandes crues, les eaux sont saturées et ne peuvent, comme nous le savons, reprendre une partie des dépôts qu'en abandonnant un poids égal de galets plus volumineux (voir le chapitre V). Il ne saurait y avoir d'exception à cette règle que dans le cas où les eaux, augmentant accidentellement de vitesse, dans un passage plus resserré par exemple, accéléreraient par suite une force d'entraînement plus considérable ; mais les matériaux entraînés ainsi, et enlevés aux dépôts déjà formés, s'arrêteraient fatalement en aval, sur les points où, par suite de la diminution de la pente ou de l'élargissement de la section, la puissance d'entraînement reprend sa valeur primitive.

En résumé, quelles que soient leurs évolutions capricieuses, les eaux, dans leur marche vers les parties basses des vallées, abandonneront sur leur parcours le produit des dégradations causées par les torrents dans les parties hautes; et il en résultera fatalement un exhaussement général du lit à partir de chaque grand affluent.

Nous allons encore puiser, dans l'excellente étude de M. Ph. Charlemagne, une preuve des faits que nous venons d'énoncer.

Le Drac prend sa source, comme on le sait, dans les contreforts occidentaux du massif du Pelvoux; il quitte la montagne à Saint-Georges-de-Commiers, et de ce point jusqu'au Saut-du-Moine il s'étale en un vaste lit de déjection, appelé la Rivoire, sur 5 kilomètres de longueur et 1 kilomètre de largeur moyenne. Au Saut-du-Moine, son cours, resserré entre des rochers, change brusquement de direction vers le N.-O. et s'étale sur une deuxième plage de divagation, de 3 kilomètres de longueur sur 300 mètres de largeur, où il reçoit les eaux de la Gresse. A partir de là, son lit, se rétrécissant une seconde fois, traverse la coupure des rochers de Rochefort pour pénétrer dans la vallée, où il est endigué jusqu'à l'Isère (voir la figure 36).

Les dépôts des plages de la Rivoire et de Rochefort sont constamment remaniés pendant les crues ; lorsqu'ils sont complètement recouverts, il s'établit vers le milieu un courant principal, de largeur très restreinte, que suit la majeure partie des eaux ; la vitesse de ce courant peut alors devenir assez grande pour qu'il y ait affouillement et propulsion des matériaux vers l'aval.

Ces matériaux franchissent la coupure de Rochefort, pénètrent dans la partie endiguée du lit du Drac qui s'exhausse ainsi depuis Saint-Georges de Commiers jusqu'à l'Isère ; au pont de fer ce lit est suspendu à 2m. au-dessus des rues de Grenoble.

On ne possède pas de documents permettant d'établir l'importance de cet exhaussement. Disons cependant qu'au pont suspendu on extrait tous les ans 40.000mc. de gravier pour les travaux de voirie ou de construction de la ville, et qu'à chaque crue la rivière, nivelant son lit, fait disparaître toute trace d'excavation.

Les désordres causés dans l'Isère par les apports du Drac sont encore plus graves que ceux résultant de l'exhaussement dont nous venons de parler. Depuis le confluent jusqu'à Saint-Gervais, sur un développement de 30 kilomètres environ, cette rivière coule pour ainsi dire à fleur de sol, avec une pente très douce, propre seulement à la propulsion des sables et des menus graviers ; à partir de Saint-Gervais jusqu'à la limite du département, elle s'encaisse profondément et sa pente devient plus considérable.

Quand les cailloux du Drac, dont les dimensions s'élèvent jusqu'à 0m.10 ou 0m.20, pénètrent dans son cours, ils tendent, comme nous l'avons dit tout à l'heure, à y établir la pente de compensation qui leur convient ; et il en résulte fatalement la formation, au confluent, d'un barrage dont les effets peuvent devenir désastreux.

La différence qui existe entre les deux pentes-limites correspondant aux cailloux du Drac et aux graviers de l'Isère, étant d'au moins 2mm., si l'on multiplie ce nombre par la distance (30 kilomètres) du confluent aux gorges de Saint-Gervais, on arrive au chiffre énorme de 60m. Si donc, en partant de Saint-Gervais, on remonte le cours de l'Isère avec une pente supérieure de 2mm. à celle qui existe actuellement, on arrive, au confluent du Drac, à une hauteur de 60m. au-dessus du lit actuel.

Il résulte de là que si le Drac continuait à amener dans la vallée autant de matériaux que par le passé, et si les digues de l'Isère étaient relevées indéfiniment, l'emplacement de Grenoble finirait par être noyé sous une profondeur de plus de 50 mètres d'eau.

Mais il faudrait évidemment pour cela plusieurs milliers d'années. — Bien avant que cette catastrophe puisse s'accomplir, l'exhaussement du Drac aurait causé des désastres partiels qui feraient reculer peu à peu les habitants de la vallée.

Quoi qu'il en soit, dès maintenant la situation est pleine de périls. Des sondages comparatifs ont été faits en 1854 et en 1880 ; en voici les navrants résultats :

Dans 26 ans, le Drac a propulsé dans l'Isère un million de mètres cubes, soit 38.000mc. par an. L'exhaussement de l'Isère en amont du confluent est annuellement de 0m.012 ; au confluent le fond moyen s'élève de 0m.037 par année, et comme ce fond n'est que de 2m.35 en contrebas du fond du lit au pont de pierre aval de Grenoble, si les exhaussements continuaient à se produire dans les mêmes conditions, dans moins d'un siècle le lit actuel de l'Isère serait complètement obstrué, et la ville de Grenoble condamnée à une ruine certaine[1].

38. Encombrement des voies de communication. — Quant aux routes et aux chemins, que l'on ne peut établir dans les vallées étroites que sur les lits de déjection, ils sont coupés et recouverts de débris après chaque crue, de sorte que la circulation se trouve interrompue. — On a souvent entrepris des travaux de défense pour forcer les déjections à se déposer en dehors des chaussées ; mais ces travaux n'ont jamais qu'un caractère provisoire quand les routes traversent des torrents en pleine activité ; de là une gêne considérable pour les transports, et des dépenses très sérieuses chaque année.

Pour les chemins de fer, le mal est encore plus grand, car là il

1. En admettant que l'apport des matériaux restât le même, comme le barrage s'allonge, dans le sens du profil en long de la rivière, au fur et à mesure que l'exhaussement augmente, l'accroissement de hauteur annuel irait sans cesse en diminuant ; mais la ruine de la ville, pour être retardée, n'en serait pas moins certaine.

faut chercher à éviter à tout prix toute interruption de circulation, si grave pour l'industrie et le commerce et si coûteuse pour les compagnies. Aussi voit-on souvent les voies ferrées passer en tunnel sous les lits de déjection, le tracé étant rapproché du pied de la montagne. — Pendant la période de la 2° phase, on les établit en amont du point où commencent les divagations et elles paraissent en pleine sécurité. Mais pendant la 3° phase, le point où commencent les divagations remonte rapidement, et à moins que le tunnel n'ait une longueur considérable, il arrive souvent que le torrent, quittant son lit en amont de ce tunnel, se jette encore sur la voie en suivant les flancs du lit de déjection. D'où la nécessité d'allonger la percée soit vers le flanc droit, soit vers le flanc gauche, sans pouvoir encore jouir d'une sécurité absolue. C'est ce qui est arrivé, il y a quelques années, dans la Maurienne. Le torrent de Saint-Martin, se déversant sur son flanc droit, a jeté tout à coup une partie de ses déjections sur le chemin de fer du Mont-Cenis et a interrompu la circulation pendant plusieurs jours.

Voilà quels peuvent être les ravages causés dans la plaine.

39. Ravages causés dans la montagne. — Dans la montagne, les éboulements des berges entraînent jusqu'au fond du lit les propriétés cultivées qui allaient jusqu'à leur sommet; ces berges sont, comme je l'ai déjà fait remarquer, généralement très profondes, et les parties qui tombent sont souvent considérables.

D'autre part, quand des glissements se produisent, les masses en mouvement peuvent s'étendre très loin de la crête des berges, et l'on remarque, à de grandes distances des rives, des crevasses parallèles au torrent. Des villages bâtis dans la montagne se trouvent compris dans ce mouvement de glissement, des maisons sont lézardées et menacent de s'écrouler avec le flanc de la montagne dans la gorge du torrent.

C'est ainsi que dans le bassin du torrent de la Grollaz, situé dans la Maurienne, près du Mont-Cenis, le hameau de Villard n'a pas une maison qui ne soit lézardée. Quelques-unes ont déjà commencé leur mouvement de descente, et ont dû être abandonnées. On voit même des ruines d'anciennes maisons dans le milieu des talus des berges du torrent. — Sur la rive gauche du Bugeon et du torrent de Saint-Jullien, deux villages descendent insensiblement vers le torrent et se trouvent compris dans des lignes de crevasses qui les englobent complètement. Dans l'un d'eux, certaines maisons ne sont plus qu'à 10m. de la crête de la berge. Nul ne doute que ces villages ne soient abandonnés et entièrement détruits, si l'on ne se hâte de porter remède à une situation si pleine de périls.

TRAVAUX DE CORRECTION DES TORRENTS

CHAPITRE VIII

PROPOSITIONS PRÉLIMINAIRES

RÉSISTANCE ET STABILITÉ DES CONSTRUCTIONS EN MAÇONNERIE

La première condition à remplir pour qu'une construction en maçonnerie ait une longue durée, c'est que les matériaux qui la composent résistent aux agents destructeurs atmosphériques, tels que le gel, le dégel, l'eau, etc. Il est bien clair que si l'on employait des pierres gélives dans les contrées où les gelées se répètent souvent, les constructions se détérioreraient rapidement. De même une maçonnerie faite dans un torrent avec un mortier peu ou point hydraulique serait bientôt détruite.

La deuxième condition, c'est que les matériaux ne doivent pas être soumis à des efforts supérieurs à ceux qu'ils peuvent supporter en toute sécurité.

La troisième enfin, c'est que la construction soit parfaitement stable, c'est-à-dire établie de telle façon qu'aucun mouvement de son ensemble, si petit qu'il soit, ne puisse se produire.

Nous ne nous occuperons pas ici de la première condition ; nous n'examinerons que les deux dernières, celles relatives à la résistance et à la stabilité.

§ 1

RESISTANCE DES CONSTRUCTIONS EN MAÇONNERIE

40. Notions préliminaires. — Résistance des corps solides à la compression dans le cas d'une charge uniformément répartie. — Dans les constructions en maçonnerie, les matériaux étant généralement soumis à des efforts de compression, nous allons rappeler brièvement les lois de la résistance des corps solides à la compression.

Nous ne nous occuperons d'abord que des prismes à section constante.

Il y a deux cas à examiner, suivant que la charge qui tend à raccourcir le prisme est ou non répartie d'une manière uniforme sur la base supérieure de ce solide.

Voici les faits que l'on observe dans le premier cas :

Quand on fait cesser l'effort après l'avoir laissé agir pendant un certain temps, le corps ne revient pas entièrement à son état primitif; un raccourcissement permanent a pris naissance. Mais, ce premier raccourcissement produit, si l'on fait croître l'effort, les raccourcissements augmentent proportionnellement aux charges, et cette loi persiste jusqu'à une certaine limite pour laquelle cette proportionnalité cesse, autrement dit au-delà de laquelle les raccourcissements croissent plus vite que les charges jusqu'à ce qu'on arrive enfin à la rupture.

De plus si l'on fait varier dans les expériences l'effort P, la longueur L et la section S du corps expérimenté, on trouve que le raccourcissement l est chaque fois proportionnel à $\frac{PL}{S}$, de sorte qu'on peut écrire :

$$l = \frac{PL}{S} \times \frac{1}{E}$$

E étant un nombre constant pour une même substance, nombre qu'on a désigné sous le nom de *coefficient d'élasticité*. On met généralement cette égalité sous la forme :

$$\frac{P}{S} = E \times \frac{l}{L} \tag{1}$$

Le coefficient d'élasticité a été déterminé expérimentalement pour les principaux corps solides employés dans les constructions.

Le premier membre $\frac{P}{S}$ de l'équation fondamentale exprime la charge, par unité de surface, supportée par le corps considéré.

Si l'on veut calculer les dimensions d'une pièce de telle sorte que cette dernière, sous l'influence d'une charge donnée, n'éprouve qu'un raccourcissement non dangereux pour la sécurité de la construction dont elle fait partie, on donnera à $\frac{l}{L}$ une valeur convenable, suivant la nature du corps ; en multipliant cette valeur par le coefficient d'élasticité, on obtiendra un nouveau coefficient N qui exprimera la limite de charge permanente par mètre carré qu'on peut faire supporter à la pièce avec sécurité.

La formule précédente deviendra alors :

$$P = NS \qquad (2)$$

On désigne généralement le coefficient N sous le nom de *coefficient de résistance permanente à la compression.*

Ce coefficient a été déterminé pour les principales substances employées dans les constructions.

Il est de   600.000 kilogr. pour le chêne.
    de   400.000   —   sapin.
    de   248.000   —   pin.
    de 12.500.000   —   fonte.
    de   6.000.000   —   fer.

Pour la maçonnerie, il varie de 60.000 à 120.000 kilogr.

Ainsi quand on dit que le coefficient de résistance permanente d'une maçonnerie est de 90.000 kilogr., cela veut dire qu'il ne faut pas faire supporter d'une manière permanente à cette maçonnerie plus de 90.000 kilogr. par mètre carré ou plus de *9 kilogr. par centimètre carré.*

Il est bien évident que si l'on applique sur la face supérieure AB d'un prisme homogène un effort uniformément réparti sur la base et perpendiculaire à cette base, toutes les molécules qui se trouvaient primitivement dans la surface supérieure viendront se ranger dans une surface parallèle voisine CD, et que par conséquent le raccourcissement sera uniforme (fig. 37).

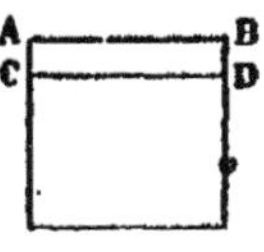

Fig. 37

Si le prisme repose sur une base supposée inébranlable et

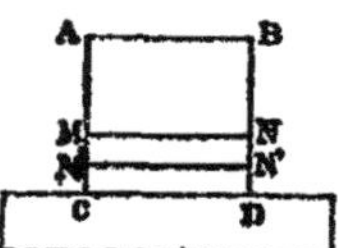

Fig. 88.

incompressible, toutes les fibres qui se trouvaient avant la compression dans une tranche MNDC comprise entre deux sections infiniment voisines, se trouveront, après l'application de la charge, resserrées entre les deux plans M'N' et CD et auront subi toutes le même raccourcissement (fig. 38).

41. Résistance d'une maçonnerie dans le cas de charges uniformément réparties par rapport à un plan. Loi du trapèze. — Il n'en sera plus de même si les

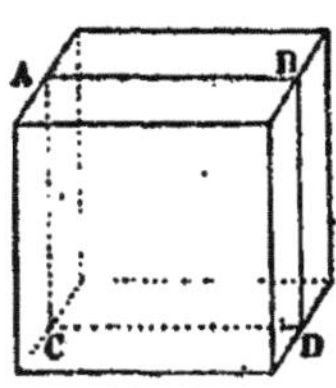

Fig. 89.

efforts appliqués aux différents points de la base sont inégaux. Dans ces conditions, il peut paraître difficile de déterminer la surface suivant laquelle viendront se disposer les molécules qui se trouvaient primitivement dans le plan MN. Il est un cas cependant où l'on peut trouver approximativement cette surface, c'est le cas où les charges partielles

sont uniformément réparties par rapport à un plan ABCD (fig. 39) perpendiculaire à la base d'appui et passant par les milieux des côtés de cette base, que nous supposerons rectangulaire et horizontale.

Nous admettrons, en outre, que les sections horizontales du prisme ne sont plus constantes, mais que l'on peut regarder, dans le voisinage immédiat de la base, les faces comme sensiblement verticales.

La résultante P de toutes les charges sera nécessairement située dans le plan ABCD, qui est un plan de symétrie et que nous prendrons pour plan de la figure. Supposons la appliquée en un

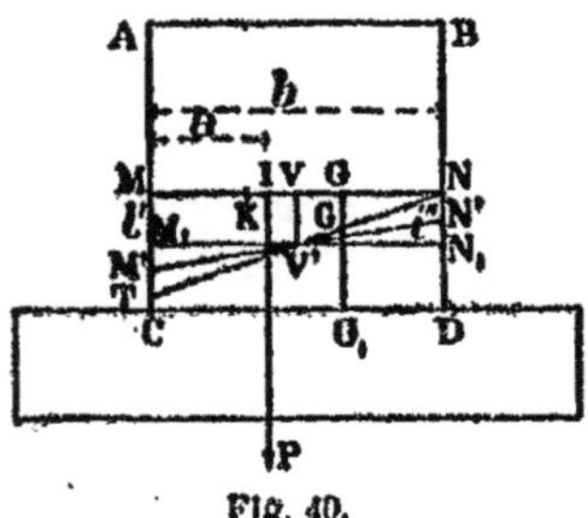

Fig. 40.

point I du plan MN qui est, comme tout à l'heure, un plan infiniment voisin de la base d'appui (fig. 40).

La tranche infiniment mince MNCD va se déformer sous l'influence des forces égales et contraires qui agissent sur les faces MN et CD. Ces forces étant l'une la pression P et l'autre la réaction de la base sur le prisme considéré, il va se produire un nouvel état d'équilibre. On pourrait, à l'aide de la théorie mathématique de l'élasticité, déterminer la surface suivant laquelle viendront se ranger les molécules qui étaient primitivement dans le plan MN ; c'est une surface cylindrique. Nous nous contenterons d'une approximation en remplaçant cette surface par un plan moyen dont la trace est M'N', et nous nous proposerons de déterminer la position de ce plan.

Soit S la section du prisme ; considérons en un point quelconque G du plan MN un élément superficiel ω et désignons par p la pression qui s'exerce sur cet élément ; nous pourrons évidemment appliquer à ce dernier la formule générale (1) établie précédemment. Soit L la longueur primitive GG₁ du prisme droit dont la base est ω, et soit l la longueur GG' dont il s'est raccourci sous l'influence de la force p, nous aurons :

$$\frac{p}{\omega} = E\frac{l}{L} = \frac{E}{L} \times l.$$

Si nous considérons un autre prisme élémentaire de section ω_1, soumis à une force p_1 et ayant subi sous l'influence de cette force un raccourcissement l_1, nous aurons une deuxième relation :

$$\frac{p_1}{\omega_1} = \frac{E}{L} \times l_1$$

et ainsi de même pour tous les prismes dont les bases sont comprises dans le plan MN.

En remplaçant par K la valeur $\frac{E}{L}$ qui est commune à tous les prismes, on aura une suite de relations :

$$p = K\omega l \; ; \; p_1 = K\omega_1 l_1 \ldots \text{etc}\ldots$$

desquelles nous tirerons la conséquence suivante :

La charge qui s'exerce en chaque point de la section MN est proportionnelle à la verticale menée de ce point jusqu'à la surface M'N'.

On en conclut que la résultante P de tous ces efforts passe par le centre de gravité du volume compris entre les deux surfaces MN et M'N', ou, en d'autres termes, puisque le plan ABCD est un plan de symétrie, par le centre de gravité du trapèze MNN'M'.

La position de la ligne M'N' est donc déterminée ; elle est telle que le centre de gravité du trapèze MNN'M', dont elle est un des côtés, soit sur la verticale du point I d'application de la résultante P.

Il est facile, du reste, de trouver une relation entre la valeur de cette résultante et les dimensions du trapèze.

Soient l' et l'' les bases de ce trapèze : on a, d'après les relations précédentes :

$$P = \Sigma p = \Sigma K \omega l = K \Sigma \omega l.$$

Mais $\Sigma \omega l$ n'est autre chose que le volume du prisme compris entre les deux surfaces MN et M'N', et ce dernier volume est égal à $S \times \dfrac{l' + l''}{2}$; on a donc :

$$P = KS \frac{l' + l''}{2}$$

d'où :

$$\frac{P}{S} = K \frac{l' + l''}{2} \tag{3}$$

Ceci exprime que la pression moyenne $\dfrac{P}{S}$ est proportionnelle à la parallèle VV' menée à égale distance des deux bases du trapèze.

Cela étant, si je déplace le point d'application de la résultante, le trapèze changera de forme, puisque son centre de gravité doit toujours être sur la verticale de ce point, mais sa surface ne variera pas tant que P restera constant, car $\dfrac{l' + l''}{2}$ devra rester le même ; de sorte que le déplacement du point I entraînera une rotation de M'N' autour du point V'.

Les pressions par unité de surface qui s'exercent aux points M et N étant proportionnelles aux longueurs l' et l'', et ces valeurs ne dépendant que de la distance MI, il importe de calculer l' et l'' en fonction de cette distance, que je représente par a.

Pour cela, je prends successivement, par rapport à la ligne AC, les moments du trapèze et des triangles qui le composent ; j'aurai, en désignant par b la longueur MN :

$$ab\frac{l' + l''}{2} = \frac{1}{2} l'b \times \frac{b}{3} + \frac{1}{2} l''b \times \frac{2}{3} b. \tag{4}$$

En résolvant les équations (3) et (4), on trouve :

$$l' = \frac{2P}{KS}\left(2 - \frac{3a}{b}\right)$$

$$l'' = \frac{2P}{KS}\left(\frac{3a}{b} - 1\right)$$

Si je désigne maintenant par t' et t'' les pressions, par unité de surface, qui s'exercent aux points M et N, j'aurai :

$$t' = Kl' = \frac{2P}{S}\left(2 - \frac{3a}{b}\right) \qquad (5)$$

$$t'' = Kl'' = \frac{2P}{S}\left(\frac{3a}{b} - 1\right) \qquad (6)$$

Les pressions t' et t'' sont utiles à connaître ; il faudra, dans chaque cas particulier, déterminer la valeur de la plus grande d'entre elles, et s'assurer qu'elle ne dépasse pas la limite que l'on s'est imposée pour le coefficient de résistance permanente. La sécurité de la construction ne pourra être obtenue qu'à ce prix.

Je vais maintenant examiner quelques cas particuliers :

1° Si la résultante est appliquée en V, le trapèze se transforme en un rectangle MNN_1M_1, ce qui montre que le raccourcissement s'est fait uniformément sur toute la surface.

Les formules (5) et (6) deviennent en effet :

$$t' = \frac{2P}{S}\left(2 - \frac{3}{2}\right) = \frac{P}{S}$$

$$t'' = \frac{2P}{S}\left(\frac{3}{2} - 1\right) = \frac{P}{S}$$

On retombe dans le cas d'une charge uniformément répartie.

2° Si le point d'application de la résultante est au point K situé au tiers de la longueur MN, le trapèze se transformera en un triangle MTN ; la pression qui s'exerce en M est alors double de la pression moyenne qui est représentée par VV', et la pression en N est nulle.

On a, en effet :

$$t' = \frac{2P}{S}(2-1) = \frac{2P}{S}$$

$$t'' = \frac{2P}{S}(1-1) = 0.$$

3° Enfin si le point d'application se rapproche encore du point M (fig. 44), et s'il vient au point E, t' devient plus grand que $\frac{2P}{S}$ et t'' est négatif. Ce résultat montre que la pression, qui est plus grande en M que la pression moyenne, va en décroissant jusqu'à un certain point N_1, où elle est nulle, pour devenir négative depuis ce point jusqu'à N.

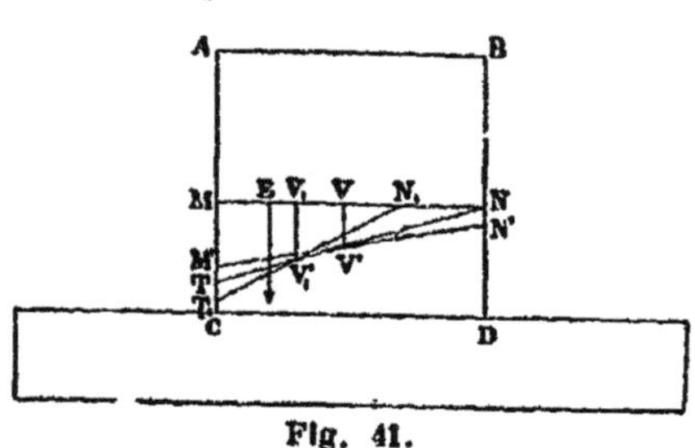

Fig. 41.

Cette pression négative, qui se traduirait par une force d'extension si le solide considéré était du bois ou du fer, est inadmissible dans les constructions en maçonnerie, et il n'y a pas lieu d'en tenir compte. Nous dirons donc que la pression totale P se trouve répartie sur la surface $MN_1 \times e$, e étant la dimension du prisme perpendiculaire au plan de la figure.

Pour déterminer le point N_1, nous ferons $t' = o$ dans l'équation (6); nous aurons ainsi :

$$\frac{3a}{b} - 1 = 0 \qquad \text{ou } b = 3a.$$

Ce qui indique que MN_1 est égal à trois fois la distance ME.

Ce résultat peut être interprété en disant que la ligne TN de la figure 40 a pris sur la figure 41 une position T_1N_1 telle que le centre de gravité du triangle T_1MN_1 soit sur la verticale du point E. Cette conclusion est absolument conforme à tout ce qui a été dit précédemment. Dès lors, la pression totale P se trouvant répartie sur la surface $3ae$, nous trouverons la pression t' en remplaçant, dans la formule (5), S par $3ae$ et b par $3a$, ce qui donnera :

$$t' = \frac{2P}{3ae}.$$

En résumé, la pression maximum, par unité de surface,
s'exerce à l'extrémité de la base la plus voisine du point d'ap-
plication de la résultante ; elle est égale à $\left(\dfrac{2P}{S}\,2 - \dfrac{3a}{b}\right)$, à $\dfrac{2P}{S}$ ou
à $\dfrac{2P}{3ae}$ suivant que la distance de cette extrémité au point d'ap-
plication est supérieure, égale ou inférieure au tiers de la longueur MN.

La condition de résistance des constructions en maçonnerie sera donc exprimée, à la limite, par l'une des trois expressions :

$$\frac{2P}{S}\left(2 - \frac{3a}{b}\right) = N \tag{7}$$

$$\frac{2P}{S} = N \tag{8}$$

$$\frac{2P}{3ae} = N \tag{9}$$

suivant que la distance du point d'application à l'arète la plus
rapprochée sera supérieure, égale ou inférieure au tiers de la
longueur MN.

§ 2.

STABILITÉ DES CONSTRUCTIONS EN MAÇONNERIE

**49. Notions préliminaires. Réaction de deux corps
solides en contact. Frottement.** — Je suppose une sphère
en repos sur un plan horizontal ; son poids est mis en équilibre
par l'ensemble des actions que les molécules éprouvent de la
part des molécules du plan dans le voisinage du point de contact ; ces dernières peuvent donc être remplacées par une force
unique égale et contraire au poids de la sphère. D'autre part, les
actions que les molécules de la sphère exercent sur les molécules
du plan étant égales et contraires à celles qu'elles éprouvent de
la part de celles-ci, on peut évidemment leur substituer une
force égale et contraire à la précédente.

Cette deuxième force constitue ce qu'on appelle la *Pression* de la sphère sur le plan horizontal, et la première se nomme *Réaction* de la table sur la sphère. Il est clair que ces deux forces égales et contraires sont dirigées suivant la normale commune au point de contact.

Si, au lieu d'une sphère, je considère un corps pesant reposant par une surface plane sur le plan horizontal, chaque point de la surface plane pourra être considéré comme s'il était un point de contact isolé. Les pressions exercées par tous les points de contact, étant parallèles, se composent en une seule que je représente par P ; et la réaction exercée par le plan sera une force égale et contraire que j'appelle T.

Je coupe le corps par un plan passant par les forces P et T et par conséquent vertical. J'applique dans ce plan une force horizontale IB que je désigne par q. Si cette force q est très petite,

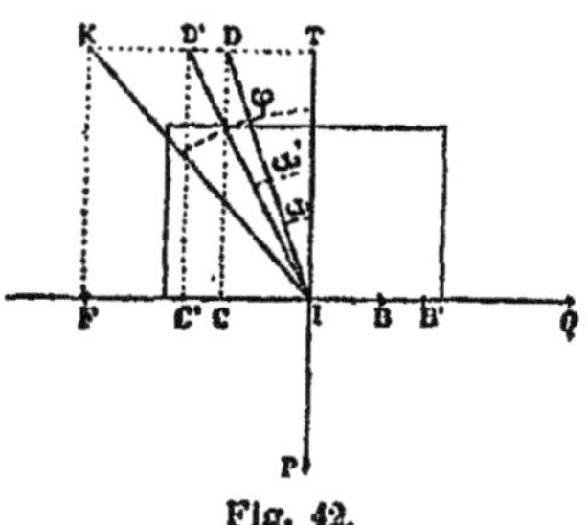

Fig. 42.

elle ne produira aucun effet, à moins que les surfaces en contact ne soient parfaitement polies, et le corps restera immobile tout aussi bien que si elle n'existait pas. Mais si l'on augmente progressivement son intensité, il arrivera un moment où l'équilibre cessera d'exister, et le corps A se mettra en mouvement ; je désigne par Q l'intensité de la force minimum capable de produire le glissement, et je la représente par IQ (fig. 42).

L'équilibre ayant continué à exister après l'application de la force q, il faut nécessairement qu'il se soit développé, entre les molécules en contact, de nouvelles actions qui s'opposent à ce que cette force produise son effet, et dont la résultante par conséquent est une force IC qui lui est égale et directement opposée. — Dès lors, la réaction du plan n'est plus IT, c'est la résultante ID des deux forces IT et IC, résultante inclinée d'un angle α sur la verticale.

Si l'on augmente la force de traction et qu'on lui donne une valeur q' représentée par IB', les réactions moléculaires grandissent en même temps, et la réaction générale s'incline davantage sur la verticale.

Mais ces réactions moléculaires ne peuvent augmenter au delà d'une certaine limite F ; de sorte que si la force de traction, en croissant continuellement, les amène à atteindre cette limite, le moindre accroissement nouveau déterminera le glissement du corps.

La résultante des actions moléculaires qui se développent ainsi pour s'opposer au glissement du corps, considérée à l'instant où elle atteint la valeur F qu'elle ne peut dépasser, constitue ce que l'on appelle la *Résistance au glissement*, ou simplement le *Frottement*. Elle est directement opposée à la force Q.

A ce moment la réaction totale IK du plan, qui est la résultante des deux forces F et T, fait avec la verticale un angle φ, qu'on appelle *angle de frottement*.

On a, entre les trois quantités F, T et φ, la relation :

$$\text{tg } \varphi = \frac{F}{T}$$

relation que l'on peut mettre également sous la forme

$$\text{tg } \varphi = \frac{F}{P}$$

Chacun connaît les lois du frottement des corps solides, lois qui ont été déterminées par l'expérience. En se servant d'une caisse dans laquelle on mettait des corps pesants en quantité plus ou moins grande, on a trouvé que la force de traction Q, nécessaire pour déterminer son glissement sur une surface horizontale, varie proportionnellement au poids total de la caisse, c'est-à-dire proportionnellement à la pression P qu'elle exerce sur cette surface horizontale. — D'un autre côté, en faisant varier l'étendue de la face d'appui de la caisse, sans rien changer à la nature de cette face et au poids total de la caisse, on a trouvé que la force de traction Q ne change pas de valeur. Et comme la force de frottement F est égale à Q, on en a conclu les deux lois suivantes :

1° Le frottement est proportionnel à la pression ;

2° Il est indépendant de l'étendue des surfaces frottantes.

La première loi peut se traduire par la relation :

$$F = fP$$

f étant une quantité constante, que l'on nomme *coefficient de frottement*.

La relation précédente peut se mettre sous la forme :

$$f = \frac{F}{P} = \text{tg } \varphi$$

9

Le coefficient de frottement ne dépend, comme on le voit, que de la nature des surfaces en contact ; à chaque substance correspond un coefficient ou un angle de frottement spécial.

Si l'on voulait avoir la valeur du frottement en fonction de la réaction K, on poserait :

$$F = K \sin \varphi = \frac{K \operatorname{tg} \varphi}{\sqrt{1 + \operatorname{tg}^2 \varphi}} = \frac{Kf}{\sqrt{1 + f^2}}$$

43. Conditions d'équilibre de deux solides qui se touchent, dans le cas d'une résultante unique. — Ces notions générales posées, je vais examiner l'équilibre d'un corps prismatique reposant sur une surface plane et sollicité par un

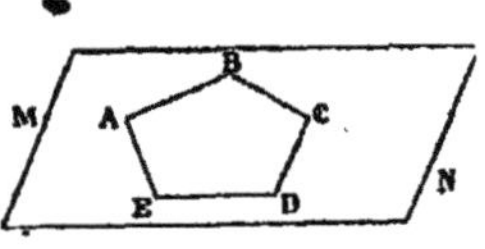
Fig. 43.

système de forces ayant une résultante unique R qui tend à appuyer les deux corps l'un contre l'autre. C'est le seul cas dont j'aurai besoin plus tard.

Soit ABCDE la surface de contact (fig. 43). Le corps étant en équilibre sous l'action de la résultante R et des actions moléculaires qu'il éprouve de la part de la surface plane MN, il faut nécessairement que ces dernières aient une résultante égale et directement opposée à la force R.

Mais cette résultante des actions moléculaires ne peut être appliquée qu'à l'intérieur du polygone d'appui ABCDE ; donc il faut nécessairement pour l'équilibre que la résultante R perce la surface de contact. Et cette condition est suffisante dans le cas particulier où je me suis placé, puisque, par hypothèse, la force R tend à appuyer les deux corps l'un contre l'autre.

Tant que cette dernière viendra rencontrer la surface ABCDE, le corps prismatique ne pourra donc pas tourner autour d'une de ses arêtes AB, BC...... Mais ne

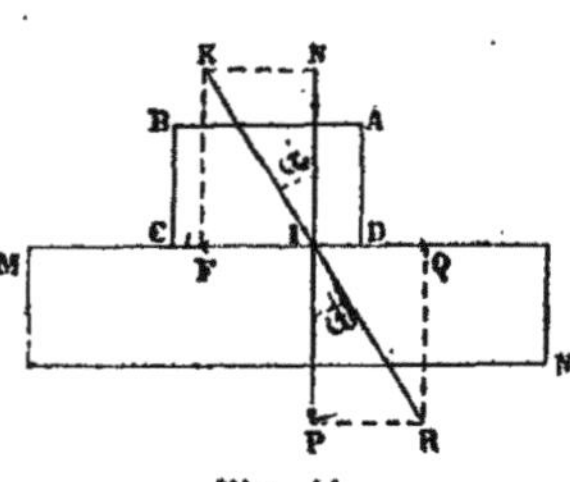
Fig. 44.

pourra-t-il pas glisser sur la surface de contact ?

Pour le reconnaître, je couperai le prisme par un plan renfermant la résultante R et mené perpendiculairement à la surface MN. Je décomposerai cette force en deux, l'une P normale à la surface de contact, l'autre Q parallèle à cette surface (fig. 44). C'est cette dernière qui tendra à faire glisser le corps ; elle donnera naissance à une force de frottement égale et contraire, et la réaction deviendra IK, comme dans la figure 42. Je calculerai l'angle α de cette réaction avec sa composante normale IN qui est égale et contraire à P. Il n'y aura pas de glissement tant que cet angle sera inférieur à l'angle φ de frottement.

Dans la pratique on ne fait pas cette construction; au lieu de calculer l'angle NIK, on calcule son égal PIR.

Ainsi, pour l'équilibre dans le cas particulier que je viens d'examiner, il faut :

1° Que la résultante des forces appliquées au corps prismatique perce, dans son intérieur, la face du corps qui repose sur la surface horizontale.

2° Que l'angle de cette résultante avec sa composante normale soit inférieur à l'angle de frottement, ou, autrement dit, que la tangente trigonométrique du 1er angle soit inférieure au coefficient de frottement.

CHAPITRE IX

OPÉRATIONS SUCCESSIVES A EXÉCUTER EN VUE DE L'EXTINCTION DES TORRENTS

44. Insuffisance de l'endiguement, du redressement des sinuosités et de l'abaissement des seuils.— Tout ce que nous avons dit, dans la 1re partie de cette étude, sur les dommages causés par les torrents, fait ressortir la nécessité, l'urgence d'apporter un remède à de pareilles situations. Pendant bien longtemps, on a cherché à endiguer le torrent, soit par des digues *isolées* protégeant un point de la berge spécialement menacé, soit par des digues longitudinales *complètes* encaissant le torrent.

La 1re de ces défenses est illusoire. Si elle est appliquée dans la gorge pour soutenir un talus en mouvement, le mur est souvent renversé par la pression du talus ; s'il résiste, il est affouillé sans cesse par le torrent, et sa ruine, pour être retardée, n'en est pas moins certaine.

Sur le lit de déjection, nous avons vu que dans la 2° phase cette défense pouvait avoir son utilité, pour empêcher le déversement du torrent sur les flancs de la pyramide ; mais, dans la 3° phase, si l'on protège un point, le torrent se porte sur un autre, et le mal n'est que déplacé.

Les endiguements *continus* du lit de déjection ont aussi peu d'effets pendant la 3° phase, car les dépôts qui se forment dans le lit l'exhaussent continuellement ; bientôt les deux digues construites à grands frais sont surmontées et le déversement du torrent a lieu quand même sur les parties situées en arrière. On est conduit à les élever ; mais le lit est remblayé de nouveau et le danger ne fait que s'accroître, car le torrent, suspendu pour ainsi dire au-dessus des terrains avoisinants, produira d'affreux ravages si les digues viennent à se rompre, ce qui ne peut manquer d'arriver à la suite de ces exhaussements continus.

Toutefois, si le torrent charrie peu, et si les matières peuvent être conduites, par suite de l'encaissement du lit, jusqu'à une rivière capable de les entraîner entièrement, les flancs du torrent peuvent être mis à l'abri de tout ravage, comme cela arrive dans le cas d'une troncature de la pyramide, ainsi que nous l'avons dit précédemment.

Cependant, en étendant ses regards en dehors des limites du torrent, et en examinant la question à un point de vue général, il est évident que les matières ainsi charriées loin du lit de déjection vont aller se déposer plus loin dans la vallée, où elles causeront, ainsi que nous l'avons fait remarquer déjà, des dégâts souvent plus considérables que ceux que l'on a cherché à éviter sur le lit de déjection.

En face des dangers qui menacent ainsi la plaine, les ingénieurs ne sont pas restés inactifs ; pour empêcher la continuation des exhaussements, ils ont proposé différents moyens tels que l'endiguement, le redressement des grandes sinuosités et l'abaissement des seuils ou barrages naturels.

En ce qui concerne l'endiguement, ils ont fait le raisonnement suivant : Puisque les dépôts se forment à la suite d'un ralentissement de vitesse, resserrons le lit de manière à rendre à cette vitesse une valeur suffisante pour que les eaux le creusent et le maintiennent au même niveau. Si l'on peut obtenir de l'encaissement une interruption dans la diminution de vitesse qui se produit dans tous les cours d'eau, de l'amont vers l'aval, grâce à la diminution progressive des pentes, le dépôt ne se fera qu'à la sortie des digues.

Ce raisonnement est absolument exact, et c'est ainsi que les choses se passent, au moins au début de l'endiguement et surtout si la quantité de matériaux charriés n'est pas très considérable. Mais s'il y a un grand transport de graviers, les parties larges d'amont s'exhaussent rapidement, les dépôts finissent bientôt par prendre leur pente de compensation ; et pour peu que les matériaux aient une certaine grosseur, comme ceux du Drac, par exemple, il arrivera un moment où il se produira un brisement de pente très sensible à l'entrée de la partie encaissée. La diminution de vitesse qui en résultera pourra l'emporter sur l'augmentation provenant de l'encaissement ; dès lors, il se produira un dépôt, et l'exhaussement qui en sera la conséquence se propagera avec d'autant plus de rapidité que les matériaux entraînés vers les digues seront plus nombreux, grâce à la pente-limite prise par les dépôts antérieurs.

On sera alors conduit à allonger l'endiguement vers l'amont ; au commencement, le lit s'approfondira sans doute entre ces nouvelles digues ; mais, ce creusement produit, les faits se reproduiront dans le même ordre que tout à l'heure.

Ainsi, il y aura exhaussement dans les parties endiguées d'une rivière chaque fois que la vitesse perdue par l'affaiblissement de la pente sera supérieure à la vitesse gagnée par suite de la diminution de la section. Mais le resserrement que l'on peut faire subir au lit de la rivière est limité en raison du volume maximum d'eau que ce lit peut recevoir, volume qui, pour une largeur donnée, devient une fonction directe de la hauteur et de la vitesse. Or, une augmentation trop grande de ces deux éléments peut entraîner les désordres les plus graves, soit par les désastres qu'occasionnerait une rupture des digues, soit par les infiltrations pendant les crues un peu longues, soit par les obstacles apportés à l'écoulement transversal des eaux. Il faut donc, dans le calcul de l'espacement à donner aux ouvrages insubmersibles qui limitent le lit d'une rivière, prévoir le cas où tous les affluents grossiront en même temps, et donner à cette rivière une largeur de beaucoup supérieure à celle de chacun d'eux, largeur qui doit toujours augmenter de l'amont vers l'aval, à cause du nombre toujours croissant des affluents ; et il nous semble impossible, dans ces conditions, de conserver aux eaux, même avec le maximum possible de rétrécissement, les vitesses énormes avec lesquelles elles débouchent de ces affluents, dont les pentes sont beaucoup plus considérables. Et cependant la conservation de ces vitesses est la condition indispensable pour qu'il n'y ait pas de dépôts.

En résumé, si l'on peut espérer, par l'endiguement, déterminer l'entraînement d'une plus grande quantité de matières qu'auparavant, ce ne sera que sur une longueur restreinte et pour un temps déterminé ; et les faits ont démontré surabondamment, au moins pour les rivières du bassin du Rhône, qu'on ne peut en faire la base d'un système de régularisation permanente du lit.

Ajoutons que pendant la période de creusement d'un lit encaissé, les matériaux transportés en dehors des digues peuvent aller causer plus bas des désastres aussi considérables que ceux auxquels on a voulu se soustraire. Le mal n'est que déplacé, à moins que les matières n'aillent se déposer dans un réservoir pour ainsi dire indéfini, tel qu'un lac important, comme le cas se présente en Suisse.

Enfin signalons ce fait que l'augmentation de vitesse résultant d'un endiguement continu a pour effet de favoriser les inondations au moment des crues, surtout lorsque ces crues sont relativement courtes, comme dans les rivières des Alpes.

Quelquefois les rivières présentent de grandes sinuosités, comme l'Isère en amont de Grenoble (voir figure 36). Quand ces rivières sont sujettes à des exhaussements, les graviers, en arrivant dans les courbes, forment de grands dépôts, à cause de la diminution qui se produit dans la force d'entraînement. En redressant ces sinuosités, on augmente les pentes, et par suite la vitesse des eaux ; on peut donc mettre un terme aux exhaussements. Mais il en est de ce remède comme de celui provenant d'un endiguement partiel ; les matières entraînées vont former en aval d'autres dépôts souvent plus dangereux. C'est si vrai que le redressement des méandres de l'Isère en amont de Grenoble, proposé à plusieurs reprises, a toujours été repoussé par crainte du danger des exhaussements à la traversée de la ville.

Il en est absolument de même en ce qui concerne l'abaissement des seuils. Ainsi que nous l'avons fait remarquer dans la première partie de cette étude, on rencontre quelquefois, dans le lit des rivières, des barrages qui ont été formés par l'accumulatiion des déjections des torrents. C'est ainsi que s'est formé, par la réunion des cônes de déjections des torrents de Vaudaine et de l'Infernet, le seuil de l'Aveynat qui a déterminé autrefois la création du lac Saint-Laurent (voir figure 36); en abaissant ce seuil, on augmenterait la pente à l'amont et par suite la vitesse, et des matériaux retenus jusqu'alors seraient entraînés dans les régions inférieures. L'exhaussement serait arrêté en amont, mais il se reproduirait dans la plaine de Vizille, qui est une vallée plus riche que celle du Bourg-d'Oisans.

Nous ne nous étendrons pas plus longuement sur ces moyens de défense, qui n'ont pas donné les résultats qu'on en attendait. Le seul moyen rationnel pour arrêter l'exhaussement des rivières et protéger les vallées, c'est de retenir les matériaux dans les régions supérieures ; pour obtenir ce résultat, il faut pousser avec la plus grande activité les travaux de restauration à exécuter dans les montagnes, en vertu de la loi du 4 avril 1882[1].

45. Urgence des travaux de restauration des montagnes. — J'ai montré précédemment l'influence de la forêt et de la végétation en général sur la formation des torrents.

Mais pour introduire et surtout pour maintenir la végétation sur les parties instables du torrent, il faudra commencer par donner une fixité suffisante au sol et chercher à diminuer les pentes excessives de leurs profils.

De là, deux grands ordres de travaux ; d'une part ceux qui ont pour objectif immédiat la création de la végétation dans les parties relativement stables du bassin de réception, et d'autre part ceux qui ont pour but la correction préalable du torrent et des ravins, entraînant la fixation du sol et par suite la possibilité d'y introduire ultérieurement la végétation.

Mais avant d'entreprendre tous ces travaux, il faudra se livrer à de sérieuses études pour en rédiger le projet. Celui-ci comprendra l'établissement de la zone de défense appelée à limiter le champ des opérations, la description des diverses natures de travaux et le devis des dépenses; après quoi l'on fera le nécessaire pour obtenir la déclaration d'utilité publique.

---

[1] Il importe de noter ici que nous n'avons pas fait d'études spéciales sur la partie navigable de nos grands fleuves. Nous nous garderons bien de dire que tous les affluents du Rhône jettent dans son lit des masses de détritus, car nous n'ignorons pas qu'à quelques lieues au-dessous du confluent de la Durance il n'y a plus trace de gravier. On sait aussi que presque tous les sables et graviers de la Loire navigable proviennent des démolitions des berges de ce fleuve, ainsi que de celles de l'Allier. Il y a d'immenses remaniements des dépôts diluviens, des reconstitutions partielles de terrains, des entraînements et des usures de sables, etc., et en définitive on comprend que le boisement des montagnes du bassin ne pourrait avoir d'influence marquée dans l'estuaire, par exemple. Il est bien certain que le fond de la Loire entre Orléans et Nantes ne s'est pas exhaussé depuis les temps historiques, car on trouve en de nombreux endroits, dans le lit, des affleurements de rocher, et les fondations des ouvrages exécutés il y a quelques siècles se découvrent dans les années sèches ; rien d'analogue à ce qui se passe dans les montagnes ou à leurs pieds ne se trouve donc ici. On pourrait en dire autant de la Garonne et encore plus de la Seine ; ces trois grands fleuves n'ont pas le caractère torrentiel qui existe jusqu'à un certain point dans le Rhône.

On peut donc résumer ainsi qu'il suit les différentes opérations à exécuter pour arriver à l'extinction d'un torrent :

1° Le tracé de la zone de défense que nous venons de désigner sous le nom de *périmètre*, et l'étude des projets ;

2° Les travaux de correction ;

3° Les travaux de reboisement et de gazonnement.

Nous ne nous occuperons ici que des travaux de correction et de reboisement.

CHAPITRE X

MÉTHODE GÉNÉRALE DE CORRECTION DES TORRENTS
A AFFOUILLEMENT

Les travaux de correction des torrents à affouillement ont pour but, comme je viens de le dire, la fixation définitive du sol et par suite la possibilité d'introduire ultérieurement la végétation. Nous étudierons successivement les travaux de consolidation à effectuer dans la gorge d'un torrent, dans les ravins et dans le lit de déjection.

§ 1.

TRAVAUX DE CORRECTION DANS LA GORGE

Quand les berges du lit d'un torrent auront une assiette solide, c'est-à-dire quand les seules dégradations à redouter ne seront que des éboulements partiels provenant de l'influence lente des agents atmosphériques sur les roches exposées à l'air libre, il n'y aura généralement à exécuter aucun travail de correction. — L'introduction immédiate de la végétation remédiera au mal.

Mais lorsque ces berges seront exposées à s'ébouler sous l'influence de l'affouillement longitudinal ou de l'affouillement latéral, ou bien seront sujettes à des glissements superficiels ou de fond, il y aura lieu de se préoccuper, tout d'abord, de leur donner la fixité nécessaire à l'introduction de la végétation.

Dans l'étude qui va suivre, nous distinguerons, d'une part, les travaux à effectuer pour arrêter le creusement du lit et les éboulements des berges ; d'autre part, les remèdes contre les glissements de toute nature.

46. Travaux à effectuer pour empêcher le creusement du lit et les éboulements des berges. Barrages ; canaux perreyés. — Pour obtenir la permanence du lit, et pour supprimer du même coup les éboulements de berges qui proviennent de l'affouillement longitudinal, il n'y a qu'un moyen rationnel, c'est de forcer, par des travaux judicieux, le torrent à prendre le profil de compensation répondant à l'état de torrentialité qui existe au moment où l'on fait les études de correction.

Cette proposition est la conséquence immédiate des principes émis dans la première partie de cette étude.

Mais, pourrait-on objecter, puisque le torrent a des tendances à produire lui-même ce profil de compensation, pourquoi ne pas le laisser agir seul ? Les travaux de reboisement que l'on exécutera dans le bassin de réception diminueront peu à peu les apports des matériaux, et les pentes s'adouciront tout naturellement jusqu'à ce que l'on arrive au profil d'équilibre.

Cette objection ne saurait avoir de valeur dans l'hypothèse où nous nous sommes placé. Ce qui frappe surtout les yeux dans un torrent, c'est la grandeur et l'irrégularité des pentes. Or dans le travail qui va s'opérer pour le passage de l'état actuel à l'état de permanence, ces pentes vont subir une succession de transformations qui ne peuvent s'effectuer sans qu'il se produise en même temps des affouillements considérables et par suite des éboulements importants, et c'est précisément ce que nous voulons éviter.

Expliquons-nous par un exemple.

Considérons une portion de la gorge d'un torrent comprise entre deux affleurements de rochers et dans laquelle la pente générale AB (fig. 45) est supérieure à celle de compensation. En ce moment le lit est à sec ou bien le cours d'eau n'est représenté que par un mince filet qui n'a pas la force d'affouiller. Mais que survienne une forte crue, le lit pourra se creuser jusqu'à ce que la pente générale se soit rapprochée de celle de compensation (art. 21) et soit devenue AM par exemple. L'affouillement qui s'est produit dans chaque section affaiblira les berges et leur fera perdre leur assiette.

Mais si, avant la crue, nous avons jeté en travers du torrent, au point A, un mur de chute ou *barrage* AC, la construction de cet ouvrage aura nécessairement pour effet de provoquer le dépôt des matières charriées. Ce dépôt ou, pour employer le langage technique, *cet atterrissement* ne s'arrêtera pas au plan horizontal CI passant par le couronnement du mur, et il s'élèvera jusqu'à ce qu'il ait atteint la ligne de compensation CD. Il sera généralement formé de matériaux de diverses grosseurs; mais les crues modérées, qui succéderont à la forte crue, entraîneront les particules les plus ténues, et il ne restera derrière le mur de chute que les gros matériaux, c'est-à-dire les plus propres à établir la stabilité du lit.

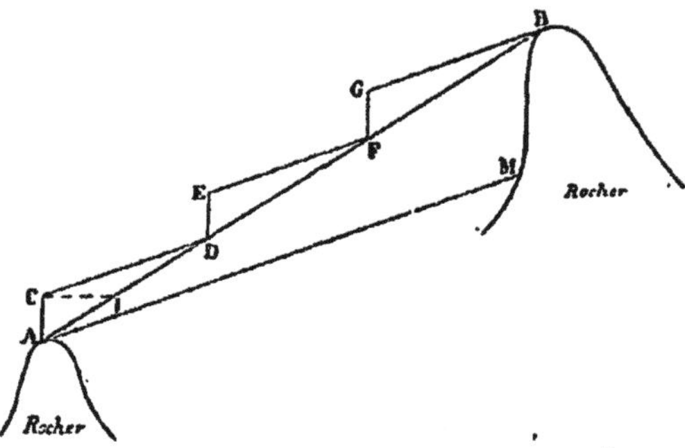

Fig. 45.

Ajoutons dès maintenant que, pour favoriser l'écoulement de l'eau et des petits graviers qui pourraient séjourner dans l'atterrissement, on pratique dans le barrage un ou plusieurs aqueducs, sur la construction desquels nous reviendrons plus tard.

Ainsi, par la création du barrage AC, nous avons contraint le torrent à produire sa pente de compensation, non plus par des affouillements qui affaiblissent les berges, mais par des dépôts qui les consolident. Nous n'avons donc plus rien à craindre, pour le moment, de l'affouillement longitudinal.

Reste l'affouillement latéral : or, comme nous l'avons montré précédemment, les dépôts qui viennent de se former sont convexes, de sorte que les eaux tendent à se porter vers les rives. Nous devons chercher à rétablir la concavité en déplaçant quelques blocs, en rejetant vers les berges les plus gros matériaux.

Ce travail d'entretien ne coûtera pas bien cher et donnera généralement les meilleurs résultats. Les berges, déjà consolidées par le relèvement du lit, seront encore protégées par ce remaniement (curage du centre, consolidation des côtés), d'autant plus que le lit, en s'élevant par les atterrissements, s'est élargi du même coup. Si l'on parvenait à empêcher, au moins pendant les crues modérées, l'incursion des eaux du côté des rives, on maintiendrait ainsi la permanence du lit, au moins tant que les conditions de torrentialité resteraient les mêmes.

Cela étant, si à l'extrémité D de l'atterrissement nous construisons un deuxième barrage DE, ce mur produira les mêmes effets que le premier. Il y a cependant à faire une remarque à cet égard. Une fois que cet ouvrage sera construit, s'il ne se produit pas tout de suite une forte crue, les eaux d'une crue modérée, après avoir déposé les matériaux qu'elles charriaient, reprendront leurs propriétés affouillantes, et tendront à donner une pente plus faible au profil CD de l'atterrissement disposé derrière le premier barrage ; en d'autres termes, le facteur B de la vitesse (voir le chapitre I) venant à augmenter, il en résultera une diminution dans la pente de compensation. Si donc on n'y prenait pas garde, le mur DE pourrait être détruit, et d'autre part les talus perdraient l'appui des dépôts qui s'étaient primitivement formés. Il importe de combattre ces phénomènes qui, quoique secondaires, pourraient néanmoins compromettre la réussite des travaux exécutés et faire conclure contre le système. Il faut donc à tout prix maintenir la pente qui existe entre les barrages. On y est quelquefois arrivé en recouvrant le lit d'une sorte de pavage ; mais ce sont là des travaux tellement coûteux qu'on ne doit y avoir recours que dans des cas tout à fait exceptionnels. Les circonstances peuvent varier à l'infini ; souvent quelques blocs déplacés à propos, quelques fascines, suffisent à prévenir le mal. L'important est de veiller et de ne pas laisser s'agrandir les petites dégradations qui peuvent se produire ; en un mot il faut agir suivant le système du *point à temps*, comme pour l'entretien des routes.

Ces remarques faites, et en admettant qu'on y conformera la conduite de l'entretien des premiers ouvrages, nous fonderons à l'extrémité de l'atterrissement EF un 3ᵉ barrage FG et nous continuerons ainsi jusqu'à ce que nous ayons atteint le point B qui est l'extrémité du tronçon considéré. Le lit présentera alors une série de gradins ; à l'extrémité de chacun d'eux, la vitesse viendra se briser contre les gros enrochements qui défendront les pieds des barrages, et par conséquent elle ne pourra pas prendre de valeurs très grandes. La force d'affouillement sera donc diminuée et son action sur les rives sera affaiblie. Ajoutons que l'élargissement de la section tendra encore à diminuer cette vitesse.

En résumé, nous aurons obtenu à l'aide d'une série de barrages :

1° La consolidation du lit et l'état de permanence, au moins tant que l'état de torrentialité restera le même ;

2° La consolidation des berges par suite de l'exhaussement et de l'élargissement du lit, et par suite de la diminution de la vitesse.

C'était le but que nous nous étions proposé.

Nous appellerons cette période des travaux la *période des grands barrages*. Elle sera terminée quand on aura opéré dans toutes les parties où le lit est affouillable, par suite de la raideur des pentes ou du rétrécissement de la section, et dans toutes celles où les berges manquent de solidité. Ces ouvrages devront être construits avec le plus grand soin, car c'est sur eux que repose tout le travail de consolidation.

Pendant ce temps, il faudra pousser activement les reboisements dans toutes les parties stables.

Mais, par suite des réparations faites dans le bassin de réception, le profil de compensation du torrent va s'adoucir, et il va se produire une tendance à l'affouillement général des atterrissements, affouillement qui, si l'on n'y prenait garde, aurait pour conséquence la destruction des barrages. Il ne suffira plus, comme tout à l'heure, de simples travaux d'entretien pour maintenir la pente qui existe entre deux murs ; il faudra établir entre ces ouvrages de nouveaux gradins dont les marches seront dirigées suivant le nouveau profil de compensation, profil qui sera indiqué par le travail même du torrent.

Ces gradins seront produits par des barrages moins importants qui seront fondés sur les atterrissements des premiers. Les couronnements de ces murs, qui portent quelquefois le nom de *seuils*, devront être un peu au-dessus de la ligne CD de la 1re compensation (voir fig. 46) ; de plus, leurs hauteurs et leurs espacements seront choisis de telle manière que la droite *bc* qui

joint le couronnement de l'un d'eux au pied du suivant soit dirigée suivant la ligne CD' de la nouvelle compensation. Les eaux
du torrent tendront, il est vrai, à déblayer les intervalles tels que

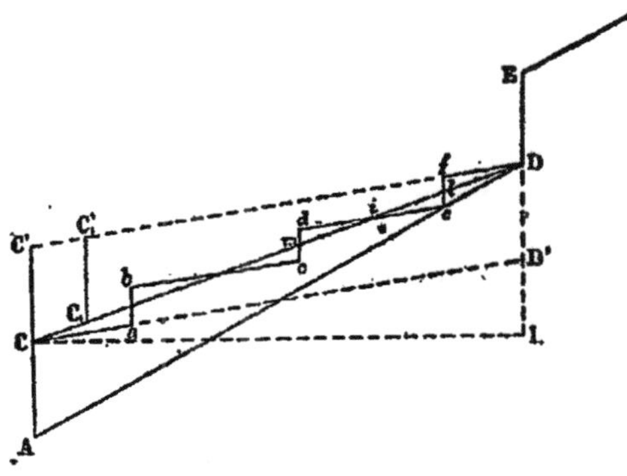

Fig. 46.

lie ; mais les terres déplacées serviront à remblayer les intervalles correspondants *idm*, et la pente générale du lit sera maintenue.

Il est bien évident qu'on arriverait plus rapidement au même
résultat en augmentant la hauteur du barrage AC d'une quantité CC' telle que la ligne droite C'D soit parallèle à la ligne CD'
de la nouvelle compensation. Mais cet exhaussement pouvant
présenter des inconvénients au point de vue de la solidité, on a
quelquefois fondé en amont du premier barrage AC, et sur les
atterrissements de celui-ci, un second mur C_1C_1' dont le couronnement se trouve sur la ligne C'D. De cette manière le lit se
trouve encore relevé, ce qui ne fait qu'augmenter la solidité des
berges.

La seconde ligne de compensation pourra elle-même ne pas
rester longtemps stable. Comme on suppose que les travaux de
réparation continuent dans le bassin de réception, on sera peut-
être obligé, pour répondre aux besoins d'un nouveau profil, de
mettre de nouveaux seuils entre les premiers, ou de construire
un troisième mur sur l'atterrissement de C_1C_1'. On n'aura qu'à
suivre en cela les indications de la nature.

Nous appellerons cette période la *période des petits barrages
ou des seuils.*

Enfin quand on aura reboisé et consolidé le bassin de réception, quand on aura soutenu et garanti les talus contre toute espèce de mouvement, quand en un mot la source des alluvions sera tarie, le torrent ne charriera plus, ou du moins la quantité de matières charriées sera très faible et ne se composera que des particules de terre les plus ténues. Les eaux auront alors toute leur puissance d'affouillement et tendront à donner au profil en long la pente d'équilibre, c'est-à-dire celle pour laquelle la résistance des matériaux, même les plus mobiles, fera équilibre à la force d'entraînement; les barrages et les seuils tendront encore à être affouillés, et il faudra faire de nouveaux travaux complémentaires.

On pourra employer le système suivant qui est appliqué avec succès dans les Basses-Alpes.

Parallèlement à l'axe du torrent on construit, à droite et à gauche, un petit clayonnage, c'est-à-dire un ensemble de piquets enfoncés dans le sol entre lesquels sont entrelacées des branches de saule; ce clayonnage limite le nouveau lit. On construit ensuite une série de clayonnages transversaux, également distants entre eux, dont les arêtes, au milieu, passent un peu au-dessus de la ligne de la dernière compensation, et qui sont disposés entre deux seuils comme les seuils eux-mêmes le sont entre les barrages principaux. Les eaux claires ne tarderont pas à dégarnir l'aval de chaque clayonnage et à ranger les matériaux suivant la pente d'équilibre; de sorte qu'en définitive le profil en long du torrent rectifié présentera une série de lignes offrant l'aspect d'un escalier, dont les marches seront inclinées suivant la pente d'équilibre et dont les sommets des contre-marches seront situés un peu au-dessus du dernier profil de compensation (fig. 47).

Fig. 47.

Je reviendrai plus tard sur la construction de ces clayonnages. Je dois dire, dès maintenant, que les nombreuses houtures qui les garnissent, bien enracinées, assureront leur solidité, et que les arbres qu'elles produiront seront plus tard un obstacle à la rapidité de l'écoulement d'une crue exceptionnelle.

D'autre part, en arrière de chaque clayonnage longitudinal, on talute les berges et l'on plante de gros plançons de saule en ligne inclinée à 45° qui tendent à rejeter les eaux sur le thalweg. On peut ensuite y introduire la végétation forestière comme sur tous les talus.

Il est bien évident que ce qui précède ne s'applique pas à tous les cas de la pratique. Il peut arriver que, ne trouvant pas de bois sur place, on remplace les clayonnages par de nouveaux seuils en pierre. Le contraire peut aussi se produire, et l'on peut être amené à placer des clayonnages directement sur les atterrissements des grands barrages.

Mais il faut bien se garder de clayonner avant que la source des alluvions soit complètement tarie, car à la suite d'une forte crue ces ouvrages en bois seraient détruits, au moins en partie, par les matériaux qu'entraîneraient les eaux.

On peut aussi supprimer les clayonnages longitudinaux, soit en accentuant les ailes dans les seuils, soit en faisant rouler, comme il a été dit précédemment, de gros blocs le long des berges.

Ces considérations générales posées, il y a lieu de se demander s'il faut construire les barrages en commençant par le bas ou par le haut du torrent. Chacun de ces systèmes peut se soutenir.

On peut commencer par le bas quand on est seulement préoccupé de garantir immédiatement les propriétés inférieures ; on ne construit alors un nouveau barrage que lorsque le précédent est complètement atterri ; et de cette manière on retient dans la montagne la totalité ou au moins la plus grande partie des gros matériaux.

Certains reboiseurs pensent, au contraire, qu'il faut d'abord attaquer le torrent à sa source, et construire les premiers barrages dans les parties supérieures des gorges. En opérant ainsi, on arrête immédiatement les dévastations dans les parties où les pentes sont les plus fortes ; on régularise dans une certaine mesure l'écoulement des eaux, et les perturbations inférieures deviennent moins considérables. Il est probable, pour toutes ces raisons, que ce système est plus économique que le précédent ;

màis il présente sur ce dernier le désavantage de ne pas mettre promptement à l'abri les cultures, les habitations, les routes, les voies ferrées qui sont menacées par le torrent.

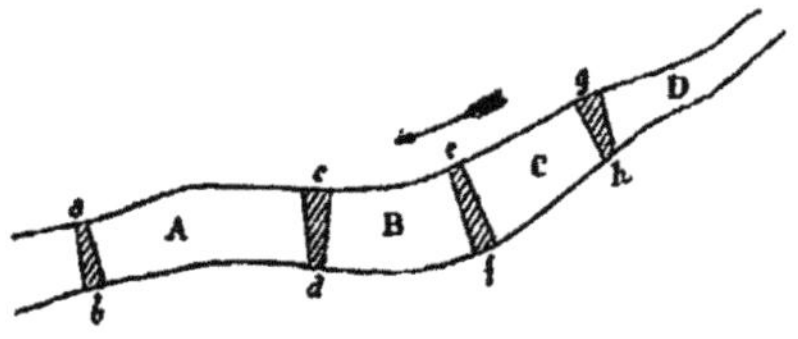

Fig. 48.

Il existe un troisième procédé, qui sert d'intermédiaire entre les deux autres, et qui consiste à diviser le torrent en un certain nombre de tronçons A, B, C, D... (fig. 48) séparés par des bandes de terrains inaffouillables *ab*, *cd*... (affleurements de rochers, veines plus résistantes, portions de lit devenues permanentes, etc.), et à les attaquer tous simultanément, en commençant par l'aval. Ces premiers travaux apporteront une amélioration considérable dans le régime du torrent. Les propriétés inférieures seront garanties promptement comme dans le premier cas ; et si pendant la construction de ces ouvrages on a soin de pousser activement les travaux de reboisement, on pourra peut-être, comme dans le deuxième cas, faire une *économie sérieuse* sur le restant des travaux de consolidation à exécuter.

Il est un cas où la construction de barrages serait tellement onéreuse qu'on est obligé d'y renoncer. Ce cas se présente dans les parties où les pentes sont très rapides quand, d'un autre côté, l'atterrissement et l'élargissement de la section sont inutiles. On peut alors avoir recours au système des canaux perreyés.

La figure 49 représente un ouvrage de ce genre, qui a été construit dans le torrent des Sanières, près Barcelonnette, et qui est décrit dans l'ouvrage de M. Demontzey.

Il s'agit d'un véritable perré formant canal et présentant une section non surmontable par les plus grandes eaux.

La pente du profil en long était de 30 à 40 p. 0/0 ; avec une semblable pente on ne pouvait songer à construire le canal en suivant le profil en long, car les pierres auraient été enlevées par la force d'entraînement des eaux. On a réduit la pente générale à 11 p. 0/0 en construisant une série de seuils en pierres sèches et en établissant le perré avec ressauts de faible hauteur.

L'ouvrage a été établi presque partout au-dessus du fond du lit ; et pour obtenir ce résultat on a élevé ce fond à l'aide d'enrochements ou plutôt de pierrailles qu'on a fait descendre du talus. Si le terrain ne fournissait pas facilement les enrochements, on pourrait en diminuer le volume, sauf à renforcer les seuils et à les défendre vigoureusement en aval.

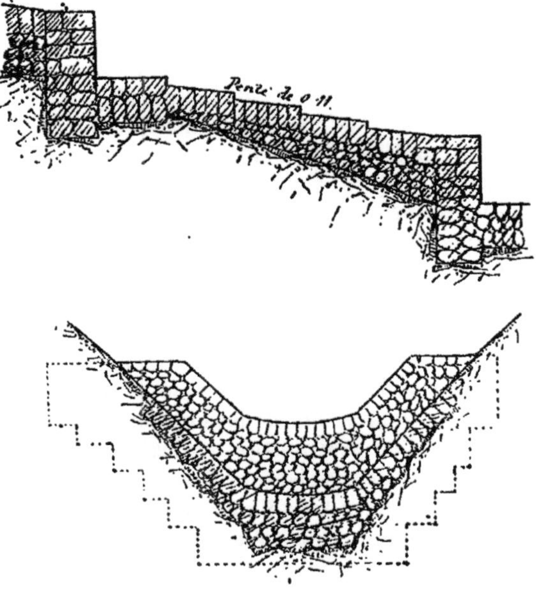

Fig. 49.

Ce canal a 154 mètres de longueur ; il est construit entièrement en pierres sèches.

Pour briser le plus possible la vitesse de l'eau, on a établi un radier horizontal au pied de chaque seuil [1].

Enfin pour rendre inébranlable le pied du perré, le dernier seuil a été fondé sur le rocher et a été construit en maçonnerie hydraulique.

1. On aurait peut-être encore mieux atteint le but en employant sur ce point des blocs de grosseurs tout-à-fait exceptionnelles. Outre la perte de force vive par l'effet du choc, on aurait bénéficié de celle résultant des mouvements tumultueux dans les intervalles des blocs.

Ce genre d'ouvrage ne nous semble devoir être appliqué que dans des circonstances spéciales, notamment lorsque le volume d'eau n'est pas très considérable et lorsqu'il n'y a pas de charriages de gros blocs.

47. Remèdes à employer contre les glissements. Glissements superficiels et glissements de fond. — Quand il s'agit de glissements superficiels, il faut chercher à dessécher les terres, à recueillir les eaux qui imbibent le sol et à les conduire, par la voie la plus directe, dans le cours d'eau principal. Les eaux qui sortent de terre chargées de limon indiquent un danger évident de glissements ultérieurs (tandis que les eaux claires sont rassurantes, puisqu'elles n'entraînent aucune parcelle du sol, sauf le cas de matières solubles). En cas d'eaux limoneuses, il faut procéder au dessèchement du terrain.

On devra donc creuser des canaux sur les points les plus humides. En Suisse, dans le torrent de la Gürbe, ces canaux ont été établis à ciel ouvert, en clayonnage. Pour les établir, on a creusé des tranchées de 0m.60 à 0m.80 de profondeur, puis on a placé au fond de ces tranchées un lit de branchages couchés suivant l'axe des rigoles. Des traverses ont été placées, de 0m.50 en 0m.50, sur les branchages, afin de les bien fixer. Chaque côté de la rigole est formé d'un clayonnage vertical.

Ces rigoles ne coûtent pas cher et elles ont de plus l'avantage de ne pas trop se déformer sous l'influence des mouvements de terrain, mais elles ne durent pas plus de 5 ou 6 ans ; on ne doit donc les employer que dans le cas de travaux provisoires.

Un second système, qui se rattache au précédent, consiste à remplir les canaux de fagots placés bout à bout dans le sens de la longueur. Ces fagots, tout en favorisant l'écoulement des eaux, maintiennent les bords des tranchées ; et ils ne cessent pas de remplir leur rôle même lorsqu'ils sont recouverts de terres provenant de la dégradation des berges ; il se produit dans ce cas un véritable drainage.

On arrive quelquefois à un bon résultat en pratiquant un système de tranchées sur tout le terrain, et en remplissant ces tranchées de cailloux.

Ces dessèchements de talus en mouvement offrent quelquefois de grandes difficultés et nécessitent une étude bien attentive du terrain et parfois même des essais préalables.

Nous avons vu quelques uns de ces talus sur lesquels on s'était contenté de recueillir soigneusement les eaux des sources et de les conduire,par des rigoles pavées ou simplement perreyées, jusqu'au cours d'eau pour empêcher toute stagnation, et surtout pour éviter tout écoulement à la superficie de terrains déjà en bouillie. On donne la forme circulaire au profil en travers de ces rigoles, et les matériaux employés à leur construction doivent être formés des pavés les plus gros et surtout les plus longs possible. En les traçant, il faut bien se garder de conduire les eaux obliquement le long du talus ; car il peut en résulter des glissements de la partie inférieure. Il est préférable de faire suivre aux eaux à peu près la ligne de plus grande pente.

Nous avons vu un talus d'une superficie de 3 hectares dont le mouvement a été complètement arrêté par le moyen suivant :

La surface de ce talus présentait une inclinaison variant de 30

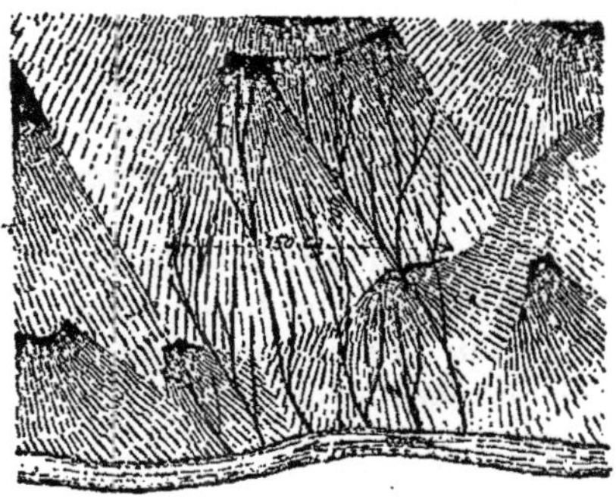

Fig. 50.

à 45°. On a tracé un certain nombre de canaux principaux sur lesquels s'embranchent des canaux secondaires,dont la pente atteint quelquefois 30 p. 0/0. On a ainsi couvert le talus (fig. 50) d'un réseau de canaux destinés à écouler les eaux vers le fond de la vallée.

Pour empêcher les eaux de s'infiltrer dans le terrain, on a placé une dalle sur le fond de chaque canal et deux dalles latérales inclinées pour protéger le pied du talus de la fouille. Le reste de la tranchée a été comblé de pierres d'assez grosses dimensions.

L'arrosage dans les Alpes est pratiqué sur une grande échelle, car il fait varier la production du sol dans des proportions considérables. Généralement on trouve facilement l'eau nécessaire à l'irrigation et on la ménage fort peu. On détourne d'un ruisseau une quantité d'eau quelconque, on la déverse sans mesure sur les surfaces à irriguer, et la plupart du temps on ne s'occupe pas de rendre l'excédant au cours naturel. L'eau en excès vient alors imbiber le sol, s'infiltre dans les crevasses et ressort près des ruisseaux, où des sources se forment momentanément.

Quelquefois même on déverse directement les eaux sur les talus qui bordent les torrents, de sorte que l'eau s'écoule en nappes minces, mais continues, sur ces surfaces dénudées déjà très molles, qui deviennent alors de véritables bouillies sur lesquelles il est impossible de circuler sans enfoncer jusqu'à mi-jambe.

Il sera donc bon de se rendre compte du système d'arrosage suivi par les habitants. La réglementation de ces arrosages suffira souvent pour assainir des talus qui sont des réservoirs de matières prêtes à glisser dans le torrent.

Il sera presque toujours possible de se rendre maître d'un glissement superficiel. La difficulté est plus grande lorsqu'il s'agit d'un glissement de fond.

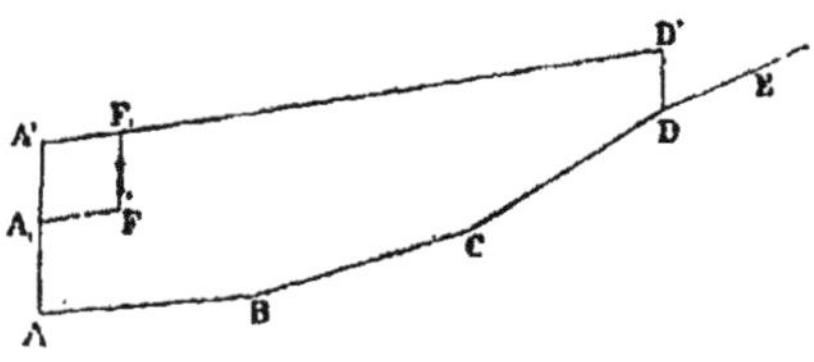

Fig. 51.

On est parvenu quelquefois à arrêter des glissements de cette nature, du moins à leur début, en fixant leur base au moyen des atterrissements produits par un système de barrages. Plusieurs cas peuvent se présenter : Je considère d'abord une portion de profil en long ABCDE levé dans le lit d'un torrent. Un glissement s'est produit sur la rive gauche, entre les deux points C et D ; et, d'autre part, le profil en travers en A a été jugé propice pour l'établissement d'un barrage (fig. 51). Un examen attentif des lieux a permis de reconnaître que, pour arrêter la base de ce glissement, il faut relever en D le fond du lit d'une hauteur égale à DD'. Il suffit, pour résoudre ce problème, de fonder en A un barrage assez élevé pour que la surface supérieure des dépôts qui se formeront derrière ce mur passe par le point D'. Si l'on ne peut pas obtenir un relèvement suffisant à l'aide d'un seul barrage, on emploiera des barrages en gradin AA₁, FF₁.

Un autre cas à examiner est celui où l'on jugerait nécessaire, pour arrêter un glissement, d'obtenir un relèvement général du lit. Pour arriver au but, on fonderait d'abord, dans un emplacement convenablement choisi, un barrage solide AF ; puis on ferait reposer sur l'atterrissement FG ainsi provoqué un barrage plus petit *ab*, dont l'emplacement et la hauteur seraient choisis de telle façon que son couronnement atteignît la ligne FK qui indique la pente générale du relèvement que l'on s'est imposé (fig. 52) ; sur l'atterrissement de cet ouvrage *ab* on en fonderait un autre *cd* établi dans les mêmes conditions, et ainsi de suite.

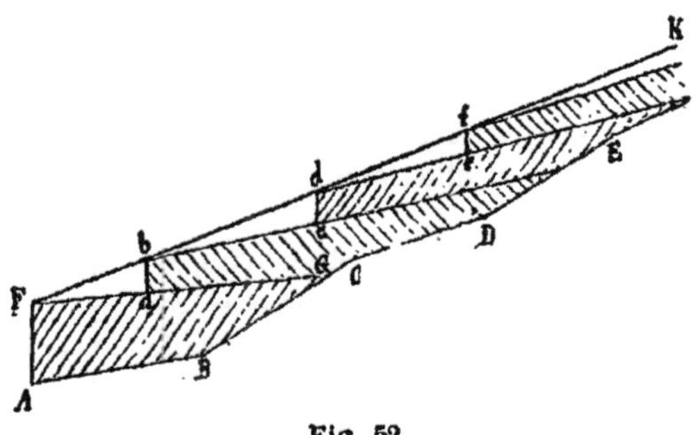

Fig. 52.

L'examen attentif de ces deux cas permettra de résoudre tous les autres qui peuvent se présenter. Je crois inutile d'insister sur ce point, que c'est surtout dans les questions relatives aux glissements qu'il faudra veiller très attentivement, à chaque changement survenu dans l'état de torrentialité, au maintien des pentes F*a*, *bc*, *de*.... qui se sont établies entre le couronnement d'un barrage et le pied du suivant ; car si le moindre affouillement pouvait se produire, l'ère des désastres ne tarderait pas à recommencer. Pour atteindre ce résultat, on n'aura qu'à suivre les indications données dans le présent chapitre, au sujet des remèdes à opposer au creusement du lit et aux éboulements.

J'ajouterai seulement qu'il sera bon, dans le cas présent, de construire les murs de façon à éloigner les eaux des parties sapées et à les ramener contre les versants solides ; j'indiquerai plus tard les moyens à employer pour arriver à ce résultat.

On peut aussi, pour arrêter l'affouillement qui provoque un glissement, faire usage d'un canal perreyé semblable à celui de la figure 49.

Quelquefois les glissements de fond peuvent s'arrêter d'eux-mêmes, si l'on détourne le courant du pied de la masse en mouvement. Le glissement continue encore quelque temps, mais la tranche inférieure se comprime au fond de la gorge, et finit par fournir une base résistante qui supporte le poids de la masse supérieure.

Chaque fois que, pour détourner le courant, on pourra le rejeter sans grands frais dans un ruisseau à fond inaffouillable, il ne faudra jamais manquer de le faire.

Si la berge opposée à celle qui glisse est rocheuse, on pourra quelquefois placer le cours d'eau en encorbellement dans le rocher ou bien le faire passer sous un tunnel creusé dans le versant solide. Mais ces deux procédés ne peuvent être employés que lorsque la source des alluvions est tarie dans les régions supérieures.

M. Demontzey donne la description d'un système d'épis que l'on peut employer à l'origine des torrents, sur les pentes où la force d'entraînement n'est pas bien considérable. Ces épis ne sont autre chose (fig. 53) que des barrages inclinés A et B construits en pierres sèches perpendiculairement à l'axe du courant, et entre lesquels on établit un enrochement incliné également sur la berge en mouvement. Par ce moyen l'on parvient à encaisser les eaux entre la rive solide et l'enrochement ; tout affouillement latéral se trouve par là supprimé, et d'un autre côté les barrages arrêtent l'affouillement longitudinal tout en donnant de l'assiette à l'enrochement.

Ce procédé pourrait être étendu, dans certains cas, à des parties de torrents dans lesquelles le volume d'eau est plus considé-

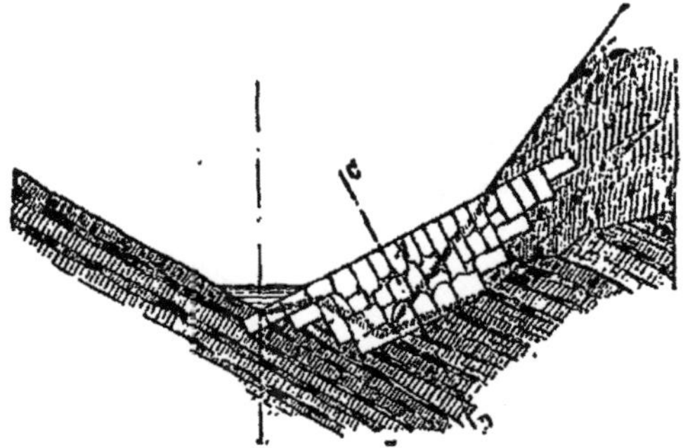

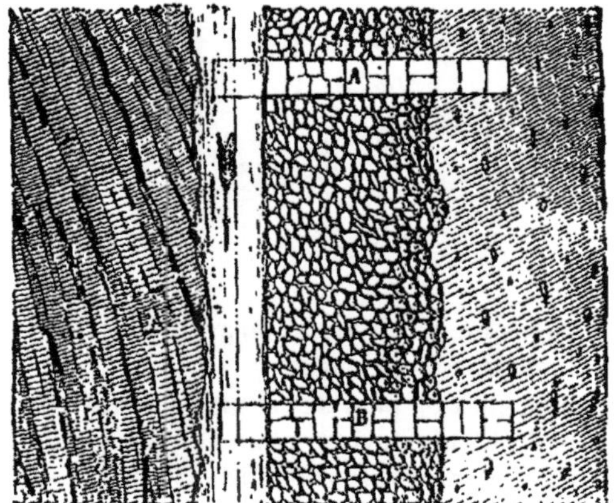

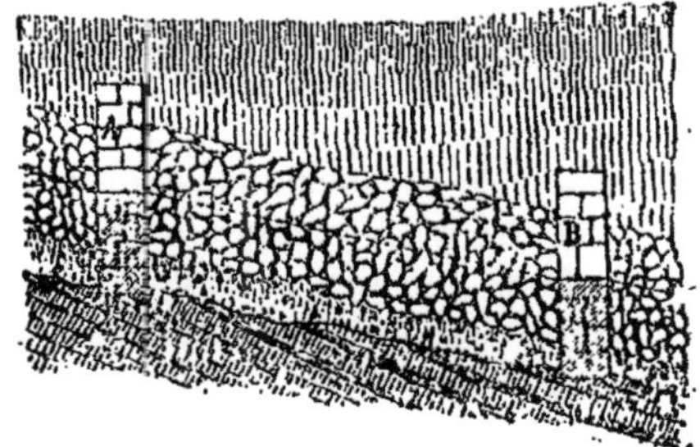

Fig. 53. — Élévation, plan et coupe.

rable. Il suffirait de construire solidement, de distance en distance, de petits barrages en bonne maçonnerie, et de pratiquer, au couronnement de ces ouvrages, une ouverture trapézoïdale *abcd* pouvant livrer passage aux eaux des plus fortes crues (fig. 54).

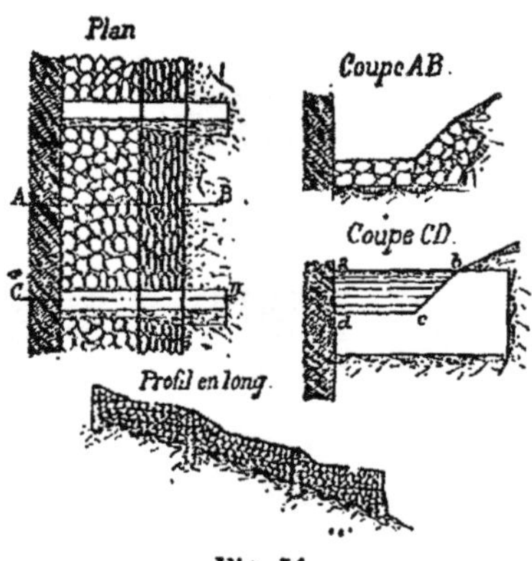

Fig. 54.

Entre les barrages on ferait un lit en gros enrochements pour pouvoir y maintenir une forte pente.

Si le rocher présentait en plan des sinuosités ABC, CDE, il faudrait avoir soin de le régulariser pour l'empêcher de jeter les eaux sur l'autre rive (fig. 55). D'une manière générale, il conviendra de rectifier la direction des rochers en supprimant les parties obliques ; et si l'on ne peut le faire totalement, il sera bon de renforcer l'enrochement. Du reste, ces déblais de rochers ne donneront pas lieu à des dépenses inutiles, puisqu'il faut des blocs pour la consolidation du lit.

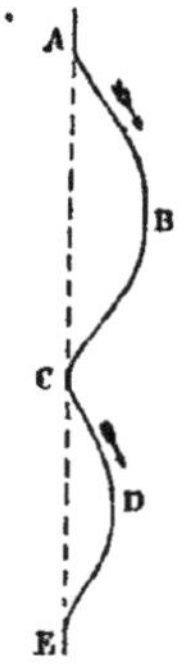

Les travaux de consolidation dont nous venons de parler ne suffiront pas toujours pour arrêter un glissement de fond, notamment lorsque l'on aura affaire à des terrains très humides. On sera alors obligé de recourir à des travaux d'assainissement.

Fig. 55.

Quand la couche de terrain perméable n'est pas très épaisse, on peut ouvrir dans ce terrain des tranchées à parois à peu près verticales, que l'on descendra un peu au-dessous du banc de suintement MN (fig. 56). On fera au fond de cette tranchée un petit aqueduc AB en pierres sèches que l'on recouvrira de pierrailles jusqu'à 0m.40 ou 0m.50 au-dessus de la couche sur laquelle se produit le glissement. Puis viendront des mottes de gazon FG, herbe en dessous, et enfin de la terre ordinaire pilonnée. Ces murs en pierres sèches, que l'on appelle pierrées, et qui sont habituellement dirigés suivant la ligne de plus grande pente, sont destinés à aller chercher les eaux d'infiltration et à faciliter leur écoulement au dehors par la voie la plus facile et la plus directe. Ils constituent, comme on le voit, de véritables drains et jouent en même temps le rôle de contreforts séparant en plusieurs parties les masses de terres en mouvement, rompant la solidarité qui existe entre elles et les asséchant.

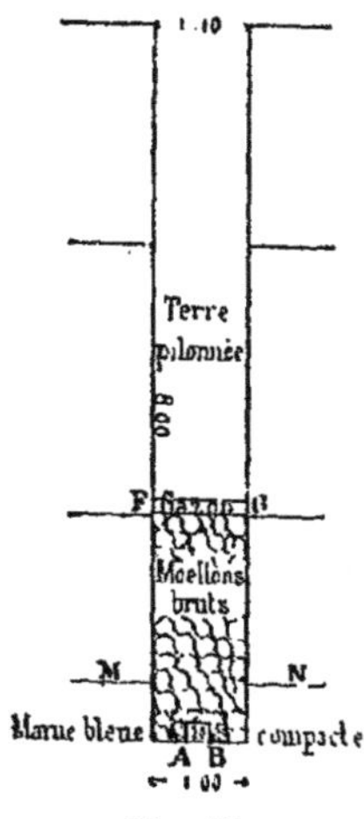

Fig. 55.

Il serait dangereux de construire les pierrées dans le sens transversal, c'est-à-dire suivant les crevasses et les fissures qui contournent les terrains en mouvement. Car, au lieu d'offrir aux eaux d'infiltration l'écoulement le plus facile, par la ligne de plus grande pente, comme cela a lieu dans le système que nous venons d'examiner, elles pourraient emprisonner ces eaux, par suite des dislocations qui pourraient se produire dans le terrain environnant, et elles augmenteraient alors le mal plutôt que d'y porter remède.

Il y a un cas cependant où l'on peut appliquer ce procédé avec efficacité, c'est lorsque la couche argileuse qui provoque le glissement des terrains supérieurs, couche souvent très mince, repose elle-même sur un banc de roche solide dans lequel on peut creuser un fossé imperméable. Ce fossé arrête complètement les eaux de filtration et peut les conduire jusqu'aux points les plus bas, sans leur permettre de pénétrer à travers les terres superposées à la couche d'argile

Si les terrains étaient bouleversés jusqu'à de très grandes profondeurs, il serait impossible d'établir les énormes fouilles que nécessiterait la construction des pierrées telles que nous venons de les décrire. On pourrait, dans ce cas, recourir à de petites galeries souterraines dans le genre des galeries de mines. Ces galeries, d'abord boisées, seraient ensuite reprises, morceau par morceau, pour y construire la pierrée.

Mais ce seraient là des travaux tellement coûteux qu'on ne se résoudra à les faire que lorsque de très grands intérêts seront en jeu.

Quand le terrain, ainsi que cela se présente souvent dans les Alpes, est susceptible d'acquérir, une fois qu'il est desséché, une grande cohésion et une grande ténacité, on peut arriver à la consolidation de la masse en glissement par un vaste système de drainage destiné à amener en tout temps la dessication complète du terrain sur une épaisseur suffisante. Ce procédé a été appliqué avec succès dans le torrent du Sécheron, qui se jette dans l'Isère en face d'Aigue-Blanche (Savoie). Le bassin de réception de ce torrent est un énorme glissement dont l'épaisseur a été évaluée à 30 ou 40 m. en moyenne et atteint plus de 100 m. en certains endroits. Ce glissement est dû à la présence d'une source située à 1.500 m. d'altitude et à l'infiltration des eaux provenant des fortes pluies et de la fonte des neiges. Il paraît complètement arrêté, grâce à l'établissement de fossés de drainage sur la construction desquels nous reviendrons dans le chapitre XV.

Enfin quand les eaux d'infiltration sont dues principalement à la fusion des neiges accumulées dans les dépressions qui se sont formées en aval des crevasses que l'on remarque souvent dans les terrains en glissement (voir article 19), on établit un drainage superficiel et très ramifié dans le but de produire un écoulement rapide vers des collecteurs construits suivant les lignes de plus grande pente. Des expériences très concluantes ont été faites à ce sujet dans les torrents de Saint-Martin-la-Porte et de la Grollaz (Savoie)ainsi que dans le torrent de Riou-Bourdoux (Basses-Alpes).

§ 2.

TRAVAUX DE CORRECTION DANS LES RAVINS

Dans les ravins les pentes sont généralement plus considérables que dans les gorges ; il n'est pas rare qu'elles atteignent 40 à 50 p. 0/0 et elles dépassent quelquefois 100 p. 0/0.

Mais, d'autre part, le profil de compensation d'un ravin est plus raide que celui d'un canal d'écoulement ; il suffit, pour s'en rendre compte, d'examiner la formule :

$$\operatorname{tg} \alpha = \frac{f\,(d - \pi)\,b}{0{,}076\,\pi\,B^2 mH}$$

D'abord le débit et par suite la hauteur de l'eau est moins con_sidérable dans le ravin que dans la gorge ; ensuite le coefficient de forme a moins de valeur dans le premier que dans la seconde, car la section d'un ravin a généralement la forme d'un V (voir chapitre I). Il en résulte que la valeur de tg α augmente dans une notable proportion.

Dès lors il n'y a pas de raison pour ne pas suivre, dans le cas qui nous occupe, les principes généraux établis plus haut.

Néanmoins, il n'y a pas lieu de songer à y construire de grands barrages, et cela pour plusieurs motifs :

Et d'abord, pour combattre la tendance à l'affouillement, on ne peut agir sur la vitesse des eaux qu'en diminuant la pente du ravin, l'augmentation de section que l'on pourrait produire étant insignifiante pour agir efficacement sur la vitesse. En second lieu les dimensions du ravin sont relativement petites ; et enfin, dans la plupart des cas, on ne rencontrerait pas sur place les matériaux nécessaires à de grands ouvrages.

48. Barrages rustiques et barrages vivants. Ecrétement des berges. — Les barrages que l'on construit dans les ravins sont donc toujours d'une faible hauteur, mais ils doivent être suffisamment multipliés pour réduire la pente du lit à une valeur telle que les eaux n'aient plus la force d'affouiller, étant toujours entendu que des défenses suffisantes seront faites aux chutes des ouvrages.

Ils sont de deux sortes : les barrages en pierres qui portent le nom de *barrages rustiques*, et les *barrages vivants* que l'on exécute avec des matériaux en bois dont une partie est susceptible d'une végétation immédiate, de sorte qu'à mesure que l'ouvrage vieillit, comme le fait remarquer M. Demontzey, plus il prend de développement et plus dès lors son effet utile augmente d'intensité.

Ces barrages vivants se divisent en *clayonnages* et *fascinages*. Nous avons déjà dit un mot des premiers au sujet de la correc-

tion de la gorge des torrents ; les autres n'en diffèrent essentiel.
lement qu'en ce que le tressage en branches de saule est remplacé par des fascines.

Nous donnerons plus tard, dans le chapitre XV, tous les détails de construction relatifs à chacun de ces ouvrages ; disons,
dès maintenant, que, d'une manière générale, les barrages vivants se partagent en barrages de premier ordre correspondant
aux grands barrages des gorges, et barrages de deuxième ordre
dont le rôle est le même que celui des petits barrages en pierres
ou des seuils,

Tous ces ouvrages (rustiques ou vivants) ne devant avoir
qu'une durée momentanée, l'avantage que peut présenter l'un ou
l'autre système ne résulte que de la question d'économie. Nous
avons vu, en effet, que lorsqu'une forêt occupe le flanc d'un versant, les ravins ne se forment pas, que ceux mêmes qui existent
à la partie supérieure de la forêt ont une tendance à s'éteindre,
et qu'en tous cas ils ne s'agrandissent pas. Dès lors, lorsque la
forêt sera créée, peu importe que les barrages soient en plus ou
moins bon état ; la végétation seule suffira pour empêcher les
ravins existants de s'agrandir et de causer des ravages.

On règle la hauteur et l'espacement des barrages de premier
ordre en s'imposant la condition que les lignes BC, DE.... qui

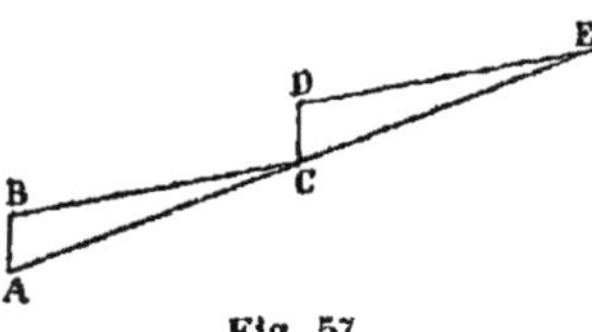

Fig. 57.

joignent le couronnement d'un
mur au pied du suivant soient inclinées suivant la pente de compensation relative à l'état torrentiel existant au moment des études (fig. 57); puis on établit sur
leurs atterrissements une série

de barrages de deuxième ordre en suivant les mêmes règles que
celles qui ont été établies pour les grands travaux dont il a été
parlé précédemment. Dans chaque sectionnement on ira de l'aval
vers l'amont, en ayant soin de ne construire de nouveaux ouvrages qu'au fur et à mesure de la formation complète de l'atterrissement des précédents.

La méthode générale que nous venons d'indiquer n'est pas
praticable dans les ravins au fond desquels la roche nue apparaît comme sur les berges mêmes. Dans ces ravins l'atterrissement ne peut se produire que très lentement, car les détritus provenant de la décomposition opérée sur la roche par les agents

atmosphériques sont continuellement lavés par les eaux pluviales. Voici comment on opère dans ce cas :

On construit un solide barrage (rustique ou vivant) à la partie inférieure du ravin, et l'on produit en arrière un atterrissement artificiel par l'écrétement de toutes les saillies des berges, en utilisant les parties rocheuses pour la confection de petits seuils de 0m.50 à 0m.60 de hauteur que l'on recouvre, comme leurs intervalles, avec le reste des débris jusqu'à la hauteur voulue, en ayant soin de donner au profil en travers une légère concavité vers le ciel. Cela fait, on traite cet atterrissement artificiel comme on le ferait pour un dépôt naturel ; la surface, exposée seule aux agents extérieurs, se délite et fournit les éléments terreux dont une partie s'insinue dans les vides des débris rocheux.

En couvrant ainsi les gros matériaux, on les soustrait aux influences atmosphériques et on les conserve à l'état rocheux. Il se forme même, à la surface de l'ancien lit, une sorte de drainage favorable à la bonne venue des plants et au maintien du nouveau lit.

Il y a un second cas où la méthode générale n'est pas suffisante, c'est celui de ravins très profonds et séparés par des crêtes très aiguës. En appliquant cette méthode, on n'obtiendrait pas un élargissement suffisant du lit pour le mettre à l'abri de l'affouillement. On peut alors avoir recours à des clayonnages superposés analogues à ceux qui ont été construits en Suisse par le président Jenny ; nous en donnerons la description dans le chapitre XV.

49. Façonnage du lit. — Depuis quelques années on a employé pour la correction des ravins une autre méthode qui paraît plus simple et appelée à donner d'excellents résultats ; cette méthode consiste à façonner le lit au moyen de branchages. On couche au fond du lit, parallèlement à l'axe du ravin et la tête en avant, des perches prises dans les taillis voisins et munies de toutes leurs branches. On cherche à former un tout bien homogène en assemblant le mieux possible les pieds d'un rang de perches avec les têtes du rang suivant ; puis on maintient cet assemblage à l'aide de petits clayonnages ou de seuils de 0m.50 de hauteur au maximum et placés à 20 m. environ l'un de l'autre. On revêt de cette manière toute la largeur du lit et les pieds des berges. Ce revêtement a plusieurs effets : et d'abord les branches, par la résistance qu'elles opposent à l'entraînement et par le frottement qu'elles développent, arrêtent une certaine quantité de matériaux ; en outre, le lit cesse de s'approfondir et les berges sont garanties contre l'affouillement et le glissement. Ces bois forment ainsi une sorte de barrage continu d'une construction très simple et très économique.

Une fois que les branchages sont couverts de galets, et qu'ils ont produit tout l'effet qu'on en attendait, on peut revenir sur le même point et arriver ainsi au comblement graduel du ravin comme avec le procédé des clayonnages superposés.

Ce façonnage du lit en branchages n'est pas applicable lorsque la pente est très raide et que le torrent charrie de gros matériaux. Dans ce cas on remplace les bois par des blocs épars dans le lit, que l'on range de manière à les rendre stables et à garantir le pied des berges ; on produit ainsi, en s'aidant des accidents naturels, une espèce de pavage grossier du lit qui le met à l'abri de l'affouillement. On maintient ce pavage à l'aide de seuils de 0m.50 de hauteur qui ont encore pour effet de faire perdre au courant l'excès de vitesse dû à l'écoulement sur une surface plus lisse. Avec ce procédé on ne peut pas obtenir, comme dans le cas précédent, le comblement du lit, mais c'est un excellent remède contre l'affouillement.

§ 3.

TRAVAUX DE CORRECTION DANS LE LIT DE DÉJECTION

Nous avons indiqué, dans le chapitre précédent, l'insuffisance de l'endiguement pour empêcher le déversement des matériaux dans les parties cultivées du lit de déjection. Mais on peut remplacer cet endiguement par le *curage* du lit   cette opération consiste à provoquer l'encaissement du torrent dans ses déjections, en rangeant, sur les bords du cours d'eau, les plus gros blocs mis à jour par les crues moyennes.

50. Curage du lit et seuils. — M. Culmann constate, dans son rapport au Conseil fédéral suisse, qu'à la suite des travaux de curage, le lit d'un torrent s'est tellement approfondi à Viscosoprano, que les plus fortes crues n'atteignent plus les murs et que la place du Marché se trouve beaucoup mieux protégée qu'elle ne l'était jadis par les digues.

Ce procédé est, du reste, très économique ; dans le torrent de la Maïra, où les crues sont très brusques et fort dangereuses, les dépenses ne s'élèvent pas à plus de 300 fr. par an. On ne saurait trop le recommander partout où il est applicable. Quand les propriétaires riverains verront le torrent s'encaisser dans ses déjections, ils reprendront confiance et sans crainte ils se mettront à l'œuvre pour défricher les anciens apports. Ainsi tandis que dans la montagne, par les soins de l'administration, les berges se recouvriront d'un manteau de verdure, les cultures des particuliers viendront peu à peu recouvrir les graviers précédemment déposés par le courant.

Il est clair que le curage doit se faire de l'aval vers l'amont.

Il peut arriver, quand dans certains torrents la source des alluvions est tarie, que le lit de déjection soit affouillé à son tour. Chaque fois que ce cas se présentera, il faudra placer des seuils de distance en distance, pour régulariser l'écoulement de l'eau comme dans la gorge du torrent. Cette régularisation sera soumise aux lois énoncées précédemment.

Dans chaque sectionnement on ira de l'aval vers l'amont, en ayant soin de ne construire de nouveaux seuils qu'au fur et à mesure de la formation complète de l'atterrissement des précédents.

CHAPITRE XI

MÉTHODE GÉNÉRALE DE CORRECTION DES TORRENTS

A CLAPPES ET DES TORRENTS GLACIAIRES

J'ai défini les torrents à clappes et les torrents glaciaires (voir chapitre IV). La différence qui les sépare des torrents à affouillements, c'est que dans ceux-ci on peut arriver à supprimer la production des matériaux, ce qui n'arrive pas dans les premiers. Il faut alors chercher à retenir ces matériaux dans la montagne, pour prévenir des dégâts dans la plaine.

Il est clair que les torrents à clappes et les torrents glaciaires peuvent présenter, dans la partie moyenne et dans les régions inférieures, une grande analogie avec les torrents à affouillements, et exiger l'emploi de travaux identiques en vue de la consolidation des berges. Mais, une fois qu'on sera arrivé à l'état de permanence du lit, cela n'empêchera pas le charriage des matériaux provenant des régions supérieures ; de là la nécessité de créer des obstacles pour l'arrêt de ces matières.

Les plus importants sont les barrages de retenue.

51. Barrages de retenue. — Ces ouvrages devront tout naturellement être établis en aval et le plus près possible des sources de production.

Nous reviendrons plus tard sur le choix de leur emplacement. La seule question que nous ayons à traiter en ce moment est la détermination du volume de matériaux que l'on peut retenir derrière un des ouvrages, dans des conditions parfaitement déterminées.

Pour résoudre ce problème, projetons, en un point A du profil en long AE d'un torrent, un barrage AC de hauteur h; appelons tg ϵ la pente de la ligne AE. Les matériaux provenant des régions supérieures formeront, à l'amont de cet ouvrage, un atterrissement qui ne s'arrêtera que lorsque le profil supérieur CB sera dirigé suivant la ligne de compensation; nommons tg α la pente de cette ligne. Supposons ensuite que le profil en travers de la région AB soit trapézoïdal et caractérisé (fig. 58) par une

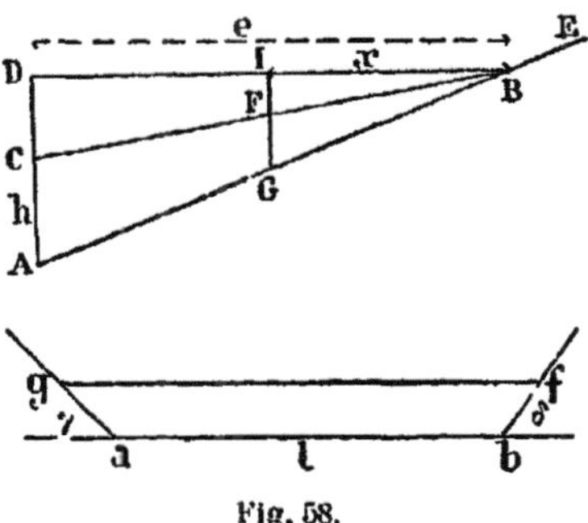

Fig. 58.

largeur de fond l et des inclinaisons de berges γ et δ, et appelons e la distance horizontale BD qui sépare le barrage de l'extrémité de l'atterrissement.

Enfin désignons par V le volume de cet atterrissement et par λ la largeur par laquelle il faut multiplier la surface ACB pour avoir le volume V; ce sera la largeur moyenne de l'atterrissement.

La surface ABC est égale à $\frac{1}{2} he$; or il est facile de déterminer e en fonction de h; car on a :

d'une part : $AD = e \operatorname{tg} \epsilon$

d'autre part : $CD = e \operatorname{tg} \alpha$

et en retranchant : $h = e (\operatorname{tg} \epsilon - \operatorname{tg} \alpha)$

d'où $e = \dfrac{h}{\operatorname{tg} \epsilon - \operatorname{tg} \alpha}$

et par suite :

$$\text{surface ACB} = \frac{1}{2} \frac{h^2}{\operatorname{tg} \epsilon - \operatorname{tg} \alpha}$$

et
$$V = \frac{1}{2}\,\frac{\lambda h^2}{\operatorname{tg}\varepsilon - \operatorname{tg}\alpha}$$

Cette formule montre que, pour une hauteur donnée de barrage, le volume des atterrissements augmentera doublement avec la largeur moyenne λ, car plus grande sera la valeur attribuée à cette largeur, plus grande aussi sera celle de $\operatorname{tg}\alpha$, et plus petite celle du dénominateur. Elle montre, en outre, que plus $\operatorname{tg}\varepsilon$ sera faible, plus grand sera le volume de la retenue.

Voici comment on pourra déterminer la largeur λ : Considérons, dans l'atterrissement, une section droite GF située à une distance $IB = x$ de l'extrémité B ; prenons, à partir de GF, une tranche infiniment mince d'épaisseur dx ; menons, dans le profil en travers, une horizontale gf distante du fond d'une quantité égale à GF ; le volume v de la petite tranche considérée sera égal à : surface $abfg \times dx$.

Or la hauteur FG de la surface $abfg$ est égale à $\dfrac{hx}{c}$, et la demi-somme des bases du trapèze à : $\dfrac{1}{2}[l + l + \dfrac{hx}{c}(\cotg\gamma + \cotg\delta)]$ $= l + \dfrac{1}{2}\dfrac{hx}{e}(\cotg\gamma + \cotg\delta)$.

On a donc :
$$v = \frac{hx}{c}\left[l + \frac{1}{2}\frac{hx}{e}(\cotg\gamma + \cotg\delta)\right]dx$$

ou
$$v = \frac{lh}{e}\,xdx + \frac{1}{2}\frac{h^2}{c^2}(\cotg\gamma + \cotg\delta)\,x^2 dx$$

et par suite :
$$V = \int_0^e \frac{lh}{e}\,xdx + \frac{1}{2}\frac{h^2}{e^2}(\cotg\gamma + \cotg\delta)\,x^2 dx$$
$$= \frac{lh}{e}\times\frac{e^2}{2} + \frac{1}{6}\frac{h^2}{e^2}(\cotg\gamma + \cotg\delta)\,e^3$$
$$V = \frac{lhe}{2} + \frac{1}{6}h^2 e\,(\cotg\gamma + \cotg\delta)$$
$$V = \frac{1}{2}he\left[l + \frac{1}{3}h\,(\cotg\gamma + \cotg\delta)\right]$$

Cette dernière formule peut aussi être obtenue en s'appuyant sur le théorème de géométrie suivant :

Le volume de tout polyèdre ayant pour bases deux polygones quelconques situés dans des plans parallèles et pour faces latérales des trapèzes ou des triangles, est exprimé par la formule :

$$\frac{H}{6}(B + B' + 4 B'')$$

dans laquelle H désigne la distance des deux plans parallèles, B la base inférieure du polyèdre, B' la base supérieure et B" la section équidistante des deux bases (Rouché et Comberousse, livre VI, page 89 de la 2ᵉ édition).

Dans le cas particulier, on a :

$$B = h \left\{ l + \frac{h}{2} (\cotg \gamma + \cotg \delta) \right\}$$

$$B' = o$$

$$B'' = \frac{h}{2} \left\{ l + \frac{h}{4} (\cotg \gamma + \cotg \delta) \right\}$$

$$\text{donc } V = \frac{e}{6} \left\{ hl + \frac{h^2}{2} (\cotg \gamma + \cotg \delta) + 2hl + \frac{h^2}{2} (\cotg \gamma + \cotg \delta) \right\}$$

$$= \frac{1}{2} he \left\{ l + \frac{1}{3} h (\cotg \gamma + \cotg \delta) \right\}$$

Dès lors, la largeur moyenne étant, par définition, le quotient du volume V par la surface ACB, qui est égale à $\frac{1}{2} he$, on a :

$$\lambda = l + \frac{1}{3} h (\cotg \gamma + \cotg \delta).$$

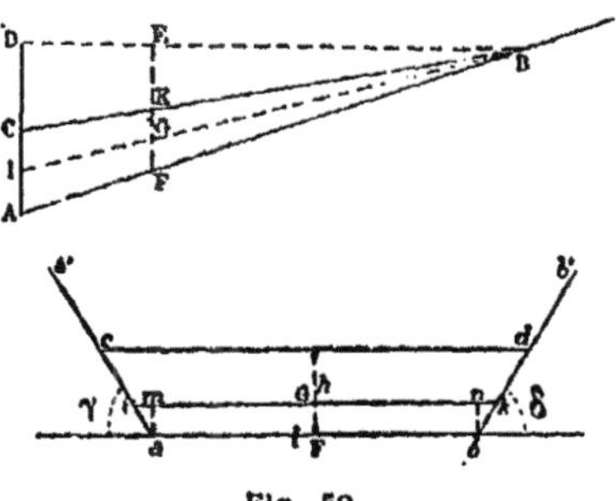

Fig. 59.

Remarque. — Cette largeur moyenne n'est autre chose que la longueur de la ligne transversale passant par le centre de gravité G du triangle ACB (fig. 59).

On a, en effet :

$$\frac{GF}{AI} = \frac{BG}{BI} = \frac{2}{3}$$

d'où $GF = \dfrac{2}{3}AI = \dfrac{2}{3}h.$

Dès lors la ligne horizontale ik menée à une distance du fond égale à $\dfrac{1}{3}h$ est égale à $l + \dfrac{1}{3}h\ (\cotg \gamma + \cotg \delta)$, c'est-à-dire à λ.

52. Défenses contre les avalanches. Tournes. — Les avalanches ne se forment jamais dans les contrées boisées. En Suisse, on a cherché à les prévenir en plantant, de 3 en 3 mètres, des pieux qui fournissent un point d'appui aux neiges supérieures lorsque celles du fond du cirque sont fondues. Ces pieux agissent comme la forêt et ont empêché quelquefois la formation des avalanches.

Ce procédé ne peut être employé que dans les endroits où il existe une couche de terre dans laquelle on puisse enfoncer les pieux. Dans les cirques de rochers on pourrait remplacer les pieux par des terrasses horizontales; mais ce moyen serait extrêmement dispendieux.

Il ne faut pas songer non plus à barrer le couloir, comme on barre le canal d'écoulement d'un torrent, car les neiges ne sont pas contenues dans un lit déterminé; et tout obstacle artificiel serait immédiatement surmonté.

M. Viollet-le-Duc (massif du Mont-Blanc) indique le moyen suivant pour se garantir contre les avalanches : « Au-dessus de l'exutoire B (fig. 60) on peut, dit-il, à l'aide des pierres abondantes sur ces lits, former une série de barrages perpendiculaires aux directions des pentes. Ces bourrelets T de roches et pierrailles arrêtent les neiges, et les obligent à fondre sur place ou à se diviser pour couler ». Les bourrelets font, pour ainsi dire, le même office que les pieux ou les terrasses dont nous venons de parler.

Ces petits barrages, qui sont représentés sur la figure 61 et que les montagnards de la Savoie désignent sous le nom de *Tournes*, présentent en section horizontale une sorte de triangle isocèle obtusangle légèrement tronqué aux extrémités de la base. A la pointe de l'angle obtus, les parements s'élèvent de 2 à

3 mètres, et la réunion de ces deux parements forme éperon ;
c'est là qu'est le maximum de la hauteur de l'ouvrage qui va en

Fig. 60.

diminuant vers la base. Géométriquement c'est une sorte de pyramide triangulaire dont l'une des faces, très inclinée et longue

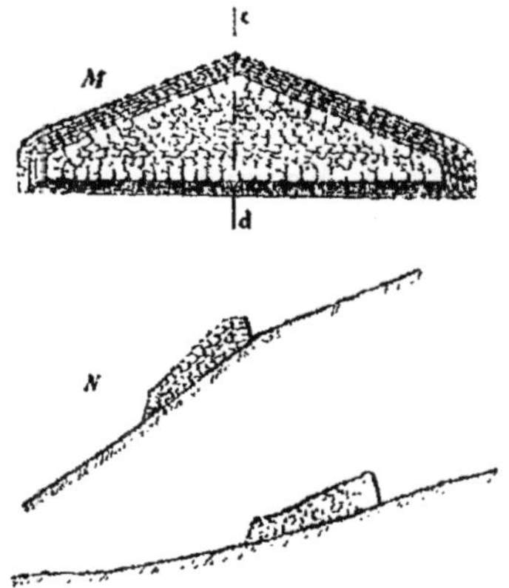

Fig. 61.

de 8 m. au plus, s'appuie sur le versant et dont le sommet se
dresse au-dessus d'une crête verticale, qui oppose son tranchant
à l'éboulement de la neige.

Les tournes sont établies par les montagnards pour protéger leurs habitations. Ce n'est pas là qu'il faudrait les édifier, mais au-dessus du couloir. Elles sont insuffisantes pour arrêter une avalanche au milieu de sa course, à cause de la vitesse acquise. Mais elles peuvent résister au glissement initial, car si les neiges se précipitent dans les couloirs, c'est que le lit supérieur sur lequel elles reposent est dépourvu d'aspérités.

Il faut une grande sûreté d'observation pour déterminer les emplacements de ces ouvrages; leur conservation et leur effet préventif dépendent du choix de ces emplacements.

52. Places de dépôt. — Quand on aura corrigé la partie inférieure de la gorge d'un torrent au moyen de barrages de

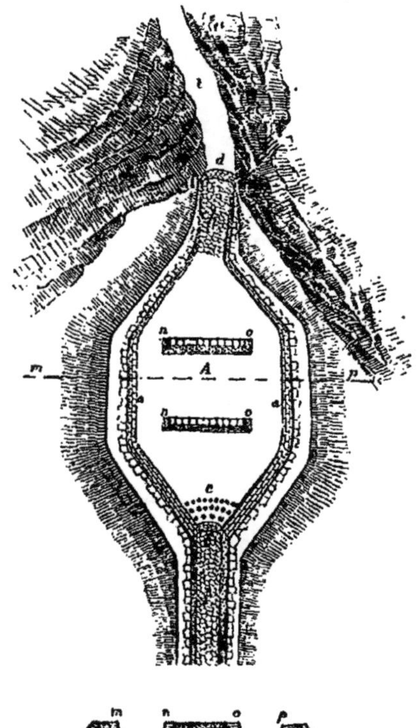

Fig. 62.

consolidation ; quand on aura retenu dans les parties supérieures les éboulis des moraines, des clappes et des avalanches, tout n'est pas fini dans la lutte contre le torrent. Quelques matériaux peuvent être entraînés encore sur le lit de déjection. Si l'on veut retenir ces derniers sur ce lit, on les arrêtera au moyen de places de dépôt (voir l'ouvrage de M. Demontzey).

En dessous du dernier barrage de consolidation d (fig. 62), on établira, à cet effet, un perré h destiné à diriger le courant vers l'emplacement choisi A disposé en hexagone et entouré de digues a formées de terre et de pierrailles prises sur le cône, avec revêtement intérieur en pierres sèches. Au tiers et aux deux tiers environ du grand axe s'élèveront deux petites digues no de même hauteur que celle du périmètre ; cette disposition a pour effet de forcer les dépôts à se faire horizontalement et non en forme de cône. A l'extrémité inférieure, la place de dépôt se rétrécit pour aboutir à un canal f destiné à conduire à la rivière les eaux débarrassées de matières étrangères. En amont de ce chenal se trouve un triple grillage c composé de forts pieux et destiné à retenir les matériaux qui ne se seraient pas déposés, puis au-dessous un pertuis l avec une vanne pour ne laisser passer que des eaux parfaitement décantées.

Une fois cette place remplie jusqu'à la hauteur voulue, on en établit une seconde et on reboise la première pour fixer définitivement le sol, sauf à la rendre à l'agriculture quand les conditions de stabilité seront suffisantes.

CHAPITRE XII

CLASSIFICATION DES BARRAGES

On construit, dans les torrents, trois espèces de barrages : les barrages en pierres, les barrages en bois et les barrages vivants.

§ 1.

BARRAGES EN PIERRES

54. Barrages rectilignes et barrages curvilignes. — On distingue trois types principaux de barrages en maçonnerie, suivant la forme des parements.

Le *premier type* comprend les ouvrages dont les deux parements sont des surfaces planes ; on les appelle *barrages rectilignes*.

Le *deuxième type* renferme les ouvrages dont le parement amont est une surface plane perpendiculaire à l'axe du torrent, et dont le parement aval est disposé en voûte horizontale.

Le *troisième type* comprend les barrages dont les deux parements sont disposés en voûtes.

Les ouvrages renfermés dans ces deux dernières catégories prennent le nom de *barrages curvilignes*.

Si les berges sont inaffouillables et formées de rochers qui ne peuvent être ébranlés, il est évident que le barrage appuyé sur ces rochers aura plus de solidité s'il a la forme d'une voûte horizontale dont la concavité est tournée vers l'aval ; l'ouvrage résistant par ses points d'appui à tout effet de glissement et de renversement, devra seulement pouvoir s'opposer à l'écrasement, et encore, comme on le verra plus tard, la force de compression est considérablement diminuée quand le mur n'a pas une grande longueur.

Mais il faudra bien se garder, quand un barrage devra être établi entre des berges en mouvement, de lui donner cette forme de voûte. La poussée de ces berges est, en effet, considérable ; elle agit généralement suivant la corde de la voûte, et dans ces circonstances une voûte n'est pas susceptible d'une bien grande résistance. La forme rectiligne est, dans ce cas, bien plus favorable, parce qu'alors le barrage résiste à une poussée dirigée suivant sa longueur, c'est-à-dire suivant sa plus grande dimension.

55. Fruit des barrages. — Les barrages étant des ouvrages destinés à résister à une pression venant de l'amont, il est nécessaire de donner un fruit au parement d'aval. Dans ces conditions, le parement d'aval d'un barrage curviligne devient une surface conique, ayant pour génératrice une ligne inclinée suivant le fruit adopté.

Ordinairement on fait vertical le parement d'amont ; quelquefois, mais très rarement, on lui donne aussi un fruit.

M. Vaultrin, inspecteur des forêts, dans un article qu'il a publié en 1884 dans la *Revue des eaux et forêts*, indique le moyen de calculer le fruit n à donner au parement d'aval, pour qu'aucune pierre ne puisse atteindre le mur de chute, le radier étant destiné à en supporter seul le choc.

On sait qu'un mobile animé d'une vitesse initiale v et tombant d'une hauteur y décrit, sous l'influence de la pesanteur, une trajectoire parabolique qui a pour équation : $x^2 = \dfrac{2v^2}{g}\,y$, g étant l'accélération.

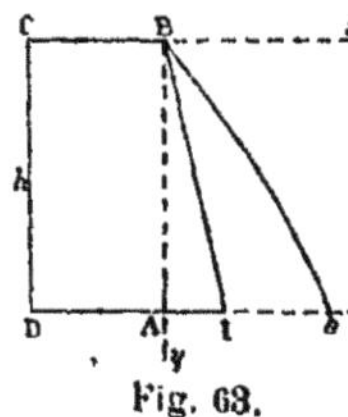
Fig. 63.

Cela étant, je considère le filet inférieur d'une masse liquide passant sur le couronnement BC d'un barrage CBID ; ce filet décrira une parabole Ba, et si je désigne par h (fig. 63) la hauteur de ce mur au-dessus du lit du torrent, j'aurai, en vertu de l'équation précédente :

$$\overline{Aa}^2 = \frac{2v^2}{g}h.$$

Or, la quantité **AI** est égale à *nh* ; et pour que les matériaux qui tombent du couronnement du barrage ne puissent atteindre le parement d'aval, il faudra satisfaire à l'inégalité :

$$\sqrt{\frac{2v^2}{g}\,h} > n\,h$$

$$\text{ou } n < v\,\sqrt{\frac{2}{gh}}\cdot$$

C'est avec intention que j'ai appliqué le calcul au filet inférieur ; car si les matériaux entraînés par celui-ci ne touchent pas la paroi d'aval, il en sera de même, *à fortiori*, des autres.

On aura une limite supérieure de la valeur de *n* en écrivant :

$$n = v\,\sqrt{\frac{2}{gh}}$$

M. Vaultrin pense que, pour trouver cette limite supérieure, il faut mettre à la place de *v* la vitesse moyenne des eaux, à partir de laquelle le fond du canal commence à être dégradé par l'entraînement des matériaux qui le constituent, et il adopte les chiffres déterminés expérimentalement par Dubuat.

Or, il ne s'agit pas ici d'une dégradation du lit, mais d'un simple entraînement de matériaux. Il est clair qu'il faudra une vitesse moins grande pour entraîner des pierres reposant sur le lit que pour enlever celles qui constituent le lit lui-même. Dès lors, nous pensons qu'il vaut mieux mettre, à la place de *v*, la vitesse-limite d'entraînement des pierres les plus petites qui pourraient dégrader le parement d'aval. Lorsque *v* atteindra la valeur de cette vitesse-limite, les matériaux entraînés tomberont au pied du barrage sans toucher au parement. Lorsque *v* dépassera cette valeur, les matériaux seront projetés au-delà du pied du mur, et celui-ci ne sera pas atteint.

Nous avons montré, dans l'article 22, que la vitesse-limite d'entraînement d'une pierre de 0,30, dont le poids spécifique est de 2,4, est égale à environ 2 m. Si nous voulons que les matériaux de cette dimension ne touchent pas le parement d'aval d'un barrage de 5 m. de hauteur, il faudra que le fruit de ce parement soit inférieur à :

$$2\text{ m.} \times \sqrt{\frac{2}{9.81 \times 5}} \text{ ou à } 0,40 \text{ environ.}$$

Si nous voulions que des pierres de 0,10 et de même nature tombassent sur le radier sans toucher le parement, il faudrait d'abord calculer la vitesse-limite d'entraînement de ces pierres qui est :

$$\sqrt{\frac{0,76 \times 1400 \times 0,10 \times 0,994}{0,076 \times 1000}} = 1,18.$$

Cela donnerait, pour la valeur limite du fruit à admettre :

$$1,18 \times \sqrt{\frac{2}{9,81 \times 5}} = 0,23.$$

Dans les barrages en maçonnerie construits jusqu'à présent, on a généralement admis le fruit de 0,20. Le dernier exemple que nous venons de citer montre que, pour des barrages d'une hauteur supérieure à 5 m., il peut devenir nécessaire de diminuer encore ce chiffre.

Il y a un autre intérêt à ne pas exagérer l'inclinaison du parement d'aval ; c'est que l'eau, en coulant le long de ce parement, ne perdrait pas sa vitesse comme dans le cas où il se produit un choc au pied d'une chute.

56. Forme du couronnement des barrages. — Si la face supérieure d'un barrage était plane et horizontale, les masses en mouvement, en surmontant l'ouvrage, se trouveraient directement en contact avec les berges, généralement peu stables ; elles les rongeraient et le barrage serait tourné et rapidement détruit.

Pour empêcher ces accidents de se produire, on surmonte chaque barrage d'une cuvette creuse dont les parois latérales sont appelées les *ailes* du barrage. Les dimensions de cette cuvette sont calculées de telle façon qu'elle puisse contenir les eaux des plus fortes crues. De cette manière, celles-ci, passant par la cuvette, n'ont plus de contact avec les berges, et même en cas de débordement modéré, n'auraient pas d'action sur elles.

Cette disposition tend aussi à ramener les eaux vers le milieu du torrent, ce qui est, comme on le sait, une circonstance très favorable au point de vue de l'atténuation de l'affouillement latéral.

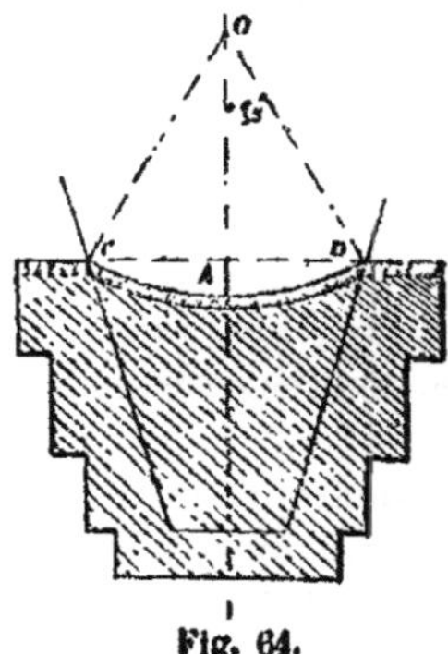

Fig. 64.

Ces principes généraux posés, voici quelles pourront être les règles à suivre pour déterminer la forme du couronnement (voir l'article déjà cité de M. Vaultrin).

Dans les parties supérieures du bassin de réception et dans les ravins secondaires, la largeur du fond du lit est très faible, et la largeur du radier, qui lui est proportionnelle, est très réduite. Dans ces conditions, pour que ce radier ne soit pas affouillé au pied des berges, il faut concentrer les eaux au centre de la cuvette, pour diminuer le plus possible la largeur de la lame d'eau. La cuvette devra donc être creuse, et l'on pourra adopter un arc de cercle de rayon égal à la corde CD (fig. 64), le demi-angle au centre étant de 30°.

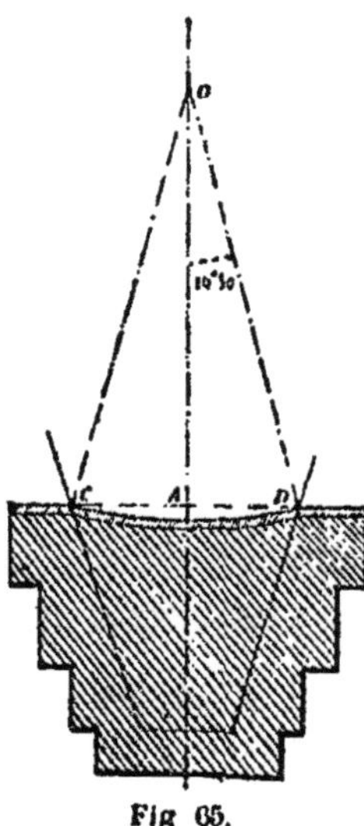

Fig 65.

Lorsque l'écartement des berges dépasse une douzaine de mètres, c'est-à-dire dans la partie inférieure du bassin de réception et dans la gorge, cette forme de cuvette donnerait un débouché hors de proportion avec le volume des matériaux affluant de l'amont; elle donnerait en outre à la flèche une hauteur trop forte, ce qui augmenterait le cube de maçonnerie et diminuerait la solidité de l'ouvrage. Ce cube peut être réduit en augmentant le rayon de courbure, et en le faisant varier depuis la valeur OC = CD (fig. 64), jusqu'à la valeur OC = 2CD (fig. 65). En outre, au-delà de 12 à 13 mètres d'écartement des berges, le radier a un plus grand développement et peut recevoir une lame d'eau plus large. Dans le cas de la figure 65, le demi-angle au centre est égal à 14°30′.

Si, enfin, le ravin est très large, et qu'on puisse craindre que, lors d'une crue, d'énormes blocs ou des arbres n'encombrent le centre du barrage, on donnera à la cuvette une forme tout à fait plate, celle d'un trapèze inscrit dans un des deux segments circulaires décrits précédemment (fig. 66).

Dans la construction de ce trapèze, il faudra satisfaire à la double condition que la base BC soit plus petite que la largeur du fond du ravin et que l'inclinaison des ailes AB et CD soit égale à l'angle du talus naturel que prendraient les matériaux charriés. La première condition s'explique d'elle-même ; quant à la deuxième, elle est justifiée par ce fait que si l'inclinaison des ailes était inférieure à l'angle du talus naturel des matériaux charriés, ceux-ci ne pourraient pas rester en équilibre ; il se produirait des éboulements, tandis que si elle était plus forte, une partie des ailes resterait directement exposée à l'action des eaux. Une fois le trapèze construit, il ne reste plus qu'à arrondir les angles.

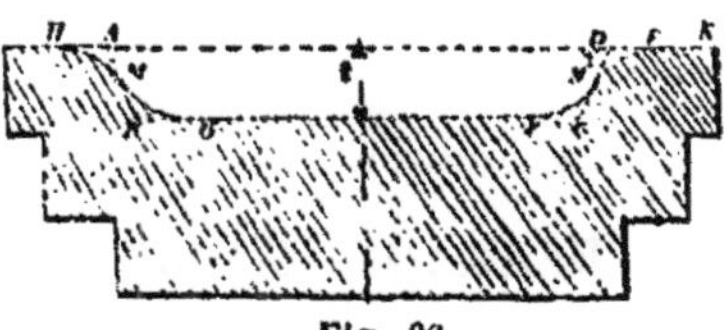

Fig. 66.

Les cuvettes plates sont plus avantageuses que les cuvettes creuses, parce qu'elles entraînent une diminution dans l'épaisseur de la lame d'eau, ce qui réduit l'intensité du frottement sur le couronnement, et que, de plus, elles produisent sur le radier une meilleure répartition des efforts provenant de la chute des matériaux.

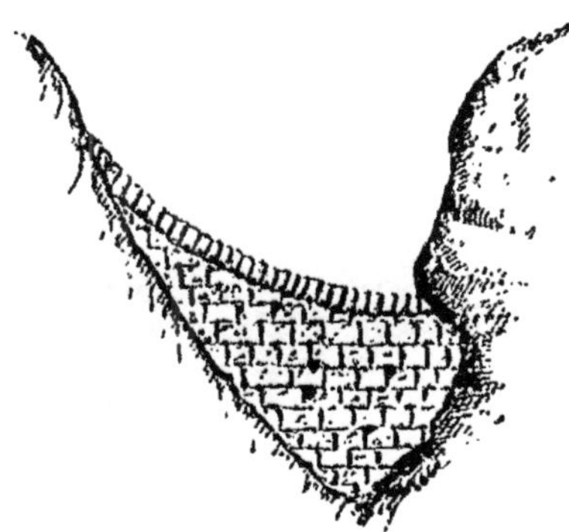

Fig. 67.

On pourrait objecter que la lame s'élargissant sur les cuvettes plates, l'eau se rapproche des berges et peut les affouiller. On remédie à cet inconvénient en produisant un appel au moyen d'un évasement de 1/10 de l'amont vers l'aval.

En résumé, il y a lieu d'adopter des cuvettes aussi plates que possible, pourvu qu'elles satisfassent aux conditions de débouché et qu'elles aient une largeur inférieure à celle du fond du lit.

Lorsque l'une des berges est rocheuse, on peut incliner le couronnement de façon à contraindre le torrent à la suivre (fig. 67). Ce système a été employé avec succès en Suisse.

§ 2.

BARRAGES EN BOIS

On n'a pas construit de grands barrages en bois dans les Alpes françaises ; mais en Suisse, on fait un très grand usage du bois pour la construction des ouvrages de défense contre les torrents.

Nous citerons deux de ces ouvrages :

Le premier a été établi dans le torrent de *Rœtzligrund*.

Cet ouvrages a 10 m. de hauteur et 40 m. de longueur ; c'est le plus grand barrage de ce genre que l'on ait encore exécuté (fig. 68). Il est formé d'arbres posés les uns sur les autres, dans le sens

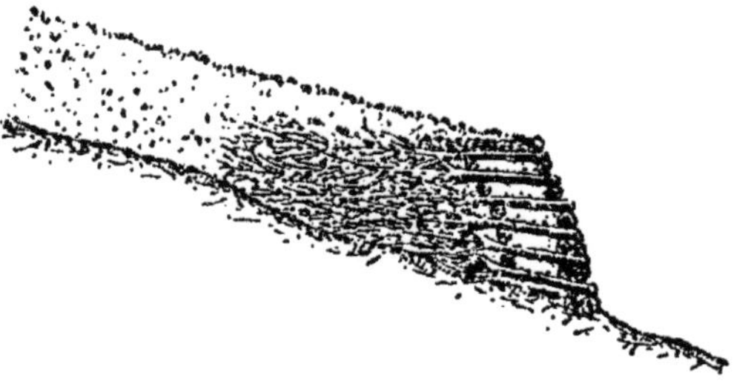

Fig. 68.

du ravin, les bouts formant le parement extérieur, tandis que les branches sont à l'intérieur, empâtées dans les alluvions. Chaque couche est maintenue par une ou deux pièces transversales, dont les extrémités sont engagées dans les berges. Tantôt on entaille l'extrémités des arbres couchés de façon à les emboîter sur la charpente, tautôt on les fixe par des chevilles en fer.

On a construit en Suisse plusieurs ouvrages de ce genre ; ils durent très longtemps dans les ruisseaux limoneux, dont le lit est creusé dans les terrains argileux, c'est-à-dire à peu près partout où il est difficile de se procurer des pierres. Ils offrent, en effet, l'avantage de résister très bien aux intempéries, car les arbres, enfoncés dans la terre, ne présentent à l'air que l'extrémité de leurs troncs, et, d'autre part, les branches, enfoncées dans les alluvions, forment un massif très solide.

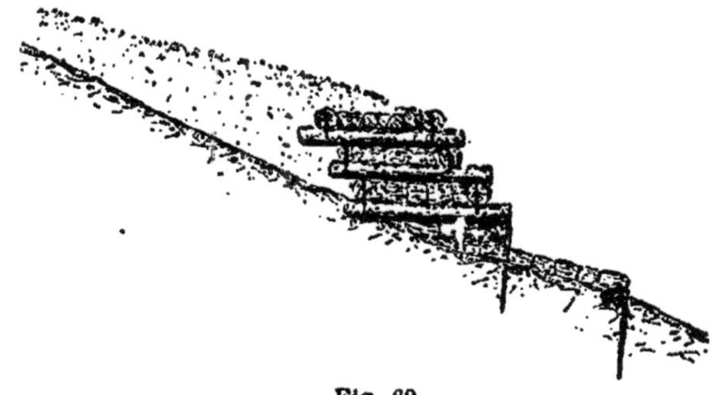

Fig. 69.

Dans le torrent de la *petite Simmen*, on a adopté un autre type formé d'une série de troncs d'arbres A rangés les uns au-dessus des autres et espacés horizontalement de 1 m. 50 à 2 m. ; les intervalles sont remplis de fascines. Entre les assises de poutres se trouvent des traverses B fixées par des pieux (fig. 69) ; il y a deux ou trois de ces traverses, suivant la largeur du lit. Le pied de l'ouvrage est protégé contre l'affouillement par une couche de fascines reposant sur une poutre transversale et dépassant le parement de 1 m. 50 à 3 m.

Les fascines résistent mal, et, d'autre part, un simple assemblage de poutres n'aura jamais la ténacité de masses de limons toutes farcies de branchages.

Le premier type est donc, de l'avis général, préférable au second.

Nous n'avons vu, dans les Alpes françaises, qu'un seul grand barrage de ce genre, celui du *Labouret*, et encore rentre-t-il plutôt dans la catégorie des clayonnages;nous y reviendrons plus tard. Il faut dire qu'en France les travaux de correction sont exécutés dans des contrées peu forestières, où le prix du bois est très élevé.

Dans ces conditions, comme le dit M. Demontzey, il vaut mieux s'en tenir à la construction d'une série de petits ouvrages dont l'ensemble puisse produire un effet analogue à celui d'un ou plusieurs grands barrages, et qui, construits avec des végétaux reprenant par boutures, aient de plus l'avantage de se perpétuer et de former ainsi dans le fond des ravins de véritables *barrages vivants*.

§ 3.

BARRAGES VIVANTS

On distingue, parmi les barrages vivants, les *clayonnages* et les *fascinages*.

On divise, suivant leur importance, les clayonnages en clayonnages de premier ordre et clayonnages de deuxième ordre. La même division s'applique aux fascinages.

57. Clayonnages. — Les clayonnages de premier ordre peuvent atteindre 20 à 30 m. de longueur, mais on leur donne rarement une hauteur supérieure à 1 m. 50.

Ils se composent de piquets enfoncés profondément en terre dans une direction perpendiculaire à l'axe du torrent et entre lesquels sont entrelacées des branches de saule (fig. 70). Ces piquets sont de deux sortes : les uns, les plus gros, sont en bois dur tel que le mélèze ; les autres sont des plançons de saule appelés à végéter. Les premiers sont disposés généralement à 1 m. d'axe en axe, et les autres à 0 m. 33 ; il y a donc deux piquets de saule dans l'intervalle de deux piquets de mélèze.

Les têtes de tous ces piquets sont reliées entre elles par trois pièces appelées *longrines*, dont l'une est horizontale et les deux autres inclinées. Cette disposition a pour but de donner à la partie supérieure de l'ouvrage la forme d'une cuvette analogue à celle des barrages en maçonnerie.

Le tressage est formé au moyen de branches de saule disposées alternativement en avant et en arrière des piquets.

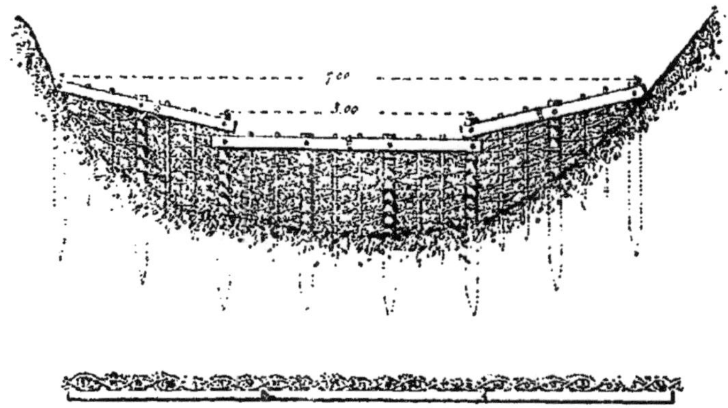

Fig. 70.

Pour augmenter la résistance de ces ouvrages, on les incline quelquefois vers l'amont en leur donnant par ce fait un fruit variant de 5 à 10 p. 0/0. Mais il semble plus avantageux de les faire presque verticaux, afin de soustraire le tressage à l'action des matériaux charriés par les eaux.

Les clayonnages de deuxième ordre se distinguent des premiers par les trois caractères suivants : 1° leur hauteur ne dépasse pas généralement 0 m. 50 à 0 m. 60 ; 2° les piquets de mélèze sont partout remplacés par des piquets de saule placés à 0 m. 33 l'un de l'autre ; 3° vu le peu d'importance des ouvrages, les piquets ne sont pas reliés par des longrines.

58. Fascinages. — Les fascinages de premier ordre se composent de piquets de bois dur espacés de 1 m. d'axe en axe, disposés de manière à présenter une légère courbe convexe vers l'amont (fig. 71), et devant lesquels on place généralement trois fascines assez longues pour que leurs extrémités puissent être encastrées dans les berges ; ces fascines sont faites avec des branches de saule, elles sont attachées aux piquets, et elles ont 1 m. de circonférence, de sorte que l'ouvrage a une hauteur de 1 m. qui se réduit à 0 m. 80 par le tassement. Quelquefois on met cinq fascines l'une au-dessus de l'autre, ce qui donne au barrage, après le tassement, une hauteur d'environ 1 m. 50.

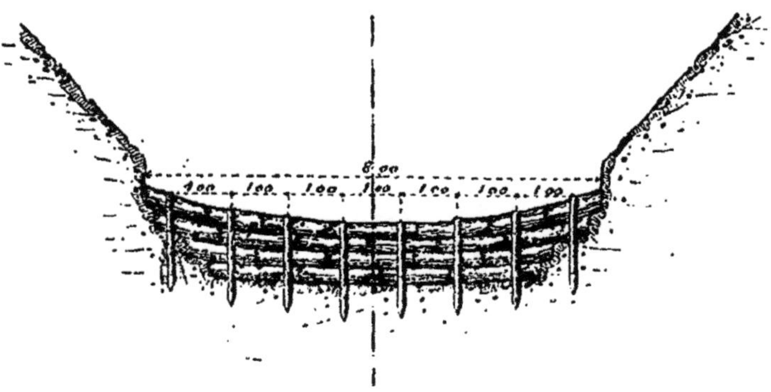

Fig. 71.

Les fascinages de deuxième ordre sont également encastrés dans les berges ; mais ils ne renferment généralement qu'un ou deux rangs de fascines ; les piquets sont toujours en saule, et on les enfonce quelquefois au milieu des fascines au lieu de les mettre en avant.

CHAPITRE XIII

ÉTUDE DU TORRENT AU POINT DE VUE DE LA CORRECTION

59. Levers et plans topographiques. — On commencera d'abord par lever, dans chaque torrent :

1° Le plan du lit et des berges dans toutes les parties qu'il y aura lieu de corriger ;

2° Le profil en long correspondant ;

3° Une série de profils en travers pris à chaque changement important dans les conditions des berges.

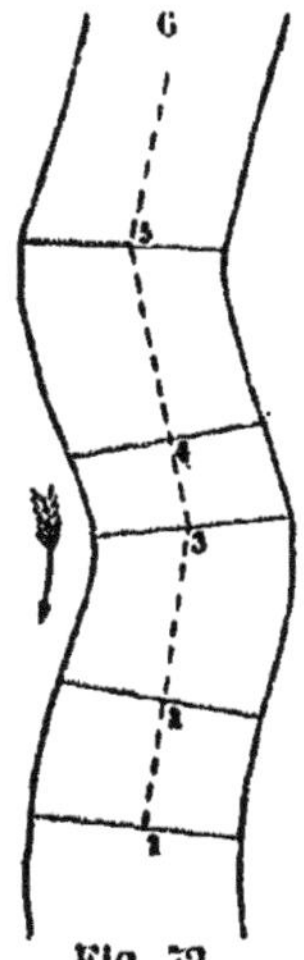

Fig. 72.

A cet effet (fig. 72), on trace, suivant l'axe du torrent, et à partir du point le plus bas, une série d'alignements droits ; puis l'on place des piquets à chaque changement de direction (3, 5...), et à chaque changement soit dans l'inclinaison de l'axe, soit dans les conditions des sections normales à cet axe (2, 4...).

Les instruments les plus commodes pour les levers sont la boussole Goulier et le tachéomètre. A l'aide de l'un ou de l'autre de ces instruments, on pourra, en effet, obtenir tous les éléments nécessaires à la construction du plan et du profil en long, savoir :

1° Les orientements magnétiques ou conventionnels des lignes 1-3, 3-5, 5-6.... qui permettront de déterminer, sans accumulation d'erreurs, les angles 1.3.5, 3.5.6....

2° Les différences de niveau des points successifs 1, 2, 3, 4, 5, 6..., soit que l'on emploie le nivellement indirect avec la fiole fixe, soit que l'on fasse usage du nivellement direct avec la fiole mobile.

3° Les distances avec le secours de la stadia ou de l'euthymètre. Il est à remarquer que les chaînages seraient très difficiles sur ces pentes excessives et donneraient de moins bons résultats que les procédés stadimétriques[1].

Quant aux levers des profils en travers, on peut faire usage de deux règles graduées, d'un fil à plomb et d'un niveau de maçon ou d'un niveau à bulle d'air.

Tous les piquets doivent être repérés avec soin, afin qu'on puisse les rétablir au besoin.

Le lever terminé, on fait le rapport des plans, en y traçant les chemins, les carrières, les différentes natures de sol, les emplacements paraissant propres à la construction des barrages (voir art. 64), en un mot toutes les données nécessaires pour obtenir la topographie du torrent et guider l'agent chargé de la rédaction des projets.

Le plan doit renfermer le lit du torrent, ainsi que ses berges tout entières, jusqu'à l'arête vive qui les sépare des versants proprement dits. Il n'est pas nécessaire d'aller jusqu'au point le plus élevé, mais jusqu'au point le plus haut de la partie à corriger. Le lit de déjection doit aussi figurer sur le plan.

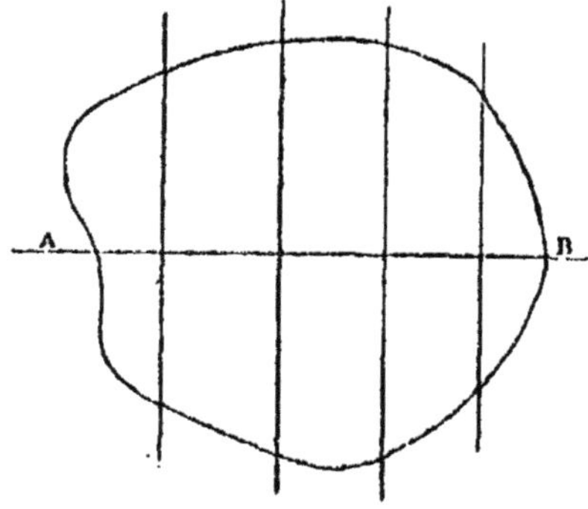

Fig. 78.

Si sur certains points l'on rencontre des glissements, on en déterminera les limites en traçant, sur le terrain qui travaille, un axe rattaché à 2 piquets A et B tout à fait en dehors du mou-

1. Voir ma notice sur les *Instruments stadimétriques*. — Paris, Berger-Levrault et Cie, éditeurs, 5, rue des Beaux-Arts.

vement. Sur cet axe on lèvera un certain nombre de profils en
travers dont tous les piquets seront repérés, par un chaînage sérieux, à la ligne AB ; les têtes de ces piquets seront aussi nive-
lées (fig. 73). Au bout d'un certain temps, pendant lequel on a
laissé travailler le terrain, on rétablit l'axe AB et les profils en
travers, puis on étudie les variations des piquets tant en plan
qu'en altitude. On voit ainsi quels sont les affaissements, les
boursouflements du terrain, et quelle est la direction du mouvement. Les piquets extrêmes qui n'ont pas bougé indiquent les
limites cherchées.

On a l'habitude, pour éviter la confusion, de donner une teinte
spéciale à chaque nature de sol et de roche.

L'analogie complète qui existe entre les épures à dresser et
celles des routes (plan terrier, profil en long, profils en travers)
me dispense d'entrer dans de plus longs détails à ce sujet.

Pour les ravins, on lèvera, comme dans les torrents, le profil
en long ; mais on pourra se contenter d'un plus petit nombre de
profils en travers, et cela pour plusieurs raisons : Et d'abord,
comme il ne s'agit que de barrages de peu d'importance, il n'est
pas nécessaire de faire, pour chacun d'eux, un projet spécial ; en
second lieu, les modifications dans les profils en travers sont
beaucoup moins nombreuses et beaucoup moins importantes que
dans les gorges ; enfin il n'y a aucun intérêt à ne pas donner la
même hauteur à tous les ouvrages.

Pour chaque projet important de drainage, il faudra prendre,
sur le terrain, tous les éléments nécessaires au tracé des courbes de niveau. Quand le sol sera complètement nu, on aura
avantage à employer les méthodes directes. Enfin il sera bon de
faire, dans chaque nature de terrain, des expériences ayant
pour but la détermination de la pente d'assèchement.

**60. Recherche, sur le terrain, des éléments nécessaires
au calcul de la pente des atterrissements.** — Il est extrêmement important, dans le travail de correction des torrents, de
savoir déterminer la pente de compensation suivant laquelle les
matériaux se déposeront derrière les grands barrages en construction, parce que cette pente est précisément celle qui maintiendra la permanence du lit, au moins tant que ne changeront
pas les conditions de torrentialité.

Si l'on voulait appliquer, pour la recherche directe de la pente-limite, la formule 17 de l'article 28, il serait nécessaire de déterminer, aussi exactement que possible, les valeurs du poids moyen d d'un mètre cube de matériaux charriés, de la dimension b de ces matériaux suivant l'axe du courant, du facteur B de la vitesse et de la hauteur H de l'eau qui existera, dans la section considérée, au moment où se formeront les derniers dépôts qui limiteront la surface de l'atterrissement.

Le facteur d se calculera sans la moindre difficulté.

Les atterrissements des barrages sont généralement formés de pierres de diverses grosseurs. Mais les explications qui précèdent la définition de la pente de compensation (voir chapitre V) démontrent clairement que l'exhaussement ne prendra fin qu'au moment où la pente sera suffisante pour que les plus gros matériaux puissent être entraînés. Ce sont donc ces derniers qui caractérisent la pente-limite, et c'est leur dimension dans le sens de l'axe qui devra être introduite dans la formule.

En ce qui concerne la détermination de la hauteur H, supposons d'abord que, dans la dernière crue sans laves, la pente de compensation se soit établie dans une section donnée ; on pourra dire, à coup sûr, que les plus gros matériaux des derniers dépôts qui se sont formés ont été abandonnés au moment du maximum de la crue. Si, en effet, ces gros matériaux s'étaient déposés pendant la période croissante, ils auraient été repris sur les atterrissements par les courants plus violents de la période du maximum ; et, d'autre part, les matériaux qui ont été déposés pendant cette dernière période n'ont pu être entraînés par les eaux moins fortes de la période décroissante.

On a constaté, d'un autre côté, que, tant qu'il ne se manifeste pas de modifications dans l'état torrentiel, les crues sans laves se reproduisent toujours à peu près de la même manière. Si donc on veut connaître approximativement la hauteur d'eau H qui existera, dans une section déterminée, au moment où se formeront les derniers dépôts qui correspondent à la pente-limite, on pourra se baser sur les indications fournies par la moyenne des crues précédentes.

Quant au facteur B, nous avons indiqué dans l'article 26 la manière dont on pourrait le déterminer. Nous pensons que les opérations à effectuer ne présenteraient pas de bien grandes difficultés ; la période croissante de la crue sera généralement assez longue pour que des gardes et des ouvriers, bien stylés à l'avance, aient le temps de se rendre, avant la période du maximum, sur des points fixés préalablement par les agents forestiers chargés de la direction des travaux de correction.

D'autre part, nous avons montré, dans l'article 5, comment on pourrait déduire le facteur B de la proportion qui existe, au moment des dépôts, entre le volume des matières charriées et celui de l'eau qui les entraîne.

On a déjà fait, dans les Alpes, des observations qui se rattachent plus ou moins directement à la question qui nous occupe. M. Demontzey, dans la monographie du périmètre du Faucon, rapporte (2° édition, page 501) que l'on a tracé, sur le couronnement du plus grand barrage du torrent du Bourget, une échelle limnimétrique permettant de mesurer la hauteur des crues sur une section parfaitement déterminée. L'auteur ajoute qu'on relève certaines observations importantes faciles à noter pour chaque torrent ; au moment de chaque orage, on observe la durée de la crue, son intensité, sa nature, ses effets sur le canal d'écoulement et sur le cône de déjection, et le volume approximatif de la masse des matériaux.

Nous sommes donc convaincu que l'on pourrait, à l'aide d'une série d'observations bien combinées, déterminer, au moins approximativement, la valeur de la pente sur laquelle se déposeront des pierres d'une dimension donnée.

Exemple : On a trouvé, dans la partie moyenne d'un torrent, un tronçon de 100 m. de longueur dans lequel on peut appliquer les équations du mouvement uniforme ; dans ce tronçon la pente du fond du lit est de 0,125. Des flotteurs ont été jetés en amont, à l'époque du maximum de la crue ; et l'on a reconnu que celui de ces flotteurs qui a marché le plus vite a mis 12 secondes pour franchir la distance de 100 m.; le rayon moyen correspondant à la hauteur maximum de l'eau a été trouvé égal à 2 m. On demande sur quelle pente se déposeront, dans le torrent, des pierres de 0,25 de côté et de 2,8 de poids spécifique, sachant que le rayon moyen sera de 1 m. aux points où se fera le dépôt.

La vitesse maximum à la surface, dans le tronçon d'expérience, a été de $\frac{100}{12} = $ 8m.33 et la vitesse moyenne correspondante de

$0,80 \times 8,33 = $ 6m.70.

En désignant par B le facteur de la vitesse, on a donc :

$$B \times \sqrt{2 \times 0{,}125} = 6{,}70$$

d'où $\quad$ B $=$ 13,40.

Dès lors, en appelant tg α la pente cherchée, on a :

$$tg. \alpha = 18 \times \frac{0{,}25}{13{,}4^2 \times 1} = 0{,}025$$

Nota. — Nous indiquerons, dans le chapitre XVI, la manière de passer du rayon moyen d'une section à celui d'une autre section du même torrent.

Remarque. — Les chiffres que nous avons choisis dans notre exemple sont des chiffres moyens, qui ne sont exagérés ni dans un sens ni dans l'autre. Or, M. Surell (2° édition, page 39) dit que les pierres de 0,25 se déposent sur des pentes de 0,025.

Nous croyons néanmoins qu'il y a lieu de surseoir à l'application directe de cette formule jusqu'à ce qu'elle ait été pleinement confirmée par l'expérience, et jusqu'à ce que l'on ait pu faire, dans chaque torrent, des observations assez nombreuses pour être en droit d'employer, avec sécurité, les chiffres moyens trouvés pour la valeur du facteur B.

En attendant, nous nous servirons des indications de la nature, et nous agirons par comparaison.

En remontant le cours d'un torrent, on rencontre toujours un ou plusieurs points sur lesquels la pente de compensation s'est établie ; on utilisera ces indications pour déterminer la pente des atterrissements qui se formeront derrière les barrages projetés. A ce propos, nous distinguerons deux cas, suivant que l'on aura affaire à un torrent simple ou à un torrent composé.

Dans le cas d'un torrent simple (fig. 74), si l'on connaît la pente de compensation tg. α qui s'est établie derrière une section normale MN, ainsi que la moyenne H des hauteurs maxima auxquelles l'eau s'est élevée dans cette section pendant les dernières crues sans laves, on déterminera facilement le périmètre mouillé C correspondant en menant une horizontale QP à une distance H de la ligne de fond. Dès lors, pour calculer la pente de compensation *tg.* α' qui se formera en arrière d'un profil en travers RT,

il suffira de connaître la hauteur maximum H' qu'atteindra l'eau
dans ce profil pendant la crue qui donnera lieu aux derniers dé-

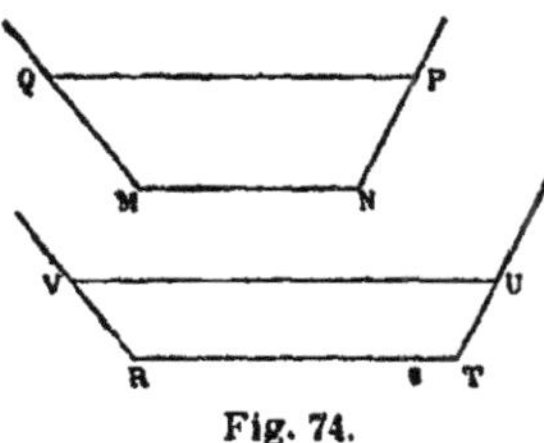

Fig. 74.

pôts, en admettant que celle-ci se
comportera de la même manière
que la moyenne des précédentes ;
en effet, si l'on trace à une distance
H' de la ligne de fond RT, une parallèle VU, on trouvera facilement
le périmètre mouillé correspondant
C', et la relation :

$$\frac{tg.\ \alpha'}{tg.\ \alpha} = \frac{C'}{C}$$

permettrra de calculer $tg.\ \alpha'$.

Or, nous avons démontré, dans l'article 30, que les surfaces
mouillées MNPQ et RTUV sont proportionnelles aux débits,
c'est-à-dire égales dans le cas particulier, puisque l'on suppose le
débit constant. Dès lors, pour avoir la valeur de H', il suffira de
résoudre le problème suivant : Déterminer la hauteur d'un trapèze dont on connaît la surface et l'une des bases.

Nous montrerons d'ailleurs, par un exemple, que, dans la généralité des cas de la pratique, c'est-à-dire chaque fois que la largeur de la section sera grande par rapport à la hauteur de l'eau,
une différence même assez sensible dans les valeurs appliquées à
H et à H', n'a pas une grande influence sur la valeur correspondante de tg α' (voir le chapitre XVI).

Si le torrent est composé, on le divisera en autant de tronçons
qu'il y a de valeurs particulières du débit.

Il peut se faire que l'on trouve, dans chaque tronçon, un point
sur lequel s'est établie la pente de compensation ; on retombera
alors sur le premier cas. Sinon, il faudra appliquer la formule :

$$\frac{tg.\alpha'}{tg.\alpha} = \frac{C'}{C} \times \frac{Q}{Q'}$$

avec la condition :

$$\frac{S}{S'} = \frac{Q}{Q'}\ .$$

On remarquera, et c'est un point essentiel, que pour la résolution de ce second problème, il suffit de connaître le rapport des
débits afférents à chaque tronçon. Pour arriver à la détermination de ce rapport, on pourra relever, après la crue, la hauteur
maximum atteinte par l'eau dans un profil en travers de chaque

branche du torrent où l'on veut faire des travaux de correction,
en choisissant les endroits où la section et la pente sont à peu
près constantes; puis on déterminera cette dernière à l'aide d'un
instrument de nivellement.

Exemple : On connaît, dans la section GT d'un torrent composé, la pente de compensation tg α qui s'est établie dans la dernière forte crue, ainsi que la hauteur maximum H à laquelle
l'eau s'est élevée dans cette section ; calculer la pente de compensation tg α_1 qui s'établira dans une autre section quelconque
$G_1 T_1$ du torrent (fig. 75).

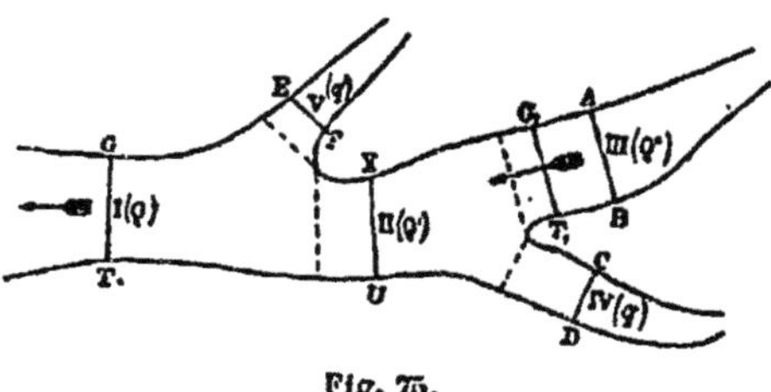

Fig. 75.

Nous admettrons que la gorge principale reçoit deux affluents,
l'un sur la rive gauche et l'autre sur la rive droite ; nous diviserons tout naturellement le torrent en cinq tronçons et nous appel
lerons Q, Q', Q'', q, q' le débit dans chacune de ces cinq divisions.
Choisissons, dans les tronçons II et III, deux sections UX et
AB satisfaisant aux conditions énoncées précédemment, et supposons déterminées les hauteurs maxima H' et H'' de l'eau dans
ces sections ainsi que les pentes I' et I''. La connaissance des
deux premières quantités permettra de trouver facilement la valeur des surfaces mouillées S',S'' et des rayons moyens R',R'' ; et,
en désignant par S et R les quantités similaires dans la section
GT, on aura, B étant le facteur de la vitesse à l'époque actuelle :

$$Q = SB \sqrt{R \, \text{tg.} \, \alpha}$$
$$Q' = S'B \sqrt{R' \, I'}$$
$$Q'' = S''B \sqrt{R'' I''}$$

On tire de là :

$$\frac{Q}{Q''} = \frac{S}{S''} \times \frac{\sqrt{R \, \text{tg.} \, \alpha}}{\sqrt{R'' I''}}$$

Le rapport $\dfrac{Q}{Q''}$ est donc complètement déterminé, sans qu'il soit nécessaire de connaître le facteur de la vitesse.

Cela étant, si l'on nomme S_i et C_i la surface et le périmètre mouillés qui existeront dans la section G_iT_i au moment de la formation de la pente de compensation cherchée, on aura :

$$\frac{\mathrm{tg.}\;\alpha_i}{\mathrm{tg.}\;\alpha} = \frac{C_i}{C} \times \frac{Q}{Q''}$$

Pour trouver le périmètre mouillé C_i, on calculera d'abord la surface mouillée S_i par la relation

$$\frac{S}{S_i} = \frac{Q}{Q'}.$$

Cette surface étant connue, on déterminera H_i de la même manière que dans le premier cas.

Si l'on veut faire des travaux de correction dans les affluents, il faut connaître les rapports $\dfrac{Q}{q}$ et $\dfrac{Q}{q'}$; or, en appelant $\dfrac{a}{b}$ et $\dfrac{c}{d}$ les rapports $\dfrac{Q}{Q'}$ et $\dfrac{Q}{Q''}$, on a successivement :

$$\frac{Q}{Q - Q'} = \frac{Q}{q'} = \frac{a}{a - b}.$$

$$\frac{Q'}{Q''} = \frac{Q}{Q''} \times \frac{Q'}{Q} = \frac{bc}{ad}.$$

$$\frac{Q'}{Q' - Q''} = \frac{Q'}{q} = \frac{bc}{bc - ad}$$

et enfin
$$\frac{Q}{q} = \frac{Q}{Q'} \times \frac{Q'}{q} = \frac{a}{b} \times \frac{bc}{bc - ad}.$$

Il est clair d'ailleurs que si l'on trouvait plus avantageux d'observer les hauteurs h et h' et les pentes i et i' de deux sections prises dans les tronçons IV et V, la détermination des rapports $\dfrac{Q}{Q'}$ et $\dfrac{Q}{Q''}$ ne présenterait pas plus de difficulté.

La pente de compensation changeant avec l'état de torrentialité, ce qui entraîne, comme nous l'avons vu dans le chapitre X, la construction de nouveaux ouvrages sur les atterrissements des premiers, il pourrait être utile de prévoir les modifications de cette pente en étudiant les variations des trois facteurs b, B et H.

Or rien n'est plus simple. Nous avons dit tout à l'heure comment on peut calculer B en choisissant, sur une centaine de mètres de longueur, une région dans laquelle la section et la pente de fond restent sensiblement constantes. Nous croyons fermement que l'on arriverait à des conclusions pratiques, dans la question qui nous occupe, en établissant une de ces stations d'expériences dans toutes les parties du torrent comprises entre deux affluents, et en y relevant, après chaque crue importante, la hauteur de l'eau ainsi que la vitesse moyenne à l'époque du maximum; ces éléments permettraient d'arriver facilement à la détermination du dénominateur de l'expression qui donne la valeur de la pente de compensation. Quant aux changements survenus dans la quantité b, il suffirait de simples observations pour les constater.

Ainsi, la pente des atterrissements qui se sont formés derrière le barrage n° 3 d'un torrent est de 12 p. 0/0. Pendant la construction des grands ouvrages, on a fait des réparations sérieuses dans le bassin de réception; grâce à ces réparations, les plus grosses pierres entraînées n'ont plus que 0,25 au lieu de 0,35 de côté; d'autre part, la hauteur maximum des crues dans la station d'expérience du tronçon dans lequel a été construit le barrage a passé de la valeur 2 m. à la valeur 1m.30; enfin le facteur de la vitesse est de 9,50 au lieu de 6,30. En admettant, ce qui est suffisamment exact, que le rapport des hauteurs maxima est le même à l'emplacement du barrage qu'à la station, et en supposant que le facteur de forme n'ait pas sensiblement changé de valeur, on trouvera la pente tg α' suivant laquelle les matériaux de l'atterrissement tendront à se disposer, par la relation :

$$\frac{\text{tg. } \alpha'}{\text{tg. } \alpha} = \frac{\dfrac{d - 1000}{100} \times \dfrac{0,25}{9.5^2 \times 1,30}}{\dfrac{d - 1000}{100} \times \dfrac{0,35}{6,3^2 \times 2}} = \frac{0,25}{0,35} \times \frac{6,3^2 \times 2}{9,5^2 \times 1,3}.$$

d'où
$$\text{tg. } \alpha' = 0,12 \times \frac{0,25}{0,35} \times \frac{6,3^2 \times 2}{9,5^2 \times 1,3} = 0,059.$$

Telle est la pente sur laquelle on pourra se guider pour dresser le devis de la construction des seuils à établir sur l'atterrissement du barrage n° 3.

En résumé, si l'on veut avoir pour la confection des projets de correction des éléments aussi sérieux que le comporte la question, il sera bon :

1° D'établir une station d'expériences par chaque tronçon soumis au même débit.

2° De choisir, pour l'emplacement de ces stations, les régions où la pente de fond et la section sont à peu près constantes sur une centaine de mètres.

3° De relever, dans chaque station, la hauteur de chaque crue et la vitesse moyenne à l'époque du maximum.

4° De faire de fréquentes observations relativement à la grosseur des pierres entraînées.

5° De faire un certain nombre d'expériences pour la détermination du poids spécifique moyen de ces pierres.

Nous donnerons, dans le chapitre XVI, la série des problèmes que l'on peut résoudre en se basant sur les éléments que nous venons d'indiquer.

61. Choix de l'emplacement des barrages. — Le choix de l'emplacement des barrages est une question très importante, qui doit primer toutes les autres. Les considérations sur lesquelles on se base pour fixer ce choix ne sont pas les mêmes pour les barrages de retenue que pour ceux de consolidation.

Nous nous occuperons d'abord de la fixation de l'emplacement de ces derniers.

Barrages de consolidation. — Les barrages de consolidation doivent être situés en aval des talus en éboulement. On doit toujours choisir, quand c'est possible, l'emplacement qui présente le plus de garanties pour la solidité de l'ouvrage à établir. Des berges rocheuses et un fond inaffouillable sont très propices à l'établissement des barrages. Malheureusement on ne rencontre pas souvent des circonstances aussi favorables ; mais quand on pourra se placer dans des conditions semblables, il sera préférable de reculer un peu le barrage au risque de lui donner plus de hauteur ; les garanties de solidité et de durée seront ainsi plus considérables, sans un grand accroissement de dépenses.

Si l'on ne trouve pas de fond inaffouillable, ce qui sera le cas ordinaire, on le remplacera par un *fort radier* établi comme nous le verrons plus loin. En effet, la masse de boue et de blocs qui tombe du sommet du barrage tend à produire au pied un affouillement considérable, et tout barrage affouillé est perdu.

Quant aux berges, on trouvera assez souvent des pointes de rochers qui pourront servir d'appui aux ailes du barrage. Si l'on n'en trouve pas, on choisira des parties où la berge est stable, et où elle présente une cohésion et une résistance suffisamment grandes.

Si aucun de ces cas ne se rencontre, il faudra bien appuyer le barrage contre le talus en mouvement; mais, comme nous l'avons dit, cette circonstance est très défavorable, en raison de la poussée considérable que ce dernier exerce sur le barrage. Il faudra, en tous cas, chercher le point où la poussée du talus pourra s'exercer suivant la longueur du barrage. Il n'est pas difficile de déterminer la direction de cette poussée. On n'a qu'à planter un piquet en un point quelconque de la berge en mouvement, en ayant soin de le repérer à des objets situés sur l'autre berge qu'on suppose fixe. Au bout de quelque temps on vient relever la position du piquet, on le repère de nouveau, et ainsi de suite. Ce piquet trace lui-même la direction de la poussée.

Il va sans dire que si les deux berges étaient en mouvement, il serait bien difficile d'y placer un barrage; mais ce cas se présente rarement.

Barrages de retenue. — MM. Philippe Breton et Scipion Gras qui, chacun de son côté, se sont occupés des barrages de retenue, ont différé d'opinion sur le choix de l'emplacement de ces ouvrages.

M. Breton fonde ses barrages dans la gorge et, comme il ne dispose dans cette région que d'un espace restreint, il cherche à gagner en hauteur ce qui lui manque en largeur.

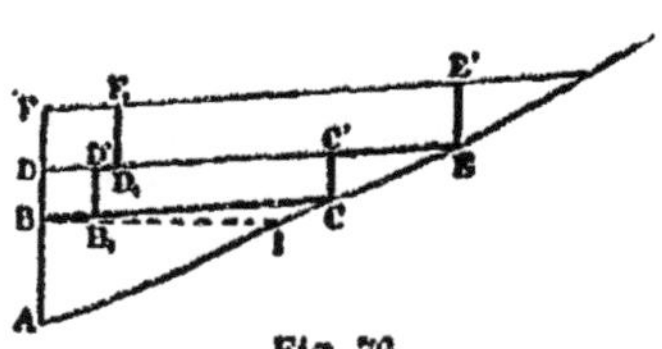

Fig. 76.

Une fois que l'atterrissement (fig. 76) commence à atteindre le couronnement du mur AB, il l'exhausse jusqu'en BD, et ainsi de suite, continuant de la sorte l'exhaussement au fur et à mesure de l'apport de nouveaux matériaux. Cet exhaussement peut être remplacé par une série B_1D', D_1F_1,... de murs disposés en gradins et construits en tête des atterrissements successifs. Ce système devra être employé chaque fois qu'on craindra, pour un motif ou pour un autre, de donner de trop grandes hauteurs aux barrages. M. Breton ne considère, du reste, ces ouvrages que comme un expédient transitoire, et il reconnaît nettement, comme l'avait fait M. Surell, que la végétation seule a le pouvoir d'éteindre les torrents.

Le procédé qui consisterait à établir des murs CC' et EE' à l'extrémité de chacun des atterrissements est à rejeter ; il suffit, en effet, de regarder la figure pour remarquer que la quantité des matières retenues par une certaine hauteur cumulée de barrages serait bien plus faible qu'en employant l'un quelconque des systèmes précédents.

Il résulte de la formule établie au chapitre XI que la capacité du bassin de retenue varie comme le carré de la hauteur, qu'elle augmente doublement avec la largeur moyenne, et qu'elle est d'autant plus grande que la pente du lit est plus faible.

Ce sont ces considérations qui doivent nous guider dans le choix des emplacements des barrages de retenue du système Breton. On prendra, de préférence, ces emplacements en amont des cascades qui se rencontrent fréquemment, notamment dans les régions élevées des torrents.

C'est là, en effet, que l'on aura le plus de chances de rencontrer une assiette solide et inébranlable, ce qui permettra de donner une grande hauteur aux murs. En second lieu, la gorge présentant un rétrécissement à l'origine des cascades, la dépense sera diminuée. En troisième lieu, le sommet de la chute étant inaffouillable, la compensation s'est établie en arrière, et par suite la pente du lit est généralement douce. Enfin c'est habituellement à l'amont des cascades que la gorge se rélargit.

M. Scipion Gras, tout en reconnaissant que la végétation serait capable de produire l'extinction, soutient que ce procédé est impraticable dans la plupart des cas, et il se préoccupe surtout des moyens de modifier la marche naturelle des graviers. Après avoir indiqué les ouvrages à l'aide desquels on pourrait, à son sens, arriver à déplacer le cône de déjection (digues ou barrages), il se prononce expressément pour les barrages. Il en distingue deux systèmes, suivant qu'il veut obtenir la retenue *complète* ou la retenue *partielle* des graviers ; il recommande des barrages insubmersibles pour le premier cas, et des barrages submersibles pour le second.

Les barrages qu'il appelle insubmersibles ressemblent aux barrages de retenue ordinaires, et nous ne nous y arrêterons pas. Quant aux barrages submersibles, idée dont M. Scipion Gras revendique la priorité, nous allons en faire ressortir les avantages en en empruntant la description à l'excellent ouvrage que l'éminent ingénieur a publié sous le titre de : *Etude sur les torrents des Alpes.*

Il choisit, pour l'emplacement de ces barrages, la partie supérieure du dépôt qui remonte dans l'intérieur des berges, et qu'il appelle le *canal de déjection.* Les eaux, divaguant sur ce dépôt, se portent tantôt sur une rive et tantôt sur l'autre, et produisent ainsi un élargissement considérable hors de proportion avec le volume du courant ; il en résulte que celui-ci n'occupe qu'une partie du canal, même au moment des grandes crues ; le torrent finit par se concentrer sur une faible largeur du lit, s'approfondit et acquiert une puissance irrésistible.

Si l'on jette, en travers de ce canal, un barrage dont le couronnement soit horizontal, les eaux ne peuvent plus, comme auparavant, se concentrer sur un seul point ; elles seront obligées de s'étendre et de couler en nappe, et il en résultera un élargissement considérable dans la section aussi bien qu'une diminution proportionnelle dans la profondeur. Comme ces modifications sont de nature à affaiblir très notablement la puissance d'entraînement du torrent, on doit en conclure qu'elles auront pour effet de provoquer le dépôt des matières charriées.

La formation de cet atterrissement comprendra deux périodes :

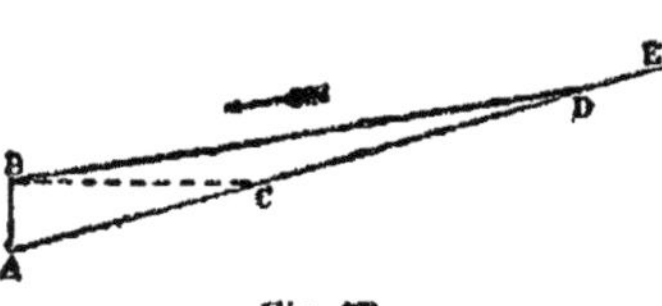

Fig. 77.

pendant la première, l'espace BAC (fig. 77), compris entre le fond du lit AE et le plan horizontal BC passant par le couronnement du barrage, se comblera de matériaux de toute grosseur ; pendant la deuxième il s'accumulera, au-dessus de ce plan, un prisme de matières DBC qui s'élèvera jusqu'à ce que le torrent puisse s'y encaisser. A partir de ce moment l'atterrissement fera encore des progrès, mais ils ne seront plus continus comme auparavant, à cause de l'action opposée des crues qui, suivant leur degré d'intensité, seront les unes affouillantes et les autres encombrantes.

Supposons d'abord qu'il survienne une crue faible telle que le courant puisse s'encaisser en entier sur une petite largeur, dans l'épaisseur du prisme d'alluvions BCD ; comme une pareille crue

devient bientôt affouillante pour peu qu'elle se prolonge, elle se
creusera un lit. Le barrage étant alors sans influence pour diminuer la puissance d'entraînement des eaux, celles-ci continueront
à exercer leur action érosive sur les alluvions déjà déposées et
en feront disparaître une partie.

Considérons maintenant une crue trop forte pour que les eaux,
en se creusant un lit dans le sein des alluvions, puissent y être
contenues entièrement. Dans ce cas, leur dispersion sera forcée;
la puissance d'entraînement diminuera, et le prisme BCD s'exhaussera.

C'est ainsi, ou à peu près, que les choses se passent sur un
cône de déjection. Seulement, lorsque, sur le cône, les eaux
d'une crue modérée attaquent un dépôt, elles ne tardent pas à s'y
encaisser profondément, de sorte que toutes les crues qui viennent après sont obligées de suivre les mêmes traces. Comme la
résistance du lit ainsi creusé va toujours en croissant à cause de
l'accumulation des gros cailloux qui restent en place, il arrive
bientôt un moment où l'érosion ne fait plus de progrès. Quand
il y a un barrage, au contraire, les eaux ne peuvent pas affouiller
beaucoup, en profondeur, mais rien ne gêne leur action érosive
latéralement ; et dans ce sens la résistance ne va pas en augmentant. En outre, le sillon tracé par une crue étant peu profond,
celui de la crue suivante peut en différer. Toute la surface des
alluvions est, par conséquent, exposée successivement à l'érosion.

Il est essentiel de remarquer que les cailloux amenés par une
forte crue étant ordinairement d'un volume très inégal, ce sont
les plus gros qui se déposeront de préférence, et lorsqu'il sur-
viendra des crues affouillantes un nouveau triage se produira
encore ; les plus petits matériaux seront enlevés, tandis que les
plus gros resteront sur place. Ceux-ci s'entasseront donc avec le
temps et formeront à la longue un atterrissement difficilement
affouillable, dans lequel le torrent pourra s'encaisser d'une manière permanente.

M. Cézanne, ingénieur des ponts et chaussées, tout en reconnaissant que le système de M. Scipion Gras est fondé sur une
analyse très délicate de l'effet des crues, regrette que l'auteur
fasse complètement abstraction de la considération si essentielle
de la pente-limite. Il ajoute que les barrages, lorsqu'ils n'ont pas
pour effet d'arrêter l'écroulement des berges, ne sont qu'un ex-

pédient transitoire, et que leur théorie paraît se réduire à ceci :
Chercher le lieu où, moyennant la plus faible dépense, on produira la plus grande retenue de graviers.

C'est ainsi que nous envisageons la question des emplacements des barrages de retenue. Nous avons indiqué, dans le chapitre XI, comment on peut calculer le volume de l'atterrissement qui se formera derrière un de ces barrages. La formule qui donne ce volume est :

$$V = \frac{1}{2} \frac{h^2 \lambda}{\text{tg. } \varepsilon - \text{tg. } \alpha} .$$

Cela étant, nous déterminerons tous les emplacements propices en nous appuyant sur les considérations développées précédemment et il ne sera pas bien difficile de reconnaître quel est le plus économique. Nous donnerons, dans le chapitre XVI, un exemple des calculs à faire pour arriver à ce résultat.

68. Recherche, sur le terrain, des éléments nécessaires au calcul des dimensions des barrages. — *Epaisseur des barrages.* — La force dont il faudra tenir compte pour le calcul de l'épaisseur des barrages de retenue sera nécessairement la poussée du liquide qui pourra stationner derrière les murs, une fois qu'il se sera débarrassé des matériaux qu'il charriait. — C'est, en effet, pendant le remplissage des réservoirs créés par ces ouvrages que les pressions extérieures seront le plus considérables, la poussée de l'eau étant plus grande que la poussée des terres, comme nous le ferons ressortir dans le chapitre XIV. La seule donnée à recueillir, pendant la période des études, sera donc le poids moyen d'un mètre cube de laves.

Quant aux barrages de consolidation, on pourra avoir avantage à les atterrir artificiellement, de manière à pouvoir réduire leurs dimensions à la valeur strictement nécessaire pour qu'ils puissent résister à la poussée des terres, le prix de l'atterrissement artificiel pouvant être compensé par l'économie faite dans la construction de l'ouvrage. Or, dans tout calcul de ce genre, il est nécessaire de connaître le poids spécifique des terres plus ou moins mélangées de matériaux qui presserait derrière les murs, ainsi que *l'angle du talus naturel* de ces terres, c'est-à-dire l'angle constant que fait avec l'horizontale la ligne de plus grande pente du talus suivant lequel elles se disposent lorsqu'on les jette les

unes sur les autres. La détermination de ces deux quantités ne
présente aucune difficulté.

On a fait un certain nombre d'expériences relatives à la question qui nous occupe, et on a trouvé les résultats suivants :

Désignation des terres	Angle du talus naturel	Poids moyen d'un m. cube
Sable fin et sec......................	31°	1415
Sable de rivière très fin..............	33°	1820
Terre très sèche.....................	39°	1250
Sable le plus léger..................	30°	1250
Terre ordinaire sèche................	46° 50'	1450
Même terre légèrement humide........	54°	1600
Sol dense et très compact............	55°	1900
Amas de gros blocs anguleux.........	60°	2000 à 2300

Hauteur des barrages de consolidation. — J'ai dit dans l'article
précédent que le choix de l'emplacement d'un barrage de consolidation est une question capitale. Or, l'un des buts principaux
de cet ouvrage étant l'affermissement des berges, sa hauteur dé-
pendra nécessairement de la distance de l'emplacement choisi au
point que l'on veut atteindre avec l'atterrissement et de la valeur
que prendra la pente du profil de ce dernier.

J'ai reconnu, par exemple, que le point A du profil en long représenté par la fig. 51 est favorable à l'établissement d'un barrage et je veux que l'extrémité de l'atterrissement vienne atteindre
le point D'.

Si la section du torrent au point A est un polygone quelconque, le problème ne pourra être résolu que par tâtonnement,
car la valeur de la pente de compensation dépend de l'élargissement de cette section, et par conséquent de la hauteur même du
barrage. Nous montrerons, dans le chapitre XVI, comment on
peut traiter cette question, au sujet de laquelle nous ne donnerons de solution rigoureuse que pour le seul cas d'une section
trapézoïdale.

La hauteur étant déterminée, il s'agit de savoir si elle est compatible avec les conditions locales. Avec des barrages élevés l'on a à craindre l'affouillement, qui augmente nécessairement avec la chute. Il y aura donc lieu de se préoccuper, à chaque emplacement, de la hauteur maximum à attribuer au mur, en vue de se soustraire aux dangers de cet affouillement : on fera, dans ce but, des sondages sérieux, qui sont, du reste, nécessaires pour connaître le volume des fondations. Si les observations font défaut, on fera des comparaisons avec d'autres barrages établis dans des conditions analogues.

Dans le cas où la hauteur trouvée serait trop grande, la première chose à faire serait de chercher s'il n'y aurait pas d'autres emplacements favorables entre les points A et D. Dans la négative, on serait bien obligé de recourir aux barrages en gradins.

La question sera la même pour le cas où l'on veut obtenir un relèvement du lit suivant la ligne FK (fig. 52). La hauteur AF du premier barrage étant déterminée, on calculera la pente de la ligne FG qui représente la surface supérieure de l'atterrissement. Puis, ayant choisi l'emplacement a du mur secondaire ab, on en trouvera facilement la hauteur, et ainsi de suite.

La considération du relèvement du fond du lit d'un torrent ne sera pas le seul guide dans le choix de la hauteur des barrages ; il faudra se préoccuper aussi d'avoir, au couronnement de ces ouvrages, une largeur suffisante pour assurer le débouché ; or cette largeur sera évidemment d'autant plus grande que le mur sera plus élevé.

Si les matériaux ne sont abondants que sur un petit nombre de points, comme le fait remarquer M. Vaultrin dans la note citée précédemment, il sera plus économique de construire des barrages élevés ; de même, en cas de fortes pentes, des murs peu élevés seraient trop rapprochés, et les emplacements propices pourraient faire défaut.

Enfin, dans les parties de torrents où il n'y aurait lieu de se préoccuper ni du choix des emplacements, ni du relèvement du fond du lit, ni de l'élargissement de la section, il faudra se poser la question de savoir s'il n'y a pas économie à construire des bar-

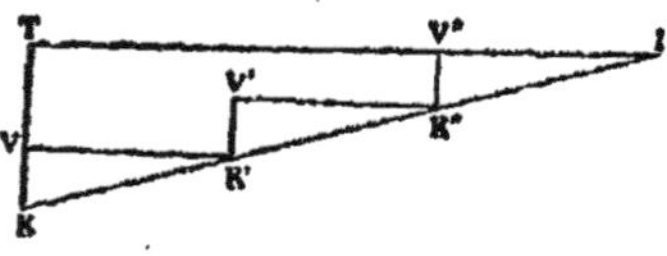

Fig. 78.

rages peu élevés, à remplacer par exemple la construction d'un seul mur KT par d'autres plus petits KV, K'V', K″V″ (fig. 78). La hauteur totale de ces ouvrages sera à peu près égale à KT, mais le volume de la maçonnerie sera moins considérable, et cela pour deux raisons : en premier lieu, les barrages étant moins élevés, leur épaisseur moyenne devra être moins grande, car cette épaisseur moyenne est sensiblement proportionnelle à la hauteur; en second lieu, leur longueur sera moindre, puisque leur couronnement sera plus rapproché du fond du lit.

On pourrait objecter que l'élargissement de section obtenu à l'aide de petits barrages étant moins grand, la pente de compensation des atterrissements sera aussi plus faible, partant la hauteur à racheter plus grande.

Je répondrai à cela qu'il y a beaucoup de chances pour que le lit se maintienne permanent suivant le même profil que derrière le grand barrage ; car si, d'une part, la vitesse se trouve augmentée par suite d'un moindre élargissement de section, elle est, d'autre part, diminuée à chacune des chutes $V''K''$ et $V'K'$, et le résultat général peut être le même. Cette question de la perte de force vive aux chutes des barrages est d'une importance majeure, et il peut être très utile de disposer sous les chutes des *chicanes* en blocs, pour que la perte soit augmentée; on arriverait à la rendre plus importante encore au moyen d'obstacles ménagés dans la hauteur des barrages, indépendamment de ceux de leur pied. Il y a là une étude de détail à faire, mais nous ne pourrons l'entreprendre qu'après des expériences suffisantes.

On pourra, du reste, faire une comparaison entre les frais d'établissement des deux systèmes de consolidation, en tenant compte des fondations et des radiers, et adopter le projet le plus économique.

Quant aux barrages rustiques des ravins, il y aura généralement avantage à leur donner une faible hauteur; en augmentant, en effet, le nombre de ces ouvrages, on multipliera les chutes ; et les eaux, perdant à chacune de ces chutes la vitesse qu'elle avait acquise dans l'intervalle très court de deux murs, auront moins de tendance à l'affouillement, ce qui permettra de maintenir la permanence du lit sur des pentes plus fortes.

Hauteur des barrages de retenue. — Lorsqu'on fondera des barrages de retenue dans des sections très larges, ces ouvrages pourront n'avoir qu'une faible hauteur, celle-ci dépendant du volume de matériaux que l'on veut retenir d'après la formule établie dans le chapitre XI. Quand, au contraire, ils devront être construits dans des sections très étroites, suivant le système de M. Ph. Breton, on sera généralement obligé, comme nous l'avons fait déjà remarquer, de les établir en gradins.

Quel que soit, du reste, l'emplacement adopté, il y aura lieu de rechercher, comme pour les barrages de consolidation, la hauteur maximum à admettre, Il n'y a pas évidemment de limite inférieure à tracer, un simple cordon de maçonnerie étant suffisant pour diviser les courants et, par suite, pour provoquer des dépôts.

63. Calcul du débouché des barrages. — Le débouché à donner à la cuvette d'un barrage dépend nécessairement du débit ; celui-ci étant très variable dans un torrent, nous pensons, avec M. Demontzey, que tout calcul reposant sur l'étendue du bassin et sur son état de perméabilité donnerait des résultats beaucoup trop faibles et bons tout au plus pour le régime du cours d'eau après l'extinction.

Voici, croyons-nous, le moyen le plus rationnel pour arriver à la connaissance du débouché.

Si l'on veut que ce débouché soit simplement suffisant pour le passage des crues sans laves, le problème ne présentera pas la moindre difficulté. Nous avons montré précédemment comment on peut déterminer la surface mouillée qui s'établira, à l'époque du maximum de la plus forte de ces crues, dans le profil en travers situé immédiatement en arrière d'un barrage ; ce calcul est nécessaire pour la détermination de la pente de compensation, et nous y reviendrons dans le chapitre XVI.

C'est cette surface mouillée maximum que l'on adoptera pour l'aire du débouché. On pourrait objecter que les conditions d'écoulement ne sont pas les mêmes dans un canal en maçonnerie que dans un canal dont les parois sont en terre ; le facteur de la vitesse étant plus grand dans le premier cas que dans le deuxième (voir table numérique I), la surface d'écoulement est plus faible à débit constant. Nous répondrons à cette objection que la cuvette d'un barrage, à cause de sa faible longueur, ne peut nullement être considérée comme un canal auquel les formules ordinaires puissent être appliquées, les conditions de l'écoulement n'ayant pas le temps de se modifier sur un trajet aussi court. Du reste, en suivant la marche que je viens de tracer, on obtiendra un débouché un peu trop fort, ce qui ne peut être qu'une circonstance avantageuse.

Le problème est un peu plus difficile à résoudre si l'on veut donner à la cuvette d'un barrage un débouché suffisant pour le passage des plus fortes laves, à moins, cependant, que l'on ne trouve, à proximité de l'emplacement adopté pour l'ouvrage, un pont ayant résisté aux plus grandes crues connues ; on adoptera pour débouché, dans ce cas, la section inférieure de ce pont au moment des plus grandes eaux. Nous ne nous dissimulons pas, pourtant, que le débouché mouillé d'un pont peut être influencé par bien des circonstances ; de même qu'on ne peut pas conclure d'un pont à un autre pont[1], il est délicat de conclure d'un pont à un autre ouvrage ; mais, nous ne voyons dans l'indication qui précède qu'un expédient, et nous reconnaissons qu'il faudra toujours s'inspirer des conditions essentielles du problème dans chaque cas particulier.

A défaut de données suffisantes prises sur d'autres ouvrages d'art, et si l'on a pu relever sur les berges du torrent les traces laissées par le passage d'une crue excessive, on calculera la surface mouillée maximum, c'est-à-dire la surface du ravin comprise entre le fond du lit et le sommet de la crue, dans un certain nombre de profils en travers pris sur les points où la pente de compensation est déjà formée, sur les atterrissements d'anciens barrages par exemple.

Les formules données précédemment ne sont pas applicables à l'écoulement de la lave ; c'est pourquoi l'on se bornera à se baser, pour le débouché des barrages d'un même tronçon, sur les moyennes des surfaces mouillées maxima relevées dans ce tronçon en suivant le procédé que nous venons d'indiquer, si l'on ne trouve pas de moyens plus satisfaisants.

Dans le cas où la pente de compensation ne serait formée nulle part, voici la méthode approximative que l'on pourrait suivre dans chaque tronçon soumis au même débit: à l'aide des traces laissées par les eaux sur les berges dans la dernière crue excessive, on calculera les surfaces mouillées dans un certain nombre de sections transversales prises de distance en distance ; on relèvera les pentes de fond correspondant à chacune de ces sections, et l'on adoptera pour débouché d'un barrage quelconque la surface

---

1. Voir dans l'introduction placée par M. Lechalas au commencement du traité des *Ponts en maçonneries*, de MM. Degrand et Résal, le tableau de la page 38 (ponts sur le Rhône).

mouillée de la section qui, comme pente et comme largeur de fond, se rapprochera le plus de celle qui s'établira sur la partie antérieure de l'atterrissement.

Ainsi, l'on a projeté un barrage de 3 m. de hauteur dans la section MNPQ ; on sait que la pente de compensation qui s'établira derrière ce barrage sera de 0,12 ; de plus, on a mesuré la largeur AB, qui est de 30 m. On adoptera, pour débouché de ce barrage la surface mouillée de la section du même tronçon, dont la pente et la largeur de fond se rapprochent le plus de 0,12 et de 30 m. (fig. 79).

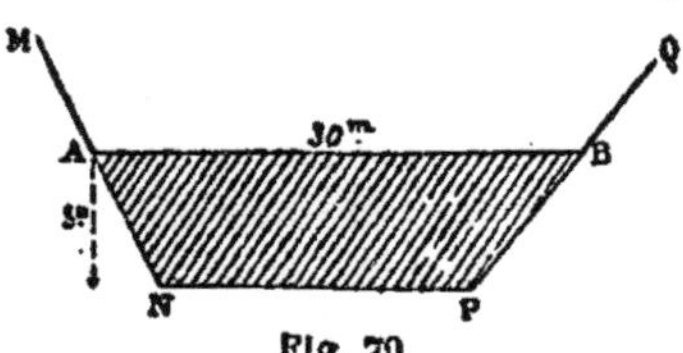

Fig. 70.

Ce procédé, ainsi que nous avons eu soin de l'annoncer, manque de précision ; mais il n'est pas nécessaire ici d'obtenir une exactitude aussi grande que dans la détermination du débouché d'un pont [1]. Si la surface trouvée est un peu trop faible, il ne pourra en résulter aucun inconvénient. Car, les laves affectant une forme convexe au moment des débâcles, les barrages ont un débouché effectif supérieur au débouché apparent.

64. Tableaux des renseignements à prendre sur le terrain. — On pourra consigner dans les tableaux suivants les renseignements à recueillir sur le terrain.

Premier tableau

Fortes crues sans laves

Numéro de la station d'expériences	Date de la crue	Durée de la crue	Hauteur maximum de l'eau	Dimensions des plus grosses pierres charriées	Pente de fond	Vitesse moyenne à l'époque du maximum	OBSERVATIONS Dégâts occasionnés dans le bassin de réception, dans la gorge, sur le lit de déjection, dans la vallée, etc. — Effets produits sur les barrages. — Relater toutes les circonstances qui peuvent renseigner sur l'état torrentiel.
(1)	(2)	(3)	(4)	(5)	(6)	(7)	(8)

Nota. — Dans l'évaluation des dimensions des plus grosses pierres charriées on fera abstraction des blocs isolés.

[1]. Cette dernière détermination, en tant qu'on la fait par les formules usuelles, est d'ailleurs plus qu'aléatoire. Car on voit, dans le tableau auquel renvoie la note précédente, quelles variations on est amené à faire subir aux débouchés des ponts situés sur une même rivière, dans une même région.

Deuxième tableau

Rapport des débits et facteur de la vitesse

| Numéro de la station d'expériences | Surface mouillée maximum | Périmètre mouillé maximum | Rayon moyen à la période du maximum | Rapport des débits | Facteur de la vitesse | | OBSERVATIONS |
					dans chaque station	moyen	
(1)	(2)	(3)	(4)	(5)	(6)	(7)	(8)

Troisième tableau

Crues à laves

Numéro de la station d'expériences	Date de la crue	Durée de la crue	Hauteur maximum du liquide	Pente de fond	Dimensions des plus grosses pierres charriées	Poids d'un mètre cube de laves	OBSERVATIONS Dégâts occasionnés dans le bassin de réception, dans la gorge, sur le lit de déjection, dans la vallée, etc. — Effets produits sur les barrages. — Relater toutes les circonstances qui peuvent renseigner sur l'état torrentiel.
(1)	(2)	(3)	(4)	(5)	(5)	(7)	(8)

Renseignements généraux

Pente d'assèchement dans les terres à drainer	Poids moyen d'un mètre cube d'atterrissement	Poids moyen d'un mètre cube de pierres	Angle du talus naturel des matériaux qui composent les atterrissements	Hauteur maximum à attribuer à un barrage dans une section donnée	OBSERVATIONS
(1)	(2)	(3)	(4)	(5)	(0)

En remplissant ces tableaux pendant la période des études, on aura de précieux documents pour l'établissement des projets, mais il serait beaucoup meilleur d'inscrire les renseignements à l'avance pendant une série d'années ; l'étendue des phénomènes constatés à diverses époques, dans des conditions variables, aurait une importance réelle qui manque trop souvent aux levés hâtifs.

CHAPITRE XIV

STABILITÉ DES BARRAGES EN MAÇONNERIE

Ainsi que nous l'avons fait remarquer dans le chapitre précédent, la pression qui agit derrière les barrages est tantôt la poussée de l'eau et tantôt la poussée des terres. Dans les barrages curvilignes, cette pression n'aura d'autre effet qu'une tendance à l'écrasement ; ces ouvrages devront donc être calculés de telle façon que dans chaque joint, la pression maximum soit inférieure au coefficient de résistance permanente à la compression.

Dans les barrages rectilignes, il faudra non seulement combattre la tendance à l'écrasement, mais aussi se préoccuper des conditions relatives au glissement et au renversement. Soit ABCD une section transversale faite dans l'un de ces murs. La poussée, que je suppose appliquée au point I du parement AD d'amont et représentée en grandeur et en direction par la ligne IQ, se compose avec le poids du mur, appliqué au centre de gravité G du trapèze et représenté par la verticale GP. Cette composition donne lieu à une résultante OR qui coupe la base en S (fig. 80).

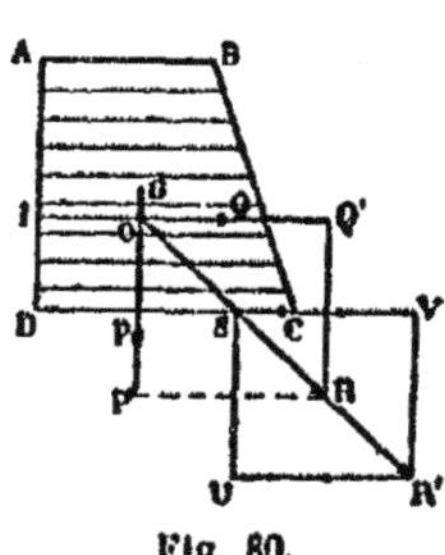

Fig. 80.

Je décompose maintenant cette résultante en deux forces, l'une SV parallèle à la poussée et qui sera évidemment égale à cette dernière, l'autre verticale SU, qui ne sera autre chose que le poids du mur. La première tendra à faire glisser le barrage, et cette tendance sera sans effet si l'angle VSR' est plus petit que l'angle de frottement, ou, en d'autres termes, si la tangente trigonométrique de cet angle est inférieure au coefficient de frottement.

Quant à la deuxième, elle tendra à écraser la base; elle restera sans effet tant que la pression maximum, qui s'exerce en C, demeurera inférieure au coefficient de résistance permanente à la compression ; on s'en assurera en suivant les règles énoncées précédemment.

En ce qui concerne enfin la tendance au renversement, on n'aura rien à craindre tant que la résultante passera à l'intérieur de la base.

Il ne suffira pas de vérifier, dans son ensemble, la résistance et la stabilité du mur ; il faudra s'assurer, d'après la loi suivant laquelle se répartit la poussée totale, si dans chaque joint les conditions précédentes sont remplies. Nous montrerons plus tard comment on fait cette vérification dans chaque cas particulier.

Il nous reste, pour terminer ces considérations générales, à indiquer les chiffres que l'on adopte, dans la pratique, pour le coefficient f de frottement des maçonneries et pour le coefficient N de résistance permanente à la compression, et à montrer dans quel cas il y aura lieu de se baser, pour le calcul des barrages, sur la valeur de la poussée de l'eau ou sur celle de la poussée des terres.

Ordinairement, on prend comme coefficient de frottement d'une maçonnerie sur elle-même le chiffre 0,76, qui correspond à un angle de 37°15′. On peut, néanmoins, porter ce chiffre à 1 lorsque le mortier a parfaitement fait prise ; et l'on doit, au contraire, lorsque le mortier est encore frais, le réduire à 0,57, ce dernier chiffre correspondant à un angle de frottement de 29°44′.

En ce qui concerne l'effort limite à faire supporter à la maçonnerie, nous avons dû rechercher, dans les travaux des ingénieurs, les chiffres qui ont été adoptés. Dans le grand barrage du Gouffre-d'Enfer établi sur le Furens, on a admis le chiffre de 6 k. 50 par centimètre carré ; celui de Ternay, près d'Annonay (Ardèche), a été calculé sur la base de 7 kilog., et la limite admise pour le barrage du Ban destiné au service de la ville de Saint-Chamond a été portée à 8 kilogrammes.

M. Bouvier, ingénieur des ponts et chaussées, dans un article inséré aux *Annales* de son corps en août 1875, exprime l'opinion que, grâce à l'inexactitude des formules employées, ces limites ont dû être dépassées, et que l'effort maximum a dû réellement s'élever à 9 kilog. pour le barrage de Ternay et à 10 kilog. pour celui du Ban.

Il ajoute que le mortier joue un grand rôle dans les constructions de ce genre et que de sa résistance dépend, pour ainsi dire, celle de l'ouvrage. Il a, du reste, fait une série d'expériences à la suite desquelles il conclut que, dans la construction de murs de réservoirs avec moellons ordinaires et mortier à chaux éminemment hydraulique, les maçonneries peuvent, sans s'écarter des règles de la plus grande prudence, être soumises, dès l'achèvement de l'ouvrage, à des pressions maxima de 10 kilog. par centimètre carré, et que plus tard, lorsqu'elles ont acquis sous l'influence du temps leur dureté définitive, on peut sans danger, en exhaussant par exemple le plan d'eau primitif, porter cette pression jusqu'à 14 kilogrammes.

Dans les Alpes, on peut se procurer très facilement de la chaux de bonne qualité, notamment celle du Theil. Nous pensons donc que le chiffre minimum à adopter peut être de 7 kilog. ; c'est celui qui a été admis par les ingénieurs les plus prudents. On pourra élever ce chiffre de 1 ou 2 kilog. si les matériaux employés sont de très bonne qualité : mais il ne faudra, selon nous, employer le chiffre de 10 kilog. que dans le cas où l'on disposerait d'une chaux éminemment hydraulique, d'un sable de très bonne qualité, et de pierres dures et résistantes.

Les considérations qui précèdent nous conduisent à étudier séparément les effets de la poussée de l'eau et ceux de la poussée des terres, afin de pouvoir les comparer.

1° Barrages devant résister à la poussée de l'eau.

65. Détermination de la poussée de l'eau. — Cherchons à déterminer d'abord la poussée d'un liquide contre un mur de hauteur h dont le parement intérieur serait vertical, et supposons que le niveau supérieur de ce liquide, dont le poids spécifique est ϖ, passe par le couronnement du mur. La poussée étant une force uniformément répartie sur chaque tranche horizontale, nous arriverons au même résultat quelle que soit la longueur du mur considérée ; pour plus de simplicité nous raisonnerons sur 1 m. de longueur.

Divisons la hauteur h en parties infiniment petites; soit ε l'une de ces parties, que nous représentons par DF sur la figure 81. La pression q qui s'exerce sur l'élément superficiel DF, dont l'aire est égale à $\varepsilon \times 1$ m., est égale, comme on le sait, au poids d'une colonne de liquide ayant pour base cette surface

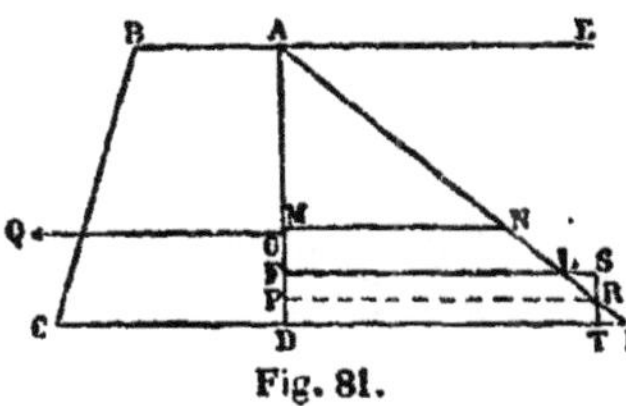

Fig. 81.

et pour hauteur la distance PA, P étant le milieu de DF; on aura donc :

$$q = \pi\varepsilon \times \text{PA}.$$

Prolongeons la base CD d'une longueur DK égale à DA ; prenons DT $=$ PA, et construisons le rectangle FSTD. La pression q étant normale à DF pourra être représentée par ce rectangle, et l'on pourra écrire :

$$q = \pi \times \text{surf. FSTD} \times 1 \text{ m.}$$

Mais le rectangle FSTD est équivalent au trapèze FLKD. On peut donc dire que la pression qui s'exerce sur l'élément DF est le poids d'une colonne liquide dont le volume est 1 m. $\times$ surf. FLKD. Si nous considérons l'élément suivant FM et que nous désignions par q' la pression exercée sur la petite surface correspondant à cet élément, cette pression pourra être représentée par le poids d'un prisme de 1 m. de hauteur et de base FMNL.... et ainsi de suite. De sorte que la résultante Q de toutes les pressions qui s'exercent sur la surface $h \times 1$ m. est le poids d'un prisme triangulaire dont la section est le triangle ADK ; nous pouvons donc écrire :

$$Q = \frac{1}{2}\pi h^2.$$

Où est maintenant situé le point d'application de cette résultante ? Si l'on remarque que toutes les forces q, q'.... sont parallèles, et qu'à la limite leur grandeur est mesurée par la succession des parallèles infiniment voisines que l'on peut mener à la base DK du triangle ADK, on conclura immédiatement, en se rappelant la théorie du centre des forces parallèles, que la résul-

tante Q passera par le centre de gravité de ce triangle ; son point
d'application est donc situé en un point G tel que l'on ait :

$$DG = \frac{1}{3} DA.$$

En résumé, dans le cas d'un parement intérieur vertical, la
poussée est horizontale ; elle est égale, sur 1 m. de longueur, à
$\frac{\pi h^2}{2}$, et son point d'application est situé au tiers de la hauteur du
parement.

Considérons maintenant le cas où la paroi intérieure du mur
est inclinée (fig. 82). En recommençant le même raisonnement,

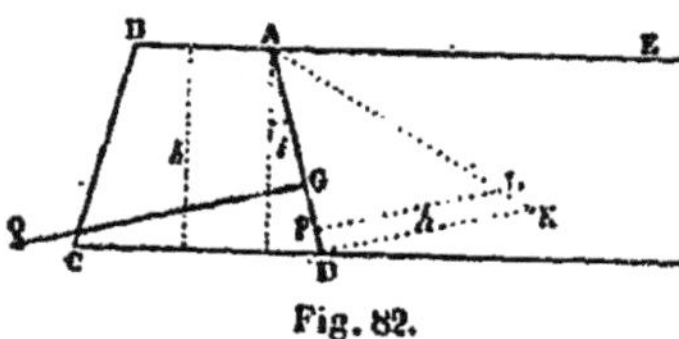

Fig. 82.

on trouvera que la pression
élémentaire qui s'exerce sur
l'élément superficiel de hauteur DF peut être représentée
par le trapèze rectangle DFLK
dont la base inférieure DK est
égale à h.

On en conclura que la pression totale est le poids d'un prisme
triangulaire dont la section est le triangle ADK. On pourra donc
écrire :

$$Q = \frac{1}{2} \pi h \times AD = \frac{1}{2} \frac{\pi h^2}{\cos i}$$

en appelant i l'inclinaison du parement sur la verticale. Si l'on
désigne par n le fruit de ce parement, c'est-à-dire la tangente trigonométrique de l'angle i, on aura :

$$Q = \frac{1}{2} \pi h^2 \sqrt{1 + n^2}$$

Il est clair, du reste, que cette poussée, normale à la paroi intérieure, est appliquée au point G, si-
tué au tiers de DA.

On peut remarquer qu'elle est égale
à celle qui s'exercerait sur une paroi
verticale, augmentée du poids du volume de liquide ADI (fig. 83).

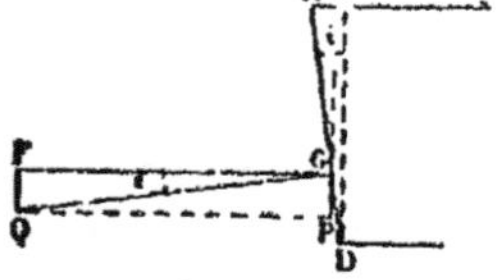

En effet, en désignant par F la pression dans le cas de la paroi verticale, on a :

Fig. 83.

$$F = \frac{1}{2} \pi h^2$$

D'autre part, le poids P du volume de liquide ADI est égal à $\frac{1}{2}\pi h^2 \operatorname{tg} i$.

Les deux forces F et P passant par le point G situé au tiers de DA, leur résultante Q est égale à :

$$\sqrt{F^2 + P^2} = \frac{1}{2}\pi h^2 \sqrt{1 + \operatorname{tg.}^2 i} = \frac{1}{2}\pi h^2 \sqrt{1 + n^2}$$

Dans les torrents qui ne donnent pas de lave, on pourra prendre 1.000 kilog. pour la valeur de π. Mais dans les torrents à laves ce chiffre serait insuffisant et pourrait donner lieu à des mécomptes. J'ai déjà fait remarquer à l'article 21 que le poids d'un mètre cube de laves est de beaucoup supérieur à 1.000 kilog. et peut même atteindre 1.800 kilog.; d'un autre côté, cette lave agit contre les barrages à la manière d'un liquide, car la surface libre située en arrière est presque horizontale. Ce sera donc le poids moyen d'un mètre cube de cette lave qu'il faudra mettre à la place de π dans la formule de la poussée (voir le chapitre précédent).

Si le plan supérieur de l'eau dépasse le couronnement du barrage, comme cela peut arriver en cas de débâcle, la détermination de la poussée présente plus de difficulté. Pour résoudre le

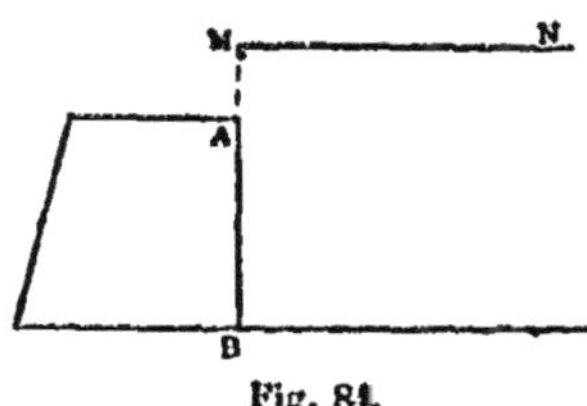

Fig. 84.

problème dans ce cas, il faudrait ajouter à l'action de l'eau qui stationne derrière le mur, celle de la colonne de liquide qui le surmonte, et dont la hauteur est AM (fig. 84).

En appliquant cette méthode on arriverait à donner à l'ouvrage un surcroît de volume qui deviendrait inutile en temps ordinaire. Ne vaut-il pas mieux, dans le travail de correction d'un torrent, s'exposer à voir un seul barrage détruit par les eaux d'une crue excessive, plutôt que de forcer systématiquement l'épaisseur de tous les ouvrages ? D'ailleurs, si l'eau qui passe sur le couronnement d'un mur tend à l'entraîner, elle tend d'autre part à l'appuyer sur sa base par le poids qu'elle exerce sur lui. En second lieu la présence des aqueducs diminue, dans une certaine mesure, l'action destructive dont il vient d'être parlé. Ajoutons enfin qu'au moment où la crue est dans son plein les mortiers ont généralement fait

14

prise, et qu'il n'y a pas grand inconvénient à faire supporter momentanément à la maçonnerie des efforts un peu plus considérables que ceux qu'on a admis dans le calcul. Ce qui importe surtout, c'est qu'elle ne soit pas appelée à supporter souvent, et pendant un temps prolongé, ce surcroît d'effort.

66. Vérification de la résistance et de la stabilité d'un barrage rectiligne ayant à résister à la poussée de l'eau. — Nous supposerons, dans tout ce qui va suivre, que le profil des barrages est un trapèze rectangle, c'est-à-dire que la paroi interne est verticale et le parement extérieur incliné.

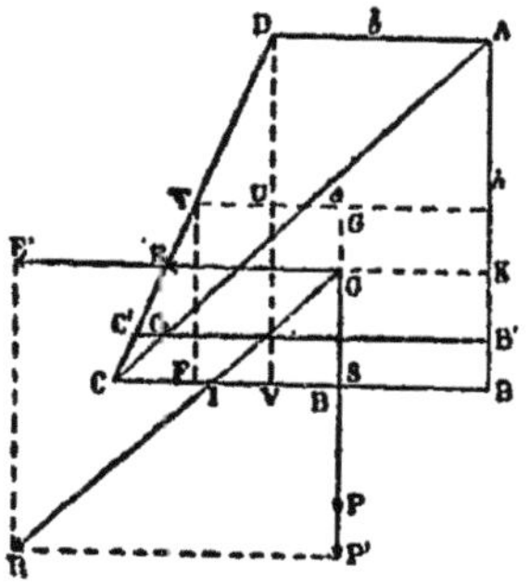

Soit donc ABCD une section transversale faite dans un barrage, et proposons-nous de vérifier si les dimensions de cet ouvrage sont suffisantes pour qu'il puisse résister à la fois à l'écrasement, au glissement et au renversement (fig. 85).

Désignons par B la grande base du trapèze, par b la petite base, par h la hauteur, par π le poids d'un mètre cube du liquide qui presse.

Fig. 85.

Calculons la poussée $\frac{1}{2}\pi h^2$, et appliquons au point K, qui se trouve au tiers de BA à partir de la base, une force horizontale KE proportionnelle à cette poussée. Déterminons ensuite le centre de gravité du trapèze et appliquons en ce point une force verticale GP proportionnelle au poids du barrage calculé sur 1 m. de longueur. Puis traçons la résultante OR de ces forces, qui coupera la base du mur en un certain point I.

Si le point I est à l'intérieur de la base, le mur ne pourra être renversé.

Supposons qu'il en soit ainsi et mesurons l'angle ROP'; s'il est inférieur à l'angle de frottement, le barrage ne pourra glisser sur sa base. Dans les constructions en maçonnerie hydraulique, l'angle de frottement étant égal à 45°, puisque le coefficient de frottement est égal à l'unité, il suffira, pour que le glissement n'ait pas lieu, que la poussée soit inférieure au poids du mur.

Si la condition relative au glissement est satisfaite, il n'y aura plus qu'à vérifier celle qui concerne l'écrasement. Pour cela, on mesurera graphiquement la longueur IC ; désignons cette longueur par ε, et par P le poids du mur. Comme on l'a vu dans le chapitre VIII, la pression qui s'exerce sur l'arête C sera égale à $\dfrac{2P}{3\varepsilon}$ si ε est plus petit que $\dfrac{1}{3}$ B, ce qui arrive généralement, la longueur du mur étant, d'autre part, supposée égale à 1 m. Cette pression ne devra pas dépasser la valeur admise pour le coefficient de résistance permanente à la compression (de 7 à 10 kilog. par centimètre carré).

Si l'on voulait employer le calcul pour trouver la distance IC, on déterminerait séparément les longueurs SB et SI, et on retrancherait la somme de ces longueurs de la grandeur de la base.

Or SB n'est autre que la distance au parement d'amont du centre de gravité du trapèze, et pour trouver cette distance le meilleur moyen est d'employer la méthode des moments. Le moment du trapèze par rapport au parement AB est égal, en appelant ω le poids d'un mètre cube de maçonnerie, à $\overline{SB} \times \dfrac{B+b}{2} h\omega$; celui du triangle DCV est $h\,\omega\,\dfrac{B-b}{2}\left(b+\dfrac{B-b}{3}\right)$, et celui du rectangle ABVD est $h\,\omega \times \dfrac{1}{2}\,b^2$. On a donc :

$$\overline{SB} \times \frac{B+b}{2} = \frac{B-b}{2}\left(b+\frac{B-b}{3}\right)+\frac{b^2}{2}$$

ou

$$\overline{SB} \times (B+b) = Bb + \frac{1}{3}(B-b)^2$$

d'où

$$\overline{SB} = \frac{Bb+\frac{1}{3}(B-b)^2}{B+b}.$$

En désignant par n le fruit du parement extérieur, c'est-à-dire la tangente trigonométrique de l'angle CDV, on aura :

$$\overline{CV} = B - b = nh.$$

d'où

$$\overline{SB} = \frac{Bb+\frac{1}{3}n^2h^2}{B+b}.$$

Quant à la distance SI, elle est égale à $\overline{OS} \times \dfrac{RP'}{OP'}$; mais OS est égal à $\dfrac{1}{3}h$, RP' à $\dfrac{1}{2}\pi h^2$ et OP' à $\dfrac{B+b}{2}h\omega$; on a donc :

$$\overline{SI} = \frac{1}{3} h \frac{\frac{1}{2}\pi h^2}{\frac{1}{2}(B+b)h\omega} = \frac{1}{3}\frac{\pi h^2}{\omega(B+b)}$$

On en conclut :

$$\varepsilon = B - \frac{Bb + \frac{1}{3}n^2 h^2}{B+b} - \frac{\frac{1}{3}h^2\frac{\pi}{\omega}}{B+b}$$

ou

$$\varepsilon = \frac{B^2 - \frac{1}{3}h^2\left(n^2 + \frac{\pi}{\omega}\right)}{B+b} \tag{12}$$

Quant à la pression qui s'exerce sur l'arète C, elle est égale à :

$$\frac{2P}{3\varepsilon} = \frac{(B+b)h\omega}{3.\dfrac{B^2 - \frac{1}{3}h^2\left(n^2+\frac{\pi}{\omega}\right)}{B+b}} = \frac{(B+b)^2 h\omega}{3B^2 - h^2\left(n^2+\frac{\pi}{\omega}\right)}$$

Il ne suffit pas, comme nous l'avons dit précédemment, de vérifier les conditions de résistance et de stabilité dans le plan de la base ; il faut que ces conditions soient satisfaites dans une tranche horizontale quelconque.

Nous avons montré tout à l'heure que, dans le cas d'une maçonnerie hydraulique dont le mortier a fait prise, le glissement ne pourra se produire sur la base si la poussée est inférieure au poids du mur, c'est-à-dire si l'on a :

$$\frac{1}{2}\pi h^2 < \frac{1}{2}(B+b)\,h\omega.$$

ou, en divisant par h, et en représentant par a l'épaisseur moyenne $\frac{1}{2}(B+b)$:

$$\frac{1}{2}\pi h < a\omega.$$

Considérons une tranche horizontale B'C' située à une distance Δh de la base, et cherchons la condition à laquelle il faudra satisfaire pour que le glissement n'ait pas lieu dans cette tranche, c'est-à-dire pour que l'on ait :

$$\frac{1}{2}\pi\,(h - \Delta h) < \omega\,(a - \Delta a)$$

Si l'on remarque que l'épaisseur moyenne a est égale à $b + TU$, ou, ce qui revient au même, à $b + \frac{1}{2}nh$, on en conclura que Δa est égal à $\frac{1}{2}n\Delta h$; et l'inégalité précédente deviendra :

$$\frac{1}{2}\,\pi(h - \Delta h) < \omega\,(a - \frac{1}{2}\,n\,\Delta h)$$

Développant, il viendra :

$$\frac{1}{2}\,\pi h - \frac{1}{2}\,\pi\Delta h < \omega\,a - \frac{1}{2}\,n\omega\Delta h,$$

ou bien. en vertu de l'inégalité $\frac{1}{2}\pi h < \omega a$:

$$\frac{1}{2}\,n\omega\Delta h < \frac{1}{2}\,\pi\Delta h,$$

ou enfin :

$$n < \frac{\pi}{\omega}\,.$$

Ceci montre qu'il sera inutile de vérifier la résistance au glissement dans un plan supérieur à la base, chaque fois que le fruit du parement d'aval sera inférieur à $\frac{\pi}{\omega}$.

Or la plus faible valeur que puisse prendre π est 1.000 kilogr.; la plus grande valeur que l'on puisse attribuer au poids d'un mètre cube de maçonnerie est 2.400 kilogr. environ ; dans ces conditions le rapport $\frac{\pi}{\omega}$ ne pourra jamais être plus petit que 0,40 ; et jamais on ne donne un fruit aussi grand au parement d'aval des barrages construits dans les torrents, car les pierres entraînées par l'eau pourraient endommager ce parement. Il en résulte qu'en ce qui regarde le glissement, la seule vérification à faire sera celle qui concerne la base du mur.

Si le barrage était construit en maçonnerie sèche, la condition précédente se transformerait en la suivante :

$$n < 0{,}76\,\frac{\pi}{\omega'}$$

ω' étant le poids du mètre cube de pierres. Mais ce poids, à cause des vides, n'est guère que les $\frac{3}{4}$ de celui de la maçonnerie pleine composée des mêmes matériaux.

L'inégalité $n < 0{,}76\,\frac{\pi}{\omega'}$ peut donc s'écrire :

$$n < 0{,}76 \times \frac{4}{3}\frac{\pi}{\omega}$$

ou sensiblement $n < \dfrac{\pi}{\omega}$.

C'est la même condition que tout à l'heure.

En ce qui concerne l'écrasement, examinons d'abord comment varierait la pression dans le profil triangulaire ABC. Pour un semblable profil la formule établie précédemment prend une forme très simple. Si l'on désigne, en effet, par n' le fruit de la paroi AC et si l'on fait $b = o$, on aura :

$$\frac{2P}{3\varepsilon} = \frac{B^2\, h\omega}{3B^2 - h^2\left(n'^2 + \dfrac{\pi}{\omega}\right)}$$

Remplaçant ensuite B par nh, il viendra :

$$\frac{2P}{3\varepsilon} = \frac{n'^2\, h^3\, \omega}{3n'^2\, h^2 - n'^2\, h^2 - h^2\, \dfrac{\pi}{\omega}} = h\, \frac{n'^2\omega}{2n'^2 - \dfrac{\pi}{\omega}}$$

Ceci montre que la pression par unité de surface qui s'exerce à l'arête extérieure d'une section horizontale du profil triangulaire varie proportionnellement à la distance séparant cette section de la surface libre du liquide qui presse Il en résulte que la pression par unité de surface qui s'exerce en C est plus grande que celle qui s'exerce en C_1 et, *à fortiori*, que celle qui a lieu en C'.

On conclut de là, en ce qui regarde l'écrasement, qu'il est également inutile de faire des vérifications autres que celle relative à la base.

Exemple : Soit à vérifier la résistance et la stabilité d'un barrage de 5 m. de hauteur, en maçonnerie hydraulique, dont l'épaisseur au couronnement est 1m.63, et l'épaisseur à la base 2m.87; le poids d'un mètre cube de la maçonnerie qui la compose est de 2.230, le poids spécifique de la lave de 1,8, et le coefficient de résistance permanente à la compression est égal à 8 kg. par centimètre carré.

Appliquons d'abord la construction graphique (fig. 86). La poussée est égale à :

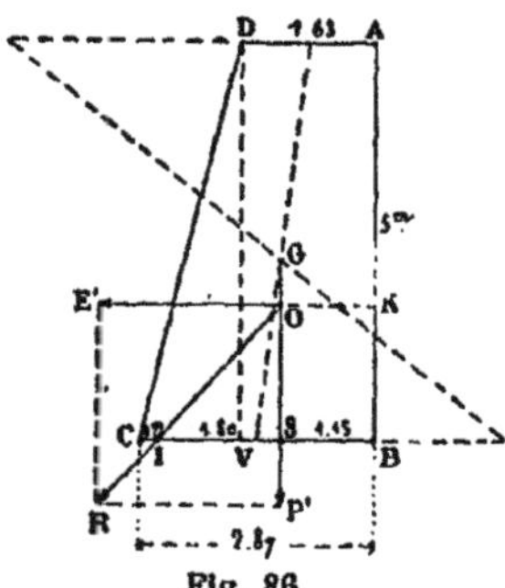

Fig. 86.

$$\frac{1}{2} \times 1.800 \times 25 = 22.500 \text{ kg. sur 1 m. de longueur.}$$

Le poids correspondant du mur est :

$$\frac{1}{2}(1,63 + 2,87) \times 5 \times 2230 = 25087 \text{ kg.}$$

Le premier chiffre étant inférieur au deuxième, il ne saurait y avoir de glissement sur la base; et il est clair, d'après ce qui a été dit précédemment, qu'il est inutile de faire la vérification dans un plan supérieur à la base, car le fruit est égal à $\dfrac{2,87 - 1,63}{5} = 0,25$, c'est-à-dire inférieur à 0,40.

Construisons maintenant le profil ABCD et déterminons le centre de gravité G de ce profil. Menons une verticale par ce centre de gravité, et une horizontale par le point K situé au tiers de BA ; ces deux lignes se rencontrent au point O. Prenons deux longueurs OE' et OP' proportionnelles à 22.500 et à 25.087, et menons la diagonale OR du rectangle construit sur ces deux lignes. — Mesurons graphiquement la longueur IC comprise entre l'arête extérieure C et le point où la diagonale perce la base ; cette longueur est égale à 0m.22.

Dès lors la pression qui s'exerce au point C est égale à :

$$\frac{2 \times 25087}{3 \times 100 \times 22} = 7 \text{ k. } 6$$

en prenant le centimètre pour unité.

La condition relative à la résistance est donc aussi remplie ; et il en est de même, *a fortiori*, de celle relative au renversement.

Si nous appliquons la formule, nous trouverons, pour la pression qui s'exerce en C :

$$\frac{(163 + 287)^2 \times 500 \times 0,00223}{3 \times 287^2 - 25000\left(0,25^2 + \dfrac{1,8}{2,23}\right)} = 7 \text{ k. } 6$$

C'est le même résultat que tout à l'heure.

Vérifions la résistance à l'écrasement dans un plan situé à 1 m. de la base ; la hauteur de la construction située au-dessus de ce plan ne sera plus égale qu'à 4 m., et la base inférieure devenant égale à 2m.87 — 0,25 = 2m.62, on aura, pour la pression maximum :

$$\frac{(163 + 262)^2 \times 400 \times 0,00223}{3 \times 262^2 - 16000 \left(0,25^2 + \dfrac{1,8}{2,23}\right)} = 2 \text{ k. } 4$$

chiffre bien inférieur au précédent.

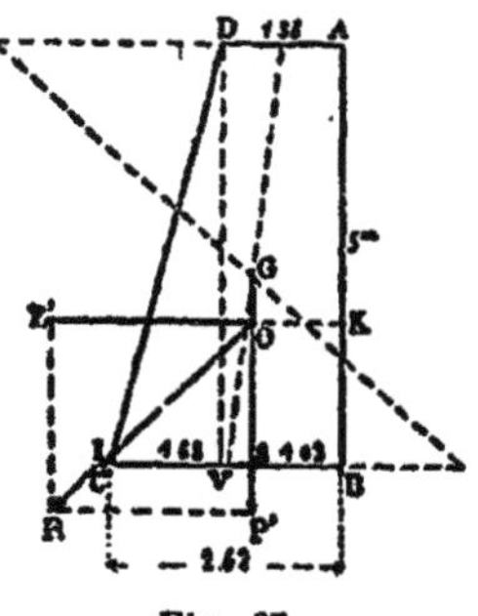

Fig. 87.

2° Exemple. — Vérification de la stabilité et de la résistance d'un barrage de 5 m. de hauteur, en maçonnerie hydraulique, dont l'épaisseur au couronnement est 1m.38, et l'épaisseur à la base 2m.62, les autres conditions étant les mê es que dans l'exemple précédent (fig. 87).

La poussée de l'eau sur 1m. de longueur est égale, comme précédemment, à 22.500 kg.

Le poids correspondant du mur est égal à :

$$\frac{1}{2}(1,38 + 2,62) \times 5 \times 2250 = 22300.$$

L'ouvrage résistera au glissement.

En faisant la construction graphique de tout à l'heure, on trouve que la résultante OR coupe, non pas la base, mais son prolongement. Le barrage ne résistera donc pas au renversement.

Il n'y a pas lieu de vérifier la résistance à l'écrasement, puisque le profil ne convient pas. Il est clair, du reste, qu'en appliquant la formule, on trouverait une valeur négative pour le dénominateur ; $3B^2$ est, en effet, égal à 205.932 cq. et $h^2\left(n^2 + \dfrac{n}{\omega}\right)$ à 217.400 cq..

Je n'ai donné cet exemple que pour montrer la signification des valeurs négatives dans les questions du genre de celles qui nous occupent.

67. Calcul de l'épaisseur à donner à un barrage rectiligne ayant à résister à la poussée de l'eau. — Voici la méthode que nous suivrons pour la résolution de ce problème.

Nous calculerons l'épaisseur moyenne à donner au barrage pour qu'il résiste à l'écrasement ; cette épaisseur moyenne déterminée, nous en déduirons le poids du mur sur 1 m. de longueur et nous vérifierons la résistance au glissement. Il est évident que, dans ces conditions, le mur résistera au renversement; car le fait seul de résister à l'écrasement implique nécessairement cette autre condition, que la résultante coupe la base, et non pas son prolongement.

Nous trouverons l'épaisseur moyenne x à donner au mur pour qu'il résiste à l'écrasement en nous nous servant de la formule établie dans l'article précédent; et en continuant à appeler N le coefficient de résistance permanente à la compression, nous écrirons :

$$\frac{(B + b)^2\, h\, \omega}{3B^2 - h^2 \left(n^2 + \dfrac{\pi}{\omega}\right)} = N$$

Or $B + b = 2x$.

B est égal·(fig. 85) à $x + CF = x + \frac{1}{2}\, nh$.

Remplaçant dans l'équation précédente, il viendra :

$$\frac{4\, h\, \omega\, x^2}{3 \left(x^2 + \frac{1}{4}\, n^2 h^2 + nhx\right) - h^2 \left(n^2 + \dfrac{\pi}{\omega}\right)} = N.$$

en développant, et en ordonnant par rapport à x, on trouve :

$$x^2 (3N - 4\, \omega h) + 3Nhnx - Nh^2 \left(n^2 + \dfrac{\pi}{\omega}\right) + \frac{3}{4}\, Nn^2 h^2 = 0.$$

On en tire :

$$x = \frac{-3Nhn \pm \sqrt{9N^2 h^2 n^2 + (3N - 4\omega h)\left\{4Nh^2 \left(n^2 + \dfrac{\pi}{\omega}\right) - 3Nn^2 h^2\right\}}}{2 (3N - 4\omega h)}$$

Le coefficient de x^2 est positif, car 3N est toujours plus grand que $4\omega h$; par suite, il y aura une racine positive; nous ne conserverons que celle-là.

Divisant par h, il viendra :

$$\frac{x}{h} = \frac{-3Nn + \sqrt{9N^2 n^2 + (3N - 4\omega h)\left\{4N \left(n^2 + \dfrac{\pi}{\omega}\right) - 3Nn^2\right\}}}{2 (3N - 4\omega h)}$$

Développons la quantité sous le radical ; nous trouverons, après toutes réductions faites :

$$4N \left\{ 3N \left(n^2 + \frac{\pi}{\omega} \right) - h \left(\omega n^2 + 4\pi \right) \right\}$$

Faisons sortir 4 du radical, nous aurons, comme valeur définitive de $\frac{x}{h}$:

$$\frac{x}{h} = \frac{- 3Nn + 2 \sqrt{N \left\{ 3N \left(n^2 + \frac{\pi}{\omega} \right) - h \left(\omega n^2 + 4\pi \right) \right\}}}{2 \left(3N - 4 \omega h \right)}$$

Le rapport $\frac{x}{h}$ de l'épaisseur moyenne à la hauteur varie avec la valeur N du coefficient de résistance permanente à la compression, avec la valeur n du fruit adopté pour le parement extérieur, enfin avec les valeurs admises pour le poids π d'un mètre cube de liquide et pour le poids ω d'un mètre cube de maçonnerie.

Variations de N. — Nous avons dit précédemment les raisons pour lesquelles nous pensons qu'il faut prendre N entre 7 et 10 kilogr. par centimètre carré.

Variations de ω. — Le poids d'un mètre cube des pierres que l'on emploie dans les constructions des torrents des Alpes sont les suivants :

Tufs volcaniques	1.300 kg.
Pierres tendres	1.800 kg.
Grès	2.100 kg.
Calcaires compactes, pierres à ciment, quartz	2.200 à 2.600 kg.
Silex, trapp, syénite, granit, gneiss	2.700 kg.

En admettant le chiffre moyen de 1.800 kg. pour le poids d'un mètre cube de mortier, et en supposant, ce qui est généralement conforme à la réalité, qu'il entre pour 1/3 dans la construction, on trouve que le poids ω d'un mètre cube de maçonnerie peut varier entre :

$$\left(\frac{2}{3} \cdot 1300 + \frac{1}{3} \cdot 1800 \right) = 1470 \text{ kg., jusqu'à :}$$

$$\left(\frac{2}{3} \cdot 2700 + \frac{1}{3} \cdot 1800 \right) = 2400 \text{ kg.}$$

Variations de π. — Le poids du mètre cube du liquide plus ou moins chargé d'argile qui presse derrière les barrages peut varier, ainsi que nous avons eu l'occasion de le remarquer plusieurs fois, entre 1.000 kg. et 1.800 kg.

Variations de n. — Nous avons voulu nous rendre compte de l'influence des variations de la valeur du fruit sur le rapport $\frac{x}{h}$, et nous avons dressé la table suivante qui donne les valeurs de ce rapport pour des fruits variant de 0,05 à 0,30 dans des barrages de 1 à 10 m. de hauteur, N étant égal à 7 kg. par centimètre carré, π à 1.800 kg. et ω à 2.400 kg.

Hauteur des barrages h	Valeurs du rapport $\frac{x}{h}$ de l'épaisseur moyenne à la hauteur pour les fruits de :					
	0,05	0,10	0,15	0,20	0,25	0,30
1	0.4865	0.4620	0.4411	0.4210	0.4024	0.3855
2	0.4980	0.4733	0.4504	0.4293	0.4100	0.3910
3	0.5104	0.4843	0.4603	0.4382	0.4180	0.3990
4	0.5236	0.4963	0.4710	0.4476	0.4265	0.4070
5	0.5380	0.5091	0.4827	0.4579	0.4350	0.4151
6	0.5537	0.5230	0.4917	0.4689	0.4453	0.4232
7	0.5709	0.5383	0.5082	0.4808	0.4558	0.4331
8	0.5899	0.5549	0.5222	0.4937	0.4671	0.4431
9	0.6113	0.5734	0.5391	0.5078	0.4795	0.4540
10	0.6344	0.5938	0.5568	0.5238	0.4930	0.4658

On voit, par ce tableau, que le rapport $\frac{x}{h}$ augmente avec la hauteur du barrage, et diminue quand le fruit augmente. Les murs peu élevés et à parement fortement incliné sont donc les plus avantageux. Il en résulte, en ce qui concerne spécialement le fruit et pour se mettre d'accord avec les indications du chapitre XII, que l'on devra choisir la plus grande inclinaison compatible avec les conditions d'entraînement des matières.

Table graphique donnant les épaisseurs. — Reprenons l'équation

$$x^2 (3N - 4\omega h) + 3Nhnx - Nh^2 \left(n^2 + \frac{\pi}{\omega}\right) + \frac{3}{4} Nn^2h^2 = 0 \; ;$$

en divisant tous les termes par Nh^2, nous aurons :

$$\frac{x^2}{h^2}\left(3 - 4\omega\,\frac{h}{N}\right) + 3n\,\frac{x}{h} - \left(\frac{\pi}{\omega} + \frac{n^2}{4}\right) = 0.$$

Si nous faisons $\omega = 2.200$ kg., chiffre qui représente à peu près le poids moyen d'un mètre cube de maçonnerie de calcaires compactes, et $n = 0,20$, il ne restera plus dans l'équation que les trois variables $\frac{x}{h}$, $\frac{h}{N}$ et π.

En considérant N comme l'effort-limite à faire supporter à 1 centimètre carré de maçonnerie; en admettant, en second lieu, que dans nos constructions ce coefficient ne variera que de 7 à 10, et en supposant enfin que la hauteur des barrages restera comprise entre 1 et 10 m., les limites entre lesquelles variera le rapport $\frac{h}{N}$ seront d'une part $\frac{1}{10} = 0,1$, et d'autre part $\frac{10}{7} = 1,43$.

Cela posé, l'on remarque que si l'on donne à $\frac{x}{h}$ des valeurs numériques, l'équation précédente deviendra celle d'une droite.

Cette remarque nous a permis de construire, avec l'aide de M. Péraux, l'auteur de la règle à calcul à double réglette, une table graphique (table n° 1) dans laquelle les valeurs de $\frac{h}{N}$ sont lues sur des lignes horizontales, les valeurs de π sur des lignes verticales, et celles de $\frac{x}{h}$ sur des lignes inclinées.

Les premières se lisent de 0,02 en 0,02, ce qui permet d'apprécier facilement le centième du rapport ; les secondes se lisent de 20 en 20 unités, et à l'estime on peut aller facilement jusqu'à 5 unités ; les dernières enfin se lisent directement de 0,005 en 0,005, et l'on peut arriver à apprécier à vue le millième du rapport.

Exemple. — Soit à trouver l'épaisseur moyenne à donner à un barrage de 8m.40 de hauteur, pour que l'effort-limite qui s'exerce sur 1 centimètre carré ne dépasse pas 7 kg. On suppose

que les matériaux qui entrent dans la maçonnerie sont des calcaires compactes dont le poids spécifique est 2,2, que le poids
d'un mètre cube de liquide est de 1.180 kg., et que le fruit
est 0,20.

$\frac{h}{N}$ étant égal à 1,20, on suivra la ligne verticale 1,180 jusqu'à la
rencontre avec la ligne horizontale 1,2; le point de rencontre de ces
deux lignes tombe entre les deux obliques 0,395 et 0,400, mais
un peu plus près de la 1ʳᵉ que de la 2ᵉ ; on lira 0,397 et l'épaisseur moyenne cherchée sera 8m.40 × 0,397 = 3m.33.

2° *Exemple.* — Hauteur du barrage . . .   8m.60
   Effort-limite . . . .   10 kg.
   Poids d'un mètre cube de laves   . .   1.640 kg.
   Poids d'un mètre cube de maçonnerie.   2.200 kg.
   Fruit   0,20

$\frac{h}{N}$ étant égal à 0,56, on suivra la ligne 1.640 (c'est-à-dire la 2ᵉ
après 1.600) jusqu'à la rencontre avec l'horizontale 0,56 (c'est-à-
dire la 3ᵉ après 0,5) ; puis on lira 0,442 entre les deux obliques
0,44 et 0,445. L'épaisseur moyenne cherchée sera 5m.60 × 0,442
= 2m. 48.

3° *Exemple.* — Hauteur du barrage . . .   5m.50
   Effort-limite . . . .   7 kg.
   Poids d'un mètre cube de laves. . .   1.800 kg.
   Poids d'un mètre cube de maçonnerie.   2.200 kg.
   Fruit   0,20

$\frac{h}{N}$ étant égal à 0,786, on suivra la ligne 1.800 jusqu'à la rencontre avec une horizontale fictive passant à peu près au tiers de
l'intervalle compris entre 0,78 et 0,80; puis on lira 0,483 entre les
deux obliques 0,480 et 0,485. L'épaisseur moyenne cherchée
sera : 5,50 × 0,483 = 2m.65.

La vérification relative au glissement se fait comme précédom-
ment.

Dans le 1er exemple, la poussée de l'eau sur 1 m. de longueur du mur est $\frac{1}{2} \times 1.180 \times 8m.4^2 = 41.630$ kg. et le poids de la maçonnerie correspondante $3,33 \times 2.200 \times 8,4 = 61.538$ kg. L'épaisseur moyenne de 3m.33 est donc suffisante pour que le barrage résiste au glissement.

Dans le 2e exemple, la poussée de l'eau sur 1 m. de longueur du mur est $\frac{1}{2} \times 1.660 \times 5,6^2 = 25.402$ kg., et le poids de la maçonnerie correspondante $2,48 \times 2.200 \times 5,6 = 30.554$ kg. La construction aura donc aussi des dimensions suffisantes pour résister au glissement.

Et ainsi de suite.

Minimum de l'épaisseur à donner au couronnement d'un barrage rectiligne. — Une fois que le barrage sera atterri, il n'aura plus rien à craindre, car la poussée des matériaux qui se trouvent par derrière est bien inférieure à celle du liquide, ainsi que nous le verrons tout à l'heure.

Mais le couronnement restera exposé à l'action des crues, car généralement la partie supérieure de l'atterrissement se dégradera sous l'influence des hautes eaux. Il nous semble donc utile de faire ce couronnement en pierres de taille ; il faut de plus lui donner une épaisseur suffisante pour qu'il puisse résister à l'entraînement.

Désignons par x cette épaisseur. Soit Z la hauteur de la partie du couronnement exposée directement aux crues ; soit t la hauteur de la lame d'eau au moment des hautes eaux (fig. 88). Le problème n'ayant besoin d'être résolu que pour le cas où la hauteur t sera grande par rapport à Z, on pourra, sans erreur sensible, exprimer par $\pi t Z$ la pression exercée par un liquide de poids spécifique π sur 1 m. de longueur du couronnement. De même, en continuant à désigner par f le coefficient de frottement et par ω le poids spécifique de la maçonnerie, la résistance à l'entraînement pourra être exprimée très sensiblement par $f \omega Z x$ et la condition à réaliser pour qu'il n'y ait pas entraînement, sera :

$$f \omega Z x > \pi t Z$$

d'où
$$x > \frac{\pi t}{f \omega}.$$

D'après ce que nous avons dit dans la première partie de cette étude, il n'y a pas lieu, dans la question qui nous occupe, de se préoccuper des laves. — Celles-ci marchent, comme on le sait, très lentement ; et, en arrivant sur l'atterrissement d'un barrage, elles subiront généralement un moment d'arrêt qui aura pour conséquence le comblement de la partie dégradée de l'atterrissement.

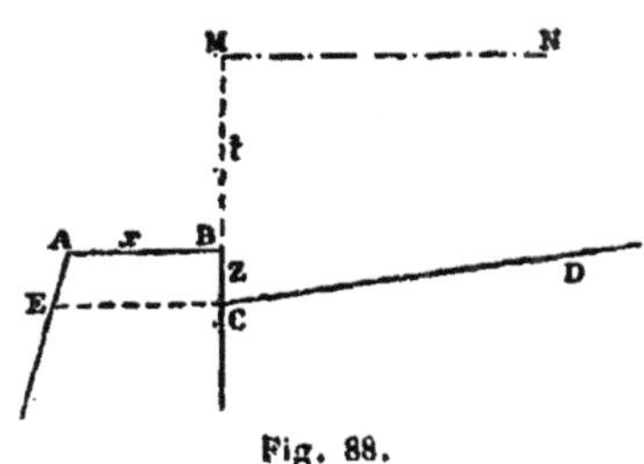

Fig. 88.

Dès lors, pour calculer x, on prendra pour π la valeur 1.000 kg. et pour t la hauteur des plus fortes crues sans lave, hauteur connue.

Si l'on fait $t = 2$ m., $f = 1$, $\omega = 2.400$ kg., on trouvera pour la valeur minimum à attribuer au couronnement :

$$\frac{2}{2,4} = 0,80 \text{ environ.}$$

Si cette valeur était supérieure à celle qui résulte des calculs précédents, il y aurait lieu de modifier cette dernière en augmentant l'épaisseur moyenne.

Table rectificative dans le cas où le poids d'un mètre cube de maçonnerie n'est pas égal à 2.200. — Si le poids d'un mètre cube de maçonnerie s'écarte sensiblement du chiffre de 2.200 kg., le rapport $\frac{x}{h}$ peut subir des variations assez sensibles pour que nous ayions cru devoir faire établir une table donnant les coefficients par lesquels il faudra multiplier les résultats fournis par la table graphique n° 1.

Ces coefficients varient, non seulement avec ω, mais aussi avec π et $\frac{h}{N}$, et il devient impossible de procéder comme dans le cas précédent. Dans ces conditions, nous nous sommes contenté de rechercher la valeur du coefficient maximum pour un certain nombre de valeurs particulières de ω ; nous avons ainsi trouvé :

$$0,923 \text{ pour } \omega = 2.400$$
$$1,050 \quad — \quad \omega = 2.000$$
$$1,127 \quad — \quad \omega = 1.800, \text{ etc...}$$

Ce sont ces chiffres qui ont servi de base à la construction de la table n° 2.

Nous avons pris les valeurs maxima afin de trouver des épaisseurs plutôt trop fortes, précaution qu'il est toujours bon de prendre dans les constructions qui nous occupent. Ajoutons que la différence entre la valeur maximum et la valeur minimum n'étant guère que de 0,01, les chiffres fournis par la table s'écarteront peu des chiffres réels. Toutefois, lorsque l'on tiendra à une certaine exactitude, il vaudra mieux se servir de la formule générale pour déterminer le rapport $\frac{x}{h}$.

L'usage de la table n° 2 est extrêmement simple, et nous n'y insisterons pas ; on peut lire directement de 20 en 20, et à l'estime de deux en deux unités, les valeurs de ω depuis 2.400 jusqu'à 1.200. Quant aux valeurs des coefficients, on lit directement le chiffre des centièmes, et on peut obtenir très facilement à vue celui des millièmes. Il est à remarquer que la lecture des valeurs de ω doit se faire de droite à gauche.

68. Calcul de l'épaisseur à donner à un barrage curviligne ayant à résister à la poussée de l'eau. — Nous ne nous occuperons que des barrages dans lesquels toute section faite par un plan horizontal est limité par deux cercles concentriques.

Nous avons dit que les barrages curvilignes ne peuvent ni glisser ni se renverser ; les forces auxquelles ils sont soumis tendent seulement à les écraser. A cet égard, il a été émis deux théories, l'une par M. Pelletreau, ingénieur en chef des ponts et chaussées, d'après laquelle la pression maximum sur un joint quelconque est égale à la pression moyenne, l'autre par M. Delocre, aujourd'hui inspecteur général des ponts et chaussées, d'après laquelle la pression maximum est, comme dans les voûtes, le double de la pression moyenne.

Les arguments donnés par M. Pelletreau (*Annales des Ponts et Chaussées*, 5° série, 9° année, n° 17) ne m'ayant pas paru suffisants, j'ai repris la question et je me suis efforcé de démontrer que, dans une section horizontale quelconque, la pression qui s'exerce dans chaque joint est appliquée sinon en son milieu, du moins en un point très voisin de ce milieu.

Pour arriver à ce résultat, je vais chercher à prouver successivement les cinq propositions suivantes :

La pression exercée sur un joint quelconque est normale à ce joint.

Les pressions sur les différents joints sont toutes égales entre elles.

La pression exercée sur un joint est proportionnelle au rayon de l'extrados.

Les points d'application des pressions qui s'exercent sur chaque joint sont situés à égale distance de l'extrados.

La pression qui s'exerce sur un joint quelconque est appliquée en un point très voisin du milieu de ce joint.

Première proposition. — La pression exercée sur un joint quelconque est normale à ce joint.

Si je suppose, en effet, une section faite par un plan horizontal dans une portion de barrage curviligne (fig. 89), toutes les pressions exercées par l'eau, étant normales à l'extrados AB, sont symétriques par rapport à la bissectrice CDO de l'angle au centre AOB ; les réactions des appuis situés à gauche de AE et à droite de BF doivent donc être également symétriques.

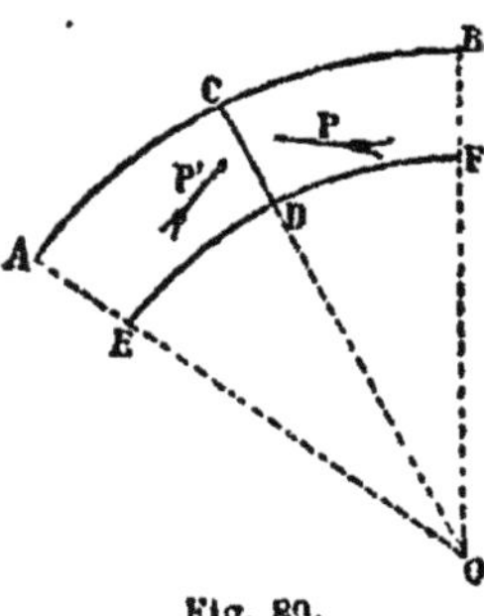

Fig. 89.

Dès lors, si je considère le joint CD situé sur cette bissectrice, et qui est un joint *quelconque* de la voûte, la pression P exercée par la portion CBFD sur la portion CAED doit être, par rapport à ce joint, symétrique de la pression P' exercée par la portion CAED sur la portion CBFD. Mais, en vertu de l'égalité de l'action et de la réaction, on doit avoir également P = P'. La double condition de symétrie et d'égalité entre ces deux forces ne peut avoir lieu que si elles sont toutes deux perpendiculaires à CD.

Deuxième proposition. — Les pressions sur les différents joints sont toutes égales entre elles.

Soit une section horizontale ABFE, de centre O, faite dans un barrage curviligne (fig. 90).

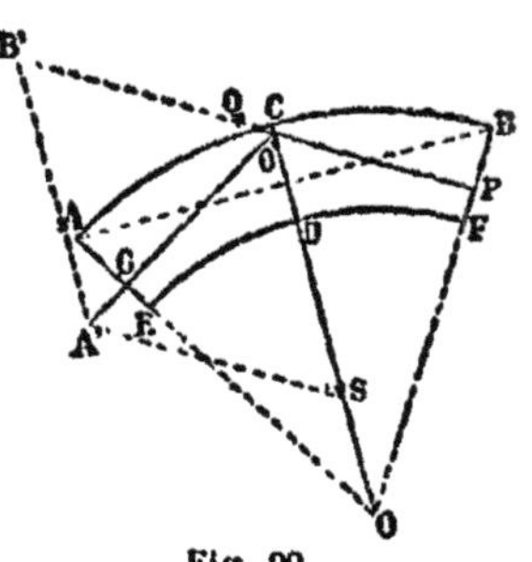

Fig. 90.

La pression exercée sur le joint BF est égale et contraire à la réaction, sur ce joint, de la portion de voûte située à droite, réaction que je représente, en grandeur et en direction par la droite PQ qui, d'après la proposition précédente, est perpendiculaire à BF.

Pour obtenir la pression exercée sur le joint AE, je dois composer la réaction PQ avec la résultante des pressions exercées par l'eau sur la portion de voûte considérée, résultante qui est dirigée suivant la bissectrice CO et que je puis représe.ter, en grandeur et en direction, par la ligne O'S.

Soit O'A' la pression cherchée ; nous savons qu'elle est normale au joint AE ; comme, d'autre part, O'S est perpendiculaire à la corde AB de l'extrados, on en conclut que les deux triangles OAB et O'A'B' sont semblables ; le premier de ces triangles étant isocèle, le second l'est aussi ; donc $O'B' = O'A' = PQ$.

Troisième proposition. — La pression exercée sur un joint quelconque est proportionnelle au rayon de l'extrados.

On a, en effet, à cause de la similitude des triangles AOB et A'O'B' :

$$\frac{O'B'}{OA} = \frac{A'B'}{AB} = \frac{O'S}{AB},$$

ou, en désignant par R le rayon de l'extrados :

$$O'B' = R\,\frac{O'S}{AB}.$$

Mais on sait que la pression qu'un liquide exerce sur une surface cylindrique AB est la même que celle qui se produirait sur le plan AB passant par les génératrices extrêmes. Si donc la tranche de voûte considérée, dont l'épaisseur est Δy, est située à une profondeur y au-dessous de la surface libre de l'eau, la pression O'S pourra être exprimée par :

$$\pi\overline{AB}\times y\Delta y,$$

π étant le poids spécifique du liquide. On a donc, en remplaçant O'S par cette valeur :

$$O'B' = R\pi y\Delta y,$$

ou, d'une manière générale, si l'on désigne par T la pression qui s'exerce sur un joint quelconque :

$$T = R\pi y\Delta y.$$

Quatrième proposition. — Les points d'application des pressions qui s'exercent sur chaque joint sont situés à égale distance de l'extrados.

En effet, le point O' de la fig. 90 étant sur la bissectrice CO, les distances AG et BP sont égales entre elles.

Remarque. — L'ensemble des quatre propositions précédentes peut être démontré aussi de la manière suivante :

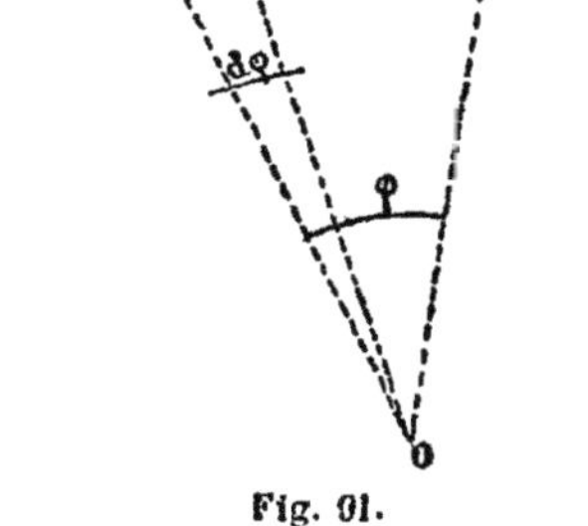

Fig. 91.

Considérons une tranche horizontale d'épaisseur infiniment mince *dy* faite dans un barrage curviligne entre deux plans verticaux AFO, BEO, et située à une distance *y* au-desssus de la surface libre de l'eau (fig. 91).

Soit φ l'angle au centre AOB.

La tranche considérée ABEF devra rester en équilibre sous l'action de la poussée qui s'exerce sur l'arc AB et des réactions éprouvées par les joints AF et BE de la part des portions de voûte situées à gauche et à droite.

Pour évaluer la poussée, considérons un arc infiniment petit A*a* correspondant à un angle infiniment petit d φ, et que l'on pourra représenter par R*d*φ, R étant le rayon de l'extrados. La petite surface R*d*φ*dy* pouvant être regardée comme plane, la pression qu'elle éprouvera de la part de la masse liquide sera, en désignant par π le poids spécifique de cette masse :

$$\pi y R\, d\varphi\, dy.$$

Si nous posons, pour plus de simplicité F = π*ydy*, la poussée élémentaire sera FR*d*φ, et la poussée totale que nous cherchons sera

$$\int_0^\varphi FR\, d\varphi.$$

En second lieu, la réaction que la portion de gauche de la voûte exerce sur le joint AF peut être décomposée en deux forces : l'une U située dans le joint, et l'autre T perpendiculaire à ce joint. De même la réaction que la portion de droite de la voûte exerce sur le joint BE peut être décomposée en deux forces Q et P, l'une située dans ce joint et l'autre perpendiculaire.

Cela étant, écrivons que la somme algébrique des projections de toutes les forces sur la ligne BO et sur sa perpendiculaire est égale à zéro.

La projection sur l'axe BO de la poussée élémentaire $FR\,d\varphi$ sera $FR\cos\varphi\,d\varphi$, et la somme des projections de toutes les poussées sera $\int_0^\varphi FR\cos\varphi\,d\varphi$. De même, la somme des projections de ces poussées élémentaires sur l'axe perpendiculaire à BO sera $\int_0^\varphi FR\sin\varphi\,d\varphi$.

Dès lors, les deux équations d'équilibre seront :

$$\int_0^\varphi FR\cos\varphi\,d\varphi + Q + U\cos\varphi - T\sin\varphi = 0,$$

$$\int_0^\varphi FR\sin\varphi\,d\varphi - P + U\sin\varphi + T\cos\varphi = 0,$$

ou bien

$$FR\sin\varphi + Q + U\cos\varphi - T\sin\varphi = 0,$$
$$FR - FR\cos\varphi - P + U\sin\varphi + T\cos\varphi = 0,$$

ou enfin

$$\sin\varphi(FR - T) + U\cos\varphi + Q = 0,$$
$$\cos\varphi(T - FR) + U\sin\varphi + FR - P = 0.$$

Ces équations devant être vérifiées quel que soit φ, on en conclut :

$$T - FR = 0 \quad \text{ou} \quad T = FR,$$
$$U = 0$$
$$Q = 0$$
$$FR - P = 0 \quad \text{d'où} \quad P = FR.$$

Les deux équations $U = 0$ et $Q = 0$ montrent que les réactions sont normales (première proposition).

Les deux équations $T = FR$ et $P = FR$ montrent que la réaction normale est la même en chaque joint (deuxième proposition).

L'équation $T = FR$ prise isolément montre que la réaction normale est proportionnelle au rayon de l'extrados, et en remplaçant F par sa valeur, à $R = ydy$ (troisième proposition).

Enfin, si l'on applique l'équation des moments, et que l'on

prenne les moments par rapport au centre, l'équation sera très simple :

$$T \times \overline{OG} = P \times \overline{OI},$$

car le moment de la poussée est nul.

Or, T étant égal à P, il en résulte que $OG = OI$ ou bien $AG = BI$, ce qui est conforme à l'énoncé de la quatrième proposition.

Cinquième proposition. — La pression exercée sur un joint est appliquée en un point voisin de son milieu.

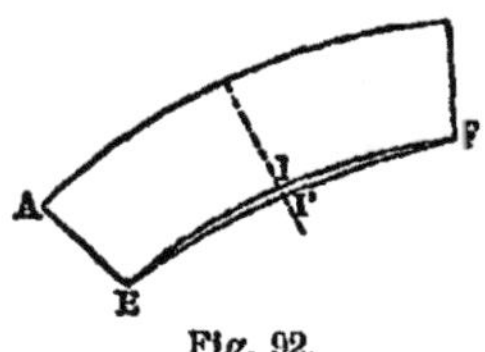

Fig. 92.

Pour démontrer cette proposition, étudions le mouvement qui va se produire quand on mettra le mur en charge.

Les barrages curvilignes n'étant possibles que si l'on admet l'invariabilité des appuis, la longueur de l'intrados va diminuer par suite de la compression des joints, et, par conséquent, le sommet de cette courbe va descendre de I en I' (il ne peut évidemment y avoir de tension à l'intrados, ce qui exigerait que le sommet se relevât vers l'amont, (fig. 92).

Dès lors, pour que ce mouvement se produise, il faut qu'il y ait : ou bien rotation de la voûte autour des naissances E et F comme dans les voûtes ordinaires, ou bien translation de la voûte tout entière vers l'aval en glissant contre ses appuis.

Or, le premier mouvement ne peut avoir lieu, car s'il devait se produire une rotation autour des points E et F, il s'en établirait une autre vers l'extrados au sommet, de sorte que la résultante des pressions passerait près de l'intrados aux naissances et près de l'extrados à la clef, tandis que nous avons reconnu, au contraire, que toutes les pressions passent à une égale distance de l'extrados.

Le deuxième mouvement est donc le seul possible : dans ce mouvement, le rayon de l'extrados passe de la valeur R à la valeur ΔR ; il en résulte que la longueur de l'extrados est devenue $(R - \Delta R)\varphi$ et a, par conséquent, diminué de $\Delta R\varphi$ (fig. 93).

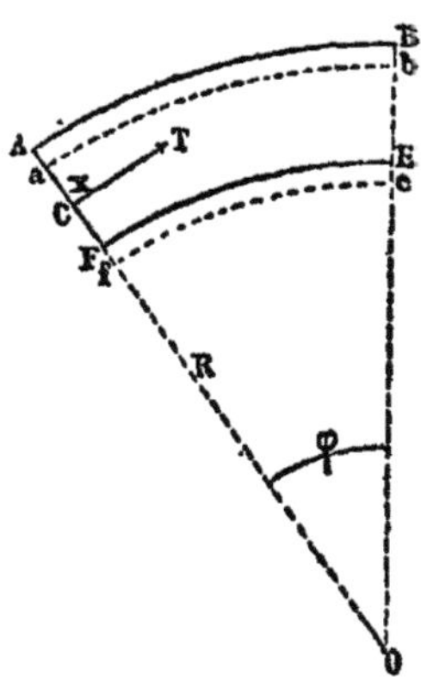

Fig. 93.

La longueur de l'intrados, qui était $(R - x)\varphi$, en appelant x l'épaisseur de la section considérée, devient $(R - x - \Delta R)\varphi$, car l'épaisseur ne peut pas changer ; l'intrados diminue donc également de $\Delta R\varphi$.

Il résulte de là que le raccourcissement, par unité de longueur, est

à l'extrados :
$$\frac{\Delta R\varphi}{R\varphi} = \frac{\Delta R}{R} \; ;$$

à l'intrados :
$$\frac{\Delta R\varphi}{(R - x)\,\varphi} = \frac{\Delta R}{R - x} \; .$$

Si nous appelons p_1 et p_2 les pressions, par unité de surface, qui s'exercent à l'extrados et à l'intrados, nous savons qu'elles sont proportionnelles aux raccourcissements par unité de longueur ; nous pouvons donc écrire

$$\frac{p_1}{p_2} = \frac{R - x}{R} \; .$$

Cette relation montre, ce qu'il était du reste facile de prévoir, que la pression est plus grande à l'intrados qu'à l'extrados.

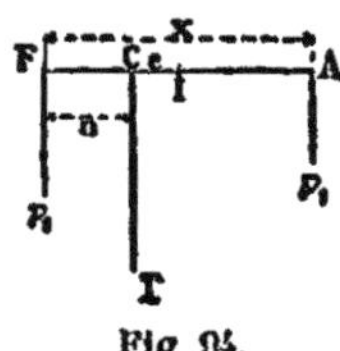

Fig. 94.

Or, si une force T (fig. 94) est appliquée normalement en C, à une distance a de l'extrémité F d'un joint AF d'épaisseur x, les deux forces p_2 et p_1 qui s'exercent aux points F et A sont entre elles comme les quantités $2 - \dfrac{3a}{x}$ et $\dfrac{3a}{x} - 1$; on peut donc écrire :

$$\frac{p_2}{p_1} = \frac{2x - 3a}{3a - x} \; .$$

Soit e la distance au milieu I du joint du point d'application C de la résultante ; remplaçons dans l'équation précédente a par $\dfrac{x}{2} - e$, il viendra

$$\frac{R}{R - x} = \frac{2x - \dfrac{3x}{2} + 3e}{\dfrac{3x}{2} - 3e - x} = \frac{x + 6e}{x - 6e} ,$$

d'où

$$e = \frac{x^2}{6\,(2R - x)} \cdot$$

Or, x étant généralement petit par rapport à R, e est une quantité très faible, ce qui démontre la proposition énoncée.

Calcul de l'épaisseur de la section. — Ces propositions étant admises, il est facile de calculer l'épaisseur x à donner à la section considérée.

J'ai trouvé tout à l'heure

$$T = \pi R y \Delta y.$$

La pression maximum s'exerce à l'intrados; la surface d'un joint étant égale à $x\Delta y$, cette pression maximum est, d'après la formule connue, et en désignant encore par a la distance de la résultante T à l'intrados

$$\frac{2T}{x\Delta y}\left(2 - \frac{3a}{x}\right).$$

On a donc, en remplaçant a par $\frac{x}{2} - e$

$$p_1 = \frac{2T}{x^2\Delta y}\left(2x - \frac{3x}{2} + 3e\right) = \frac{2T}{2x^2\Delta y}\,(x + 6e),$$

ou bien. en mettant à la place de e sa valeur $\dfrac{x^2}{6\,(2R - x)}$

$$p_2 = \frac{T}{x^2\Delta y}\left(x + \frac{x^2}{2R - x}\right) = \frac{T}{x\Delta y}\left(1 + \frac{x}{2R - x}\right),$$

et enfin

$$p_3 = \frac{T}{x\Delta y}\times\frac{2R}{2R - x} = \frac{2\pi R^2 y}{x\,(2R - x)}\cdot$$

Or, nous voulons que cette pression maximum ne dépasse pas une certaine valeur N; écrivons donc

$$\frac{2\pi R^2 y}{x\,(2R - x)} = N\,.$$

La valeur de x, tirée de cette équation, peut être mise sous la forme

$$x = \frac{\pi R y}{N} + \frac{x^2}{2R}\,,$$

ce qui permettra de résoudre l'équation par approximations successives, $\dfrac{x^2}{2R}$ ayant généralement une valeur très petite qui peut être négligée dans une première opération.

En supposant $\pi = 1.800$ k. et en faisant $R = 10$ m. $y = 6$ m. et $N = 7$ k. par centimètre carré, on trouve successivement :

$$x' = \frac{1.800 \times 10 \times 6}{70.000} = 1 \text{ m. } 55,$$

$$x'' = 1,55 + \frac{1,55^2}{20} = 1 \text{ m. } 67,$$

$$x''' = 1,55 + \frac{1,67^2}{20} = 1 \text{ m. } 69,$$

$$x^{IV} = 1,55 = \frac{1,69^2}{20} = 1 \text{ m. } 692.$$

Si l'on s'en tient aux centimètres comme approximation, l'épaisseur de la section faite dans un barrage de 10 mètres de rayon à l'extrados, et à une distance de 6 mètres au-dessous de la surface liquide, serait de 1 m. 69.

Si l'on appliquait la théorie d'après laquelle la pression maximum serait le double de la pression moyenne, on devrait poser :

$$N = \frac{2T}{x \Delta y} = \frac{2\pi R y \Delta y}{x \Delta y} = \frac{2\pi R y}{x},$$

d'où

$$x = \frac{2\pi R y}{N}.$$

En reprenant les chiffres précédents, on trouverait

$$x = \frac{2 \times 1.800 \times 10 \times 6}{70.000} = 3 \text{ m. } 40.$$

La formule générale montre que l'épaisseur, toutes choses égales d'ailleurs, est sensiblement proportionnelle à la hauteur y,

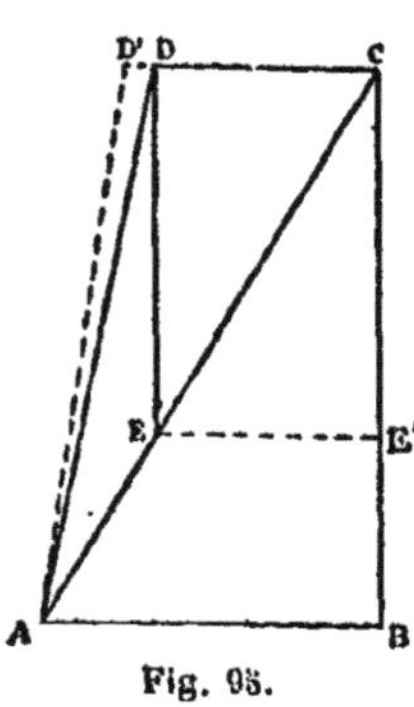

Fig. 95.

puisque le 2° terme du 2° membre est très petit par rapport au 1er. Il en résulte qu'en appliquant rigoureusement cette formule, on serait conduit à adopter pour le mur un profil se rapprochant beaucoup du profil triangulaire ABC (fig. 95). Mais il est bien clair que pratiquement cette solution n'est pas acceptable, puisqu'une bonne construction exige une épaisseur au sommet d'au moins 0,50 ou 0,60 ; et, d'autre part, en adoptant ce profil, le fruit du parement d'aval serait trop considérable. Voici la méthode qui nous semble la plus rationnelle :

On fera, dans la formule, $y = h$, h étant la hauteur à adopter pour le mur, et on donnera à N la valeur convenable. On en déduira l'épaisseur AB à donner à la base; puis par le point A on mènera une ligne AD dont le fruit aura la valeur que l'on a choisie.

Si l'épaisseur CD du couronnement, qui résulte de cette construction, était trop faible, on prolongerait la ligne CD jusqu'en D', de telle sorte que CD' fût égal à 0,60, par exemple, et l'on joindrait D'A. Le fruit serait diminué, et par conséquent le profil resterait admissible. On économiserait, dans certains cas, un volume relativement considérable de maçonnerie, tout en restant dans les conditions de résistance et de fruit adoptés, en menant par le point D une verticale DE jusqu'à la rencontre avec CA, et en utilisant le profil CDEAB, à la condition d'opérer un raccordement courbe vers E.

Valeur à attribuer au rayon de l'extrados. — Si l'on appliquait le profil théorique, et si les berges étaient verticales,

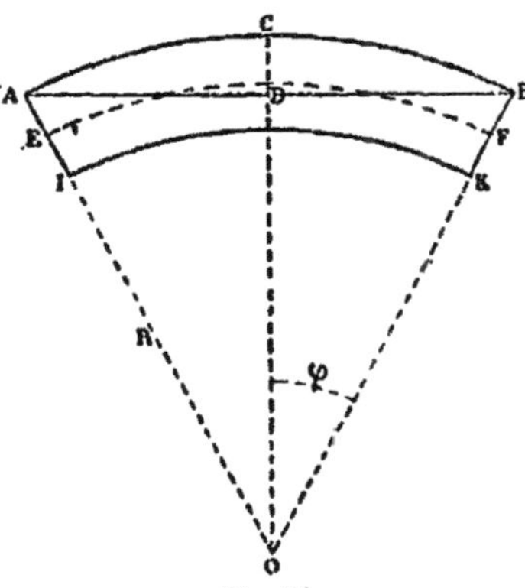

Fig. 96.

on pourrait déterminer, au moins approximativement, la valeur à attribuer au demi-angle au centre φ pour que le volume du barrage fût, à résistance égale, un minimum.

La surface ABKI d'une tranche annulaire quelconque du barrage est sensiblement égale au produit de l'épaisseur moyenne x par la longueur $2\varphi\left(R - \dfrac{x}{2}\right)$ de l'arc EF, situé à égale distance de l'intrados et de l'extrados (fig. 96).

Comme, d'autre part, on ne commettra pas une grande erreur en remplaçant x par $\dfrac{\pi R y}{N}$, y étant la hauteur du liquide au-dessus de la tranche considérée, on pourra représenter la surface ABKI par l'expression :

$$2\varphi\left(R - \frac{\pi R y}{2N}\right) \times \frac{\pi R y}{N} = \frac{2\varphi\pi R^2 y}{N}\left(1 - \frac{\pi y}{2N}\right).$$

En désignant par C la corde AB, on a :

$$BD = \frac{C}{2} = R \sin \varphi$$

d'où
$$R = \frac{C}{2 \sin \varphi}$$

Remplaçant R par cette valeur dans l'expression précédente, celle-ci deviendra :

$$\frac{\varphi \pi C^2 y}{2N \sin^2 \varphi} \left(1 - \frac{\pi y}{2N} \right)$$

Il est facile de voir que le minimum du volume sera atteint quand la surface de chaque tranche horizontale sera la plus petite possible, ce qui revient à chercher le minimum de $\frac{\varphi}{\sin^2 \varphi}$.

Pour y arriver, égalons à zéro la dérivée de cette fonction ; nous obtiendrons :

$$\frac{\sin^2 \varphi - 2\varphi \sin \varphi \cos \varphi}{\sin^4 \varphi} = 0$$

d'où :
$$\sin^2 \varphi = 2\varphi \sin \varphi \cos \varphi ,$$

et enfin :
$$\tang. \varphi = 2\varphi.$$

L'angle sous lequel le volume est minimum est celui dont l'arc est la moitié de la tangente. (Il est facile de vérifier que l'expression trouvée est un minimum).

La résolution de l'équation $\tg \varphi = 2\varphi$ ne peut être faite que par tâtonnement. Pour avoir une première approximation, on peut remplacer $\tg \varphi$ par $\frac{\sin \varphi}{\cos \varphi}$, et mettre à la place du sinus et du cosinus leurs valeurs en fonction de l'arc, en ne prenant que les deux premiers termes de chaque série ; on a alors :

$$2\varphi = \frac{\varphi - \dfrac{\varphi^3}{6}}{1 - \dfrac{\varphi^2}{2}}$$

d'où l'on tire :

$$\varphi^2 = \frac{6}{5}$$

et

$$\varphi = \sqrt{\frac{6}{5}} = 1,1.$$

L'angle cherché est donc approximativement :

$$360° \times \frac{1,1}{6,2832} = 63°.$$

En se servant des tables, on trouve plus exactement que cet angle est très voisin de 67°. Mais si l'on fait la remarque que pour 67°, $\frac{\varphi}{\sin^2\varphi}$ est égal à 1,38, et que pour 60° il est égal à 1,39, valeur différant très peu de la première, on sera amené à adopter 60°, ce qui simplifiera les calculs.

C'est donc sensiblement l'angle au centre de 120° qui serait le plus avantageux, dans l'hypothèse tout à fait théorique où nous nous sommes placé.

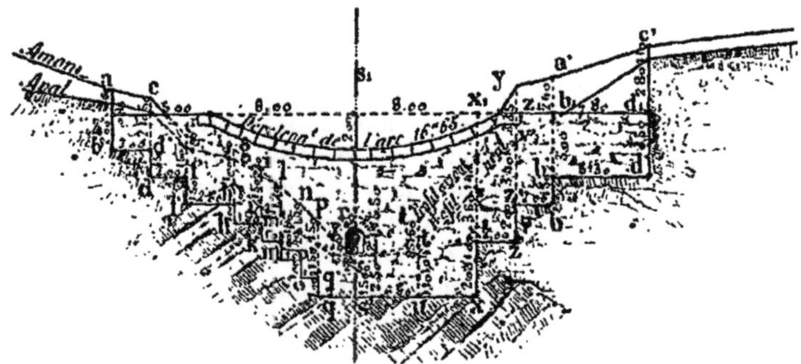

Fig. 97.

Mais les berges sont généralement inclinées, et dans celles-ci les fondations sont découpées par redans, comme le montre la figure 97 qui représente l'élévation du barrage n° 6 du torrent du Bourget (vallée de l'Ubaye), et qui a été prise dans l'ouvrage de M. Demontzey, planche XXXIII de la 1re édition. Il en résulte que l'angle φ prend autant de valeurs particulières qu'il y a de redans de chaque côté de l'axe (voir fig. 98).

Dans ces conditions l'on ne pourra adopter l'angle au centre de 120° que pour la partie inférieure du barrage, puisque c'est la seule qui conserve l'épaisseur théorique, les sections supérieures au plan EE' de la figure 95 ayant une épaisseur plus grande que celle fournie par le calcul.

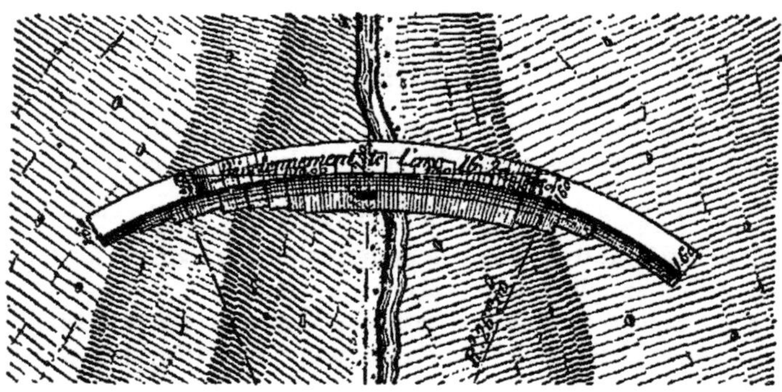

Fig. 98.

Mais à un grand angle au centre correspond un petit rayon ; et comme la partie supérieure du barrage a un volume de maçonnerie bien plus grand que le volume théorique, on risquerait, en augmentant le développement de cette dernière partie, de perdre l'économie réalisée dans la partie inférieure. Dans la pratique, c'est donc par le tâtonnement que l'on devra traiter la question ; mais le calcul qui précède n'en est pas moins utile.

Dans les barrages curvilignes des torrents on a généralement donné un grand rayon à la courbe d'extrados. M. Demontzey dit que cette courbe devra être déterminée par un arc de cercle ayant une flèche égale au $\frac{1}{10}$ de la corde; il est facile d'en déduire l'angle correspondant. En désignant la flèche par a, on a, en effet :

$$a = R\,(1 - \cos \varphi) = 2R \sin^2 \frac{\varphi}{2}\,.$$

Mais R étant égal à $\frac{C}{2\sin\varphi}$, on en conclut :

$$a = \frac{C \sin^2 \frac{\varphi}{2}}{\sin \varphi} = \frac{C \sin^2 \frac{\varphi}{2}}{2 \sin \frac{\varphi}{2} \cos \frac{\varphi}{2}} = \frac{1}{2} C \operatorname{tg}. \frac{\varphi}{2}\,;$$

d'où l'on tire :

$$\lg \frac{\varphi}{2} = \frac{2a}{C} = 2 \times \frac{1}{10} = 0.20$$

et $\qquad \frac{\varphi}{2} = 11° 19 \quad$ ou $\quad \varphi = 22° 38.$

Cette règle a été appliquée dans le barrage des figures 97 et 98.

M. Vaultrin, dans un article déjà cité, dit qu'on peut pousser jusqu'à $\frac{1}{9}$ le rapport $\frac{a}{C}$, ce qui donne pour l'angle φ une valeur de 25° environ.

Enfin M. Marchand, inspecteur des forêts, dans son étude sur les torrents des Alpes, pense qu'on peut faire le rayon égal à la longueur du barrage au couronnement, ce qui revient à faire $\varphi = 30°$ dans la section supérieure.

On a ainsi exagéré la valeur du rayon R dans la crainte de la poussée des berges ; cette poussée s'exerçant généralement, ainsi que nous l'avons fait remarquer, dans le sens de la corde, il est clair que son effet sera d'autant plus préjudiciable que la flèche sera plus grande, c'est-à-dire le rayon plus petit.

On s'affranchira de cette appréhension en s'imposant strictement l'obligation de ne fonder des barrages curvilignes que sur un sol rocheux solide ; dans ces conditions, la poussée des berges pourra être considérée comme une quantité négligeable, et rien ne s'opposera à ce que l'on adopte un rayon plus petit.

Nous montrerons dans le Chapitre XVI l'influence de la longueur du rayon de l'extrados sur le volume d'un barrage curviligne.

69. Du choix à faire entre les deux genres de barrage. — Il ne sera pas toujours avantageux, au point de vue de la stabilité, d'employer des barrages curvilignes même lorsqu'on pourra les encastrer dans des berges rocheuses. La formule générale que l'on peut, sans grande erreur, mettre sous la forme $x = \frac{\pi R y}{N}$, ou, ce qui revient au même, sous la forme $\frac{\pi C y}{2N\sin\varphi}$, montre, en effet, que pour un angle φ donné, l'épaisseur d'une tranche horizontale quelconque est proportionnelle à l'écartement des berges ; et cela se comprend parfaitement, puisque la pression totale se reporte sur chaque joint, et que cette pression est d'autant plus grande que le torrent est plus large. Comme, d'autre part, l'épaisseur à donner à un mur rectiligne est indépendante de cet écartement, il arrivera forcément un moment où celui-ci deviendra plus avantageux que celui-là.

Pour bien faire saisir cette distinction, je prends l'exemple du barrage n° 6 du Bourget. Ce barrage a 5m.50 de hauteur ; en admettant comme effort-limite 7 kg. par centimètre carré, 2.200 kg. pour le poids d'un mètre cube de maçonnerie, et 0,20 pour le fruit, l'épaisseur moyenne, si l'ouvrage était rectiligne, devrait être égale à 2,65 (voir le 3° exemple de l'article 67).

Le barrage étant curviligne, et le rayon à l'extrados étant égal à 26 m., on trouvera successivement, pour l'épaisseur à la base :

$$\frac{1.800 \times 26 \times 5,50}{70.000} = 3,68$$

$$3,68 + \frac{3,68^2}{2 \times 26} = 3,94$$

$$3,68 + \frac{3,94^2}{2 \times 26} = 3,98$$

Adoptons 4 m.

L'épaisseur moyenne sera égale à $4 - 0,20 \times \frac{5,50}{2} = 3m.45$; et on en conclut que, dans ce cas, le barrage rectiligne serait plus avantageux, comme étant à la fois moins long et moins épais que le barrage curviligne.

Faisons maintenant la comparaison sur un barrage de même hauteur, que l'on établirait dans une section de torrent deux fois plus étroite, de telle sorte qu'en conservant le même surbaissement, le rayon de l'extrados ne soit plus égal qu'à 13 m. On trouvera successivement pour l'épaisseur à la base :

$$\frac{1.800 \times 5,50 \times 13}{70.000} = 1,84,$$

$$1,84 + \frac{1,84^2}{2 \times 13} = 1,97,$$

$$1,84 + \frac{1,97^2}{2 \times 13} = 1,99.$$

Adoptons 2 m.

L'épaisseur moyenne étant égale à $2 - \frac{5,50}{2} \times 0,20 = 1m.45$,

Il y a beaucoup de chances pour que le barrage curviligne soit plus avantageux dans ce cas que le barrage rectiligne qui, comme tout à l'heure, devra avoir 2m.55 d'épaisseur moyenne. On s'en assurera en faisant une épure et en calculant les volumes des deux murs.

Lors donc que l'on ne sera guidé que par des considérations d'économie, il faudra, avant d'adopter un type de barrage, faire des comparaisons relativement au volume et par suite à la dépense. Il ne paraît pas possible d'indiquer, par une formule, la limite au delà de laquelle le barrage rectiligne deviendra plus avantageux que le barrage curviligne ; cette limite doit varier, dans chaque cas particulier, avec l'importance relative de la maçonnerie d'élévation et de celle des fondations ; dans un grand nombre de cas, on verra immédiatement, à la seule inspection des épures, quel est le système le plus économique.

2º Barrages ayant à résister à la poussée des terres.

70. Détermination de la poussée des terres. — Nous avons défini, dans l'article 62, l'angle du talus naturel des terres. Ce talus est dû à la résistance qu'éprouvent les terres à glisser les unes sur les autres ; et il est facile de voir que l'angle du talus naturel d'une terre est égal à l'angle de frottement des molécules en contact. En effet, soit $\varphi = $ BOA l'angle du talus naturel

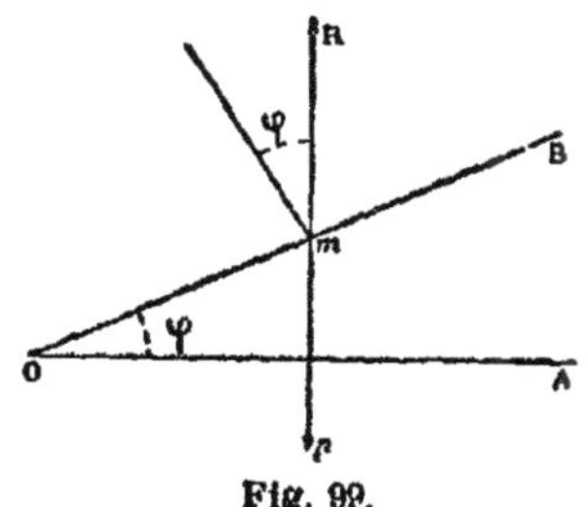

Fig. 99.

(fig 99); une molécule m quelconque est en équilibre sous l'action de son poids p et de la réaction R du plan incliné ; ces deux forces sont donc égales et directement opposées, ou, en d'autres termes, la réaction est verticale. Or, l'angle de frottement, par définition (voir chapitre VIII), est l'angle de la réaction avec la normale au plan ; et il est facile de voir que cet angle est égal à l'angle φ.

Cela étant, si l'on veut que les terres d'un massif se tiennent sous un angle plus raide que celui du talus naturel, il faut les soutenir par une paroi rigide. Elles exerceront alors contre cette paroi une pression que l'on appelle *poussée des terres*.

Nous allons chercher à déterminer cette poussée en supposant

que la paroi du mur est verticale, et que les terres à soutenir ont
leur plan supérieur **DK** incliné suivant un certain angle α
(fig. 100).

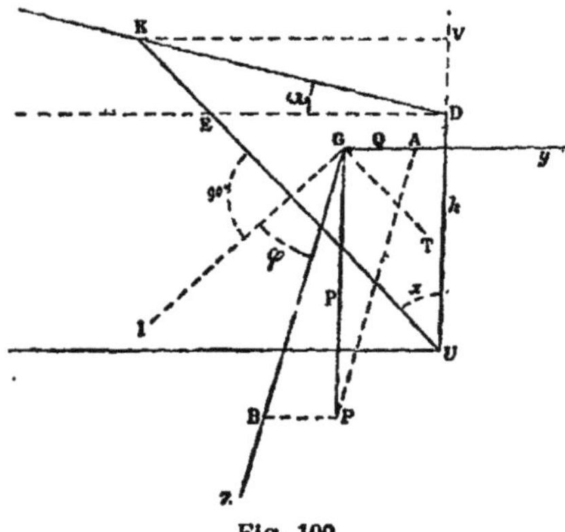

Fig. 100.

Si l'on venait à enlever la paroi **DU**, un certain prisme de
terre **DKU** tendrait à tomber en se séparant du massif suivant le
plan **UK**, que l'on appelle *plan de rupture*. On regarde, dès lors,
le prisme **DKU** comme un coin que l'on enfoncerait entre les
deux plans **DU** et **KU**.

Dans cette hypothèse, si aucun mouvement ne se produit, mais
si l'on considère l'instant où il va se produire, il y aura équilibre
entre le poids **P** du coin et les réactions des plans **DU** et **KU**.

La réaction du plan **KU** fait, comme nous le savons (voir chapitre VIII) avec la normale à ce plan un angle égal à l'angle de
frottement des terres sur elles-mêmes, c'est-à-dire un angle égal
à l'angle du talus naturel, que nous avons représenté par φ.

Les ingénieurs ne sont pas d'accord sur la direction de la réaction du plan **DU**, ou, autrement dit, sur la direction de la poussée,
qui est une force égale à cette dernière. Les uns admettent que la
poussée fait avec la normale au mur un angle égal à l'angle de
frottement des terres contre ce mur. D'autres, négligeant ce frottement, prétendent que la poussée est perpendiculaire à la paroi
contre laquelle s'appuie le massif à soutenir ; d'autres pensent
qu'elle est parallèle au plan supérieur du talus des terres ; d'autres, enfin, admettent pour simplifier qu'elle est constamment
horizontale.

Nous admettrons que la poussée est perpendiculaire à la paroi du mur, car c'est cette direction qui donnera lieu au maximum d'effort contre la paroi ; et il vaut mieux se mettre en garde contre l'effort maximum possible que de chercher à savoir si réellement l'effort de la poussée est plus faible.

Cela étant, nous nous trouvons en présence de trois forces : l'une verticale P qui est le poids du prisme de terre et que nous représentons en grandeur et en direction par la ligne GP ; une autre, horizontale, qui représentera la réaction du mur ou la poussée des terres suivant qu'elle sera comptée de G vers y ou de y vers G et que nous désignerons par Q ; enfin, une troisième dirigée suivant la ligne Gz qui fait un angle φ avec la normale GI au plan KU.

Ces trois forces devant être en équilibre, l'une quelconque d'entre elles est égale et directement opposée à la résultante des deux autres ; pour déterminer en grandeur la poussée Q et la réaction du plan KU, il suffira donc de décomposer le poids P en deux forces GA et GB, prises suivant les directions Gy et Gz.

On pourrait dire plus simplement : la force qui tend à renverser le mur n'est autre que le poids P du prisme de terre KDU. Je décompose cette force en deux autres, l'une suivant la direction Gz, qui est détruite par la réaction du plan KU, et l'autre horizontale GA qui est la poussée Q.

Il est facile de trouver la relation qui existe entre Q et P.

On a, en effet : $Q = P \text{ tg } GPA = P \text{ tg } BGP$.

Or, en appelant x l'angle KUD, on a :

$$BGP = 90° - x - \varphi.$$

Car, si l'on mène la perpendiculaire GT à GI, l'angle PGT est égal à x.

Désignons, pour simplifier, $90° - \varphi$ par θ, il viendra :

$$GBP = \theta - x$$
$$\text{et } Q = P \text{ tg } (\theta - x).$$

Mais, si nous désignons par δ le poids d'un mètre cube de terres, nous aurons (nous rappelant que nous n'avons considéré que 1 m. de longueur du massif) :

$$P = \text{surf DUK} \times \delta.$$

Or, si h est la hauteur du mur

$$\text{Surf. DUK} = \frac{1}{2} h \times \overline{VK} = \frac{1}{2} h \times \overline{UK} \times \sin x.$$

D'un autre côté l'on a :

$$\frac{\overline{UK}}{h} = \frac{\sin \text{KDU}}{\sin \text{DKU}} = \frac{\sin (90^\circ + \alpha)}{\sin (180^\circ - x - 90^\circ - \alpha)}$$

ou

$$\frac{\overline{UK}}{h} = \frac{\sin (90 + \alpha)}{\sin (90 - x - \alpha)} = \frac{\cos \alpha}{\cos (\alpha + x)}$$

On en déduit :

$$\overline{UK} = h \frac{\cos \alpha}{\cos (\alpha + x)}$$

et, par suite :

$$\text{Surf. DUK} = \frac{1}{2} h \sin x \frac{h \cos \alpha}{\cos (\alpha + x)} = \frac{1}{2} h^2 \frac{\cos \alpha \sin x}{\cos (\alpha + x)}$$

et enfin :

$$Q = \frac{1}{2} h^2 \delta . \frac{\cos \alpha \sin x \operatorname{tg} (\theta - x)}{\cos (\alpha + x)}$$

Cela étant, il faut chercher la direction du plan de rupture UK, pour que la poussée soit maximum.

Pour résoudre cette question, nous avons pris un certain nombre de valeurs de $\operatorname{tg} \alpha$ comprises entre entre 0 et 0,50, puis des valeurs de φ comprises entre 30° et 60°; à l'aide de ces valeurs nous avons calculé les valeurs correspondantes de la fonction $\frac{\cos \alpha \sin x \operatorname{tg} (\theta - x)}{\cos (\alpha + x)}$; enfin, en faisant usage de courbes, nous avons déterminé, dans chaque cas particulier, le maximum de cette fonction, maximum que nous désignerons par c.

Exemple : $\varphi = 50^\circ$, $\operatorname{tg} \alpha = 0,10$.

On trouve, comme valeur de la fonction :

pour $x = 20^\circ$:   0,137 484.
pour $x = 20^\circ,30'$: 0,137 548.
pour $x = 21^\circ$:   0,137 457.

On trace une courbe dont les abscisses représentent le nombre de degrés, et les ordonnées les valeurs que nous venons d'indi-

quer ; puis on détermine sur cette courbe l'abscisse correspondant
à l'ordonnée maximum ; on trouve ainsi 20°,28′ et 0,1375.

Nous avons calculé de cette manière une centaine de valeurs,
à l'aide desquelles M. Péraux a tracé deux tables graphiques qui
portent les numéros 3 et 4.

La première (la table n° 3) donne l'angle avec la verticale des
plans de rupture correspondant à la poussée maximum. Sur la
ligne AB figurent les angles φ de 20 en 20 minutes ; sur la ligne
CD, les angles $\frac{\theta}{2}$; les deux points qui représentent la position

d'un angle φ et de l'angle $\frac{\theta}{2}$ correspondant sont réunis par une

ligne droite. L'angle φ = 34°, par exemple, correspond à un angle
$\frac{\theta}{2} = \frac{1}{2} (90° - 34°) = 28°$; les points qui représentent la

position de ces deux angles sont réunis par la droite *ad*. En
second lieu, on a inscrit de 5 en 5 centièmes, sur les lignes
BC et AD, les valeurs de tg α, et l'on a réuni par des lignes
droites les points représentant les mêmes valeurs ; ainsi la ligne
bc réunit les deux points où figurent les valeurs 0,30 ; on a
ensuite intercalé quatre lignes entre deux lignes principales, ce
qui permet de lire directement tg α, avec l'approximation du
centième qui est bien suffisante. Enfin d'autres lignes légèrement courbes, issues des points tels que *d* qui représentent la

position des angles $\frac{\theta}{2}$, vont rejoindre la ligne AB ; la ligne *df*

est l'une d'entre elles ; régulièrement, elles devraient toutes avoir
leur origine sur la ligne CD ; mais, afin de pouvoir supprimer une
partie de la figure qui serait complètement inutile, on a placé
sur la ligne DA les points de départ des lignes correspondant
aux angles compris entre 30° et 45°.

Voici comment on se sert de cette table : soit à déterminer la
direction du plan de rupture du prisme de plus grande poussée
correspondant à l'angle φ = 34° et à tg α = 0,30 ; je détermine le
point de rencontre *i* des deux lignes *ad* et *bc* dont la position
vient d'être définie ; puis je considère la courbe *gh* la plus voisine, à droite du point *i* ; cette courbe coupe en *t* la droite *ad* ; je
lis le nombre de degrés (32) inscrit au point *g*, et j'ajoute à ce
nombre de degrés autant de fois 6 minutes qu'il y a de millimètres dans la distance *ti* ; je trouve ainsi 32°,24′.

La table présentant un peu de confusion dans la partie supérieure, on a fait, à une plus grande échelle, toute la portion

tuée au-dessus de $\varphi = 45°$. L'usage en est le même ; seulement chaque millimètre des distances analogues à *ti* correspond à deux minutes.

La table n° 4 donne les valeurs de la fonction *c*. Les angles φ sont inscrits sur la ligne AB ; on peut lire ces angles de 20 en 20 minutes ; des lignes droites réunissent, comme dans la table précédente, la position de chaque angle φ avec celle de l'angle $\frac{\theta}{2}$ correspondant ; pour ne pas compliquer la figure, on n'a pas inscrit les angles $\frac{\theta}{2}$. Les valeurs de tg α figurent sur les deux autres côtés du quadrilatère ABCD ; on peut les lire, comme sur l'autre table, de centième en centième. Quant aux valeurs de *c*, elles sont données par des lignes verticales équidistantes séparées l'une de l'autre par un intervalle d'un centimètre ; à l'aide d'un double décimètre on peut avoir trois chiffres exacts, ce qui est plus que suffisant.

Reprenons l'exemple de tout à l'heure ; cherchons le point de rencontre *i* de l'oblique *ad* correspondant à 34° (φ) et de la droite *bc* correspondant à tg $\alpha = 0,30$. Ce point *i* tombe à un millimètre à droite de la verticale 0,34 ; nous lisons 0,341.

Quant au point d'application de la poussée contre le mur, j'admets, et l'expérience le confirme, que toutes les molécules du prisme tendent à se mouvoir parallèlement à KU ; ce qui revient à dire que les poussées élémentaires sont produites par les actions de tranches infiniment petites parallèles à KU ; ainsi la poussée élémentaire en *a* (fig. 101) sera celle résultant de la décomposition, telle qu'elle est indiquée ci-dessus, du poids de la tranche *ab* ; elle sera donc proportionnelle à *ab*. On en conclut que la résultante passera par le point de rencontre, avec DU, de la ligne GT menée parallèlement à DK par le centre de gravité du prisme ; le point d'application T de cette résultante sera donc, comme dans le cas de la poussée de l'eau, appliqué au tiers de la hauteur du mur.

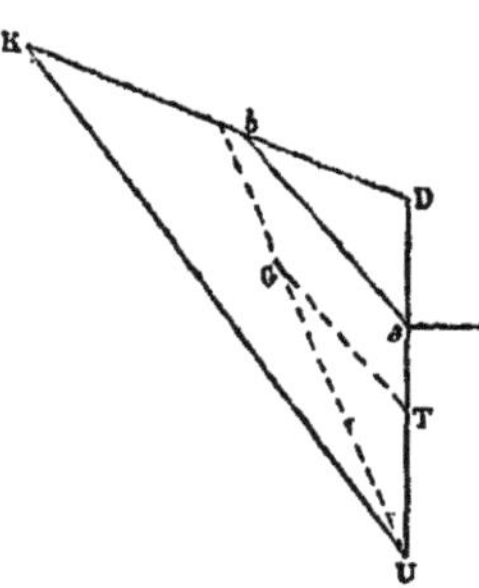

Fig. 101.

Remarque. — En remplaçant par c le maximum, donné par la table 4, de la fonction $\dfrac{\cos\alpha\,\sin x\,\mathrm{tg}(\theta-x)}{\cos(\alpha+x)}$ lorsqu'on attribue à θ et à α des valeurs déterminées, on pourra mettre l'expression de la poussée sous la forme :

$$Q = \frac{1}{2}\,h^2\delta c.$$

Si l'on compare cette expression avec la formule de la poussée de l'eau, on voit qu'elle est de même forme; la seule différence, c'est que le poids π du mètre cube de liquide est remplacé ici par le produit du poids δ d'un mètre cube de terres par la fonction c.

71. Vérification de la résistance et de la stabilité d'un barrage rectiligne ayant à résister à la poussée des terres. — Pour vérifier la résistance et la stabilité d'un profil de mur de soutènement, on peut employer soit un procédé purement graphique, soit le calcul.

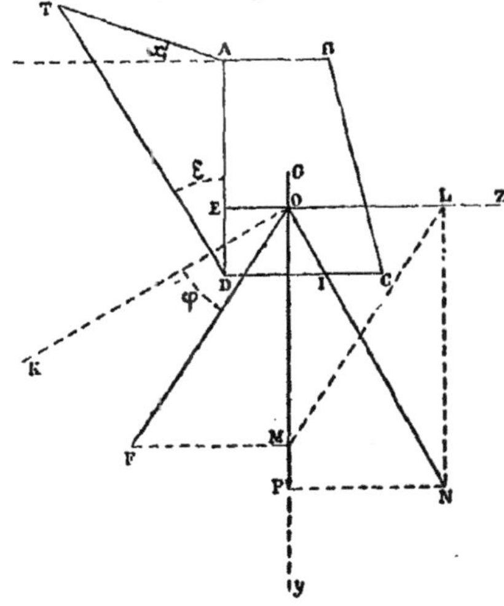

Fig. 102.

Lorsque l'on emploiera le procédé graphique, on pourra faire usage de la construction suivante (fig. 102).

Par le point E situé au tiers de la hauteur DA mener une horizontale Ez, et par le point G, centre de gravité du profil, mener une verticale Gy. Soit O le point de rencontre de ces deux lignes.

Lire sur la table graphique n° 3, l'angle du plan de rupture correspondant au prisme de plus grante poussée, pour l'angle φ et l'angle α du problème ; soit ε cet angle ; mener la ligne DT faisant l'angle ε avec la verticale DA.

Par le point O mener une perpendiculaire OK sur DT, et une autre droite OF faisant avec cette dernière un angle égal à φ ; évaluer le poids d'un prisme de terre de 1 m. de longueur dont la section droite serait ADT ; puis, prendre sur la verticale Gy une longueur OM proportionnelle à ce poids. Décomposer OM en deux forces OF et OL ; cette dernière représente la valeur de la poussée.

Appliquer en O, sur la verticale, une longueur OP proportionnelle au poids d'un mètre de mur ; enfin, continuer la construction comme dans le cas d'un barrage ayant à résister à la poussée de l'eau.

La résultante des deux forces OL et OP coupe la base en I : prendre graphiquement la longueur IC et en déduire la pression qui s'exerce en C et qui doit être inférieure à l'effort-limite que l'on s'est imposé.

Vérifier du même coup si l'angle PON est inférieur à l'angle de frottement.

Avant d'employer le procédé par le calcul, nous ferons remarquer que les formules trouvées pour les barrages ayant à résister à la poussée de l'eau sont applicables aux murs qui doivent résister à la poussée des terres ; il suffit d'y remplacer π par δc.

Dans ces conditions, si nous désignons, comme précédemment, par B et b les deux bases du profil à vérifier, par h la hauteur du barrage, par ω le poids d'un mètre cube de maçonnerie et par n le fruit, la pression qui s'exerce sur l'arête inférieure et antérieure du barrage sera donnée par la formule suivante :

$$\frac{2P}{3s} = \frac{(B + b)^2\, h\omega}{3B^2 - h^2\left(n^2 + \dfrac{\delta c}{\omega}\right)}$$

Dès lors, pour vérifier la condition relative à la résistance, on calculera, à l'aide de la table n° 4, et en suivant les indications données par le paragraphe 1, la valeur de la quantité c correspondant à l'angle du talus naturel et à la pente du plan supérieur des terres qui presseront derrière le barrage, cette dernière n'étant autre que la pente de compensation prévue dans le projet. On multipliera la valeur trouvée par le poids d'un mètre cube de terre. Connaissant alors la fonction δc, on n'aura plus qu'à appliquer la marche indiquée précédemment.

Si la valeur donnée par la formule est positive, le mur résistera au renversement.

Pour vérifier la condition relative au glissement, on comparera la valeur $\frac{1}{2}h^2\delta c$ de la poussée comptée sur 1 m. de longueur avec le poids du mur correspondant. Si le mur est en maçonnerie hydraulique, la poussée devra être inférieure au poids ; s'il est en maçonnerie sèche, elle devra être inférieure aux 0,76 de ce poids.

Enfin, pour savoir s'il y a lieu de faire des vérifications dans des plans supérieurs à celui de la base, on suivra les indications précédentes, en remplaçant chaque fois π par δc.

Exemple. — Soit à vérifier la résistance et la stabilité d'un barrage de 5 m. 50 de hauteur, en maçonnerie hydraulique, dont l'épaisseur au couronnement est de 0 m. 85 et l'épaisseur à la base de 1 m. 95. Le poids d'un mètre cube de maçonnerie est égal à 2.200 kg., le poids d'un mètre cube de terres, à 1.900 kg., l'angle du talus naturel des terres à 34° ; la pente de compensation qui s'établira derrière le barrage sera égale à 0,15, et l'effort-limite à admettre est de 7 kg. par centimètre carré.

Pour $\varphi = 34°$ et $\lg \alpha = 0,15$, on trouve 0,307 dans la table n° 4, la fonction δc est alors égale à $0,307 \times 1900 = 584$.

Le fruit étant $\frac{1,95 - 0,85}{5,50} = 0,20$, la pression qui s'exerce sur l'arête inférieure et antérieure est :

$$\frac{(85 + 195)^2 \times 550 \times 0,0022}{3 \times 195^2 - 302.500\left(0,2^2 + \dfrac{584}{2200}\right)} = 4\ \text{k. } 46$$

Le barrage aura donc des dimensions suffisantes pour résister à l'écrasement.

D'après ce qui a été dit tout à l'heure, il n'y a pas lieu de s'occuper du renversement.

Enfin, la poussée sur 1 m. de longueur étant égale à $\frac{1}{2} \times 5,5^2 \times 584$, soit 8.883 kilogr., et le poids du mur correspondant, à $1,40 \times 5,50 \times 2.200$, soit 16.940 kilogr., le mur ne glissera pas sur sa base; il n'y aura pas non plus de glissement dans un plan supérieur, parce que le rapport $\frac{584}{2200} = 0,27$ est plus grand que le fruit adopté.

72. Calcul direct de l'épaisseur à donner à un barrage rectiligne ayant à résister à la poussée des terres. Table graphique. — Pour la résolution de ce problème, nous opérerons comme dans la première partie de ce chapitre.

Nous calculerons d'abord l'épaisseur moyenne à donner au barrage pour qu'il résiste à l'écrasement. Nous trouverons entre l'épaisseur moyenne et la hauteur le rapport suivant:

$$\frac{x}{h} = \frac{-3Nn + 2\sqrt{N\left\{3N\left(n^2 + \dfrac{\delta c}{\omega}\right) - h\left(\omega n^2 + 4\delta c\right)\right\}}}{2\left(3N - 4\omega h\right)}$$

qui ne diffère de celui donné dans le cas de la poussée de l'eau qu'en ce que la quantité π est remplacée par la fonction δc.

L'épaisseur moyenne étant déterminée, nous vérifierons la résistance au glissement.

Nous avons indiqué les limites des valeurs à attribuer à l'effort-limite N, au fruit n et au poids ω d'un mètre cube de maçonnerie.

En admettant que l'angle φ ne puisse varier qu'entre 30° et 60°, et que la pente de compensation des atterrissements des barrages ne dépasse jamais 50 p. 0/0, la quantité c restera comprise entre 0,07117 et 0,5359 (voir la table n° 4). Cela étant, nous avons cherché à nous rendre compte des variations de la fonction δc en prenant comme bases les chiffres de la deuxième colonne de la table insérée dans l'article 62, et une pente de compensation tg α égale à 0,15. A l'aide de ces éléments, nous avons pu dresser le tableau ci-dessous :

Désignation des terres (1)	Angle du talus naturel (2)	Pente du plan supérieur du massif (3)	Valeur de la quantité c (4)	Poids moyen (δ) d'un mètre cube de terres (5)	Valeur de la fonction δc (6)
Sable fin et sec.........	31°	0.15	0,351	1415	497
Sable de rivière très fin.	33°		0,321	1820	584
Terre très sèche........	39°		0,245	1250	306
Sable le plus léger.....	39°		0,245	1250	306
Terre ordinaire sèche..	46°50		0,166	1450	241
Même terre légèrement humide.............	54°		0,111	1600	178
Sol dense et très compact	.55°		0,104	1900	198
Amas de gros blocs anguleux.............	60°		0,075	2150	161

M. Vaultrin (voir l'article déjà plusieurs fois cité) dit qu'on peut admettre, pour les atterrissements des barrages, le chiffre de 45° pour l'angle φ et le chiffre de 1.900 kilogr. pour le poids moyen d'un mètre cube de terres mélangées de pierres. Nous croyons qu'en prenant φ = 45° on serait peut-être exposé à trouver des dimensions trop faibles. Pour avoir une sécurité complète, on pourrait adopter le talus de trois de base pour deux de hauteur, qui correspond à un angle de 34°.

Il vaudra mieux, du reste, chaque fois qu'on le pourra, au lieu d'adopter des chiffres moyens, procéder, comme nous l'avons dit dans le chapitre XIII, à des mesures directes des deux éléments dont la connaissance est nécessaire pour la détermination de la fonction δc.

Remarque. —Le tableau précédent montre que la fonction δc est toujours inférieure au nombre 1.000, qui représente la plus petite valeur à attribuer à π. Ainsi se trouve confirmé le fait que nous avions annoncé précédemment, à savoir que la poussée des terres est toujours inférieure à la poussée de l'eau.

L'équation qui a donné naissance à la valeur de $\dfrac{x}{h}$ ne différant de celle relative à la poussée de l'eau que par le changement de π en δc, on peut la mettre sous la forme :

$$\frac{x^2}{h^2}\left(3 - 4\omega \frac{h}{N}\right) + 3n\,\frac{x}{h} - \left(\frac{\delta c}{\omega} + \frac{n^2}{4}\right) = 0$$

Cette remarque nous a suggéré l'idée de prolonger la table n° 1, après avoir calculé un certain nombre de valeurs de δc comprises entre 100 et 1000.

Cette nouvelle table graphique porte le n° 5. On s'en sert comme de la première.

Exemple. — Calculer l'épaisseur à donner à un barrage de 5 m. 50 de hauteur en maçonnerie hydraulique de calcaires compactes, le poids d'un mètre cube d'atterrissement étant égal à 1.900 kg., l'angle φ à 34°, la pente de compensation qui s'établira derrière le barrage étant de 0,15, l'effort-limite de 7 kilog. par centimètre carré et le fruit de 0,20.

Pour $\varphi = 34°$ et $\operatorname{tg} \alpha = 0,15$, on trouve 0,307 dans la table n° 4 ; la fonction δc est alors égale à $0,307 \times 1900$, soit à 584 kg.

D'autre part, $\dfrac{h}{N}$ est égal à $\dfrac{5,50}{7} = 0,786$.

Pour $\delta c = 584$ et $\dfrac{h}{N} = 0,786$, on trouve 0,24 dans la table n° 5. L'épaisseur moyenne cherchée est alors égale à $5,50 \times 0,24 = 1^m32$.

La poussée sur 1 m. de longueur étant $\dfrac{1}{2} \times 5,5^2 \times 584 = 8.833$ kilog., et le poids du mur correspondant $1,32 \times 5,50 \times 2.200 = 15972$ kilog., on voit qu'avec les dimensions trouvées le mur ne pourra glisser sur sa base.

Il est facile d'ailleurs de reconnaître qu'il n'y aura pas lieu de faire d'autres vérifications, sauf pour l'assise du couronnement dont l'épaisseur devra être calculée pour qu'elle ne puisse être entraînée par les eaux des fortes crues (voir le calcul de l'article 67).

Remarque. — Si l'épaisseur CD trouvée pour le couronnement était inférieure à 0,60 (épaisseur nécessaire pour une bonne construction), il serait utile de modifier le profil en donnant à la base supérieure une longueur CD' égale à 0,60, et en joignant D'A. Cette construction a été justifiée dans l'article 67 (fig. 103).

Table rectificative dans le cas où le poids du mètre cube de maçonnerie n'est pas égal à 2.200.

Nous avons fait construire, comme dans le cas d'un barrage

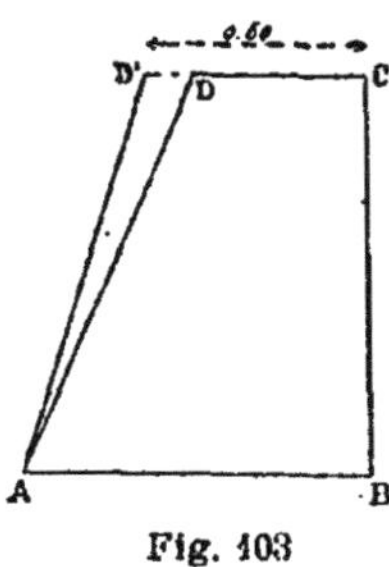

Fig. 103

ayant à résister à la poussée de l'eau, une table rectificative donnant, pour chaque valeur de ω, les coefficients par lesquels il faudra multiplier les résultats fournis par la table graphique n° 5. Cette nouvelle table porte le n° 6, et sa construction repose sur les mêmes principes que celle de la table n° 2.

On s'en sert comme de cette dernière, et l'approximation de la lecture est la même.

73. Calcul de l'épaisseur à donner à un barrage curviligne ayant à résister à la poussée des terres. — Comme nous avons supposé que la poussée des terres est normale à la paroi interne du barrage, la formule relative à la poussée de l'eau est applicable au cas qui nous occupe; il suffit d'y changer, comme nous l'avons fait précédemment, π en δc; elle devient ainsi :

$$x = \frac{\delta c R y}{N} + \frac{x^2}{2R}.$$

Nous renvoyons, pour tout ce qui concerne cette question, à l'article 68.

74. Du choix à faire entre les deux genres de barrages. — Voir l'article 69.

CHAPITRE XV

NOTIONS GÉNÉRALES SUR LA CONSTRUCTION DES OUVRAGES DE DÉFENSE

———

§ 1.

BARRAGES EN MAÇONNERIE

75. Différents genres de maçonnerie employés pour la construction des barrages. — On a employé jusqu'à ce jour pour les barrages des torrents des Alpes, la maçonnerie pleine, la maçonnerie sèche et la maçonnerie *mixte*, qui est la combinaison des deux autres ; le corps du mur est en pierres sèches, le couronnement et la paroi d'aval sont en maçonnerie hydraulique sur 0,80 d'épaisseur, ainsi que l'encadrement de l'aqueduc.

Ce système a bien réussi, car toutes les parties du mur qui doivent être en contact avec les blocs charriés sont cimentées par du mortier de chaux hydraulique.

Si l'on ne considérait que la résistance à l'écrasement, un mur rectiligne en maçonnerie mixte serait presque aussi solide qu'un mur en maçonnerie pleine ; mais il ne saurait en être de même en ce qui concerne la résistance au glissement ; car d'une part il faut évaluer à $\frac{1}{5}$ au moins les vides de la maçonnerie sèche, ce qui diminue d'autant le poids de l'ouvrage, et d'autre part on ne peut pas admettre que le coefficient de frottement soit supérieur à 0,76 dans un barrage mixte, tandis que nous l'avons pris égal à l'unité dans la maçonnerie ordinaire.

Dans ces conditions nous allons chercher quelle épaisseur il faut donner à un barrage mixte rectiligne pour qu'il ne puisse glisser sur sa base.

Conservons les mêmes notations que dans le chapitre précédent ; soit h la hauteur du barrage, n le fruit adopté, π le poids d'un mètre cube du liquide qui presse derrière le barrage, ω le poids d'un mètre cube de la maçonnerie pleine, et x l'épaisseur cherchée.

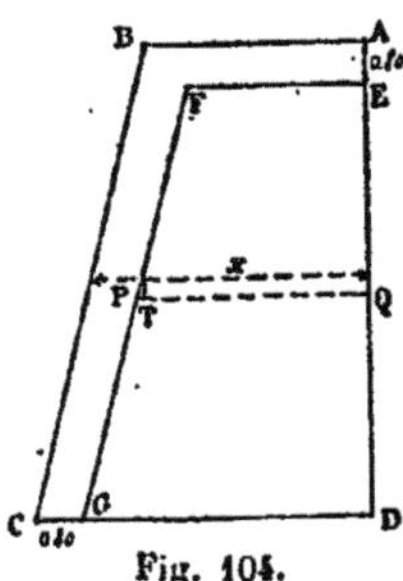
Fig. 104.

Considérons une longueur de mur égale à 1 m. et calculons le volume de la maçonnerie sèche dont la section droite est EFGD (fig. 104); la largeur moyenne PQ de cette section étant égale à QT + TP, c'est-à-dire à $x - 0,80 + 0,40\, n$, le volume de la maçonnerie sèche sur 1 m. de longueur est

$$(h - 0,80)\ (x - 0,80 + 0,40\, n)$$

et le volume des vides de cette maçonnerie est égal à

$$\frac{1}{5}\,(h - 0,80)\ (x - 0,80 + 0,4\, n)$$

ou $0,20\, x\,(h - 0,80) - 0,20\,(h - 0,80)\,(0,80 - 0,4\, n)$

Si l'on remarque que la surface du trapèze ABCD est égale à hx, le poids total de la maçonnerie, sur 1 m. de longueur, pourra être exprimé par la formule :

$$\omega\,[hx - 0,20\, x\,(h - 0,80) + 0,20\,(h - 0,80)\,(0,80 - 0,4\, n)]$$

La force de frottement étant les 0,76 de ce poids, et l'équilibre devant être établi entre cette force et la poussée $\frac{1}{2}\pi h^2$, l'équation qui exprimera cet équilibre sera la suivante :

$$0,76\,\omega\,[hx - 0,20\, x\,(h - 0,80) + 0,20\,(h - 0,80)\,(0,80 - 0,4 n)]$$
$$= \frac{1}{2}\,\pi h^2$$

d'où l'on tire, tous calculs faits :

$$x = \frac{\dfrac{1}{2}\,\pi h^2 - 0,152\,\omega\,(h - 0,80)\,(0,80 - 0,4\, n)}{0,76\,\omega\,(0,80\, h - 0,16)}$$

L'épaisseur moyenne x étant connue, il ne restera plus qu'à vérifier si cette épaisseur est suffisante pour la résistance à l'écrasement.

Le calcul qui précède peut servir à déterminer, *a priori*, lequel est le plus économique de deux barrages ayant même stabilité, l'un en maçonnerie pleine et l'autre en maçonnerie mixte.

Prenons un exemple :

Considérons d'abord un barrage en maçonnerie hydraulique de 5m.50 de hauteur et ayant à résister à une lave de 1.500 kg.; nous admettrons 7 kg. par centimètre carré pour l'effort-limite ; le poids d'un mètre cube de la maçonnerie a été trouvé égal à 2.400, et le fruit devra être égal à 0,20.

Le rapport $\dfrac{5,5}{7}$ étant égal à 0,786, suivons, sur la table n° 1, la ligne 1.500 jusqu'à la rencontre avec une horizontale fictive passant à peu près au tiers de l'intervalle compris entre 0,78 et 0,80 ; nous lirons 0,432 entre les deux obliques 0,430 et 0,435. L'épaisseur moyenne serait $0,432 \times 5,5 = 2,37$, si la maçonnerie ne pesait que 2.200 kg.; pour 2.400 kg., le chiffre rectificatif de la table n° 2 étant 0,923, l'épaisseur moyenne cherchée sera :

$$2,37 \times 0,923 = 2,20 \text{ en chiffres ronds.}$$

Avec cette épaisseur, le poids de la maçonnerie sur 1 m. de longueur sera égal à $2.400 \times 5,5 \times 2,2$ ou à 29.040 kg.; la valeur de la poussée étant égale à $\dfrac{1}{2} \times 1.500 \times 5,5^2 = 22.687$ kg., on reconnaît que le barrage résistera au glissement.

Appliquons maintenant la formule trouvée tout à l'heure au calcul du barrage mixte de même hauteur et ayant à résister dans les mêmes conditions ; il suffira de faire dans cette formule :

$$h = 5,50,\ \omega = 2.400,\ n = 0,20,\ \pi = 1.500$$

On trouve dans ces conditions :

$$x = 2\text{m}.60$$

et il est facile de voir que cette dimension est suffisante pour la résistance à l'écrasement.

Cela étant, le volume, sur 1 m. de longueur, du barrage en maçonnerie pleine est $5,5 \times 2,2 = 12\text{mc}.100$.

Dans le barrage mixte, le volume de la maçonnerie sèche est égal à 9mc.776 et celui de la maçonnerie pleine à 4mc.524.

En adoptant, pour le prix des maçonneries, les chiffres admis pour le barrage n° 6 du Bourget (voir l'ouvrage de M. Demontzey, 1re édition, page 351), on obtient :

1° Pour le prix de la maçonnerie ordinaire, sur 1 m. de longueur, dans l'exemple que nous avons choisi :

$$12\text{mc}.100 \text{ à } 16,30 = 197,23$$

2° Pour le prix de la maçonnerie mixte :

$$9\text{mc}.776 \text{ à } 6 \quad = 58,66$$
$$4\text{mc}.524 \text{ à } 16,30 = 73,74$$
$$\text{Total.} \quad \overline{132,40}$$

Dans ces conditions, l'avantage est incontestablement à la maçonnerie mixte. On pourrait arriver à un résultat contraire si les pierres de construction devenaient plus rares, et la chaux et le sable plus faciles à transporter.

Ainsi il sera toujours bien facile de savoir, en ce qui concerne les barrages rectilignes, quel est le système le plus économique.

Quant aux barrages curvilignes, si l'on veut en réduire l'épaisseur conformément aux calculs établis dans le chapitre précédent, il faudra les construire en maçonnerie ordinaire, afin d'avoir en quelque sorte un monolithe homogène dans lequel les pressions se transmettent comme le suppose la théorie.

Si l'on voulait faire un barrage curviligne en maçonnerie mixte, il faudrait l'appareiller avec le plus grand soin, et s'arranger de manière à ce que les joints fussent dirigés exactement suivant le rayon de la voûte.

Tout ce qui précède suppose que les deux maçonneries sont reliées entre elles. Dans le cas où, pour éviter des tassements inégaux, on préférerait les rendre indépendantes, de manière à avoir tout simplement deux murs accolés l'un à l'autre, il serait difficile de calculer directement les dimensions à donner au mur en maçonnerie sèche ABCD (fig. 105), celles du mur BEFC de maçonnerie ordinaire étant prises à l'avance. Tout ce que l'on peut faire c'est de vérifier la résistance et la stabilité d'un profil donné.

Pour cela on cherchera la résultante IR du poids du mur ABCD, appliqué au centre de gravité G de ce mur, et de la poussée appliquée au point K situé au tiers de DA. On composera cette résultante avec le poids du mur **BEFC**, dont le point d'application est au centre de gravité G' de ce mur, et l'on obtiendra une deuxième résultante I'R' qui coupera en T la base DF.

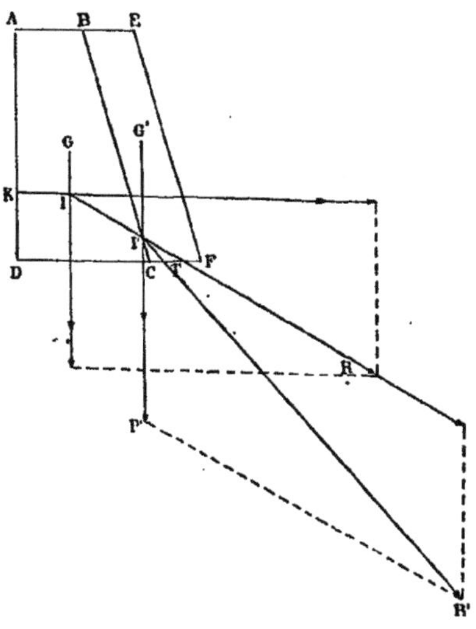

Fig. 105.

La position du point T et la valeur de l'angle P'I'R' indiqueront si le profil adopté pourrait résister à l'écrasement et au glissement.

Au début de la correction des torrents, on a fait un usage presque exclusif de la maçonnerie sèche. On était séduit par l'apparence du bon marché ; et en second lieu l'on se disait qu'un mur ainsi construit ferait l'office d'un crible favorisant le passage des eaux et des boues dont le séjournement en amont est très préjudiciable, ainsi que nous l'avons déjà fait remarquer.

Or pour être bien sûr que l'emploi de la pierre sèche réalise une économie, il faudrait d'abord faire un calcul analogue à celui que nous venons de faire pour comparer la maçonnerie mixte à la maçonnerie pleine. — Comme, d'une part, l'épaisseur serait naturellement plus grande que dans les deux cas précédents, que, d'autre part, l obligation de parer sur quatre faces et d'ébaucher en tête les pierres entraînerait une augmentation sérieuse dans le prix du mètre cube, on reconnaîtrait bien vite que, dans la plupart des cas, à égalité de stabilité, un barrage en maçonnerie sèche coûterait au moins aussi cher qu'un mur construit d'après l'un des deux autres systèmes. Il ne pourrait y avoir d'exception que si l'on employait des pierres dont le clivage est facile, comme le grès.

En ce qui concerne le passage des eaux et des boues, il est hors de doute que si le mur fonctionne au début comme un crible, il suffit, par contre, de l'arrivée d'une lave pour colmater les joints. Les boues qui arrivent après restent en amont, et l'effet du crible est détruit. On a d'ailleurs reconnu bien vite l'illusion dans laquelle on était tombé ; et dans les murs en pierres sèches, comme dans les murs en mortier, on a dû ménager des aqueducs pour l'écoulement des boues liquides et des matières terreuses de l'atterrissement.

Ajoutons que, par une grande lave, les pierres du couronnement, perdant une très grande partie de leur poids (voir l'article 22) sont très facilement entraînées parce qu'elles sont isolées ; et une fois le couronnement parti, le mur est perdu. Si, au contraire, le barrage est fait en maçonnerie pleine ou en maçonnerie mixte, le couronnement forme un tout homogène, et s'il est ébréché, il sera bien facilement réparé.

S'il survient une crue pendant la construction d'un barrage, celui-ci sera totalement emporté s'il est en maçonnerie sèche ; dans le cas contraire, la partie nouvellement construite seule sera enlevée, et elle ne constituera pas généralement un bien grand volume, vu qu'il est très facile, comme nous l'avons déjà fait remarquer, de se procurer dans les Alpes de la chaux à prise rapide.

Enfin la maçonnerie ordinaire ne nécessitant que l'emploi de petits matériaux, l'exécution en sera bien plus facile dans les torrents où la pierre de bonne qualité n'est pas abondante.

Concluons donc, avec M. Demontzey, qu'il ne faudra employer la maçonnerie sèche que dans les parties élevées où le transport de la chaux et du sable entraînerait des frais considérables ; et ajoutons qu'il faudra en prescrire complètement l'emploi sur le passage des laves.

Il faudra les construire avec les plus forts matériaux possible ; et de plus l'arrangement de ces matériaux devra être fait avec le plus grand soin, de façon à réduire au minimum les vides de la maçonnerie et à avoir des lits et des joints soignés principalement dans le parement.   17

76. Barrages à assises inclinées. — M. l'ingénieur Rohr, de Berne, a adopté un système de barrages dont les assises sont inclinées vers l'amont, comme le représente la figure 106.

Les avantages de ce système sont les suivants :

1° Les extrémités des pierres dans le parement d'aval sont taillées à angles droits, au lieu de l'être à pan incliné, ce qui est plus économique.

2° La poussée de l'eau ou des terres étant une force horizontale ne sera plus, comme dans les constructions ordinaires, une force parallèle à la direction des assises et son action se trouvera diminuée.

Fig. 106.

3° Enfin l'assise inclinée provoque un atterrissement sur la cuvette, circonstance très favorable à la conservation de cette dernière.

La seule objection que l'on ait faite à ce système, c'est que le barrage pourrait tendre à glisser vers l'amont tant que l'atterrissement n'est pas formé. Cette objection ne nous paraît pas sérieuse, car le glissement ne pourrait se produire que si le fruit était égal au coefficient de frottement, ce qui est inadmissible. Du reste, on pourra conjurer complètement ce danger au moyen d'un atterrissement artificiel.

77. Fondations. — Il est nécessaire que les extrémités d'un barrage soient fortement enracinées dans les berges, afin qu'il ne puisse être tourné par les eaux. Indépendamment des fondations à exécuter dans le fond du lit, il y a donc lieu de considérer celles à faire dans les berges.

Fondations dans le fond du lit. — Ces fondations seront ouvertes à une profondeur indiquée par des sondages préalables.

Si l'on trouve le roc ou bien un terrain de transport au-dessous duquel le roc émerge à peu de profondeur, on descendra les fondations jusqu'au rocher; si l'on a employé le système Rohr, on inclinera les assises vers l'amont, pour que le poids du barrage concourre à sa solidité.

Si la roche n'apparaît que sur certains points, laissant entre eux des espaces terreux, on fera des fouilles entre ces points rocheux, qui serviront de culées à de petites voûtes sous lesquelles on fera des garnissages en gros blocs posés à sec.

Si enfin l'on ne trouve pas de roche, on ouvrira les tranchées jusqu'au terrain dur que l'on pilotera au besoin et sur lequel on étendra une couche de béton.

Nous n'avons pas à entrer ici dans les détails de la construction de ces fondations qui n'offrent rien de spécial; on pourra consulter à cet égard les nombreux ouvrages qui ont été écrits sur ce sujet.

Il nous semble inutile, au point de vue de la résistance, de pousser, comme on l'a fait quelquefois, le parement d'aval jusqu'au point le plus bas des fondations.

Fondations dans les berges. — Dans les berges les fondations seront exécutées par redans inclinés vers l'amont et à angles droits (voir fig. 97); cette inclinaison pourra varier de 5 à 10 p. 0/0. On poussera les fouilles jusqu'au roc ou au moins jusqu'au terrain solide.

Il est bon de donner à ces fondations des épaisseurs croissantes depuis le sommet de la cuvette jusqu'au pied du barrage, car la poussée augmente de haut en bas.

Pour éviter les affouillements des ailes, il est essentiel de ne pas établir de redans au-dessus de la ligne horizontale qui passe par le point le plus bas de la cuvette.

79. Radiers et contre-barrages. — Le radier est un mur enfoncé dans le sol destiné :

1° A protéger le pied du barrage contre l'affouillement des eaux ; 2° à recevoir le choc des pierres qui passent par dessus la cuvette ; 3° à détruire ou au moins à atténuer le plus possible la vitesse des eaux.

La longueur du radier, dans le sens du profil en long, devra être calculée par la double condition qu'il doit recevoir toute la gerbe d'eau échappée de la cuvette et n'être pas affouillé lui-même à l'aval. Ce calcul ne présentera aucune difficulté si l'on peut évaluer la vitesse maximum de l'eau claire qui pourra passer sur le couronnement dans les fortes crues. Je n'insisterai pas sur cette question, et je renverrai tout simplement à la figure et au calcul de l'article 55.

La largeur du radier devra être assez grande pour permettre à l'eau de se développer dans la section transversale sans attaquer les berges. — Enfin la profondeur devra être suffisante pour que l'ouvrage résiste aux chocs des pierres qui tomberont du couronnement du mur.

Ajoutons que le profil en long du radier doit être à peu près horizontal, afin d'empêcher les eaux de reprendre trop rapidement leur vitesse après la chute.

Le corps du radier est généralement en pierres sèches ; pour maintenir ces pierres on a fait usage, notamment dans les Hautes-Alpes, de pièces de charpente entrecroisées et posées dans les fondations du barrage, ou bien maintenues en aval par des pieux fortement enfoncés dans le lit, etc. ; mais ces pièces de bois, exposées aux alternatives de sécheresse et d'humidité ne tardent pas à pourrir et à compromettre tout l'ouvrage.

Aussi, dans les travaux d'une certaine importance, est-il préférable d'employer ce qu'on appelle un *contre-barrage* ou *mur de garde*, c'est-à-dire un mur en travers dont les fondations reposent sur le terrain solide et qui n'a, suivant l'axe du courant, qu'une faible saillie au-dessus du lit, afin d'éviter tout affouillement à l'aval.

Le barrage et le contre-barrage seront réunis, dans le cas où le sol serait affouillable, par une maçonnerie pleine ou par une maçonnerie sèche, mais formée, dans ce dernier cas, des plus gros matériaux que l'on pourra se procurer.

Le couronnement du contre-barrage sera fait comme celui du barrage ; mais la cuvette devra avoir, à cause des remous, une section un peu supérieure à celle de la cuvette de l'ouvrage principal.

On peut disposer de deux manières différentes le contre-barrage par rapport au radier ; la première méthode consiste à établir son couronnement dans le prolongement du radier, la deuxième à établir ce couronnement en contre-haut du radier.

La première disposition (voir fig. 107) pourra être employée si la hauteur du barrage n'est pas très grande.

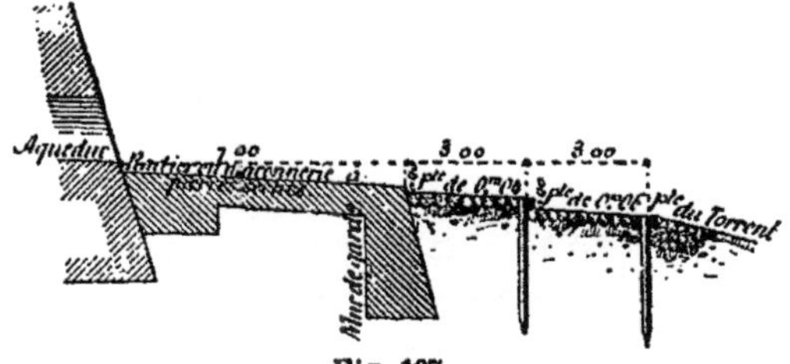

Fig. 107.

Au moyen de la deuxième disposition (voir fig. 108) les eaux tomberont de la hauteur du barrage sur une épaisseur liquide de 0m.50 qui fera l'effet d'une espèce de matelas amortissant le choc ; ces eaux perdront toute la vitesse acquise, et ressortiront sans violence par le couronnement du contre-barrage.

Ce système de radier n'a pas toujours été suffisant en raison de la chute qui se produit toujours en aval du contre-barrage ; il a été complété de la manière suivante (voir fig. 107).

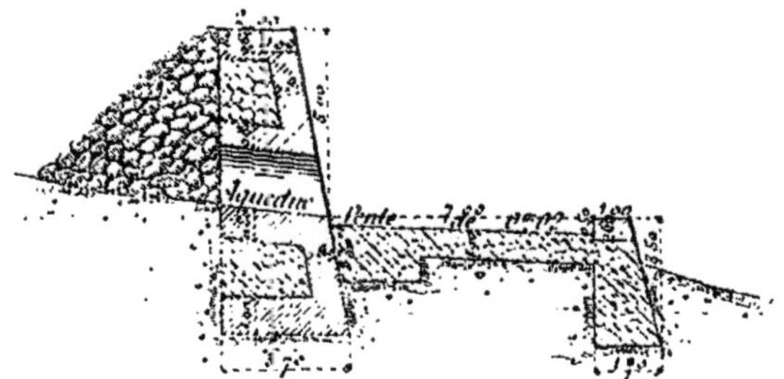

Fig. 108.

A l'aval du contre-barrage, on a établi un deuxième, puis un troisième radiers, séparés par de petites chutes de 0m.40 à 0m.50 et ayant une pente de 0m.04 à 0m.06 par mètre. Ils sont formés tout simplement d'enrochements soutenus à l'aval par des pieux qui sont quelquefois croisés entre eux. — A l'aval du dernier radier se trouve enfin un massif d'enrochement dont le couronnement a la pente du torrent.

Enfin, pour préserver les berges contre les remous, on construit souvent un mur de revêtement sur chacune des rives.

Je donne ci-dessous, d'après **M. Demontzey**, la description d'un grand barrage destiné à servir de base à tout un système de correction appliqué au torrent du Riou-Bourdoux dont le cours est indiqué sur la figure 17 de la première partie de cette étude.

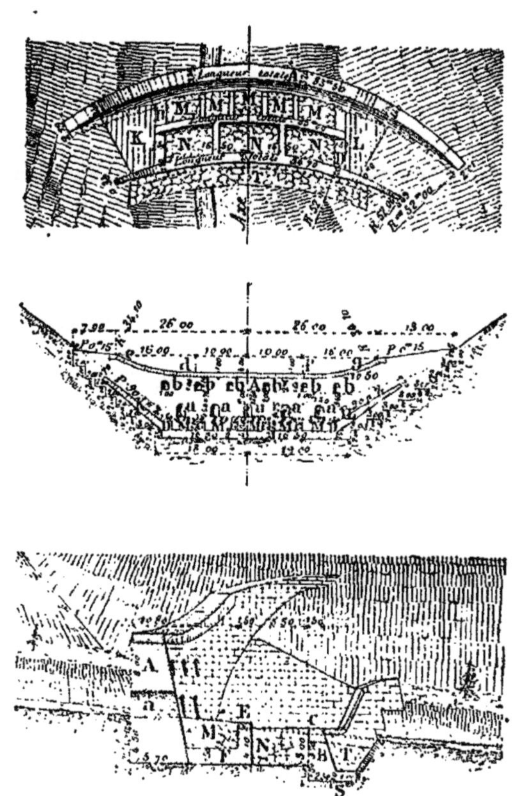

Fig. 109.

Ce barrage A (voir fig. 109) a 8 m. de hauteur; il est destiné à produire, sur une longueur de 1.200 m., un atterrissement appelé à consolider d'énormes berges de terres noires en état de glissement sur les deux rives.

Il est curviligne et sa longueur développée est de 83m.50.

La cuvette qui le couronne est plate sur 22 m. et se termine vers les ailes par deux arcs de cercle symétriques *de* et *fg*. Cette forme a été adoptée conformément aux indications données dans l'article 56.

Le volume des eaux qui passe dans la section du barrage pouvant être très considérable, on a prévu 11 aqueducs dont 5 grands *a* et 6 autres *b* plus petits situés au-dessus des premiers ; ces pertuis sont garnis, sur le parement amont du mur, de barres de fer entrecroisées et destinées à retenir les pierres dans l'atterrissement.

Le radier, entre les murs de revêtement **K** et **L**, a une largeur de 33 m., c'est-à-dire une fois et demie plus grande que la partie plate *df* du couronnement du barrage. Il est formé d'un enrochement de gros blocs posés debout et il est limité en avant par le contre-barrage **B** et latéralement par deux murs verticaux **D** ; sa surface est horizontale.

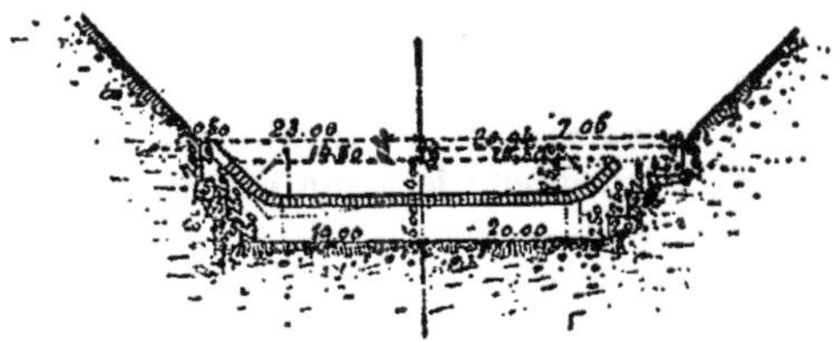

Fig. 109 *bis*.

Le contre-barrage (voir fig. 109 *bis*) est situé à 17 m. en aval du parement amont du barrage ; le milieu **C** de son couronnement, qui a la même forme que celui du barrage, est placé à 1 m. en contre-bas du grand aqueduc central.

Pour donner plus de solidité à l'ouvrage on a coupé le radier par un mur curviligne **E** parallèle au barrage et au contre-barrage. Il est bâti à l'extrémité d'un massif de maçonnerie pleine **F** qui est le prolongement des fondations du barrage. L'intervalle est divisé en 5 compartiments **M** correspondant aux 5 grands aqueducs *a*, et limités latéralement par des murs verticaux **G** parallèles à l'axe du courant. Ces derniers ont leur face supérieure dans le plan même du radier, tandis que le mur **E** est en saillie de 0m.60. Les sommets des blocs des compartiments **M** viennent à la hauteur de ce mur, et retiennent entre eux d'autres blocs mis en travers sur les murs **G**, qui se trouvent ainsi protégés contre les chocs.

L'intervalle compris entre le mur E et le contre-barrage est divisé en trois compartiments N semblables aux premiers ; les sommets des blocs qui s'y trouvent dépassent un peu le couronnement du contre-barrage tout en restant en contrebas du couronnement de l'anneau E.

Les fondations du contre-barrage, à l'instar de celles du barrage, sont prolongées suivant un massif plein S recouvert par un enrochement T placé dans une fouille inclinée à 45°.

Dans la construction de cet important radier on a satisfait, comme on le voit, à la condition essentielle de brisement de la vitesse. En premier lieu la lame d'eau qui tombe du couronnement du barrage, n'ayant que 22 m. à la base, vient s'épanouir sur une sorte de palier hérissé de 33 m. de largeur. Forcée, en second lieu, de reprendre une forme régulière en traversant le couronnement du mur E, elle passe, après une faible chute de 0m.60, sur un second palier semblable au premier, et par ce fait tout danger de remous contre le pied du barrage se trouve supprimé. Enfin, après avoir traversé la cuvette du contre-barrage et l'enrochement T, elle reprend la pente du lit avec une vitesse initiale presque nulle.

Il résulte de cette annulation presque complète de vitesse que l'enrochement T pourra être difficilement enlevé. Mais s'il l'était à la suite d'une crue excessive, le massif plein S qui se trouve au-dessous protégerait le contre-barrage contre l'affouillement. Celui-ci fût-il entraîné et avec lui les blocs des compartiments N, qu'il serait remplacé dans son rôle de protection, par le mur annulaire E.

Enfin si ce dernier venait à manquer, la solidité du grand barrage ne serait pas encore compromise, car il resterait le massif F pour empêcher l'affouillement.

La sécurité de l'ouvrage est donc assurée, et s'il se produisait quelques avaries, elles seraient facilement réparables.

La description de cet important radier, où se trouvent combinées toutes les règles de l'art, nous dispense d'en donner d'autres. Avec une chute moins importante ou une largeur moins grande, on pourra soit réduire le nombre des compartiments, soit supprimer le mur intermédiaire E. Cette construction peut, du reste, avec quelques modifications, être appliquée à un barrage rectiligne.

79. Barrages en gradins. — *Consolidation.* — Si pour obtenir un redressement considérable du lit d'un torrent on se trouvait obligé, par suite de la rareté des emplacements, de construire un barrage plus élevé encore que celui que nous venons de décrire, on pourrait avoir recours à des barrages en gradins.

Fig. 110.

La figure 110 représente une disposition adoptée dans le torrent du Faucon (vallée de Barcelonnette). Le barrage n° 1 n'offre rien de particulier. Son radier, formé d'un enrochement de gros blocs, est maintenu par un contre-barrage construit d'après les mêmes règles que celui du Riou-Bourdoux.

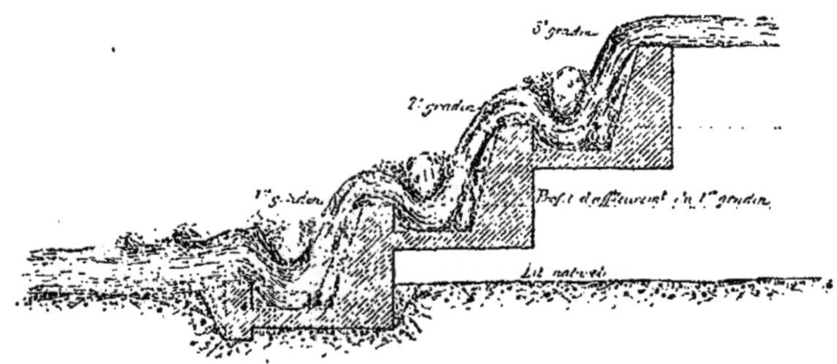

Fig. 111.

Une fois que cet ouvrage sera atterri, on en fondera un deuxième sur les dépôts ; les fondations de ce deuxième barrage seront prolongées jusqu'à la paroi d'amont du premier et sur ce massif on placera un enrochement de gros blocs dont les sommets viendront affleurer le couronnement du barrage n° 1.

Pour que ce système puisse être employé avec avantage, il faut que les atterrissements ne soient formés que de blocs et de pierrailles et ne contiennent ni boues ni matières terreuses.

Retenue. — Pour les barrages de retenue, M. Philippe Breton adopte un système analogue (fig. 111). Le barrage du premier gradin et son contre-barrage sont construits à la manière ordinaire.

Le radier est en contrebas du couronnement du mur de garde. Sa longueur, dans le sens du profil en long, doit être calculée par cette considération que les eaux, au moment des crues, tombent assez loin du contre-barrage pour pouvoir se relever derrière celui-ci en s'épanouissant, et reprendre ensuite leur cours, après avoir perdu le plus possible de leur agitation.

Le deuxième barrage doit être placé le plus près possible du premier ; l'intervalle qui le sépare de celui-ci ne doit pas dépasser la longueur nécessaire au développement des tourbillons dont le but est de briser la vitesse des eaux. Il doit être fondé assez bas pour que son radier soit aussi creux que le premier.

Quant à la hauteur de chaque gradin, elle devra être réglée de façon que l'étang formé en avant d'un barrage soit assez long pour qu'un banc de gravier poussé par une crue ne puisse pas franchir la crête de l'ouvrage avant d'avoir rempli le réservoir sur lequel on avait compté.

§ 2.

CLAYONNAGES

80. Clayonnages à un seul parement. — On peut ranger les clayonnages de premier ordre en deux types principaux : les clayonnages avec moises à l'amont et les clayonnages à longrine encastrée.

Clayonnages avec moises à l'amont. — Pour exécuter un clayonnage avec moises à l'amont, on ouvre d'abord une fouille dans toute sa longueur, de manière à atteindre le roc ou le sol résistant. Il faut, en effet, clayonner jusqu'au terrain dur, afin d'empêcher les eaux de passer sous l'ouvrage. La fouille une fois ouverte, on creuse à la barre à mine et on drague les trous destinés à recevoir les piquets ; leur diamètre est en moyenne de 0m.15, leur profondeur varie de 0m.80 à 1 m. Les piquets de mélèze sont placés en terre par le gros bout préalablement carbonisé sur 1m.50 de longueur ; on les consolide en chassant à coups de masse, dans les trous, des pierres dures faisant office de coins. Quant aux piquets de saule, ils sont pris dans les branches coupées depuis cinq jours au plus ; avant de les mettre en œuvre, il faut en rafraîchir le bout par une section bien nette.

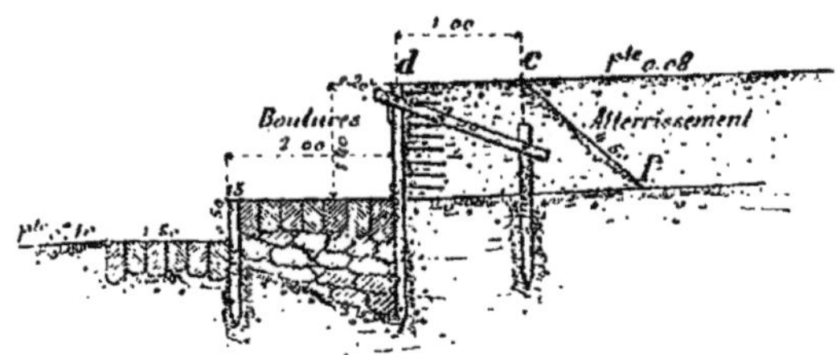

Fig. 112.

Les longrines sont généralement en mélèze avec un équarrissage de 0m.20 sur 0m.14 ; elles sont placées à 0m.20 au-dessous des têtes des gros piquets et reliées à ces derniers par des crosses en fer forgé de 0m.01 de côté et de 0,23 de longueur. A 1m.50 en amont du parement on plante solidement des piquets dépassant le sol de 0m.80 au plus (fig. 112) et reliés avec la longrine centrale par des moises destinées à maintenir le barrage rectiligne en le protégeant contre la poussée des terres. Ces moises sont entaillées au bout qui rencontre les longrines ; elles sont de plus fixées, par une crosse en fer, au piquet qui leur correspond, ainsi qu'au piquet d'attache.

Les branches de saule destinées au tressage sont fournies par fascines de 3 m. de longueur sur 1 m. de tour ; elles doivent provenir de rejets de 2 à 4 ans coupés depuis moins de 5 jours. Ce tressage doit être serré fortement. Quand il a 0m.30 de hauteur, on établit à l'amont de l'ouvrage un remblai sur lequel on étend un lit de boutures, de 0m.80 de longueur, disposées suivant l'axe du torrent, espacées entre elles de 0m.05 à 0m.06, et dépassant de 0m.03 ou 0m.04 le tressage, que l'on continue sur une nouvelle hauteur de 0m.30, et ainsi de suite. On finit ainsi par obtenir un remblai en terre et pierraille, ayant une plate-forme de 1m.50 à 2 m. au sommet et en amont un talus *cf* incliné à 45°. Ce remblai est destiné à protéger le clayonnage contre le premier choc des crues, par le brusque ralentissement de pente qu'il détermine ; une fois qu'il est terminé, on enfonce dans la plate-forme d'autres boutures verticales.

Au pied de l'ouvrage on établit un radier dont la tête est formée par un petit clayonnage sans longrine, protégé par un petit enrochement.

Clayonnages à longrine encastrée. — Ces clayonnages ne se distinguent des précédents qu'en ce que la longrine fixée aux piquets de mélèze est encastrée de 0m.80 dans la berge ; les ailes ont une pente de 25 p. 0/0 de chaque côté de l'axe (fig. 113).

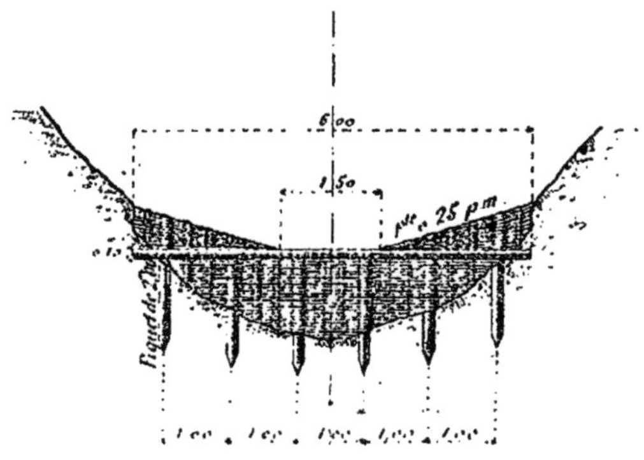

Fig. 118.

Ainsi la différence caractéristique des deux types de clayonnages de premier ordre, c'est que les premiers sont soutenus par des piquets moisés à l'amont, et les autres par la résistance des berges. — Construits au printemps, ces clayonnages sont atterris à l'automne.

Clayonnages de 2ᵉ ordre. — Les piquets des clayonnages de deuxième ordre, qui sont tous en saule, ainsi que je l'ai fait remarquer dans le chapitre XII, sont enfoncés de 1 m. de profondeur dans des trous ouverts à la pince dans l'atterrissement : les trous faits dans les berges sont creusés à la barre à mine. Puis la construction s'achève comme pour les clayonnages de premier ordre, avec cette seule différence que les longrines sont supprimées.

Au fur et à mesure de la construction de ces petits ouvrages on pave grossièrement, sur une largeur variable selon les ravins, tout l'espace compris entre deux d'entre eux, ainsi que l'intervalle laissé entre les clayonnages de premier ordre et les premiers clayonnages de deuxième ordre ; la partie non pavée est garnie de boutures et de brins de feuillus, tels que frênes, ormes, érables, etc.

Il faut toujours laisser écouler un certain temps avant de construire un clayonnage sur l'atterrissement du précédent, afin que la terre de cet atterrissement ait eu le temps de se bien tasser.

Il arrive quelquefois qu'on n'a pas de saules à sa disposition pour faire ces barrages en bois. C'est toujours regrettable, et il ne faudrait pas reculer devant la dépense d'établissement d'une pépinière pour se procurer cette essence si précieuse dans la construction des barrages en bois.

Quand on n'a pas suffisamment de brins de saule pour faire tout l'ouvrage avec cette essence, on a recours à tout autre bois en choisissant de préférence pour les clayonnages les bois les plus flexibles, tels que le coudrier, et au besoin le sapin et l'épicéa (le pin et le mélèze sont cassants et d'un mauvais emploi). Dans ces circonstances il faut encore chercher à rendre les barrages vivants. Pour cela, entre les brins du clayonnage, on place un lit de boutures de saules horizontalement, en assez grand nombre, pour avoir plus tard une végétation suffisante.

Enfin si l'on ne peut pas se procurer de saules, on doit chercher à arriver au même résultat en plantant des arbustes dans les atterrissements formés en arrière des barrages. L'aune sera d'un puissant secours dans cette circonstance.

81. Clayonnages à deux parements. — Nous avons vu, dans le département des Basses-Alpes, au torrent du Labouret, un grand barrage en bois, qui n'est autre chose qu'un clayonnage à deux parements, dont la hauteur a été portée à 2 m. au-dessus du radier. — En raison de cette hauteur, les gros piquets sont reliés par des pièces longitudinales AB et CD qui assurent leur liaison (fig. 114). Les deux parements EF et GH sont réunis par des pièces transversales IK distantes de deux mètres, c'est-à-dire placées de deux en deux gros piquets. Chaque pièce transversale est elle-même fixée à un pieu KL placé à 1 m. en arrière du barrage, pour que l'ensemble de l'ouvrage puisse résister à la poussée des terres. On a remblayé ensuite l'intervalle des deux lignes et on a planté un grand nombre de boutures formées de gros piquets de saule de 0m.05 environ de diamètre.

Les piquets intermédiaires de saules, les brins du clayonnage et les boutures forment actuellement un barrage vivant très touffu.

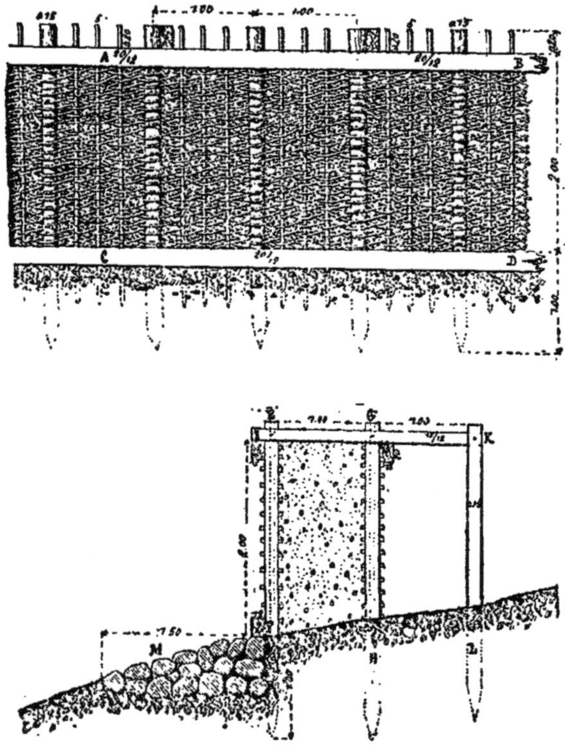

Fig. 114.

89. Clayonnages du système Jenny. — Nous empruntons à l'excellent ouvrage de M. Marchand, sur les torrents des Alpes, la description du système de défense appliqué par le président Jenny dans le torrent de Nieder-Urnen (canton de Glaris), dont nous avons déjà parlé dans le chapitre X.

Au moment de l'entreprise des travaux, on rencontrait dans ce torrent de profonds ravinements séparés par des crêtes aiguës, avec des berges escarpées absolument nues. A cause de la grandeur des pentes, il n'était pas possible d'y introduire la végétation. — Pour modifier l'état superficiel de ces ravins, M. Jenny s'est appliqué à retenir dans leur sein les matériaux détachés des berges par les orages, et il y a parfaitement réussi.

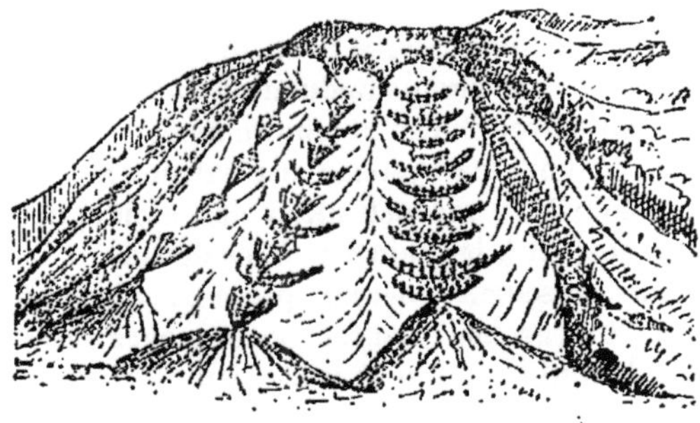

Fig. 115.

Des barrages en pierres ont été établis aux points de jonction des grandes ramifications avec la branche principale du torrent. Les atterrissements ayant ainsi une base solide, on a construit dans le fond des ravins, en commençant par le haut, des clayonnages courbes, la concavité en amont (voir fig. 115); cette forme

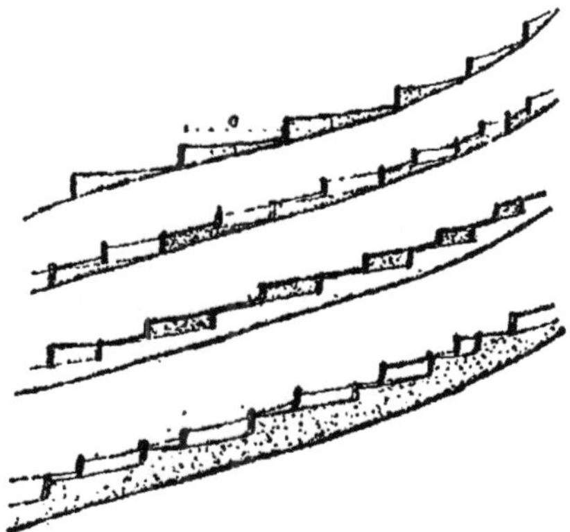

Fig. 116.

leur permettait d'accumuler les matériaux au milieu des ravinements, où ils jouaient le rôle de petits barrages. — Leur hauteur est de 0m.40 à 0m.50 et leur espacement de 1 à 2 m., suivant la rapidité de la pente.

Le premier orage suffisait quelquefois pour atterrir les clayonnages ; le profil du ravin se trouvait ainsi modifié et se disposait en escalier. Ce résultat obtenu, de nouveaux ouvrages étaient établis sur les atterrissements des premiers, et ainsi de suite. Le fond du lit se trouvait ainsi relevé à chaque orage (voir fig. 116), la pente des berges diminuée, et le ravin profond et étroit était à la fin remplacé par une simple ondulation du sol, dont on pouvait alors facilement entreprendre le reboisement.

Comme on le voit, ce système est extrêmement ingénieux, puisqu'il emploie à la reconstitution des montagnes les forces mêmes qui tendaient à les ruiner et à les détruire.

Il est malheureusement onéreux, parce que d'une part il nécessite l'emploi d'une grande quantité de branches qu'il faut transporter à dos de mulet, et que d'autre part il nécessite des frais de surveillance et d'entretien continuels. Mais il permet d'arriver sûrement au but que l'on s'est proposé, à la condition toutefois qu'on ait la certitude de pouvoir, une fois les derniers ouvrages construits, exécuter un pavage en forme de rigole, pour empêcher l'affouillement longitudinal.

§ 3.

FASCINAGES

On construit les fascinages comme les clayonnages ; mais l'exécution en est plus simple et plus facile. Une fois que les piquets sont plantés, on nivelle le fond du ravin sur lequel on étend un premier lit de boutures dans la direction de l'axe. Sur l'extrémité de ces boutures on pose la première fascine, on achève de les recouvrir par une couche de terre qui s'élève jusqu'au sommet de la fascine, puis on étend un deuxième lit de boutures qu'on recouvre de la même manière, et ainsi de suite.

Les intervalles qui séparent deux fascinages sont plantés au fur et à mesure de l'exécution. On ne construit pas de pavage régulier comme dans les clayonnages, mais on rassemble à l'aval des fascinages toutes les pierres qu'on trouve à portée.

Les fascinages dont nous venons de parler s'appliquent aux

ravins d'une certaine importance, dans lesquels il faut consacrer plusieurs années à la correction.

Dans les petits ravins, où la végétation se fixe plus rapidement, on ne s'astreint pas toujours à employer des fascines formées exclusivement de branches de saules. On réalise une grande économie en réservant ces dernières pour la confection de la cape extérieure de la fascine, que l'on remplit avec des branches provenant des arbres et des broussailles existant à la portée des travaux.

§ 4.

TRAVAUX D'ASSAINISSEMENT

83. Pierrées. — On donne aux pierrées une épaisseur de 1 à 2 m., suivant la profondeur à laquelle elles doivent descendre. L'essentiel est que leurs bases se trouvent toujours en contrebas du banc de suintement. Ce banc étant presque toujours incliné, le fond de la pierrée sera généralement disposé en gradins (fig. 117).

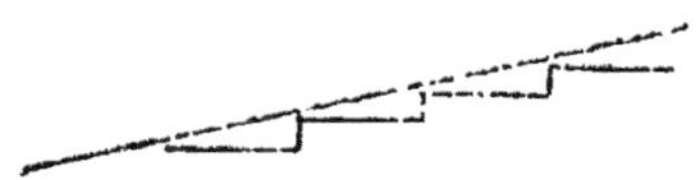

Fig. 117.

L'espacement des pierrées est très variable ; il peut être de 10 ou de 20 m., suivant la nature du terrain. Il faut se préoccuper, dans l'établissement de ces travaux, de l'écoulement des eaux sorties des terres, et construire, si c'est nécessaire, des rigoles pour cet écoulement.

Pour éviter des déblais inutiles, on dressera la fouille aussi verticalement que possible. On se servira pour cela d'étais et de boisages analogues à ceux que l'on emploie dans les travaux ordinaires.

L'aqueduc n'a pas besoin généralement d'avoir plus de 0m.20 de côté. Les pierres que l'on met par dessus doivent avoir leurs parois dressées bien verticalement, afin que cette sorte de maçonnerie sèche se soutienne par elle-même et remplisse son rôle de contrefort. Pour arriver à ce résultat, il faut veiller à ce que les ouvriers ne jettent pas les pierres pêle-mêle dans la fouille, et qu'ils fassent un véritable emmétrage en arrangeant avec précaution les pierres à la main.

Les étais et les boisages qui maintiennent les parois de la fouille s'enlèvent successivement, et l'on remplit, avec des débris de pierres ou de gravier, l'intervalle qui existe entre ces parois et le mur.

Il faut avoir soin de pilonner les terres rapportées, afin de leur donner à peu près la cohésion qu'elles avaient auparavant.

84. Drains. — Nous allons donner la description des travaux de drainage effectués dans le torrent du Sécheron et dont il a été parlé dans le chapitre X.

On a employé des drains de premier ordre et des drains de deuxième ordre.

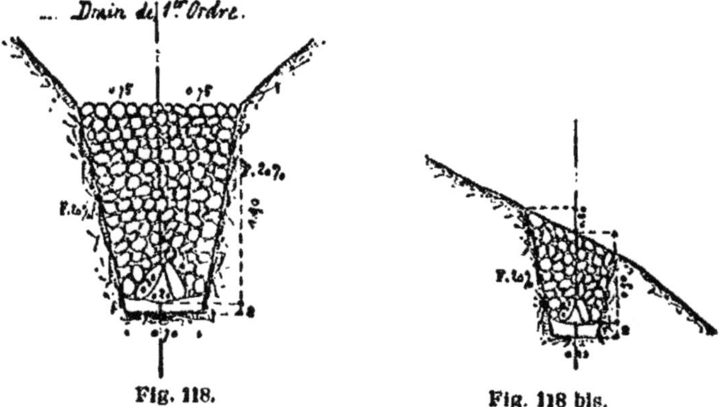

Fig. 118.   Fig. 118 bis.

Les drains de premier ordre (fig. 118) ont été ouverts à une profondeur moyenne de 2 m. avec une largeur de 0m.70 à la base et de 1m.50 en gueule. Le fond a été pavé en cuvette ; sur ce pavage et à une distance de 0m.10 de chaque côté de l'axe, on a placé des pierres ayant au moins 0m.30 de longueur, 0m.20 de largeur et 0m.20 d'épaisseur, lesquelles sont appuyées les unes contre les autres par leur sommet, afin de ménager un passage suffisant aux eaux. Puis, après les avoir fortement calées, on a rempli le reste du fossé avec des pierres dont les plus grosses ont été placées dans le fond afin de prévenir, en cas d'éboulement accidentel se produisant sur un drain, l'obstruction du passage réservé aux eaux.

Ces drains ont tous été tracés suivant la ligne de plus grande pente. Cette disposition assure le rapide écoulement des eaux ainsi que l'entraînement immédiat des petits graviers et du sable, et empêche complètement les infiltrations qui se produisent si fréquemment dans les canaux ouverts latéralement sur le flanc des montagnes. En outre, les pierres remplissant les fossés de drainage assurent la stabilité des berges, tout en permettant une facile infiltration des eaux à travers leurs interstices.

Les drains de deuxième ordre (fig. 118 bis) ont été construits suivant les mêmes principes, mais avec des dimensions moindres; on ne leur a donné qu'un mètre de profondeur moyenne, 0m.40 de largeur à la base et 0m.80 en gueule. Les dimensions des pierres formant voûte pour le passage des eaux ont été réduites à 0m.20 de longueur et 0m.15 de largeur et d'épaisseur.

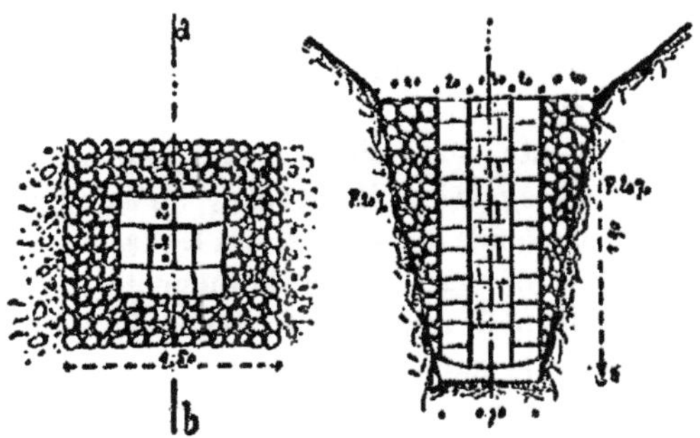

Fig. 119.

On a disposé, de distance en distance, et notamment aux points de jonction des lignes de premier et de deuxième ordre, des regards destinés à la surveillance du fonctionnement des drains (fig. 119). Les quatre faces verticales constituant les parois de ces ouvrages ont été faites en maçonnerie de pierres sèches et disposées de manière à ménager un vide central de 0m.30 de côté, que l'on recouvre au moyen d'une dalle.

L'issue du grand drain collecteur est en dehors des terrains instables; pour éviter qu'il ne soit affouillé à sa base et pour lui donner un point d'appui solide, on a prévu la construction d'un seuil en maçonnerie qui en assure la stabilité.

L'écartement à donner aux drains dépend de la profondeur H de ces drains, de la profondeur minimum h à laquelle devra être maintenue la nappe d'eau au-dessous de la surface du sol, et de la pente p d'assèchement, c'est-à-dire de la pente nécessaire, par mètre courant, à la nappe d'eau souterraine pour vaincre la résistance de l'action capillaire qui tend à élever le liquide vers la surface du terrain (fig. 120).

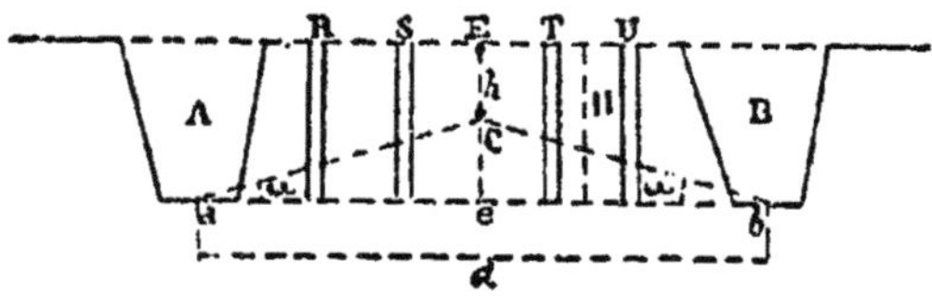

Fig. 120.

Dans toutes les opérations de drainage, on a remarqué, en effet, que le sol le mieux assaini est celui qui se trouve immédiatement au-dessus de chaque tranchée et que celui qui profite le moins de l'opération est situé en E à égale distance des deux drains A et B.

Dès lors si la pente nécessaire à l'eau pour vaincre la résistance capillaire est égale à p, il est clair qu'en menant, par les milieux a et b des fonds des drains, des lignes aC, bC inclinées sur l'horizontale d'un angle α dont la tangente trigonométrique est égale à p, le point de rencontre C de ces deux lignes limitera l'abaissement h de la nappe souterraine ; et en désignant par d l'écartement des drains, on aura évidemment :

$$H - h = p\frac{d}{2}$$

équation qui permettra de déterminer d en fonction de H, ou inversement, étant données les quantités h et p.

On a fait un certain nombre d'expériences pour déterminer p, et l'on a trouvé que la pente d'assèchement varie de 0m.015 à 0m.020 dans une terre crayeuse ;

de 0m.025 à 0m.030 dans la terre végétale et dans les sols perméables ;

de 0m.07 à 0m.08 dans les terres argileuses ordinaires ;

et qu'elle est de 0m 09 dans les terres compactes.

Si les terrains à assainir ne rentrent pas directement dans l'une des catégories que nous venons d'examiner, on pourra faire précéder les travaux d'expériences préalables ayant pour but de fixer la pente d'assèchement dans les terrains que l'on veut drainer ; il suffira d'ouvrir deux tranchées A et B et un certain nombre de trous R,S,T,U que l'on recouvrira avec beaucoup de soin et dans lesquels on pourra constater, après chaque pluie, la hauteur de l'eau.

Exemple : On veut que la nappe d'eau souterraine soit abaissée à 1 m. au moins au-dessous du sol ; les drains doivent avoir 2 m. de profondeur, et la pente d'assèchement a été trouvée égale à 0m.06 ; quel devra être l'écartement des fossés d'assainissement ?

On a immédiatement :

$$2 - 1 = \frac{d}{2} \times 0{,}06$$

d'où

$$d = \frac{2}{0{,}06} = 33 \text{ m.}$$

CHAPITRE XVI

PROBLÈMES RELATIFS A L'ÉTABLISSEMENT DES BARRAGES·

La résolution des problèmes qui suivent suppose qu'il existe, dans le torrent à corriger, une section dans laquelle s'est établie la pente de compensation, et que l'on a pu mesurer la hauteur maximum des crues sans laves dans cette section ou dans la section voisine.

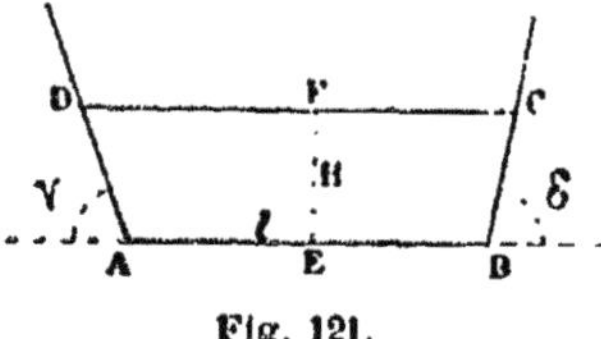

Fig. 121.

Si la section est trapézoïdale (fig. 121) nous appellerons :

l la largeur AB du fond de la section ;

H la moyenne EF des hauteurs maxima des crues précédentes ;

S la surface mouillée correspondante ;

L la largeur moyenne correspondante ;

C le périmètre mouillé correspondant ;

R le rayon moyen correspondant ;

m le coefficient de forme correspondant ;

I $=$ tg α la pente de compention observée ;

Δ la quantité constante $\dfrac{tg\,\alpha}{C}$;

γ et δ les angles des talus avec l'horizontale ;

c la demi-somme des cotangentes de ces angles ;

ξ la somme des inverses des sinus

f le rapport $\frac{S}{l^2}$ de la surface mouillée au carré de la largeur de fond.

Fig. 122.

Dans un profil en travers quelconque (fig. 122) nous appellerons, en outre :

a_1, a_2... les largeurs à chaque brisement de pente;

γ_1, γ_2... δ_1, δ_2... les différents angles des talus avec l'horizontale;

l, l_1, l_2... les hauteurs des trapèzes partiels ;

s, s_1, s_2... les surfaces des trapèzes partiels ;

u, v,.. u_1, v_1... les portions AE, BC... du périmètre qui ont été mesurées directement sur le terrain.

Dans les sections où nous projeterons des travaux, nous nommerons h la hauteur d'un barrage et nous conserverons les notations ci-dessus en les affectant d'un indice. Ainsi nous appellerons tg. α' la pente de l'atterrissement qui se formera derrière le mur; de même a' deviendra la largeur au couronnement du barrage, et ainsi de suite.

B représentera, comme précédemment, le facteur de la vitesse, et les différents débits seront représentés par Q, Q', Q"... q, q', q''.

Premier Problème

Etant donnée la hauteur de l'eau dans une section normale d'un torrent, déterminer la surface et le périmètre mouillés.

1° *Solution graphique.* — Admettons d'abord que la section soit trapézoïdale ; menons à une distance ll de la ligne de fond AB une parallèle à cette ligne, puis prenons graphiquement les longueurs AD, BC et AD ; la surface mouillée est $\frac{1}{2}$ ll (AB + DC) et le périmètre mouillé AB + AD + BC (fig. 111).

Admettons, en second lieu, qu'il y ait un brisement de pente en C dans le talus de droite et en E dans le talus de gauche (fig. 122). On mènera les trois horizontales CC', EE', FD, la dernière étant à une distance H de AB. Pour avoir le périmètre mouillé, on ajoutera aux trois longueurs connues AB, AE et BC les deux longueurs CD et EF que l'on mesurera à l'échelle. Quant à la surface, on l'obtiendra facilement en mesurant les hauteurs et les bases des trapèzes partiels.

2° *Solution analytique.* — Dans la section trapézoïdale de la fig. 121, on a:

$$C = l + H\left(\frac{1}{\sin \gamma} + \frac{1}{\sin \delta}\right) = l + H\xi \qquad . \qquad (1)$$

$$S = lH + \frac{1}{2} H^2 (\cotg \gamma + \cotg \delta) = lH + eH^2. \qquad (2)$$

Dans la section quelconque de la fig. 122, on a successivement :

$$l = v \sin \delta \qquad\qquad l + l_1 = u \sin \gamma$$

$$l_2 = H - (l + l_1)$$

$$s = lt + el^2 ; \quad s_1 = a_1 l_1 + e_1 l^2_1 ; \quad s_2 = a_2 l_2 + e_2 l^2_2$$

$$S = s + s_1 + s_2$$

$$C = l + u + v + \frac{l_2}{\sin \gamma_1} + \frac{l_1 + l_2}{\sin \delta_1}.$$

Remarque I. — Si l'on remarque que a_1 est égal à $l + 2el$ et a_2 à $a_1 + 2 e_1 l_1$, ou à $l + 2el + 2 e_1 l_1$, la surface S peut se mettre sous la forme :

$$S = l (l + l_1 + l_2) + 2el\left(\frac{l}{2} + l_1 + l_2\right) + 2e_1 l_1\left(\frac{l_1}{2} + l_2\right) + 2e_2 l_2 \times \frac{l_2}{2}.$$

Cette formule est très facile à retenir, et l'on voit parfaitement comment elle peut être modifiée dans le cas où le nombre des trapèzes varierait.

Pour éviter des erreurs, on peut se servir du tableau suivant :

Bases	Hauteurs	Surfaces partielles
l	$l + l_1 + l_2 =$	
$2rl =$	$\dfrac{l}{2} + l_1 + l_2 =$	
$2r_1 l_1 =$	$\dfrac{l_1}{2} + l_2 =$	
$2r_2 l_2 =$	$\dfrac{l_2}{2} =$	
$a_2 =$		$S =$

On voit aisément qu'en additionnant les chiffres de la 1re colonne, on obtient la longueur de l'horizontale DF, trace de la surface libre du liquide.

Remarque II. — Pour la facilité des calculs, nous avons dressé une table donnant avec trois décimales, ce qui est largement suffisant pour la pratique, les valeurs des sinus, des inverses de ces sinus et des tangentes. Cette table, qui est reportée à la fin du volume, porte le nom de table numérique II.

Deuxième Problème

Etant donnée la surface mouillée dans une section normale d'un torrent, déterminer la hauteur de l'eau et le périmètre mouillé.

1° *Solution graphique* (fig. 123). — Dans le cas d'une section trapézoïdale, supposons le problème résolu et prolongeons jusqu'en O les côtés non parallèles du trapèze ; nous pourrons évaluer la surface AOB, que nous désignerons par z ; nous aurons alors :

$$\frac{z}{S} = \frac{AOB}{ABCD} = \frac{AOB}{DOC - AOB} = \frac{\overline{OB}^2}{\overline{OC}^2 - \overline{OB}^2},$$

Décrivons une demi-circonférence passant par le point O, ayant son centre en T sur la ligne OC, et rencontrant cette ligne au delà du point C ; du point O comme centre avec OB et OC pour rayons, traçons des arcs de cercle qui coupent la demi-circonférence en U et M ; puis, abaissant sur OC des perpendiculaires UV et MN, nous aurons :

$$\overline{OB}^2 = \overline{OV} \times \overline{OG}$$

$$\overline{OC}^2 = \overline{ON} \times \overline{OG}$$

$$\overline{OC}^2 - \overline{OB}^2 = \overline{VN} \times \overline{OG}$$

D'où

$$\frac{\Sigma}{S} = \frac{\overline{OV}}{\overline{VN}}$$

De là résulte la construction suivante :

Sur une ligne indéfinie OX, prendre deux longueurs OP et PQ proportionnelles à Σ et à S ; du point O comme centre, avec OB pour rayon, décrire un arc de cercle qui coupe en U la demi-circonférence OG ; abaisser sur OG la perpendiculaire UV ; joindre PV, mener QN parallèle à PV et MN perpendiculaire à OG ; enfin, du point O comme centre, avec OM pour rayon, tracer un arc de cercle qui coupe en C la ligne OG.

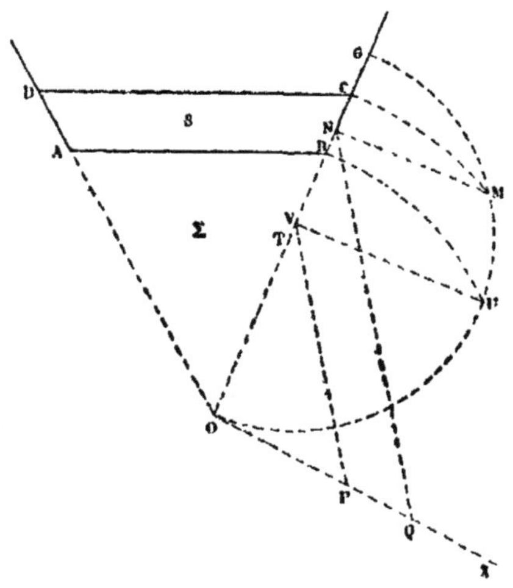

Fig. 123.

Si la section est quelconque (fig. 122), on calculera graphiquement la somme des surfaces des trapèzes ABCC' et CC'EE' et l'on retranchera cette somme de la surface donnée S ; soit T la différence. Pour arriver à la solution demandée, il suffira de mener une horizontale DF à une distance de EE' telle que la surface du trapèze EE'DF soit égale à T, ce qui nous ramène au cas précédent.

2° *Solution analytique.* — Dans une section trapézoïdale, l'équation (2) permet de calculer H en fonction de S. Cette équation peut, en effet, se mettre sous la forme (fig. 121).

$$e\,\frac{H^2}{l^2} + \frac{H}{l} - \frac{S}{l^2} = 0$$

et, en remplaçant par f le quotient $\dfrac{S}{l^2}$, on a :

$$e\,\frac{H^2}{l^2} + \frac{H}{l} - f = 0. \tag{3}$$

On tire de cette équation, en négligeant la solution négative :

$$\frac{H}{l} = \frac{-1 + \sqrt{1 + 4ef}}{2e}. \tag{4}$$

Connaissant $\dfrac{H}{l}$, il sera facile d'en déduire H ; puis, pour déterminer le périmètre C, on se servira de la formule (1).

Dans une section quelconque (fig. 122), on calculera, comme dans le problème précédent, les longueurs a_1 et a_2 ainsi que la somme des deux trapèzes ABCC' et CC'EE' ; soit T l'excès de la surface S sur cette somme, on posera alors :

$$e_2\,\frac{l^2_2}{a^2_2} + \frac{l_2}{a_2} - \frac{T}{a^2_2} = 0$$

et l'on retombera sur le cas précédent.

On en déduira facilement le périmètre mouillé.

Table graphique.

En donnant, dans l'équation (3), des valeurs numériques à $\dfrac{H}{l}$, cette équation devient celle d'une droite. Partant de là, nous avons construit une table graphique qui donne les valeurs de $\dfrac{H}{l}$ pour des valeurs déterminées de e et de f. Les valeurs de e se prennent sur les verticales et celles de f sur les horizontales ; on lit les valeurs de $\frac{H}{l}$ sur les obliques. On peut obtenir facilement trois chiffres décimaux à l'aide de cette table, qui porte le n° 7 ; c'est très suffisant dans la question qui nous occupe.

Troisième problème.

On connaît, dans une section AB d'un torrent simple, la pente de compensation tg α qui s'y est établie depuis plusieurs années, ainsi que la moyenne H des hauteurs maxima auxquelles l'eau s'est élevée dans cette section à chacune des crues observées. Calculer la pente tg α' de l'atterrissement qui se formera derrière un barrage de hauteur h que l'on établira dans une autre section CD du même torrent (fig. 124).

Fig. 124.

Premier cas. — Les deux sections sont trapézoïdales.

1° *Solution graphique.* — On calculera, comme il a été dit dans le premier problème, la surface S et le périmètre mouillé C de la section AB (fig. 125).

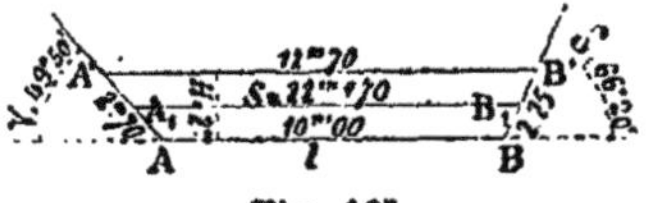

Fig. 125.

On mènera, dans la section CD', (fig. 126) une horizontale EF située à une distance h de la ligne de fond. Cette ligne EF sera la trace, dans le profil en travers, du couronnement du barrage projeté. On sait de plus (voir article 60) qu'au moment où se formeront les derniers dépôts de l'atterrissement, la surface mouillée, dans la section EF, sera égale à S. Dès lors, à l'aide de la construction graphique du deuxième problème, on en déduira la hauteur H'. Puis, la ligne E'F' étant tracée, on mesu-

rera, à l'échelle, le périmètre mouillé C'. Enfin l'on déterminera
la pente tg α' par la relation :

$$\text{tg. } \alpha' = \text{tg } \alpha \times \frac{C'}{C}.$$

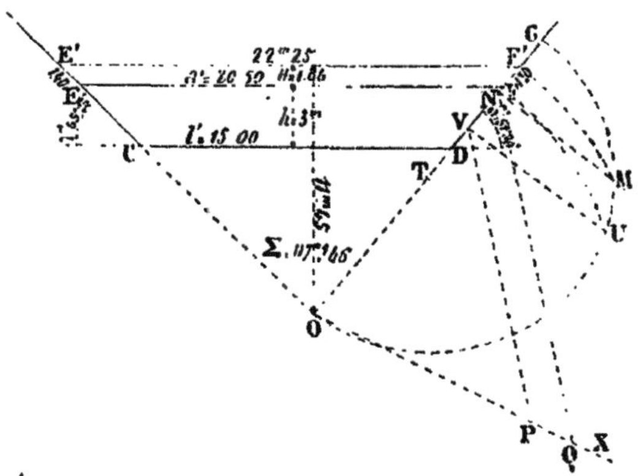

Fig. 126.

Exemple :

$$AB = 10^m ; \quad H = 2^m ; \quad \gamma = 49°50 ; \quad \delta = 66°20 ; \quad \text{tg } \alpha = 0,07 ;$$
$$CD = 15^m ; \quad \gamma' = 45°25' ; \quad \delta' = 51°30'.$$

Dans la section AB, on trouve graphiquement :

$$S = \frac{1}{2}(10 + 12,70) \times 2 = 22^{mq}70$$
$$C = 10 + 2,70 + 2,25 = 14^m95.$$

Appliquant la construction du deuxième problème à la section
EF, on en déduit facilement :

$$H' = 1,06 \quad C' = 20,50 + 1,40 + 1,30 = 23,20,$$

d'où l'on tire :

$$\text{tg } \alpha' = \frac{23,20}{14,95} \times 0,07 = 0,109.$$

2° *Solution analytique.* — On calcule la surface mouillée S et
le périmètre mouillé C par les formules (2) et (1).

Puis on détermine H' à l'aide de l'équation (4). Il est facile alors
d'en déduire C'.

Reprenons l'exemple de tout à l'heure. On a :

$$e = \frac{1}{2}(\cotg 49°50' + \cotg 66°20') = 0,644$$

$$\xi = \frac{1}{\sin 49°50'} + \frac{1}{\sin 66°20'} = 2,40$$

$$S = 10 \times 2 + 0,644 \times 2^2 = 22^{mq}56$$

$$C = 10 + 2 \times 2,40 = 14,80$$

$$e' = \frac{1}{2}(\cotg 45°25' + \cotg 51°30') = 0,890$$

$$\xi' = \frac{1}{\sin 45°25'} + \frac{1}{\sin 51°30'} = 2,70$$

$$EF = a' = 15 + 2 \times 3 \times 0,890 = 20,34$$

$$f' = \frac{S}{a'^2} = \frac{22,56}{20,34^2} = 0,055$$

$$\frac{H'}{a'} = \frac{-1 + \sqrt{1 + 4 \times 0,890 \times 0,055}}{1,780} = 0,053$$

$$H' = 0,053 \times 20,34 = 1,09.$$

$$C' = 20,34 + 1,09 \times 2,70 = 23,28$$

$$\tg \alpha' = 0,070 \times \frac{23,28}{14,80} = 0,110.$$

3° *Solution par la table graphique.* — Au moyen de la table graphique, suivons l'horizontale 0,055 et la verticale 0,89 ; le point d'intersection de ces deux lignes se trouve à peu près à égale distance des deux obliques 0,050 et 0,055, ce qui donne $\frac{H'}{a'} = 0,0525$, au lieu de 0,053 trouvé par le calcul.

Deuxième cas. — Les deux sections sont quelconques.

Dans ce cas, le problème est un peu plus long, mais tout aussi facile à résoudre.

Nous allons tout de suite prendre un exemple : (Voir fig. 129 et 130)

Soit $AB = 12^m$ $\quad \tg\alpha = 0,12$ $\quad H = 2^m$

$\gamma = 60°10$ $\quad \delta = 51°45$ $\quad \gamma_1 = 40°$ $\quad \delta_1 = 34°$

$Ac = 0,80$ $\quad Bk = 1,80$

$CD = 10^m$ $\quad h = 3^m$ $\quad Cc = 1,17$ $\quad Dg = 1,70$

$\gamma' = 63°$ $\quad \delta' = 59°10$ $\quad \gamma'_1 = 48°25$ $\quad \delta'_1 = 42°$

1° *Solution graphique*   (fig. 127 et 128) :

Les longueurs prises à l'échelle sont inscrites sur les figures.
On trouve :

$$S = 27^{mq}.42 \qquad C = 17^{m}80$$

$$T = 27,42 - \frac{13,25 + 14}{2} \times 0,70 - \frac{14 + 14,50}{2} \times 0,32 = 13^{m.q.}32.$$

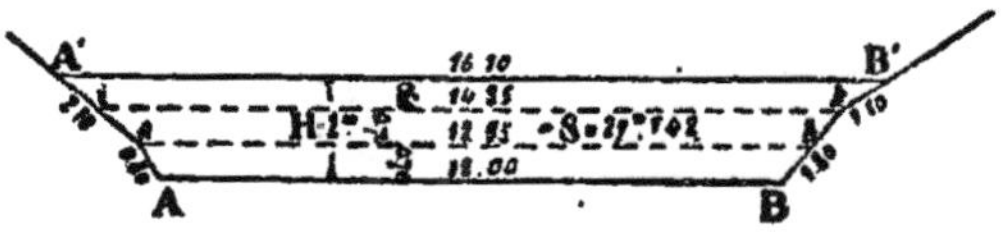

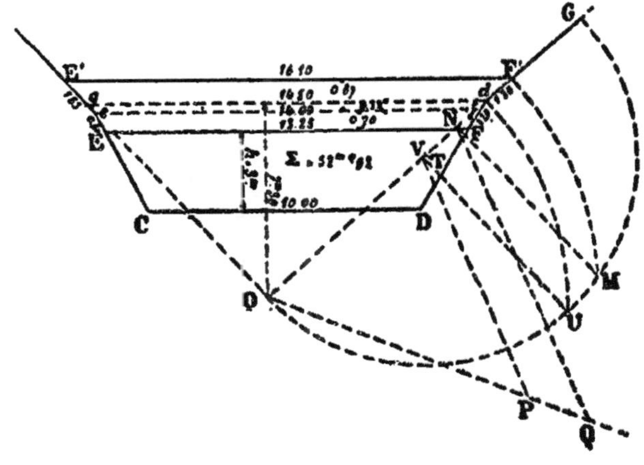

Fig. 127.

En appliquant la construction graphique au trapèze gd FE' dont
la surface doit être égale à $13^{m.q.}32$, on trouve II' = 0,87, ce qui

Fig. 128.

permet d'arriver à la valeur de C', qui est de 18,20. On a alors :

$$\text{tg } \alpha' = 0,12 \times \frac{18,2}{17,8} = 0,123.$$

2° *Solution analytique*   (fig. 129 et 130).

Reprenons le même exemple, et calculons d'abord la surface
de la section AB. On a successivement :

$$t = 0,80 \times \sin 60°10' = 0,69$$

$$l + l_1 = 1{,}80 \times \sin 51°45' = 1{,}41 \qquad l_1 = 1{,}41 - 0{,}69 = 0{,}72$$

$$l_2 = 2 - 1{,}41 = 0{,}59$$

$$2e \;= \operatorname{cogt} 60°10 + \operatorname{cotg} 51°45 = 1{,}361$$

$$2e_1 = \operatorname{cogt} 40° \;\;+ \operatorname{cotg} 51°45 = 1{,}980$$

$$2e_2 = \operatorname{cotg} 40° \;\;+ \operatorname{cotg} 34° \;\;= 2{,}675$$

$l = 12$	$l + l_1 + l_2 = 2$	$24^{\mathrm{mq}}00$
$2cl = 0{,}01$	$\dfrac{l}{2} + l_1 + l_2 = 1{,}65$	$1 \quad 55$
$2c_1 l_1 = 1{,}43$	$\dfrac{l_1}{2} + l_2 = 0{,}95$	$1 \quad 36$
$2c_2 l_2 = 1{,}58$	$\dfrac{l_2}{2} = 0{,}35$	$0 \quad 55$
		$S = 27^{\mathrm{mq}}16$

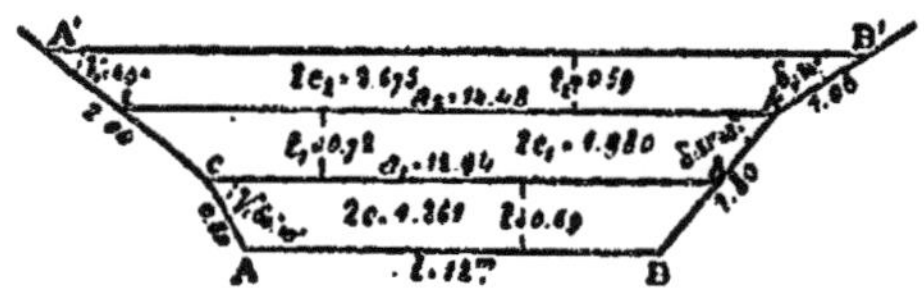

Fig. 120.

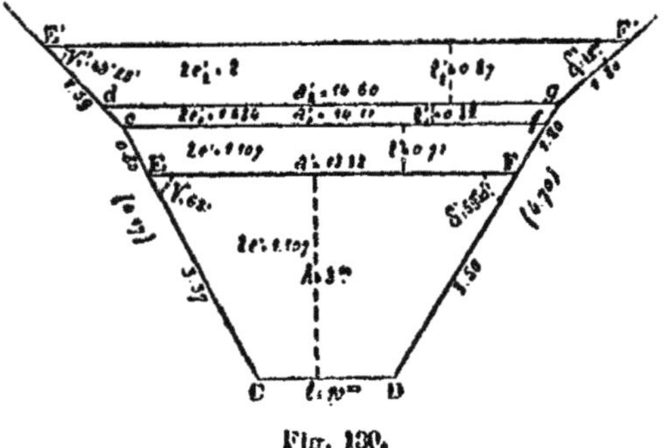

Fig. 130.

Cela fait, calculons le périmètre mouillé dans la même section :

$$A'c = \frac{0,59 + 0,72}{\sin 40°} = 2,04 \qquad AB' = \frac{0,59}{\sin 34°} = 1,06$$

$$C = 12 + 0,80 + 2,04 + 1,06 + 1,80 = 17,70.$$

Dans la section CD, l'on a :

$$2e' = \operatorname{cotg} 63° + \operatorname{cotg} 59°10 = 1,107$$

$$2e'_1 = \operatorname{cotg} 59°10 + \operatorname{cotg} 48°25 = 1,484$$

$$2e'_2 = \operatorname{cotg} 48°25 + \operatorname{cotg} 42° = 2$$

$$a' = EF = 10 + 3 \times 1,107 = 13,32$$

$$CE = 3 \times \frac{1}{\sin 63°} = 3,37 \qquad Ec = 4,17 - 3,37 = 0,80$$

$$DF = 3 \times \frac{1}{\sin 59°10'} = 3,50 \qquad Fg = 4,70 - 3,50 = 1,20$$

$$l' = 0,80 \times \sin 63° = 0,71$$

$$l' + l'_1 = 1,20 \times \sin 59°10' = 1,03$$

$$l'_1 = 1,03 - 0,71 = 0,32$$

$a' = 13,32$	$l' + l'_1 = 1,03$	$13^{mq}71$
$2c'l' = 0,80$	$\dfrac{l'}{2} + l'_1 = 0,67$	$0,54$
$2c'_1 l'_1 = 0,48$	$\dfrac{l'_1}{2} = 0,16$	$0,08$
$a'_2 = 14,60$		$S' = 14^{mq}33$

$$T' = 27^{mq}46 - 14^{mq}33 = 13^{mq}13$$

$$\frac{T'}{a'^2_2} = f = 0,062$$

$$\frac{l'_2}{a'_2} = \frac{-1 + \sqrt{1 + 4 \times 0,062}}{2} = 0,0595$$

$$l'_2 = 14,60 \times 0,0595 = 0,87$$

$$gF' = 0,87 \times \frac{1}{\sin 42°} = 1,30$$

$$cE' = \left(0,32 + 0,87\right) \times \frac{1}{\sin 48°25} = 1,59$$

$$C' = 13,32 + 0,80 + 1,59 + 1,30 + 1,20 = 18,21$$

$$\operatorname{tg} \alpha' = 0,12 \times \frac{18,21}{17,70} = 0,123.$$

Remarque I. — Si l'on voulait employer la table n° 7, on trouverait facilement que $\frac{l'_2}{a'_2}$ est égal à 0,0595.

Remarque II. — Nous avons dit précédemment qu'une différence, même assez sensible, dans la valeur de H, n'entraînerait pas une bien grande erreur pour la valeur de tg α', dans le cas où L est grand par rapport à H, ce qui arrive d'ailleurs généralement dans l'établissement des barrages.

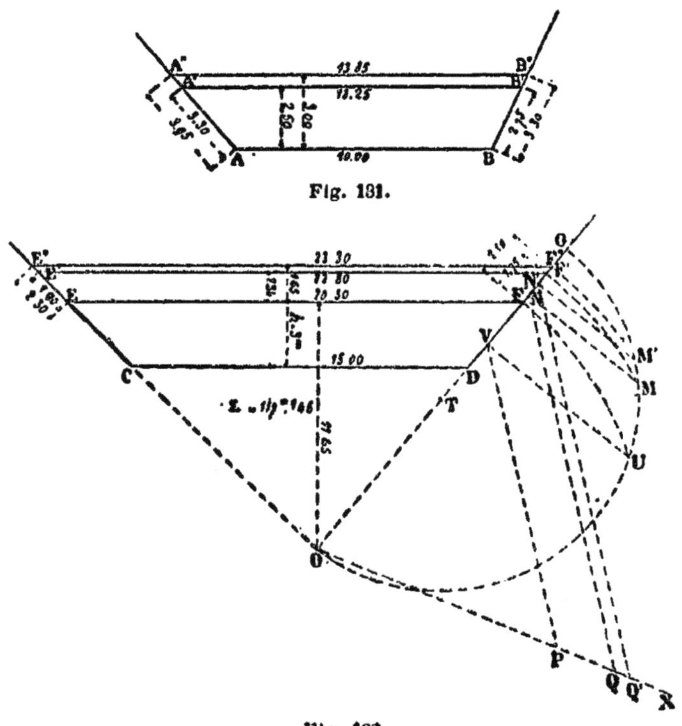

Fig. 131.

Fig. 132.

Pour justifier cette assertion, nous avons recommencé la construction représentée par les figures 125 et 126, en supposant H d'abord égal à 2m,50, puis à 3 m, (voir fig. 131 et 132).

Dans le premier cas, le périmètre mouillé de la section AB est égal à $10 + 3,30 + 2,75 = 16m.05$, et celui de la section EFE'F', à $20,50 + 1,90 + 1,75 = 24,15$.

On a donc, dans le premier cas :

$$\operatorname{tg} \alpha' = 0,07 \times \frac{24,15}{16,05} = 0,105$$

au lieu de 0,109 trouvé précédemment.

Dans le deuxième cas, le périmètre mouillé de la section AB est égal à $10 + 3,95 + 3,30 = 17m\ 25$, et celui de la section EFE''F'' à $20,50 + 2,30 + 2,10 = 24^m90$. On en conclut :

$$\operatorname{tg} \alpha'' = 0,07 \times \frac{24,90}{17,25} = 0,101.$$

On voit ainsi que, pour une différence de 1 m. dans la valeur de la hauteur H, l'erreur commise dans la valeur de tg α' n'est pas d'un centième, et que dans le cas d'une différence de 0m.50, elle est négligeable si l'on veut se contenter de l'approximation du centième.

Il est facile de reconnaître d'ailleurs que cette erreur sera d'autant plus faible que la largeur de la section sera grande par rapport à la hauteur de l'eau.

On a, en effet, dans le cas où les deux berges seraient inclinées à 45°.

$$\frac{\operatorname{tg} \alpha'}{\operatorname{tg} \alpha} = \frac{l' + 2,83\ H'}{l + 2,83\ H}$$

et il est aisé de voir que ce rapport variera très peu, si les valeurs de H et de H' sont petites par rapport à celles des largeurs de fond l et l', ces dernières restant invariables.

Remarque III. — Nous avons supposé jusqu'ici que le profil en travers du torrent est le même sur toute la longueur de l'atterrissement. Mais il peut arriver, quand il s'agit d'un barrage élevé, que les variations dans la section transversale soient assez importantes pour entraîner des modifications dans la valeur de la pente de compensation.

Soit AX (fig. 133) le profil longitudinal d'une portion de torrent à corriger. Nous sommes conduit à fonder en A un barrage AB ; et nous calculons, à l'aide de l'un des procédés que nous venons d'indiquer, la pente de l'atterrissement telle qu'elle se

formerait si la section transversale du torrent restait constante
en amont du barrage; soit By la trace, sur le plan vertical, de la

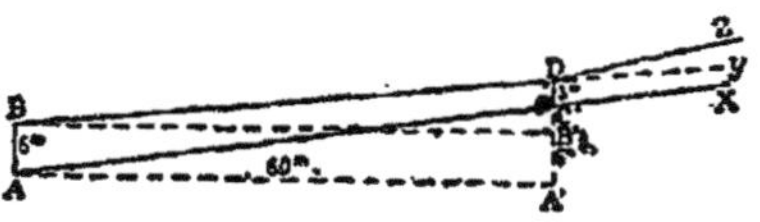

Fig. 133.

surface de cet atterrissement. En C, la section transversale
change; soit MNN_1M_1 (fig. 134) le profil en travers en ce point.
Déterminons la longueur de la verticale CD comprise entre le
fond du lit et la ligne By; puis menons parallèlement à MN, et à
une distance égale à CD, une droite PQ qui détermine l'intersection, avec le profil en travers, de la surface de l'atterrissement.

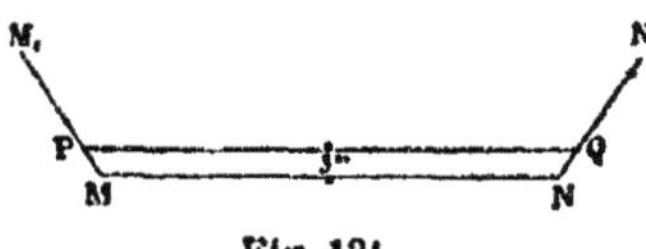

Fig. 134.

On calculera la nouvelle direction DZ que va prendre cette surface, en opérant comme si l'on avait projeté dans le profil en
travers de la figure 134 un barrage de hauteur CD, et ainsi de
suite.

Exemple. — La pente de la ligne AX est égale à 0,15 et la distance horizontale qui sépare les deux points A et C est égale à
60 m. On a projeté en A un barrage de 6 m. de hauteur, et l'on
a calculé que la pente de l'atterrissement serait de 10 p. 0/0 si la
section restait constante.

D'après ces données, le point C est à 9 m. (60 $\times$ 0,15) au-dessus du point A; menons les deux horizontales AA' et BB'; la
hauteur B'D étant égale à 60 $\times$ 0,10 = 6 m., il est facile d'en
conclure que CD est égal à 3 m.

Si l'on avait à établir, dans la section MNN_1M_1, un barrage de
3 m. de hauteur, on trouverait, par exemple, que le périmètre
mouillé est égal à 16,40, tandis qu'il était 14,20 dans la section

en A. On en conclura que la nouvelle pente de l'atterrissement est :

$$0,10 \times \frac{16,40}{14,20} = 0,105.$$

et ainsi de suite.

Quatrième problème.

Étant données la moyenne H_1 des hauteurs maxima des crues dans une section déterminée et la pente de compensation $\text{tg }\alpha$ dans une deuxième section, calculer la pente des atterrissements qui se formeront derrière un barrage de hauteur h que l'on veut établir dans une troisième section.

On passera de la hauteur H_1 à la hauteur H de la deuxième section par la formule (voir article 6) :

$$mL^2H^3 \sin \alpha = m_1L^2_1H^3_1 \sin \alpha_1.$$

Si l'on remarque, en outre, que $m = \dfrac{L}{C}$, l'expression que nous venons de rappeler peut se mettre sous la forme :

$$\frac{L^3H^3 \sin \alpha}{C} = \frac{L^3_1H_1^3 \sin \alpha_1,}{C_1}$$

d'où

$$H = H_1 \times \frac{L_1}{L} \sqrt[3]{\frac{C \sin \alpha_1}{C_1 \sin \alpha}},$$

Les quantités L et C dépendant de l'inconnue H, l'équation ne peut être résolue que par approximation.

Pour avoir une première valeur de H, on remplacera le rapport des largeurs moyennes et celui des périmètres mouillés par celui des largeurs de fond. Faisant figurer cette valeur de H dans le profil en travers, on en déduira, par les procédés ordinaires, la largeur moyenne correspondante ainsi que le périmètre mouillé. Les chiffres obtenus seront portés dans l'équation, ce qui donnera une valeur plus approchée de H. On continuera ainsi jusqu'à ce que la différence entre les deux dernières valeurs trouvées soit inférieure à l'approximation que l'on s'est fixée.

Exemple. — Section trapézoïdale (fig. 135 et 136) :

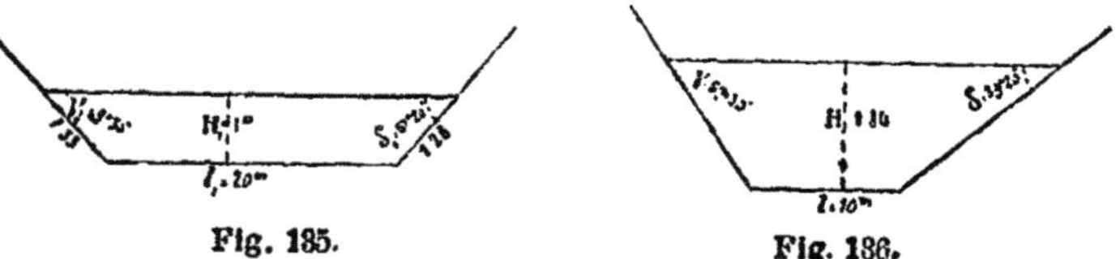

Fig. 135.   Fig. 136.

$$H_1 = 1^m \quad l_1 = 20^m, \quad \gamma_1 = 48°30, \quad \delta_1 = 51°20', \quad \sin \alpha_1 = 0,109$$

$$H = 1,84 \quad l = 10^m, \quad \gamma = 57°30', \quad \delta = 39°20', \quad \sin \alpha = 0,070,$$

On trouve immédiatement :

$$2e_1 = 1,685 \qquad 2e = 1,857$$

On en déduit :

$$L_1 = 20^m + e_1 \times 1^m = 20^m 84$$

$$C_1 = 20^m + 1 \left(\frac{1}{\sin 48°30} + \frac{1}{\sin 51°20} \right) = 22^m 61$$

$$\sqrt[3]{\frac{\sin \alpha_1}{\sin \alpha}} = 1,16 \qquad \frac{l_1}{l} = 2$$

1re valeur de H : $H = 1,16 \times 2 \times \sqrt[3]{0,50} = 1,84$

Portant cette valeur dans le profil en travers correspondant, on a :

$$L = 10 + e \times 1,84 = 11,71$$

$$C = 10 + 1,84 \left(\frac{1}{\sin 57°30'} + \frac{1}{\sin 39°20} \right) = 15,08$$

Deuxième valeur de H :

$$H = 1,16 \times \frac{20,84}{11,71} \times \sqrt[3]{\frac{15,08}{22,61}} = 1,81$$

et ainsi de suite.

Si les profils sont quelconques, le problème ne sera pas plus difficile à résoudre.

Dans la plupart des cas, il suffira, lorsqu'on ne tiendra pas à une grande précision, de chercher deux valeurs de H.

Il est évident que les erreurs commises seront inférieures aux erreurs d'observation, et seront négligeables, surtout si l'on a égard à la remarque II du problème précédent.

Cinquième Problème

Après avoir choisi, dans chaque tronçon d'un torrent composé, une région où la section et la pente soient à peu près constantes, on a mesuré la hauteur maximum des crues H, H′, H″... ainsi que les pentes longitudinales de fond I, I′, I″... On demande de déterminer le rapport qui existe entre les débits de deux sections quelconques du torrent.

Recourons à la fig. 75 du chapitre XIII. Les sections choisies pour l'observation des hauteurs sont GT, UX, AB. En conservant les notations adoptées, on a :

$$Q = SB \sqrt{RI}, \qquad Q' = S'B \sqrt{R'I'}, \qquad Q'' = S''B \sqrt{R''I''}$$

$$\frac{Q}{Q'} = \frac{S}{S'} \frac{\sqrt{RI}}{\sqrt{R'I'}}, \qquad \frac{Q}{Q''} = \frac{S}{S''} \frac{\sqrt{RI}}{\sqrt{R''I''}}, \qquad \frac{Q'}{Q''} = \frac{S'}{S''} \frac{\sqrt{R'I'}}{\sqrt{R''I''}}.$$

Une fois ces trois rapports connus, il est facile de passer à la détermination des rapports.

$$\frac{Q}{q}, \ \frac{Q'}{q}, \ \frac{Q''}{q}, \ \frac{Q}{q'}, \ \frac{Q'}{q'}, \ \frac{Q''}{q'}.$$

Le procédé a été indiqué dans le chapitre sus-mentionné.

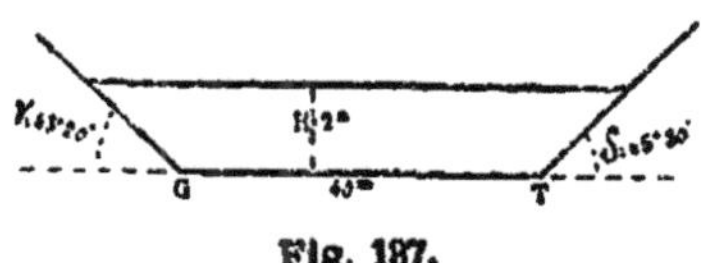

Fig. 187.

Exemple :

GT = 40ᵐ (fig. 137), H = 2,00, I = 0,14, γ = 43°20′, δ = 45°30′
UX = 35ᵐ (fig. 138), H′ = 1,50, I′ = 0,17, γ′ = 45°20, δ′ = 39°40′
AB = 25ᵐ (fig. 139), H″ = 1,30, I″ = 0,20, γ″ = 58°20, δ″ = 47°40′.

On a successivement :

$$2e = \cot 43°20 + \cot 45°30 = 2,043.$$
$$\text{De même } 2e' = 2,194, \qquad 2e'' = 1,528$$
$$L = 40 + 2 \times 1,021 = 42^m04$$
$$S = 42,04 \times 2 = 84^{mq}08$$
$$C = 40 + 2 \left(\frac{1}{\sin 43°20} + \frac{1}{\sin 45°30} \right) = 45^{mq}73$$
$$R = \frac{84,08}{45,73} = 1,84, \qquad \sqrt{RI} = \sqrt{1,84 \times 0,14} = 0,507.$$

En recommençant les mêmes calculs pour les deux autres sections on a :

$$L' = 36^m65 \qquad L'' = 26^m$$
$$S' = 54^{mq}97 \qquad S'' = 32^{mq}90$$
$$C' = 39^m46 \qquad C'' = 28^m30$$
$$\sqrt{\overline{RT}} = 0{,}486 \qquad \sqrt{\overline{R''T''}} = 0{,}482$$

H 1 50 — 15? — U — X

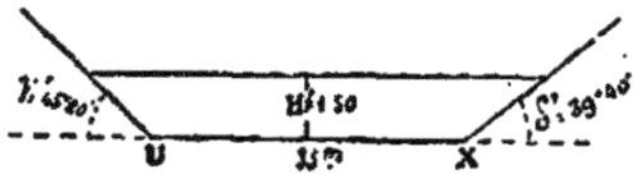

Fig. 138.

H 1 50 — 15? — A — D — δ''

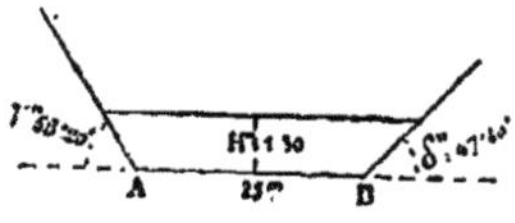

Fig. 139.

On en déduit :

$$\frac{Q}{Q'} = \frac{84{,}08 \times 0{,}507}{54{,}97 \times 0{,}486} = 1{,}60$$

$$\frac{Q}{Q''} = \frac{84{,}08 \times 0{,}507}{32{,}90 \times 0{,}482} = 2{,}69$$

$$\frac{Q'}{Q''} = \frac{54{,}97 \times 0{,}486}{32{,}90 \times 0{,}482} = 1{,}68$$

et ainsi de suite.

Sixième Problème

On connait, dans la section GT d'un torrent composé, la pente de compensation tg. α qui s'y est établie depuis quelques années, ainsi que la moyenne H des hauteurs maxima auxquelles l'eau s'est élevée dans cette section à chacune des crues observées. Calculer la pente tg. α_1, des atterrissements qui se formeront derrière un barrage que l'on veut établir dans une section quelconque $G_1 T_1$ du même torrent, $\frac{m}{n}$ étant le rapport qui existe entre les débits des tronçons auxquels appartiennent les deux sections GT et $G_1 T_1$ (fig. 75).

Ce problème ayant été complètement résolu dans le chapitre XIII, nous allons tout de suite prendre un exemple auquel nous n'appliquerons que la méthode par le calcul.

Nous avons trouvé, dans le problème précédent, pour la section GT :

$$S = 84^{mq}08, \qquad C = 45^m73 \qquad \mathrm{tg}\,\alpha = 0,14$$

soit

$$\frac{m}{n} = 2,69$$

$$G_1T_1 = 15,60 \qquad \gamma_1 = 62°20' \qquad \delta_1 = 46°50 \text{ (fig. 140)}$$

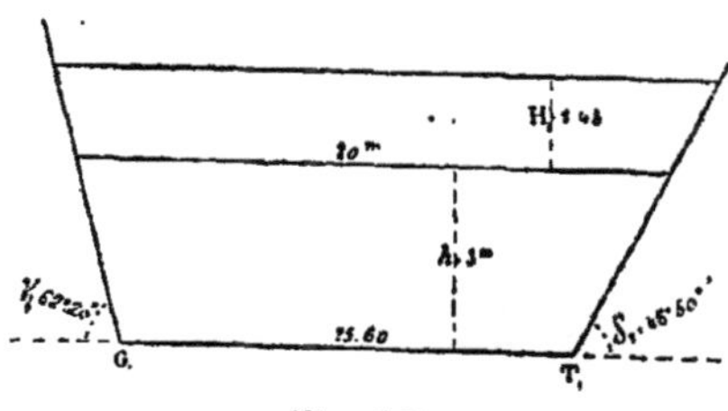

Fig. 140.

Si la hauteur du barrage projeté dans la section G_1T_1 est de 3 m., la largeur de la section au couronnement est :

$$15,60 + 3\,(\mathrm{cotg}\,\gamma_1 + \mathrm{cotg}\,\delta_1) = 20^m$$

De plus on doit avoir :

$$S_1 = 84,08 \times \frac{1}{2,69} = 31^{mq}28$$

on en déduit :

$$f_1 = \frac{31,28}{400} = 0,078 \;;$$

e_1 étant égal à 0,734, on a :

$$\frac{H_1}{20} = \frac{-1 + \sqrt{1 + 4 \times 0,731 \times 0,078}}{2 \times 0,731} = 0,074$$

et

$$H_1 = 0,074 \times 20 = 1,48$$

puis

$$C_1 = 20 + 1,48 \left(\frac{1}{\sin 62°20'} + \frac{1}{\sin 46°50'} \right) = 23,70$$

enfin :

$$\mathrm{tg}\,\alpha_1 = 0,14 \times \frac{23,70}{45,73} \times 2,69 = 0,195$$

Vérification. — Les vitesses doivent être les mêmes dans la section GT et sur l'atterissement du barrage de la section G_1T_1; on doit donc avoir :

$$B \sqrt{\overline{R \sin \alpha}} = B \sqrt{\overline{R_1 \sin \alpha_1}} \quad \text{ou sensiblement :}$$
$$B \sqrt{\overline{R \text{ tg } \alpha}} = B\sqrt{\overline{R_1 \text{ tg } \alpha_1}}$$

Ce qui revient à poser : $R \text{ tg } \alpha = R_1 \text{ tg } \alpha_1$,
Ou, en remplaçant les lettres par leurs valeurs :

$$\frac{84,08}{45,73} \times 0,14 = \frac{31,28}{23,70} \times 0,195$$

Or chacun des deux termes est égal à 0,258.

Si la section est quelconque, le problème ne présentera pas plus de difficultés; nous n'insisterons pas davantage.

Septième Problème

Déterminer le profil de compensation d'un torrent.

On pourrait avoir intérêt, dans certains cas, à déterminer le profil de compensation qui tendrait à s'établir dans une portion de torrent comprise entre un profil en travers inaffouillable passant par le point A du profil en long (fig. 141) et une section reposant sur un banc de rochers BT.

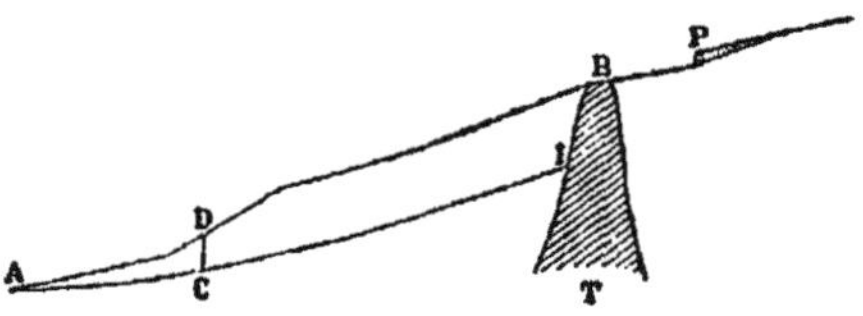

Fig. 141.

Il suffirait, pour cela, de connaître la pente de compensation $\text{tg } \alpha$ qui s'est établie en un point quelconque P du même tronçon, et la moyenne des hauteurs maxima atteintes en ce point par les eaux des crues observées; ces quantités sont précisément celles dont la connaissance a été nécessaire pour la résolution du troisième problème.

Soient L et C la largeur moyenne et le périmètre mouillé correspondants à la hauteur H dans le profil en travers P; et soit *abcdef* (fig. 142) la section normale en A; nous savons qu'au moment où la pente de compensation tg. α' s'établira dans cette section, la surface mouillée sera égale à LH (voir le 3° problème).

Fig. 142.

Dès lors, pour calculer tg. α', il suffira de déterminer, par l'un des procédés indiqués précédemment, une horizontale *gh* telle que la surface *cbghed* soit égale à LH. Si ensuite nous désignons par C' le périmètre mouillé $gb + bc + cd + de + eh$, nous aurons :

$$\frac{\text{tg } \alpha'}{\text{tg } \alpha} = \frac{C'}{C}$$

Cela fait, nous tracerons une ligne AC ayant la pente tg. α' (fig. 141), et nous la prolongerons jusqu'en un point C déterminé par la condition qu'il existe, au point correspondant D du profil longitudinal actuel, un changement important dans le profil transversal. Nous appliquerons la même construction dans ce profil et nous continuerons ainsi jusqu'au banc de rochers BT ; nous obtiendrons de cette manière une courbe AI qui sera le profil cherché.

Si le point P n'appartenait pas au même tronçon que les points A et B, il faudrait, pour déterminer la surface mouillée du profil de la fig. 142, multiplier LH par le rapport des débits.

Huitième Problème

Déterminer la hauteur à attribuer à un barrage pour que l'extrémité de l'atterrissement atteigne un point donné du profil en long.

J'ai reconnu, après examen du lit, que le point A du profil en long (fig. 143) est favorable à l'établissement d'un barrage, et je veux que l'extrémité de l'atterrissement vienne atteindre le point I, dont la différence de niveau avec le point A est égale à i.

Cela posé, je représente par tg. α la pente de compensation déterminée par la méthode du problème précédent, et qui tendrait à s'établir en **A**, en admettant qu'on n'y fasse pas d'ouvrage de consolidation. Si le profil de l'atterrissement qui va s'entasser derrière le barrage devait se former sous la pente tg. α, on obtiendrait facilement la hauteur **AE** à donner au mur en menant par le point **I** une ligne **IE** faisant un angle α avec l'horizontale.

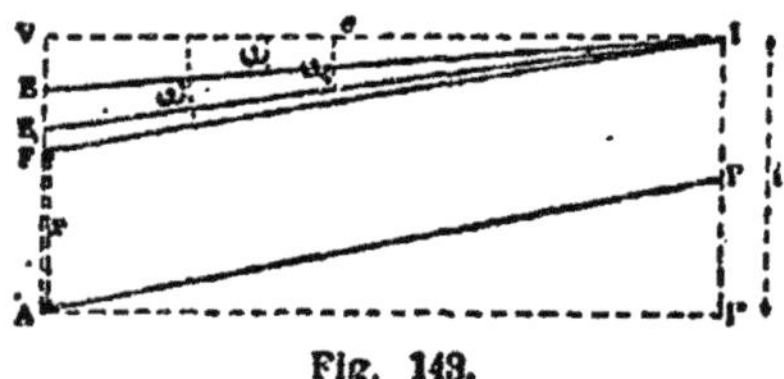

Fig. 143.

Il est bien clair qu'il n'en sera pas ainsi, grâce à l'élargissement de section produit par le barrage ; et si l'on appelle tg. α' la pente réelle de la surface supérieure des dépôts, on aura, en désignant par **C** et **C'** les périmètres mouillés, avant et après la construction :

$$\frac{tg\ \alpha}{C} = \frac{tg\ \alpha'}{C'}$$

Mais le périmètre mouillé **C'** dépendant lui-même de la hauteur à donner au barrage, on ne pourra, dans le cas le plus général, résoudre la question que par tâtonnement.

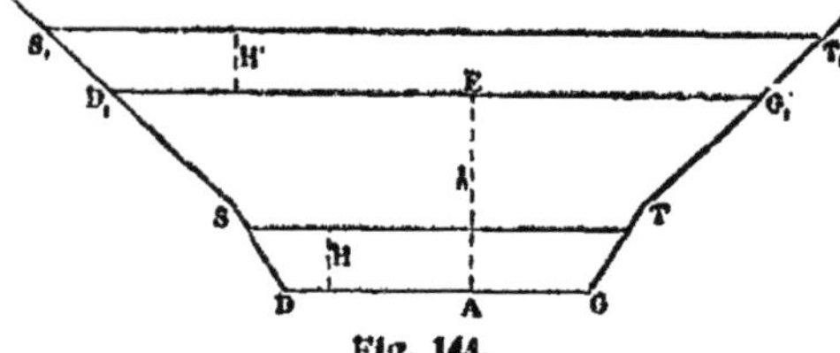

Fig. 144.

On prendra pour première valeur de la hauteur cherchée la longueur $\mathbf{AE} = h$ de la figure 143 ; puis on mènera dans le profil en travers du point **A** (fig. 144), une ligne $\mathbf{D_1 G_1}$ parallèle au fond du lit, et dont la distance à ce fond soit égale à h. Au moyen de la méthode générale, on calculera la pente tg α_1 des dépôts qui se formeront derrière le mur de hauteur h. Cela fait, on mènera, dans la figure 143, une ligne IE_1 faisant avec l'horizontale un angle α_1, ce qui permettra d'obtenir une valeur plus approchée AE_1 de la hauteur cherchée. On recommencera une nouvelle construction avec cette hauteur, et ainsi de suite jusqu'à ce que la différence entre deux résultats consécutifs devienne inférieure à l'approximation que l'on veut obtenir.

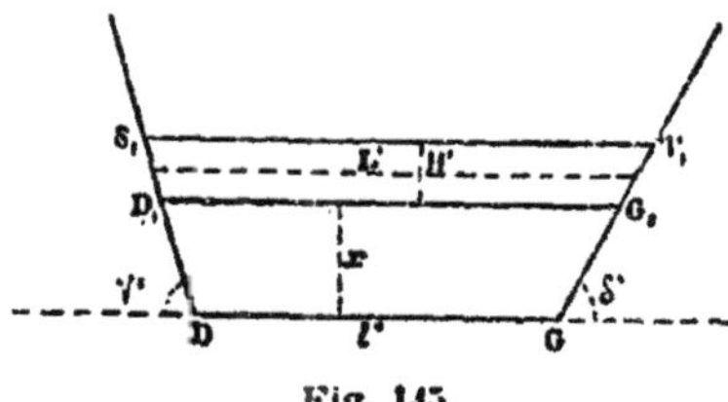

Fig. 145.

Si la section normale était un trapèze (fig. 145), on pourrait résoudre directement la question.

Appelons x la hauteur cherchée du barrage et D la distance qui sépare les deux points A et I de la fig. 143.

Menons, à une distance x de DG, une horizontale D_1G_1. Nous supposerons, comme dans les problèmes précédents, que l'on connaît, dans une section du même tronçon où s'est établie la pente de compensation, la moyenne H des hauteurs maxima des crues, ce qui a permis de déterminer la surface et le périmètre mouillés S et C correspondants, et d'arriver à la connaissance de la quantité $\dfrac{tg.\alpha}{C} = \Delta$.

Soit $D_1G_1T_1S_1$ la surface mouillée de hauteur H' qui existera au moment où se formeront les derniers dépôts de l'atterrissement du barrage projeté et exprimons que cette surface est égale à S; nous aurons l'équation :

$$S = \frac{H'}{2}\left[l' + x(\cot\gamma' + \cot\delta') + l' + (x + H')(\cot\gamma' + \cot\delta')\right]$$

$$S = \frac{H'}{2}\left[2l' + (2x + H')(\cot\gamma' + \cot\delta')\right]$$

$$S = \frac{H'}{2}\left[2l' + 2e'(2x + H')\right]$$

$$S = H'\left[l' + e'(2x + H')\right]$$

D'où l'on tire

$$x = \frac{S - l'H' - e'H'^2}{2e'H'}$$

En deuxième lieu, pour que l'atterrissement atteigne le point I, on doit avoir (fig. 143) :

$$x = i - D \, \text{tg} \, \alpha' \tag{7}$$

Enfin la formule fondamentale $\dfrac{\text{tg} \alpha'}{C'} = \dfrac{\text{tg} \alpha}{C} = \Delta$ peut s'écrire :

$$\Delta = \frac{\text{tg} \, \alpha'}{l' + x \, (\text{cotg} \, \gamma' + \text{cotg} \, \delta') + H'\left(\dfrac{1}{\sin \gamma'} + \dfrac{1}{\sin \delta'}\right)}$$

ou
$$\Delta = \frac{\text{tg} \, \alpha'}{l' + 2e'x + H'\xi'} \tag{8}$$

Eliminons x et $\text{tg} \, \alpha'$, nous aurons l'équation suivante du 2e degré en H' :

$$[2e'D\Delta(\xi' - e') - e'] \, H'^2 - (2e'i + l') \, H' + S(1 + 2e'D\Delta) = 0 \tag{9}$$

H' étant connu, on déterminera x par l'équation (6).

Exemple : $i = 20^m$, $D = 100^m$, $l' = 12^m$ $S = 28^{mq}$.

$$\text{tg} \, \alpha = 0,10, \quad \gamma' = \delta' = 45° \quad C = 17,66.$$

On trouve successivement :

$$c' = 1 \quad \xi' = 2,828 \quad \Delta = \frac{0,10}{17,66} = 0,00566$$

$$2e'D\Delta = 1,132.$$

Portant ces valeurs dans l'éq. (9), on a :

$$1,071 \, H'^2 - 52 \, H' + 59,70 = 0$$

On en tire $H' = 1,18$

et par suite : $x = \dfrac{28 - 12 \times 1,18 - 1,18^2}{2 \times 1,18} = 5^m30$.

Tout ce qui précède suppose que la section normale du torrent est la même depuis le point A jusqu'au point I. S'il en est autrement, la pente-limite $\text{tg} \, \alpha'$ ne sera plus constante, et le problème deviendra un peu plus compliqué.

Admettons, pour fixer les idées, que le profil en long du sommet soit brisé aux points B et C et qu'en ces points varie également le profil en travers (fig. 146).

Nous calculerons, comme nous venons de le faire, quelle hauteur il faudrait donner à un barrage fondé en C pour que son atterrissement atteignit le point I ; soit CC' la valeur trouvée.

Nous chercherons, en second lieu, quelle hauteur il faudrait assigner à un mur élevé en B, pour que les dépôts qui se formeraient derrière lui vinssent passer par le point C'.

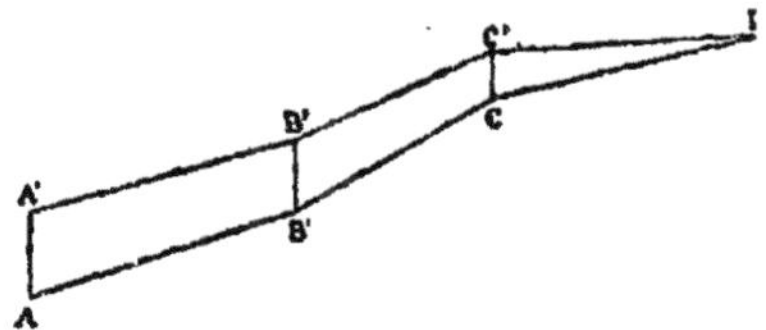

Fig. 146.

Enfin nous trouverons la valeur AA' à attribuer au barrage à construire en A par la condition que l'atterrissement atteigne le point B'.

Neuvième problème.

Quel doit être l'emplacement d'un barrage d'une hauteur donnée pour que l'atterrissement passe par le point I du profil en long (fig. 147)?

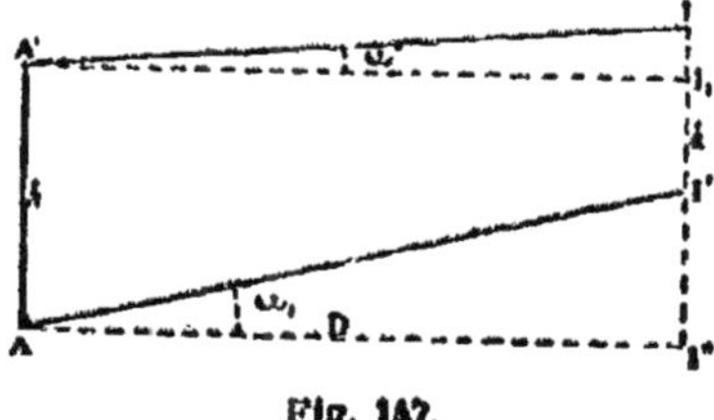

Fig. 147.

Soit h la hauteur du barrage, k la distance verticale II' du point I au-dessus du fond du lit, α_1 et α' les inclinaisons de ce fond et de la surface supérieure de l'atterrissement qui se formera derrière le barrage.

Le problème sera déterminé si l'on connaît la distance horizontale AI' $=$ D qui sépare le point I de l'emplacement cherché A.

Or on a :
$$I'I'' = D \operatorname{tg} \alpha_1$$

de plus
$$I'I'' = h + \overline{II_1} - k = h - k + D \operatorname{tg} \alpha'.$$

On en déduit :

$$h - k + D \operatorname{tg} \alpha' = D \operatorname{tg} \alpha_1$$

et par suite

$$D = \frac{h - k}{\operatorname{tg} \alpha_1 - \operatorname{tg} \alpha'}. \qquad (10)$$

Ceci suppose que la pente du fond du lit est uniforme de A en I' : s'il en était autrement, voici comment on pourrait résoudre le problème :

On calculerait quelle hauteur il faudrait donner à un barrage fondé au brisement de pente C pour que l'atterrissement de cet ouvrage passe en I (8e problème). On déterminerait en second lieu, quelle hauteur il faudrait attribuer à un barrage établi en B pour que son atterrissement passe par le point C', puis on retomberait sur le cas précédent (fig. 148).

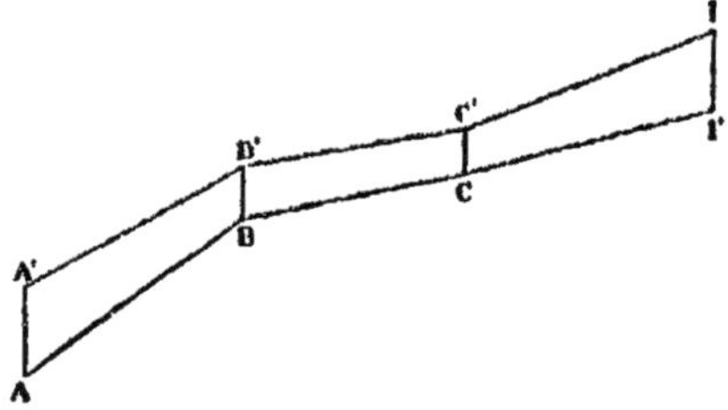

Fig. 148.

Exemple. — La pente est uniforme de A en I' :

$$h = 5\text{m}.30 \qquad k = 3 \text{ m.} \qquad \operatorname{tg} \alpha_1 = 0,17.$$

On admet, comme dans les problèmes analogues, que la pente de compensation s'est formée dans une section du même tronçon, section dont la pente, la surface et le périmètre mouillés maxima sont 0,10, 28mq et 17m.66.

Enfin, l'on suppose que de A en I' le profil en travers est trapézoïdal et que les éléments de ce profil sont

$$c' = 1 \qquad \xi' = 2,828 \qquad l' = 12.$$

Calculons d'abord $\operatorname{tg} \alpha'$ (3e problème).
On a successivement :

a' (largeur du couronnement du barrage) $= 12 + 2 \times 5,30 = 22,60$

$$\frac{H'}{a'} = \frac{-1 + \sqrt{1 + 4 \times 1 \times 0,0518}}{2} = 0,052$$

$$H' = 0,052 \times 22,60 = 1,18$$

$$C' = 22,60 + 1,18 \times 2,88 = 25^m94$$

$$\text{tg } \alpha' = 0,10 \times \frac{25,94}{17,66} = 0,147.$$

Une fois tg α' déterminé, on trouve immédiatement :

$$D = \frac{5,30 - 3}{0,17 - 0,147} = 100^m$$

Dixième problème.

Quelle hauteur faut-il donner à un barrage pour que la pente de l'atterrissement soit égale à celle du fond du lit, ou autrement dit pour que le lit soit relevé parallèlement à lui-même ?

Ce problème ne peut être résolu rigoureusement que dans le cas où la section normale est trapézoïdale.

Soit comme précédemment S, C et tg α la surface et le périmètre mouillés maxima, ainsi que la pente de fond dans la section du même tronçon où l'on suppose que s'est établie la pente de compensation.

Désignons par α_1 l'inclinaison du fond du lit dans la région où l'on veut faire le relèvement ; on doit avoir tg $\alpha' = $ tg α_1 (fig. 149).

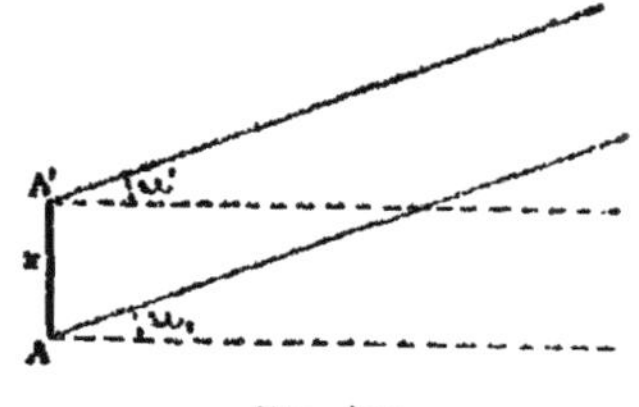

Fig. 149.

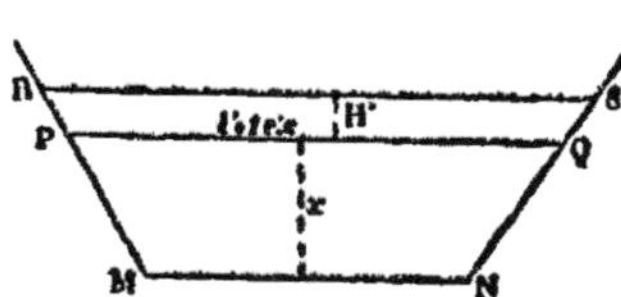

Fig. 150.

La question revient donc à celle-ci : Quelle doit être la hauteur x du barrage pour que l'on ait :

$$\frac{\text{tg } \alpha_1}{C'} = \frac{\text{tg } \alpha}{C} = \Delta$$

ou
$$C' = \frac{\operatorname{tg}\alpha_1}{\Delta} = A.$$

Or si l', e' et ξ' sont les éléments de la section normale considérée, on a (fig. 150) :

$$C' = l' + 2e'x + H'\xi'$$

La condition définitive du problème est donc :

$$l' + 2e'x + H'\xi' = A.$$

De plus, la surface mouillée PQSR devant être égale à S, posons :

$$H'\left[l' + 2e'\left(x + \frac{H'}{2}\right)\right] = S.$$

En résolvant ces deux équations, on trouve :

$$H' = \frac{A - \sqrt{A^2 - 4S(\xi' - e')}}{2(\xi' - e')} \tag{11}$$

$$x = \frac{A - l' - H'\xi'}{2e'} \tag{12}$$

Exemple :

$$S = 18,32 \quad C = 12,96 \quad \operatorname{tg}\alpha = 0,08$$
$$\operatorname{tg}\alpha_1 = 0,12$$
$$l' = 5^m \quad e' = 0,890 \quad \xi' = 2,70$$

On tire de là :

$$A = \frac{\operatorname{tg}\alpha_1}{\dfrac{\operatorname{tg}\alpha}{C}} = \frac{0,12 \times 12,96}{0,08} = 19,40$$

$$\xi' - e' = 1,81$$

et par suite :

$$H' = \frac{19,4 - \sqrt{19,4^2 - 4 \times 18,32 \times 1,81}}{2 \times 1,81} = 1,05$$

$$x = \frac{19,40 - 5 - 1,05 \times 2,70}{2 \times 0,890} = 6^m$$

Onzième problème.

Dans quel cas sera-t-il avantageux d'atterrir artificiellement un barrage ?

Nous avons montré précédemment que la poussée des terres est toujours inférieure à celle de l'eau.

Dès lors, il sera toujours utile, dans la confection d'un projet, de comparer les dépenses à faire pour exécuter, d'une part un barrage dont les dimensions seront suffisantes pour résister à la poussée des eaux, et d'autre part un mur auquel on ne donnerait que les dimensions nécessaires pour résister à la poussée des terres, mais au prix de la construction duquel il faudrait ajouter la somme à consacrer à la confection d'un atterrissement artificiel.

Pour établir cette comparaison, la première question qui se pose est celle de savoir jusqu'à quel plan vertical EF il faudra pousser l'atterrissement, pour que les eaux qui pressent en arrière de ce plan n'aient plus aucune action sur la paroi AC du barrage (fig. 151).

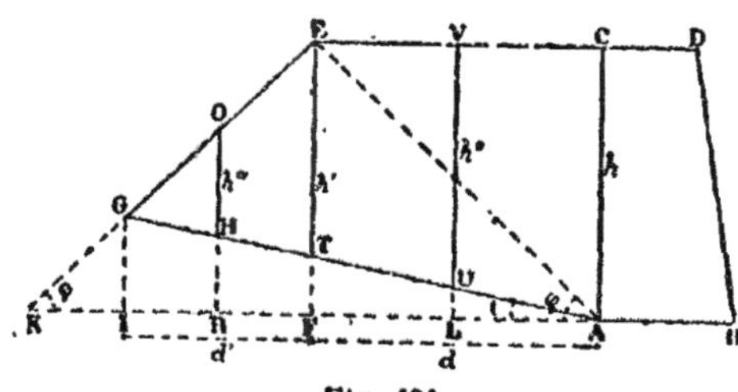

Fig. 151.

On aura évidemment une limite supérieure de la longueur CE, que nous représenterons par d, en menant par le point A du barrage une ligne AE faisant avec l'horizontale un angle φ égal à celui du talus naturel des terres, et en arrêtant cette ligne au plan horizontal passant par le couronnement CD.

Soit i l'angle d'inclinaison, sur l'horizontale, du fond du lit AG ; comme les terres se disposeront en arrière du plan EF suivant le talus naturel EG, il en résultera que le quadrilatère ACEG représentera la section faite, par un plan parallèle à l'axe du courant, dans le remblai à exécuter en amont du barrage.

Pour évaluer le volume de ce remblai, nous le décomposerons en deux solides séparés par le plan vertical ET.

On pourra toujours supposer que le profil en travers du torrent est constant de A en G, car la longueur AG sera généralement peu considérable. Nous admettrons, en outre, que le profil en travers a la forme trapézoïdale, au moins dans la partie inférieure où doit se faire le remblai.

En appelant h la hauteur du barrage, h' la hauteur TE et h'' la hauteur UV de la section normale faite dans le remblai à égale distance des plans AC et TE, en désignant de plus par l, e et ε les éléments du profil en travers, les aires des sections normales en A, U et T seront respectivement :

$$lh + eh^2, \quad lh'' + eh''^2, \quad lh' + eh'^2,$$

et, par conséquent, d'après le théorème de géométrie cité dans le chapitre XI, le volume du remblai à exécuter entre les deux plans AC et TE sera :

$$\frac{d}{6}\left(lh + eh^2 + lh' + eh'^2 + 4lh'' + 4eh''^2\right)$$

mais $\qquad h'' = \frac{1}{2}(h + h')$ et $h''^2 = \frac{1}{4}(h + h')^2$

dès lors le volume cherché pourra s'écrire :

$$\frac{d}{6}\left[l(3h + 3h') + e\left\{h^2 + h'^2 + (h + h')^2\right\}\right]$$

ou $\qquad \dfrac{d}{6}\left[3l(h + h') + e\left\{h^2 + h'^2 + (h + h')^2\right\}\right]$ $\qquad$ (16)

$$\text{avec } d = h \cotg \varphi$$
$$\text{et } h' = h - d \tg i$$

Quant au volume situé en arrière du plan vertical EF, il sera facile de le calculer en utilisant le même théorème de géométrie et en considérant comme nulle la base en G.

Appelons en effet d' la longueur IF et h''' la hauteur OH de la section située à égale distance des deux points F et I ; le volume cherché sera égal à

$$\frac{d'}{6}\left[l(h' + 4h''') + e(h'^2 + 4h'''^2)\right]$$

ou à $\qquad \dfrac{d'}{6}\left(3lh' + 2eh'^2\right)$

en remarquant que h'' est égal à $1/2\ h'$.

La distance d' se déterminera de la manière suivante :

Dans le triangle GAE, on a :

$$\frac{\overline{GE}}{\overline{AE}} = \frac{\sin(\varphi - i)}{\sin(\varphi + i)}$$

mais
$$\overline{AE} = \frac{h}{\sin\varphi}$$

donc
$$\overline{GE} = \frac{h\sin(\varphi - i)}{\sin\varphi\,\sin(\varphi + i)}$$

d'autre part
$$d' = \overline{GE}\cos\varphi$$

Donc
$$d' = h\,\frac{\cot\varphi\,\sin(\varphi - i)}{\sin(\varphi + i)} = \frac{d\sin(\varphi - i)}{\sin(\varphi - i)}$$

On en déduit, pour le volume cherché, l'expression suivante :

$$\frac{d}{6}\frac{\sin(\varphi - i)}{\sin(\varphi + i)}\left(3lh' + 2eh'^2\right) \tag{17}$$

Exemple. — Nous avons calculé dans l'article 67 l'épaisseur moyenne à donner à un barrage de 5m.50 de hauteur ayant à résister à la poussée de l'eau, puis dans l'article 72 l'épaisseur moyenne à donner à un barrage de même hauteur devant résister à la poussée des terres et établi dans les mêmes conditions que le premier. Nous avons trouvé les deux chiffres 2,65 et 1,32.

Il serait trop long de faire ici un calcul comparatif complet ; nous nous contenterons, pour l'établissement des volumes des deux ouvrages, d'un calcul approximatif dans lequel nous négligerons l'aqueduc, le couronnement et les fondations.

Supposons $l = 10$ m. et $e = 1,186$

La section droite de la portion de barrage comprise entre les berges sera :

$$10 \times 5,50 + 1,186 \times 5,50^2 = 90^{m}.988.$$

Le volume du 1ᵉʳ ouvrage sera $90,88 \times 2,65 = 241\text{m}^3$
et celui du 2ᵉ   — $90,88 \times 1,32 = 120\text{ m}^3$

et, si le prix moyen de la maçonnerie est de 10 fr. le mètre cube, l'économie que l'on réalisera en construisant le deuxième mur sera de 1.210 fr.

Calculons, d'autre part, le volume V du remblai à effectuer derrière le barrage; faisons tg $i = 0,20$, ce qui correspond à l'angle de 11°19'. On a successivement :

$$d = 5,50 \times \text{cotg } 34° = 8\text{m}.16$$

(dans l'exemple de l'article 72, on a supposé que l'angle du talus naturel des terres est égal à 34°)

$$h' = 5,50 - 8,16 \times 0,20 = 3,87.$$

$$V = \frac{8,16}{6}[(30(5,50 + 3,87) + 1,186(5,50^2 + 3,87^2 + 9,37^2)]$$

$$+ \frac{8,16}{6} \times \frac{0,382}{0,714}(30 \times 3,87 + 2 \times 1,186 \times 3,87^2) = 707^{mc}$$

En admettant que le prix du mètre cube de remblai coûtât 0,50, le prix de l'atterrissement artificiel serait de 353 fr. 50.

Il resterait donc encore, en faveur du mur de soutènement, une économie de 856 fr. 50.

Ajoutons que, dans bien des cas, l'économie à réaliser dans les fondations et dans le couronnement sera égale à celle que l'on trouve dans le corps du barrage. Terminons enfin par cette considération qu'on aura une grande sécurité en protégeant immédiatement la paroi interne du mur contre toute espèce de choc provenant des blocs charriés par l'eau.

Douzième problème.

Trouver le volume des dépôts qui se formeront derrière un barrage de retenue dans le cas où la pente-limite de ces dépôts est supérieure à la pente de fond.

Nous avons montré dans le chapitre XI que le volume V de la retenue d'un barrage est égal à

$$\frac{1}{2}\frac{\lambda h^2}{\text{tg } \varepsilon - \text{tg } \alpha}$$

h étant la hauteur du barrage, tg ε la pente de fond du lit derrière cet ouvrage, tg α la pente de la surface supérieure des atterrissements et λ la largeur moyenne des dépôts.

Nous avons montré, en outre, que la largeur λ est égale à $l + 1/3\ h$ (cotg γ + cotg δ), l étant la largeur du fond du lit, puis γ et δ les angles des talus de la section supposée trapézoïdale. En appelant, comme précédemment, e la demi-somme des cotengentes et en remplaçant λ par sa valeur dans l'expression du volume, on trouvera :

$$V = \frac{1}{2}\; \frac{lh^2 + \frac{2}{3}\,eh^3}{\mathrm{tg}\,\varepsilon - \mathrm{tg}\,\alpha} \qquad (15)$$

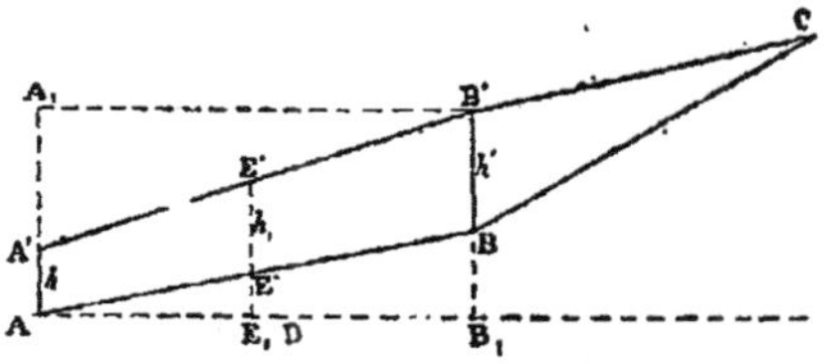

Fig. 152.

Cette formule suppose que tg ε est plus grand que tg α ; dans le cas contraire (fig. 152), la ligne A'B' étant plus inclinée que la ligne AB, la retenue ne peut avoir d'autre limite que la longueur même de cette dernière ligne ; mais on peut se proposer de trouver le volume des dépôts dont la section droite est ABCB'A', en supposant qu'à partir du point B le fond du lit BC soit plus incliné que la surface supérieure B'C des dépôts qui se formeront à partir de B'.

Pour cela, appelons h' la hauteur BB' et h_1 la hauteur verticale EE' de la section normale faite dans l'atterrissement à égale distance de AA' et de BB'; désignons, en outre, par D la distance horizontale AB, qui sépare les deux points A et B.

En recommençant les calculs faits dans le problème précédent, on arrivera, pour l'expression du volume dont la section droite est ABB'A' à la formule

$$\frac{D}{6}\left[l(3h + 3h') + e\left\{h^2 + h'^2 + (h + h')^2\right\}\right] \qquad (18)$$

D'autre part, on a :

$$h' = \overline{B_1B'} - \overline{BB_1} = \overline{AA_1} - \overline{BB_1}$$

mais $\qquad AA_1 = h + D\,\mathrm{tg}\,\alpha$ et $BB_1 = D\,\mathrm{tg}\,\varepsilon$

donc $\qquad h' = h + D(\mathrm{tg}\,\alpha - \mathrm{tg}\,\varepsilon)$

Quant au volume dont la section droite est BB'C, on le trouve par la formule :

$$\frac{1}{2}\; \frac{l'\,h'^2 + \frac{2}{3}\,e'h'^3}{\mathrm{tg}\,\varepsilon' - \mathrm{tg}\,\alpha'} \qquad (19)$$

en appelant l' et e' les éléments de la section normale en B, ε' et α' les inclinaisons des lignes BC et B'C.

Treizième problème.

Calculer le volume d'un barrage curviligne.

Nous avons dit (article 77) que tout barrage doit être fondé. aussi bien dans les berges que dans le fond du lit. La figure 153 montre les projections d'un de ces ouvrages projeté dans la sec-

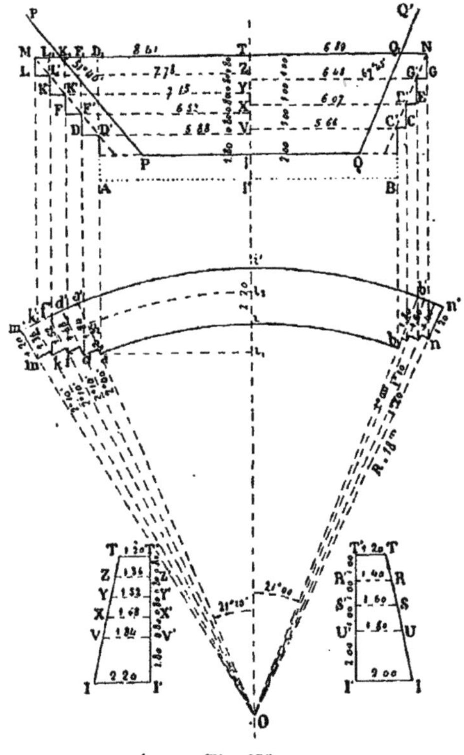

Fig. 153.

tion normale P'PQQ'. Pour ne pas compliquer cette figure, nous n'avons pas représenté la projection verticale de la paroi d'amont ; quant à celle de la paroi d'aval, elle est divisée en deux parties par une verticale TI' passant par le milieu I du fond PQ. Nous avons reconnu, sur le terrain, que les fondations doivent avoir

1 m. de profondeur tant dans les berges que dans le fond, et que la hauteur des redans doit être de 1 m. à droite de l'axe et de 0,80 à gauche.

Pour calculer la longueur TN, h étant la hauteur du barrage, nous posons successivement :

$$\overline{TQ_i} = \overline{IQ} + h \times \cotg\, TQ_iQ$$

et
$$\overline{TN} = \overline{TQ_i} + 1^m$$

puis nous menons par le point N une parallèle à QQ', ce qui détermine les points G', E' et C'; il est facile de voir, du reste, que les longueurs GG', EE' et CC' sont toutes égales à 1 m. $\times$ cotg TQ$_i$Q. On détermine de la même manière, à droite de l'axe, le point M ainsi que les points L', K', F' et D', les longueurs LL', KK', etc., étant égales aux 0,80 de la cotangente de l'angle des berges.

Après avoir choisi le rayon Oi'' de l'extrados et en avoir déduit (voir article 68) le profil TT'I'I du barrage, on trace une circonférence du point O comme centre avec Oi'' pour rayon, puis on cherche séparément la projection horizontale de chacun des côtés du mur; indiquons seulement la manière d'opérer pour le côté gauche. Traçons d'abord dans le profil TT'I'I les horizontales VV', XX', etc., qui représentent les épaisseurs de l'ouvrage aux hauteurs successives VD, XF, etc.; cela fait, déterminons le point a par la rencontre de la verticale partant de A et de la circonférence décrite avec le rayon Oi de l'intrados; traçons le rayon Oaa'; $iaa'i'$ sera la projection horizontale du solide dont la face d'aval est représentée en élévation par le rectangle AI'TD$_i$. Prenons ensuite, sur le rayon Oa', à partir de l'extrados, une longueur $a'a_i$ égale à VV' et décrivons avec Oa_i pour rayon, un arc de cercle que nous arrêterons en d, point de rencontre avec la verticale partant de D; menons le rayon Odd', la figure $a_ia'd'd$ est la projection du solide dont la face d'aval est représentée en élévation par le rectangle DD'D$_i$F$_i$, et ainsi de suite.

Si maintenant nous faisons abstraction de l'aqueduc et du couronnement, le volume de la maçonnerie située à gauche de l'axe pourra être décomposé en cinq solides représentés en élévation par les cinq rectangles AI'TD$_i$, DD'D$_i$F$_i$, FF'F$_i$K$_i$, KK'K$_i$L$_i$ et LL'L$_i$M. Le premier de ces solides a pour volume, en vertu du théorème de Guldin, le produit de la section TT'I'I par l'arc g_ii_2 passant par le centre de gravité de cette section; pour calculer cet arc, il faut en connaître le rayon et l'angle au centre ; le rayon s'obtient en prenant, dans la table numérique III, la distance, au côté vertical T'l', du centre de gravité du trapèze TT'l'l et en retranchant cette distance du rayon de l'extrados ; quant à l'angle au centre, nous le déterminerons par son sinus qui est égal à $\frac{ai_1}{Oa}$ ou bien à $\frac{l'A}{Oa}$. Pour faciliter le calcul de l'arc g_2i_2, nous avons dressé la table numérique IV qui donne les longueurs des arcs correspondant à des angles déterminés dans la circonférence dont le rayon est l'unité.

Le second solide a pour volume le produit de la section VV'T'T et de l'arc décrit par le centre de gravité de ce trapèze ; on calcule, comme dans le cas précédent, le rayon de cet arc en se servant de la table numérique III ; pour déterminer l'angle au centre $d'Oa'$, on cherche d'abord l'angle $d'Oi'$ dont le sinus est égal à $\frac{VD}{Od}$ et l'on en retranche l'angle $a'Oi'$; et ainsi de suite.

Rayon de l'extrados	Épaisseur		Rayon de l'intra-dos	Trapèze générateur		Angle au centre	Arc correspondant à l'angle au centre pour le rayon 1	Rayon du cercle décrit par le centre de gravité	Volume			Observations
	à la base	au couronnement		Distance du centre de gravité au parement intérieur	Surface				partiel	d'un côté du barrage	Total	
(1)	(2)	(3)	(4)	(5)	(6)	(7)	(8)	(9)	(10)	(11)	(12)	(13)
18ᵐ	2,20	1,20			côté droit							
			15,80	0,88	8,50	21°.	0,3665	17,12	53,329			
			16,20	0,76	4,50	1°	0,0175	17,21	1,358			
			16,40	0,70	2,80	1°.10'	0,0201	17,30	0,088			
			16,60	0,05	1,30	1°.20'	0,0233	17,35	0,526	56,201		
					côté gauche							
			15,80	0,88	8,50	21°.10'	0,3694	17,12	53,688			
			16,16	0,77	4,86	2°.40'	0,0465	17,23	3,801			
			16,32	0,73	3,46	2°.10'	0,0378	17,27	2,202			
			16,48	0,69	2,18	2°.10'	0,0378	17,31	1,426			
			16,64	0,65	1,02	2°.10'	0,0378	17,45	0,669	61,039	118,140ᵐᶜ	

Le tableau ci-dessus donne le résultat des calculs que nous avons faits en admettant 18 m. pour le rayon de l'extrados, 1.800 kg. pour le poids d'un mètre cube de lave, 7 kg. par centimètre carré pour le coefficient de résistance permanente à la compression, 4 m. pour la hauteur du barrage au-dessus du fond du lit, 1 m. pour la hauteur des fondations dans le lit et dans les berges, et enfin 0,20 pour le fruit. En appliquant la formule du chapitre XIV, on trouve 2,20 pour l'épaisseur II' et 1,20 pour l'épaisseur TT'; les chiffres des colonnes (5) et (8) sont tirés des tables numériques III et IV ; le volume partiel à porter dans la colonne (10) est le produit des nombres des trois colonnes (6), (8) et (9).

Si l'on veut tenir compte du couronnement, on calcule le volume du barrage comme si la cuvette était remplie de maçonnerie, puis on déduit le vide.

CHAPITRE XVII

DÉBOUCHÉ A DONNER A LA CUVETTE D'UN BARRAGE

85. Notions préliminaires. Table graphique pour les calculs relatifs aux segments de cercle. — Soit D la surface d'un segment de cercle ECF, r le rayon OE, H la flèche CG, C la corde EF et γ le demi-angle au centre EOC (fig. 154).

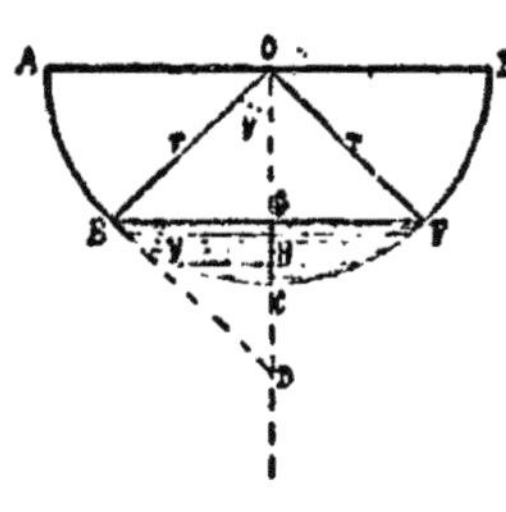

Fig. 154.

La surface D étant égale à la différence du secteur OECF et du triangle OEF, on a :

$$D = \frac{\pi r^2 \gamma}{180} - \frac{1}{2} r^2 \sin 2\gamma = r^2 \left(\frac{\pi \gamma}{180} - \frac{1}{2} \sin 2\gamma \right) \qquad (1).$$

D'un autre côté, l'on a :

$$H = r - OG = r(1 - \cos \gamma) = 2 r \sin^2 \frac{\gamma}{2}$$

d'où :

$$r = \frac{H}{2 \sin^2 \frac{\gamma}{2}} \qquad (2)$$

Enfin :

$$\sin \gamma = \frac{C}{2r} \qquad (3)$$

Ces équations, comme on le voit, sont très difficiles à résoudre parce qu'elle renferment des fonctions angulaires. On peut éviter ces difficultés par la construction d'une table graphique.

Celle que nous présentons à nos lecteurs (table n° 8) est un extrait de celle qui a été construite par M. Péraux; elle est établie sur du papier quadrillé renfermant 10.000 petits carrés de 0,010 environ de côté.

Sur la surface qui représente l'ensemble de ces petits carrés on a tracé un arc de cercle répondant au quart de la circonférence.

Quant aux autres courbes qui y figurent, leur construction repose sur les principes suivants :

Tirons la valeur de r de l'équation (3) et portons-la dans l'équation (2), il viendra :

$$\frac{C}{\sin \gamma} = \frac{H}{2 \sin^2 \frac{\gamma}{2}}$$

ou

$$\frac{C \sin^2 \frac{\gamma}{2}}{\sin \gamma} = H ;$$

remplaçons $\sin \gamma$ par $2 \sin \frac{\gamma}{2} \cos \frac{\gamma}{2}$, et supprimons le facteur commun $\sin \frac{\gamma}{2}$, nous aurons :

$$\frac{C \sin \frac{\gamma}{2}}{2 \cos \frac{\gamma}{2}} = H$$

d'où :

$$\operatorname{tg} \frac{\gamma}{2} = \frac{2 H}{C} \qquad (4).$$

Cette nouvelle relation montre que, dans deux ou plusieurs segments ayant même angle au centre, le rapport de la flèche à la corde est constant. Cela étant, nous appellerons indifféremment *segments semblables* ceux qui ont même angle au centre, ou bien ceux pour lesquels le rapport de la flèche à la corde est le même.

Les segments semblables jouissent d'un certain nombre de propriétés que nous allons examiner :

1° Les surfaces des segments semblables sont proportionnelles aux carrés des rayons.

Cette proposition résulte immédiatement de l'équation (1).

2° Les surfaces des segments semblables sont proportionnelles aux carrés des flèches.

Remplaçons, en effet, dans l'équation (1) r par sa valeur

$\frac{H}{2 \sin^2 \frac{\gamma}{2}}$ tirée de l'équation (2), nous obtiendrons une relation qui ne renfermera, avec D et H², que des facteurs constants de l'angle γ.

3° Les surfaces des segments sont proportionnelles aux carrés des cordes.

Cette proposition se démontre de la même manière que la précédente, en remplaçant dans l'équation (1) r par sa valeur tirée de l'équation (3).

4° Les surfaces des segments semblables sont proportionnelles aux produits de la corde par la flèche.

Si l'on considère, en effet, deux segments ayant même angle au centre 2γ, r et r' étant les rayons, C et C' les cordes, H et H' les flèches, nous aurons d'après l'équation (4).

$$\frac{H}{C} = \frac{H'}{C'}$$

d'où :

$$\frac{H}{H'} = \frac{C}{C'}$$

et d'après l'équation (3)

$$\frac{C}{C'} = \frac{r}{r'}$$

On conclut de là :

$$\frac{H}{H'} = \frac{C}{C'} = \frac{r}{r'}$$

d'où :

$$\frac{CH}{C'H'} = \frac{r^2}{r'^2} = \frac{D}{D'}, \quad c.\ q.\ f.\ d.$$

Ces principes établis, nous allons montrer comment on a construit les courbes dont l'ensemble constitue la table graphique.

L'origine des axes est à l'angle supérieur de gauche.

Les coordonnées d'une même courbe ne sont pas toujours prises à la même échelle. Pour la construction, on a employé trois échelles différentes : 1° l'échelle simple, dans laquelle chaque côté du petit carré représente 0,01 ; 2° l'échelle double dans laquelle le côté du carré représente 0,005 ; 3° enfin l'échelle décuple dans laquelle le côté du carré représente 0,001.

Quand les coordonnées sont prises à l'échelle simple, on lit les abcisses sur l'horizontale supérieure et les ordonnées sur la verticale de gauche ; pour éviter la confusion, le chiffre des dixièmes seul est numéroté. On lit directement le chiffre des centièmes, et à l'estime le chiffre des millièmes; l'approximation de la lecture est donc de 0,001.

Quand les coordonnées sont prises à l'échelle double, on lit les abscisses sur l'horizontale inférieure et les ordonnées sur la verticale de droite. Sur ces lignes on a pu numéroter le chiffre des centièmes; l'approximation de la lecture est de 0,005. On a indiqué qu'un certain signe, placé au-dessus d'une coordonnée, signifie qu'elle doit être prise à l'échelle double.

Enfin quand les coordonnées ont été prises à l'échelle décuple (ce qui est indiqué par un autre signe placé au dessus), on se sert, comme pour l'échelle simple, de l'horizontale supérieure et de la verticale de gauche; seulement les chiffres provenant de la lecture sont toujours précédés d'un ou plusieurs autres chiffres, comme nous le ferons remarquer dans chaque cas particulier. Il est facile de voir que l'approximation de la lecture est de 0,0001.

Pour plus de régularité, les courbes sont indiquées par l'ensemble des lettres qui représentent les coordonnées; ces lettres sont entre parenthèses, l'ordonnée en avant.

Première courbe:

$$\left(\frac{\dot{H}}{C} , \frac{\dot{H}'}{D} \right)$$

Pour la construire on a pris l'échelle double:

Comme ordonnées, un certain nombre de valeurs comprises entre 0 et 0,50 (0 et 0,50 étant les valeurs extrêmes du rapport $\frac{H}{C}$);

Comme abscisses, les valeurs correspondantes de $\frac{H'}{D}$; ces valeurs peuvent varier de 0 à 0,637, car dans le cas extrême où le segment devient égal au demi-cercle, la flèche est égale au rayon r, et la surface à $\frac{1}{2}\pi r^2$, ce qui donne pour $\frac{H'}{D}$ la valeur

$$\frac{r}{\frac{1}{2}\pi r^2} = \frac{2}{\pi} = 0,637.$$

La construction de cette courbe se trouve justifiée par la deuxième proposition énoncée ci-dessus, d'après laquelle à une valeur de $\frac{H}{C}$ correspond une valeur déterminée de $\frac{H'}{D}$.

Elle est en deux tronçons. Pour bien comprendre la manière dont elle a été tracée, il faut concevoir que l'on ait placé, l'un à côté de l'autre, deux carrés ABCD et BCEF de 0,50 de côté; puis que l'on ait reporté en IK la portion GH de la courbe qui se trouve dans le carré de droite. Dans la pratique, quand on fera usage de la branche inférieure, on ajoutera 0,50 au chiffre qui représente l'abscisse. (fig. 155).

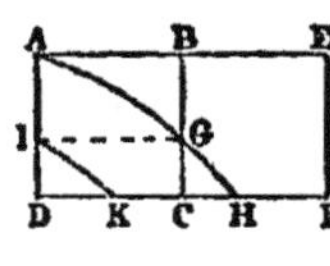

Fig. 155.

Deuxième courbe :

$$\left(\frac{H}{C} , \frac{D}{C^2} \right)$$

Les différents points de cette courbe ont, à l'échelle double, pour ordonnées les valeurs de $\frac{H}{C}$ et pour abscisses les valeurs correspondantes de $\frac{D}{C^2}$; cette construction est justifiée par l'énoncé de la troisième proposition ci-dessus.

Les valeurs de $\frac{D}{C^2}$ varient de 0 à 0,393; lorsqu'en effet un segment devient égal au demi-cercle, on a pour $\frac{D}{C^2}$ la valeur

$$\frac{\frac{1}{2} \pi r^2}{4 r^2} = \frac{1}{8} \pi = 0,393.$$

Il en résulte que cette courbe ne comporte qu'un seul tronçon.

Troisième courbe :

$$\left(\frac{H}{C} , \sin \gamma \right)$$

Les ordonnées $\frac{H}{C}$ ont été prises à l'échelle décuple, et les abscisses sin γ à l'échelle simple.

Il en résulte que la courbe doit être en 5 tronçons. Imaginons 5 carrés placés l'un au-dessous de l'autre, et dont le côté vertical représente 0,1 tandis que le côté horizontal représente 1 ; construisons d'abord, avec les ordonnées comprises entre 0 et 0,1 la portion *ab* renfermée dans le carré du dessus ; puis après avoir tracé la portion *bc* du 2ᵉ carré, avec les ordonnées comprises entre 0,1 et 0,2, reportons la en *b'c'* dans le premier carré ; et ainsi de même pour les trois autres tronçons (fig. 156).

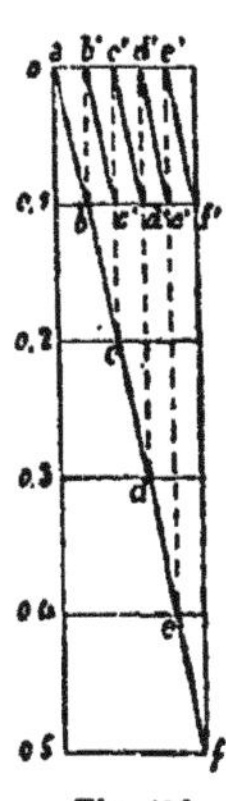

Fig. 156

Les chiffres à mettre à gauche de ceux provenant de la lecture de l'ordonnée sont placés en avant de la parenthèse indicatrice de chaque tronçon.

Quatrième courbe :

$$\left(\frac{\overset{\cdot\cdot}{H}}{C} \quad \frac{\overline{D}}{HC} \right)$$

Les ordonnées $\frac{H}{C}$ ont été prises à l'échelle double, et les abscisses $\frac{D}{HC}$ à l'échelle décuple. La construction se trouve justifiée par l'énoncé de la 4° proposition ci-dessus.

Les valeurs de $\frac{D}{HC}$ peuvent varier de 0,6666 à 0,7854 ; en faisant, en effet, $\frac{H}{C}$ égal à 0,01 (et dans la pratique on n'aura jamais besoin d'une valeur plus petite), on trouve successivement, pour $r = 1$:

$$\lg \frac{\gamma}{2} = 0,02.$$

$$\frac{\gamma}{2} = 1° 9' : \gamma = 2° 18' : 2\gamma = 4° 36'$$

$$D = \frac{3,1416 \times 2,18}{180} - \frac{1}{2} \sin 4° 36' = 0,0000443$$

$$C = 2 \sin 1° 9' = 0,08056$$

$$H = 0,0008056$$

$$HC = 0,0000649$$

$$\frac{D}{HC} = 0,6666.$$

D'autre part, quand le segment devient égal au demi-cercle, on a :

$$\frac{D}{HC} = \frac{\frac{1}{2}\,\pi\,r^2}{2r^2} = \frac{1}{4}\,\pi = 0{,}7854.$$

Pour bien comprendre le tracé de cette courbe, imaginons (fig. 157), l'un à côté de l'autre, dix carrés dont le côté vertical représente 0,50 et le côté horizontal 0,1. Une portion *ab* de la courbe se trouvera dans le 7ᵉ carré, et l'autre portion *bc* dans le

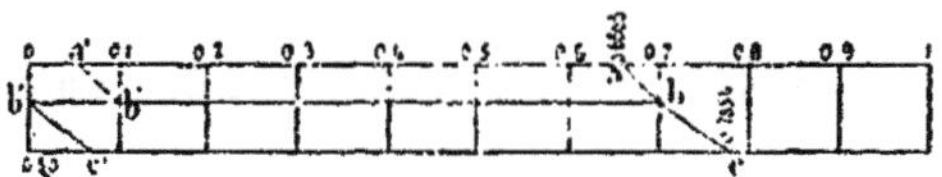

Fig. 157.

8°. Reportons chacune de ces deux branches dans le premier carré, en remarquant que le chiffre des dixièmes de l'abscisse sera 6 pour la branche supérieure et 7 pour la branche inférieure. Pour se conformer à la règle générale établie ci-dessus, il eut suffi de mettre 0,6 en avant de la parenthèse indicatrice de la première branche, et 0,7 en avant de celle du deuxième tronçon. Mais pour faciliter la lecture, on a reproduit ces chiffres sur chacune des lignes verticales principales, en les faisant suivre des chiffres numérotés de la table.

Quant à l'ordonnée, on la prendra sur la verticale de droite, comme l'indique l'′ placé au-dessus des lettres qui en donnent la signification.

Cinquième courbe :

$$\left(\frac{\overline{D}}{r^3}\,\sin\gamma\right)$$

Les abscisses ont été prises à l'échelle simple et les ordonnées à l'échelle décuple : ces dernières, étant les surfaces relatives aux

segments de rayon égal à l'unité, ont pour limite supérieure $\dfrac{1}{2}\dfrac{\pi r^2}{r^2} =$

$\dfrac{1}{2}\,\pi = 1{,}571.$

La courbe est en 6 branches ; la première, partant de l'origine des axes et allant jusqu'à l'horizontale qui passe par 1, a été construite avec les valeurs de $\frac{D}{r^2}$ qui sont inférieures à 0,0001 ; la deuxième, qui est la continuation de la première, a été tracée avec les valeurs comprises entre 0,0001 et 0,001 ; la troisième, avec celles dont le premier chiffre significatif est celui des millièmes; la quatrième, avec celles dont le premier chiffre significatif est celui des centièmes ; la cinquième, avec celles comprises entre 0,1 et 1, et la sixième enfin, avec celles comprises entre 1 et 1,571.

Même mode de formation que pour les courbes précédentes.

Le nombre de zéros à mettre à gauche des chiffres provenant de la lecture de l'ordonnée est indiqué en avant de la parenthèse indicatrice de chaque tronçon.

Les quatre dernières branches ne partent que de l'horizontale passant par 1 ; cette remarque est de nature à faire reconnaître plus rapidement la courbe dont nous nous occupons.

Sixième courbe :

$$\left(\frac{H}{r} \cdot \frac{\overline{2\gamma}}{r} \right)$$

Les ordonnées $\frac{H}{r}$ (flèches dans le cercle de rayon 1) ont été prises à l'échelle simple ; et les abcisses $\frac{2\gamma}{r}$ (arcs dans le rayon 1) ont été prises à l'échelle décuple.

La construction de cette courbe se trouve justifiée par l'équation (2) ; les valeurs de $\frac{H}{r}$ varient de 0 à 1 et celles de $\frac{2\gamma}{r}$ de 0 à 3,1416.

Elle est en quatre tronçons :

Le 1er a été construit avec les valeurs de $\frac{2\gamma}{r}$ comprises entre 0 et 1.

Le 2e a été construit avec les valeurs de $\frac{2\gamma}{r}$ comprises entre 1 et 2.

Le 3° a été construit avec les valeurs de $\frac{2\gamma}{r}$ comprises entre 2 et 3.

Le 4° a été construit avec les valeurs de $\frac{2\gamma}{r}$ comprises entre 3 et 3,1416.

Les chiffres à mettre à gauche de ceux provenant de la lecture de l'abscisse sont placés en avant de la parenthèse indicatrice de chaque branche.

L'approximation de la lecture des ordonnées de la première branche n'étant pas suffisante, on a reproduit ce tronçon en prenant également ces ordonnées à l'échelle décuple ; ce dernier porte les indications $0, \left(\dfrac{\overline{\overline{H}}}{r}\ \dfrac{\overline{2\gamma}}{r}\right)$, tandis que le premier figure sous la rubrique $0, \left(\dfrac{\overline{\overline{H}}}{r}\ \dfrac{\overline{2\gamma}}{r}\right)$.

Nous pouvons maintenant résoudre un certain nombre de problèmes qui peuvent se présenter dans la pratique.

Premier problème

Étant données la flèche et la corde, trouver les autres éléments:

1° *Calcul de la surface*:

Emploi de la courbe $\left(\dfrac{\overset{\bullet}{H}}{C}\ \dfrac{\overline{D}}{\overline{HC}}\right)$

Exemple: $H = 0$ m. 75, $C = 14$ m. 20

On calcule le rapport $\dfrac{H}{C} = 0,0528$. On prend 0,0528 entre 5 et 6 sur la verticale de droite ; en suivant l'horizontale passant par ce point on tombe sur la première branche de la courbe et approximativement sur la 8° verticale de l'intervalle 6-7; or nous savons que le chiffre des dixièmes est 6; celui des centièmes est également 6, et celui des millièmes 8; l'abscisse cherchée est donc 0,668 ; on a par conséquent :

$$\frac{D}{HC} = 0,668$$

d'où :

$$D = 0,668 \times 0,75 \times 14,20 = 7 \text{ mq. } 12.$$

2° *Calcul du coefficient de courbure :*

Emploi de la courbe $\left(\dfrac{\overline{H}}{C}\ ,\ \sin \gamma\right)$

Le rapport $\dfrac{H}{C}$ étant égal à 0,0528, on fera usage du premier tronçon, celui qui figure sous la rubrique 0,0; on prendra 528 sur la verticale de gauche, entre 5 et 6 ; l'ordonnée correspondante est 0,209 ; on a donc :

$$\sin \gamma = 0,209.$$

3° *Calcul du rayon* :

On a :

$$r = \frac{C}{2 \sin \gamma} = \frac{14,20}{0,418} = 33 \text{ m. } 96.$$

4° *Calcul de l'arc* :

Emploi de la courbe $\left(\frac{\overline{H}}{r}, \frac{\overline{2\gamma}}{r}\right)$

Le rapport $\frac{H}{r}$ étant égal à $\frac{0,75}{33,96}$, c'est-à-dire à 0,0221, il faut faire usage de la 1re branche de la courbe ; nous nous servirons du tronçon $0,0 \left(\frac{\overline{H}}{r}, \frac{\overline{2\gamma}}{r}\right)$ dans lequel les deux coordonnées sont prises à l'échelle décuple ; l'abscisse qui correspond à 0,8221 est 0,42 ; on a donc :

$$\frac{2\gamma}{r} = 0,42 ;$$

d'où

$$2\gamma = 0,42 \times 33,96 = 14 \text{ m. } 26.$$

Deuxième Problème

On donne la flèche H et le rayon r ; trouver les autres éléments.

1° *Calcul du coefficient de courbure* :

Exemple : H = 0 m. 75, r = 33 m. 96.
On prend le rapport $\frac{H}{r} = 0,0221$.

On cherche, sur la verticale de gauche, le point ayant ce nombre pour ordonnée, c'est-à-dire le point situé à peu près au cinquième de l'intervalle compris entre la 3e et la 4e ligne horizontale à partir du haut ; et par ce point on mène une horizontale jusqu'à la rencontre avec l'arc de cercle ; l'abscisse correspondante dont la valeur est 0,209 est précisément le sinus cherché (demi-corde dans le cercle de rayon 1).

2° *Calcul de la corde* :

$$C = 2\,r\sin\gamma = 2 \times 33,96 \times 0,209 = 14\text{ m. }21.$$

3° *Calcul des autres éléments* :

Connaissant H et C, on retombe sur le problème précédent.

Troisième Problème

$$\text{Données : } H = 0,75$$
$$\sin\gamma = 0,209.$$

1° *Calcul de la corde* :

Pour trouver la corde correspondante on prend, sur l'horizontale du haut, le point qui a 0,209 pour abscisse ; on mène par ce point une verticale jusqu'à la rencontre de l'arc de cercle ; l'ordonnée qui lui correspond est la flèche cherchée ; on la trouve égale à 0,022 ; il en résulte que le rapport de la flèche à la corde est :

$$\frac{0,022}{2 \times 0,209} = 0,05264$$

Par suite la corde, dans le segment qui fait l'objet du présent problème, est :

$$\frac{0,75}{0,05264} = 14\text{ m. }24$$

2° *Calcul des autres éléments* ;

Connaissant la corde et la flèche, on rentre dans le premier problème.

Remarque. — L'erreur commise dans le calcul de la corde est d'environ $\dfrac{1}{360}$; mais il faut observer que nous avons opéré dans la région où la lecture est le plus difficile.

Quatrième Problème

$$\text{Données : } H = 0,75$$
$$D = 7\text{ mq. }12.$$

1° *Calcul de la corde* :

Emploi de la courbe $\left(\dfrac{H}{C}\ \dfrac{H^2}{D}\right)$

On prend le rapport $\dfrac{H^2}{D} = \dfrac{0,75^2}{7,12} = 0,079$.

L'abscisse étant plus petite que 0,50, on se servira de la première branche de la courbe. On remontera la verticale qui se trouve aux $\dfrac{9}{10}$ de l'intervalle compris entre les verticales cotées 7 et 8 sur l'horizontale inférieure, ou mieux aux $\dfrac{4}{5}$ de la dernière moitié de cet intervalle; l'ordonnée correspondante, lue sur la verticale de droite, est approximativement égale à 0,053; on a donc :

$$\frac{H}{C} = 0,053$$

d'où :

$$C = \frac{H}{0,053} = 14 \text{ m}. 15.$$

2° Calcul des autres éléments :

Connaissant la flèche et la corde, on retombe sur le premier problème.

Si l'abscisse était égale à 0,565, on se servirait de la deuxième branche de la courbe; on retrancherait 0,50 de 0,565, ce qui donnerait 0,065. Suivant alors la verticale comprise entre les deux verticales 6 et 7, on trouverait pour ordonnée correspondante 0,431.

Cinquième Problème

$$\text{Données} : C = 14,20$$
$$r = 33,96$$

C'est le problème inverse du troisième.

1° Calcul de la flèche :

On prend le rapport $\dfrac{C}{2r} = 0,209$; puis on cherche, sur l'horizontale supérieure, le point ayant ce nombre pour abscisse; par ce point on mène une verticale jusqu'à la rencontre avec l'arc de cercle; l'ordonnée correspondante, dont la valeur est 0,022, représente la valeur de la flèche dans le cercle de rayon 1; on a alors :

$$\frac{H}{r} = 0,022$$

d'où :

$$H = 33,96 \times 0,022 = 0,747 = 0,75 \text{ en chiffres ronds.}$$

2° *Calcul des autres éléments* :

Connaissant la flèche et la corde, on rentre dans le premier problème.

Sixième Problème

Données ; $C = 14$ m. 20
$$\sin \gamma = 0,209.$$

1° *Calcul du rayon* :

On a :

$$r = \frac{14,20}{2 \times 0,209} = 33,96.$$

2° *Calcul des autres éléments* :

Connaissant la corde et le rayon, on rentre dans le problème précédent.

Septième Problème

Données : $C = 14$ m. 20
$$D = 7 \text{ mq. } 12$$

1° *Calcul de la flèche* :

Emploi de la courbe $\left(\dfrac{H}{C}, \dfrac{D}{C^2}\right)$

On a :

$$\frac{D}{C^2} = \frac{7,12}{14,20^2} = 0,035$$

On détermine, sur l'horizontale du bas, le point dont l'abscisse est 0,035 ; l'ordonnée correspondante est 0,053, sur la verticale de droite ; on a donc :

$$\frac{H}{C} = 0,053$$

d'où :

$$H = 14,20 \times 0,053 = 0,753.$$

2° *Calcul des autres éléments* :

Connaissant la corde et la flèche, on rentre dans le premier problème.

Huitième Problème

Données : $r = 33$ m. 96
$$\sin \gamma = 0, 209.$$

1° Calcul de la corde :

$$C = 2\,r \sin \gamma = 2 \times 33,96 \times 0,209 = 14 \text{ m. } 21.$$

2° Calcul des autres éléments :

Connaissant la corde et le rayon, on retombe sur le cinquième problème.

Neuvième Problème

Données : $r = 33,96$
$$D = 7 \text{ mq. } 12.$$

1° Calcul du coefficient de courbure :

On prend le rapport $\dfrac{D}{r^2} = \dfrac{7,12}{33,96^2} = 0,006175$

On cherche, sur la verticale de gauche, le point qui a pour ordonnée 6175 ; puis on détermine l'abscisse correspondante sur la branche de la courbe $0,00 \left(\dfrac{\overline{D}}{r^2}, \sin \gamma \right)$, puisqu'il y a deux zéros entre la virgule et le premier chiffre significatif du nombre qui exprime la valeur de $\dfrac{D}{r^2}$; cette abscisse est 0,209.

On a donc $\sin \gamma = 0,209$, et l'on retombe sur le problème précédent.

Dixième Problème

On donne la surface $= 7$ mq. 12 et le coefficient de courbure $\sin \gamma = 0,209$.

1° Calcul du rayon :

Emploi de la courbe $\left(\dfrac{\overline{D}}{r^2}, \sin \gamma \right)$

C'est le problème inverse du précédent.

On cherche, sur l'horizontale du haut, le point qui a pour abscisse 0,209, puis on suit la verticale qui passe par ce point, jusqu'à ce que l'on rencontre un tronçon de la courbe indiquée plus

haut ; on tombe sur la branche numérotée 0,00. L'ordonnée correspondante étant 6175, on en conclut :

$$\frac{D}{r^2} = 0,006175$$

d'où :

$$r^3 = \frac{7,12}{0,006175}.$$

et

$$r = \sqrt{\frac{7,12}{0,006175}} = 33,96.$$

On rentre alors dans le problème précédent.

86. Calcul des dimensions à donner aux cuvettes des barrages. — Il nous reste à calculer les dimensions à donner à la cuvette, pour qu'elle satisfasse aux conditions de débouché qui ont été déterminées dans l'article 56.

Dans le cas d'une cuvette plate (fig. 66), nous savons que les parois inclinées **AB** et **CD** de cette cuvette doivent faire avec l'horizontale un angle φ égal à l'angle du talus naturel des matériaux qui se déposeront derrière les ailes du barrage. Nous savons de plus que la largeur **BC**, que nous représenterons par a, doit être un peu plus petite que la largeur du fond du ravin.

Ayant choisi ces deux quantités, et désignant par t la hauteur de la cuvette, nous écrirons que la surface de cette cuvette est égale au débouché **D** :

$$at + t^2 \operatorname{cotg} \varphi = \mathrm{D}.$$

Si l'on veut résoudre cette équation par approximations successives, le deuxième terme du premier membre étant généralement très petit par rapport au premier, on posera :

$$t = \frac{\mathrm{D}}{a} - t \times \frac{\operatorname{cotg} \varphi}{a}.$$

Exemple :

$$\mathrm{D} = 44^{mq}$$

$$\varphi = 50° \operatorname{cotg} \varphi = 0,839$$

$$a = 18^{m}.$$

On aura successivement :

$$l = \frac{44}{18} = 2^{m}44$$

$$l = 2,44 - \frac{0,839}{18} \times 2,44 = 2,44 - 0,046 \times 2,44 = 2,33$$

$$l = 2,44 - 0,046 \times 2,33 = 2,333.$$

On s'arrêtera là, car il serait inutile d'aller au delà du centimètre.

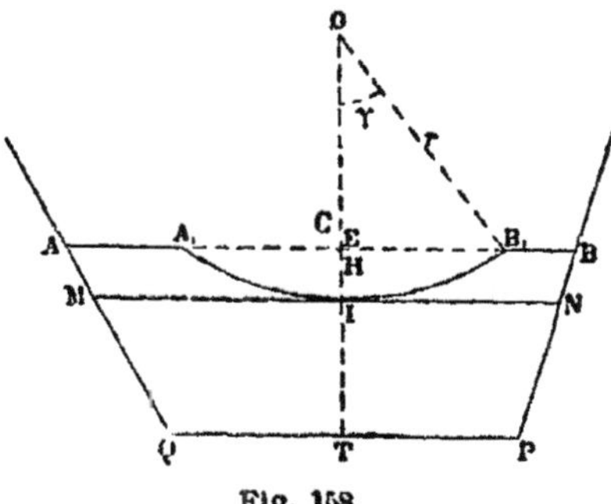

Fig. 158.

Dans le cas d'une cuvette creuse, l'idée qui se présente le plus
naturellement à l'esprit, c'est de se donner, d'après les conditions
d'établissement du barrage, la hauteur EI de la flèche, que je représente par H. Connaissant H et le débouché D, il sera facile
de calculer, à l'aide de la table graphique, les autres dimensions,
c'est-à-dire la corde $A_1 B_1 = C$, le rayon $OB_1 = r$ et le demi-angle
au centre $B_1 OE$ que nous continuerons à appeler γ (fig. 158).

Ce problème n'est autre que le quatrième problème de la page 326.

Exemple. — On a trouvé pour le débouché d'un barrage
21 mq 62, et l'on se donne 2 m. pour la hauteur maximum de
l'eau dans la cuvette.

Emploi de la courbe $\qquad \left(\frac{H}{C} , \frac{H^2}{D}\right)$

On a $\qquad \frac{H^2}{D} = \frac{4}{21,62} = 0,185.$

On se servira de la première branche de la courbe et on trouvera $\frac{H}{C} = 0,125$

d'où $C = 16$ m.

Pour trouver $\sin \gamma$, on aura à résoudre le problème n° 1 et l'on fera usage de la courbe $\left(\dfrac{\overline{H}}{C}, \sin\gamma\right)$.

Le rapport $\dfrac{H}{C}$ étant égal à 0,125, on se servira du deuxième tronçon, celui qui figure sous la rubrique $0,1\left(\dfrac{\overline{H}}{C}, \sin\gamma\right)$; on prendra 25 sur la verticale de gauche, et l'on trouvera sensiblement 0,470 pour l'abscisse ; on a donc :

$$\sin \gamma = 0,470.$$

Cette valeur correspond à un demi-angle au centre d'environ 28° ; elle est comprise dans les limites que nous nous sommes assignées.

Cela fait, le calcul du rayon ne présentera pas la moindre difficulté ; on aura :

$$r = \frac{C}{2 \sin \gamma} = \frac{16^m}{2 \times 0,470} = \frac{16}{0,94} = 17^m.$$

Pour faire l'épure, après avoir tracé dans le profil en travers une horizontale MN, distante du fond d'une longueur égale à la hauteur du barrage, on prendra généralement le point de tangence I sur la verticale passant par le milieu T du fond PQ du ravin. Cela fait, avec un rayon OI égal à 17 m., on décrira un arc de cercle que l'on arrêtera aux points de rencontre A_1 et B_1 avec l'horizontale menée à 2 m. de la ligne MN ; puis, dans l'exécution, on fera disparaître les angles A_1 et B_1.

Il peut arriver que les valeurs trouvées, soit pour la corde, soit pour le coefficient de courbure, ne soient pas compatibles avec les conditions particulières du problème que l'on a à résoudre.

Supposons, par exemple, que, dans le problème précédent, l'on ne puisse disposer que d'une corde de 12 m. ; il faudra nécessairement modifier la flèche de la cuvette, en prenant comme données du nouveau problème :

$$D = 21\text{mq}62 \text{ et } C = 12 \text{ m.}$$

Comme dans le septième problème de l'article précédent, on se servira de la courbe $\left(\dfrac{\overline{H}}{C}, \dfrac{\overline{D}}{C^2}\right)$.

on a :

$$\frac{D}{C^2} = \frac{21,62}{144} = 0,15 ;$$

on en déduit :

$$\frac{H}{C} = 0,215,$$

d'où

$$H = 12 \times 0,215 = 2^m58.$$

Supposons, en second lieu, que nous soyons obligé de prendre une cuvette plus plate que celle qui résulte de la condition $H = 2$ m. et d'adopter comme demi-angle au centre un angle de 22°, dont le sinus est égal à 0,375. Nous chercherons à déterminer la nouvelle valeur de H par la courbe $\left(\frac{\bar{D}}{r^2}, \sin \gamma\right)$, 10° problème.

Prenons, sur l'horizontale du haut, le point qui a pour abscisse 0,375 ; en suivant la verticale de ce point, nous tombons sur le tronçon 0,0 ; l'ordonnée correspondante étant 37, on en conclut :

$$\frac{D}{r^2} = 0,037$$

d'où $\qquad r^2 = \dfrac{21,62}{0,037} = 584,33 \quad$ et $\quad r = 24^m20$

Quant à la corde, elle est égale à :

$$2 \times 24,20 \times 0,375 = 18m.15.$$

Pour déterminer la flèche, servons-nous de la courbe $\left(\frac{H}{C}, \sin \gamma\right)$.

L'ordonnée correspondant à 0,375 étant 0,097, on trouve la flèche par l'expression :

$$18,15 \times 0,097 = 1m.76.$$

Nous n'insisterons pas sur cette question ; à l'aide des dix problèmes résolus précédemment, on pourra traiter tous les cas particuliers pouvant se présenter dans l'étude des dimensions à donner aux cuvettes creuses.

CHAPITRE XVIII

APPLICATION DES PROBLÈMES PRÉCÉDENTS
A LA CORRECTION D'UN TORRENT COMPOSÉ, A CLAPPES

87. Renseignements recueillis sur le terrain.—Dans ce torrent, dont le profil en long est représenté par la figure 159, le lit s'affouille de A en O ; puis vient une cascade OP derrière laquelle s'est établie la pente de compensation suivant PQ.

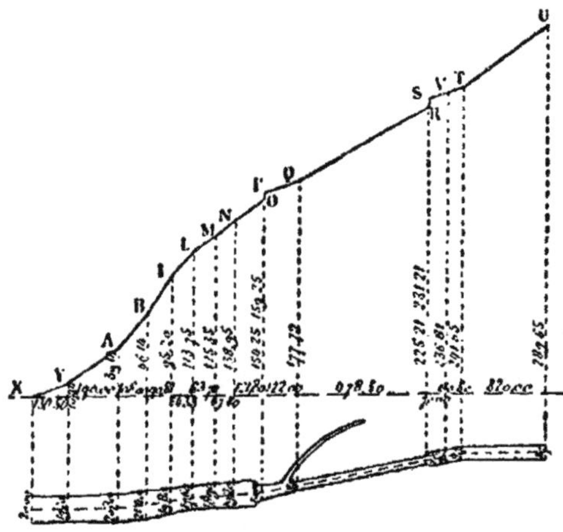

Fig. 159.

Un ravin vient se jeter dans le torrent principal, sur la rive droite, un peu en aval du point Q ; à partir de ce point, de grands glissements se produisent, tantôt sur une berge et tantôt sur l'autre. En RS, nouvelle cascade derrière laquelle s'est également établie la pente de compensation. Des blocs provenant d'une clappe voisine encombrent la région supérieure.

Par rapport au débit, le torrent se trouve tout naturellement divisé en deux tronçons.

Par rapport au traitement, nous le diviserons en trois parties :

       Région inférieure. . . .   de A en O.
       Région moyenne . . . .   entre les deux cascades.
       Région supérieure . . .   de S en U.

Pendant la période des études, on a fait des expériences en arrière des deux cascades ; les renseignements recueillis sont inscrits dans les tableaux ci-dessous, qui ont été dressés conformément aux indications données dans le chapitre XIII :

1er Tableau. — Fortes crues sans laves.

Numéro de la station d'expériences (1)	Date de la crue (2)	Durée de la crue (3)	Hauteur maximum de l'eau (4)	Vitesse moyenne à l'époque du maximum (5)	Dimensions des plus grosses pierres charriées (6)	Pente de fond de la section (7)	Observations (8)
Station PQ	17 mai 1885	3 h.	1,85	3,25	0,47	0,07	
	15 octobre 1885	3 h. $^1/^2$	1,95	3,30	0,50		
	10 avril 1886	4 h.	2,15	3,60	0,55		
	7 septemb. 1886	3 h. $^1/^4$	1,90	3,10	0,48		
	25 avril 1887	2 h. $^3/^4$	1,80	3,20	0,45		
	8 août 1887	4 h. $^1/^4$	2,35	3,75	0,57		
	moyennes		2,00	3,40	0,50		
Station ST	17 mai 1885	3 h.	1,75	3,70	0,47	0,08	
	15 octobre 1885	3 h. $^1/^2$	1,85	3,80	0,50		
	10 avril 1886	4 h.	2, »	3,95	0,55		
	7 septemb. 1886	3 h. $^1/^4$	1,80	3,75	0,48		
	25 avril 1887	2 h. $^3/^4$	1,75	3,60	0,45		
	8 août 1887	4 h. $^1/^4$	2,25	4, »	0,57		
	moyennes		1,90	3,80	0,50		

2ᵉ Tableau. — Rapport des débits et facteur de la vitesse.

Numéro de la section d'expériences (1)	Eléments de la section normale de la station			Surface mouillée maximum (5)	Périmètre mouillé maximum (6)	Rayon moyen à la période du maximum (7)	Rapport des débits (8)	Facteur de la vitesse		Observations (11)
	l (2)	c (3)	ϖ (4)					dans chaque station (9)	moyen (10)	
Station PQ	10ᵐ	0,644	2,40	22,56 mq	14,40	1,52		10,4		Les chiffres des colonnes (5) et (6) résultent de l'application des hauteurs 2ᵐ et 1,90 dans les profils en travers des deux stations :
							0,84		10,85	Rapport des débits :
Station ST	8,50	0,600	2,35	18,32	12,96	1,42		14,3		

$$\frac{18,32 \times \sqrt{1,42 \times 0,08}}{22,56 \times \sqrt{1,52 \times 0,07}}$$

Facteur de la vitesse :

$$\frac{3,40}{\sqrt{1,52 \times 0,07}} = 10,4$$

3ᵉ Tableau. — Crues à laves.

Numéro de la section d'expériences (1)	Date de la crue (2)	Durée de la crue (3)	Hauteur maximum du liquide (4)	Pente de fond avant la crue (5)	Dimensions des plus grosses pierres charriées (6)	Poids d'un mètre cube de laves (7)	Observations (8)
Station PQ	1ᵉʳ août 1884	5 h. 1/4	3,25	0,07	0,75	1800ᵏ	
	27 août 1889	4 h. 1/2	2,05	0,07	0,70	1800ᵏ	

4ᵉ Tableau. — Renseignements généraux

Pente d'assèchement dans les terres à drainer (1)	Poids moyen d'un mètre cube d'atterrissement (2)	Poids moyen d'un mètre cube de pierres (3)	Angle moyen du talus naturel des matériaux formant les atterrissements (4)	Hauteur maximum à donner aux barrages dans chaque section (5)	Observations (6)
0,08	1850	2800	36º	La hauteur des barrages peut être partout de 5ᵐ.	

88. Traitement de la région inférieure. — Le lit s'affouillant, il faut établir une série de barrages. Des profils en travers ont été relevés en A,B,I,L,M,N. Tous ces profils sont trapézoïdaux et sont déterminés par la largeur l au fond, par la demi-somme e des cotangentes des angles d'inclinaison et par la somme ξ des inverses des sinus de ces angles.

La pente de compensation s'est établie dans la région PQ. La pente de fond de cette section étant de 0,07 et le périmètre mouillé maximum moyen étant de 14,40, la quantité Δ est égale à $\dfrac{0,07}{14,40} = 0,0047$.

Aucun emplacement spécial n'ayant été observé dans la région AL, on placera chaque ouvrage à l'extrémité de l'atterrissement du précédent. Dans la région LO, au contraire, il n'y a d'emplacement convenable que la section L ; on fondera donc dans cette section un barrage dont la hauteur sera telle que l'atterrissement vienne atteindre le point O.

Traitement de la région AL. — La hauteur totale à racheter par les barrages (voir le profil en long) est :

$$113,75 - 39,14 = 74\text{m}.61.$$

Le tableau ci-dessous donne le résultat des calculs qui ont été faits pour déterminer la hauteur rachetée par chaque barrage :

Numéro des barrages	Hauteur des barrages	Hauteur de l'atterrissement au changement de profil	Largeur au couronnement des barrages	e	ξ'	f'	H'	C'	tgα'	Pente du profil en long.	Longueur de l'atterrissement	Hauteur rachetée par la pente sur le profil primitif	sur le profil suivant	Hauteur totale rachetée	Observations
(1)	(2)	(3)	(4)	(5)	(6)	(7)	(8)	(9)	(10)	(11)	(12)	(13)	(14)	(15)	(16)
1	5ᵐ		29,20	0,890	2,70	0,0264	0,76	31,25	0,147	0,25	48,54	7,14	—	12,14	
2	5		»	»	»	»	»	»	»		48,54	7,14	—	12,14	
3	5		»	»	»	»	»	»	»		10,92	1,60	—	9,10	
4	5	3,88	26,36	0,641	2,40	0,033	0,84	28,38	0,134	0,32	18,74	—	2,50		
5	5		28,81	»	»	0,0272	0,76	30,63	0,143		28,25	4,03	—	9,03	
6	5		»	»	»	»	»	»	»		28,25	4,03	—	9,03	
			»	»	»	»	»	»	»		15,60	2,23	—	9,96	
7	5	2,24	23,24	0,767	2,553	0,0418	0,97	28,70	0,121	0,22	22,60	—	2,73		
			27,47	»	»	0,0298	0,80	28,30	0,133		61,73	8,21	—	13,21	
											283,14	34,38	5,23	74,61	

Barrage n° 1. — La hauteur adoptée est indiquée dans la colonne (2) ; les éléments de la section normale au couronnement de l'ouvrage sont consignés dans les colonnes (4), (5) et (6). Les quatre colonnes suivantes donnent les chiffres auxquels on arrive en appliquant la méthode analytique du problème n° 3, chiffres qui permettent d'arriver à la connaissance de la pente de l'atterrissement. La colonne (11) indique les pentes du profil AL.

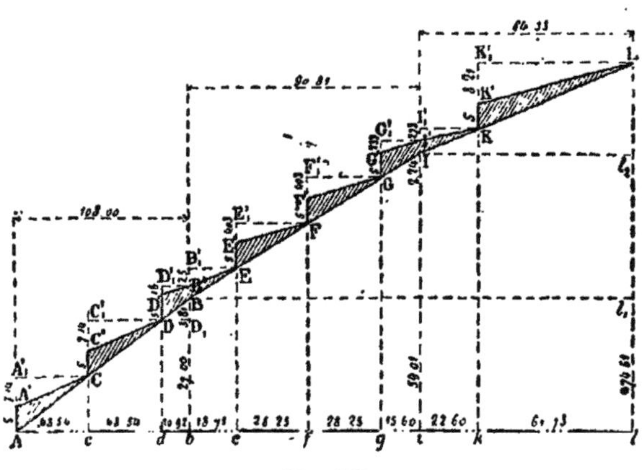

Fig. 160.

Pour calculer la longueur Ac de l'atterrissement à insérer dans la colonne (12) (voir figure 160), AA′ représentant la hauteur de l'ouvrage, CA′₁ étant une horizontale et α_1 étant l'angle CAc, on pose :

$$\overline{AA'_1} = \overline{Ac} \times \mathrm{tg}\,\alpha_1$$

$$\overline{A'A'_1} = \overline{Ac} \times \mathrm{tg}\,\alpha'$$

$$\overline{AA'_1} - \overline{A'A'_1} = \overline{AA'} = \overline{Ac} \times (\mathrm{tg}\,\alpha_1 - \mathrm{tg}\,\alpha')$$

d'où

$$Ac = \frac{AA'}{\mathrm{tg}\,\alpha_1 - \mathrm{tg}\,\alpha'} = \frac{5}{0,25 - 0,147} = 48^m54$$

Cette longueur étant inférieure à 108 m., on n'a rien à consigner dans la colonne (14). Le chiffre de la colonne (13) est facile à trouver ; c'est le produit des nombres des deux colonnes (10) et (12). Enfin le chiffre de la colonne (15) est la somme des nombres des deux colonnes (2) et (13).

Barrage n° 2. — Mêmes calculs que pour le barrage n° 1.

Barrage n° 3. — L'atterrissement de ce barrage devant porter à la fois sur les deux profils AB et BI, il faut lui consacrer deux lignes horizontales du tableau. Sur la première ligne, on porte les chiffres qui permettent d'arriver à la connaissance de la hauteur rachetée sur le profil AB ; le chiffre de la colonne (12) est la différence entre la longueur Ab et la somme des longueurs des deux premiers atterrissements ; quant à celui de la colonne (13), il est, comme dans le cas précédent, le produit de ceux des colonnes (10) et (12). La seconde ligne horizontale concerne la hauteur rachetée sur le profil BI ; dans la colonne (3) figure la hauteur de l'atterrissement en B, c'est-à-dire la longueur BB' ; or, en menant l'horizontale DD_1, l'on a :

$$\overline{BB'}=\overline{DD'_1}-\overline{BD_1}=\overline{DD'}+\overline{DD_1}(tg\alpha'-tg\alpha_1)=DD'-DD_1(tg\alpha_1-tg\alpha')$$
$$= 5 - 10,92 (0,25 - 0,147) = 3,88 ;$$

Cette longueur trouvée, on arrive au chiffre de la colonne (10) en se servant des éléments de la section normale en B, et, après avoir inscrit dans la colonne (12) la longueur be de l'atterrissement, on en conclut facilement la hauteur rachetée, que l'on inscrit dans la colonne 14). Le chiffre de la colonne (15) est la somme des nombres figurant dans les colonnes (2), (13) et (14).

On fait de même pour les barrages suivants :

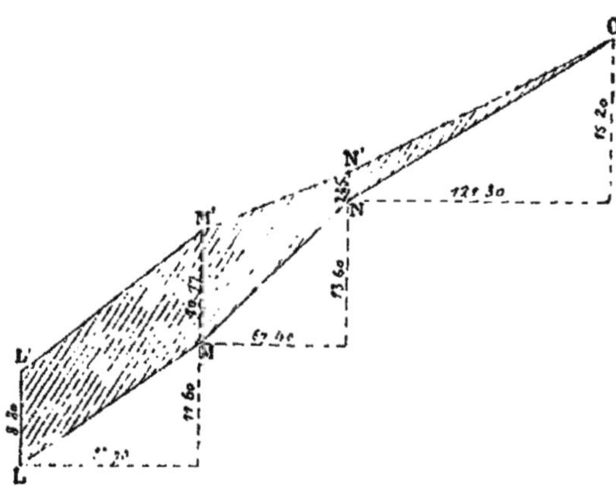

Fig. 161.

Traitement de la région LO. — La question à résoudre consiste à fonder en L un barrage dont l'extrémité de l'atterrissement atteigne le point O. C'est le huitième problème de notre série.

Pour éviter des opérations inutiles, on pourra disposer les calculs de la manière suivante (figure 161) :

Calcul de NN' :

Eléments de la section en N $\begin{cases} l' = 19,20, \ e' = 0,780, \ \xi' = 2,55, \\ \xi' - e' = 1,77, \ D\Delta = 0,570, i = 15,20 \end{cases}$

Equation 9 :

Coefficent de $H'^2 = 0,570 \times 1,56 \times 1,77 - 0,780 = 0,794$

Terme connu $= 0,570 \times 1,56 \times 22,56 + 22,56 = 42,62$

Coefficient de $H' = 15,20 \times 1,56 \qquad + 19,20 = 42,91$

$\qquad 0,794H'^2 - 42,91H' + 42,62 = 0 \qquad H' = 1^m$

Equation 6 :

$$NN = \frac{22.56 - 1 \times (19,20 - 0,780 \times 1)}{2 \times 0,780 \times 1} = 2,65.$$

Calcul de MM' :

Eléments de la section en M $\begin{cases} l' = 18,90, \ e' = 0,640, \ \xi' = 2,40 \\ \xi' - e' = 1,76, \ D\Delta = 0,317, \ i = 16,25 \end{cases}$

Equation 9 :

Coefficient de $H'^2 = 0,317 \times 1,28 \times 1,76 - 0,640 = 0,075$

Terme connu $= 0,317 \times 1,28 \times 22,56 + 22,56 = 31,72$

Coefficient de $H' = 16,25 \times 1,28 \qquad + 18,90 = 39,70$

$\qquad 0,075 H'^2 - 39,70H' + 31,72 = 0 \qquad H' = 0,70.$

Equation 6 :

$$MM' = \frac{22,56 - 0,70(18,90 - 0,640 \times 0,70)}{2 \times 0,640 \times 0,70} = 10,77.$$

Calcul de LL' :

Eléments de la section en L $\begin{cases} l' = 17,60, \ e' = 0,890, \ \xi' = 2,70 \\ \xi' - e' = 1,81, \ D\Delta = 0,393, i = 22,37 \end{cases}$

Equation 9 :

Coefficient de $H'^2 = 0,393 \times 1,78 \times 1,81 - 0,890 = 0,377$

Terme connu $= 0,393 \times 1,78 \times 22,56 + 22,56 = 38,31$

Coefficent de $H' = 22,37 \times 1,78 \qquad + 17,60 = 57,44$

$\qquad 0,377H'^2 - 57,44H' + 38,31 = 0 \qquad H' = 0,69.$

Equation 6 :

$$LL' = \frac{22,56 - 0,69\,(17,60 - 0,89 \times 0,69)}{2 \times 0,89 \times 0,69} = 8,80.$$

Le barrage à fonder en L devra avoir 8m.80 de hauteur.

89. Traitement de la région moyenne. — On suppose, après une observation attentive du terrain, qu'on arrêtera les glissements de la région QR en relevant de 5 m. la pente générale du fond du lit.

En Q se trouve un emplacement très favorable à l'établissement d'un barrage, et il n'y a pas d'autre emplacement de Q en R ; on commencera donc par fonder un barrage de 5 m. en Q.

Pour déterminer la pente-limite que prendra l'atterrissement de cet ouvrage, on se servira des données recueillies dans la station ST dont le lit reste permanent ; voici la série des calculs à faire pour arriver à ce résultat.

$$\text{Données} \begin{cases} \text{Largeur au couronnement du barrage } (a') = 13,90 \\ e' = 0,890 \\ \varsigma' = 2,70 \end{cases} \text{pour la section normale en Q.}$$

On en déduit successivement :

$$f = \frac{18,32}{13,90^2} = 0,095$$

$$\frac{H'}{a'} = \frac{-1 + \sqrt{1 + 4 \times 0,89 \times 0,095}}{2 \times 0,89} = 0,088.$$

$$H' = 0,088 \times 13,90 = 1,22$$

$$C' = 13,90 + 1,22 \times 2,70 = 17,20$$

$$\operatorname{tg} \alpha' = 0,08 \times \frac{17,20}{12,96} = 0,107.$$

La pente du fond du lit dans la région considérée étant égale à 0,12, la longueur de l'atterrissement est $\dfrac{5}{0,12 - 0,107} = 384\text{m}.60$.

La pente de compensation étant inférieure à la pente du fond du lit, il faudra, pour maintenir la pente générale suivant la ligne Q'R' parallèle à QR (voir figure 162), fonder sur l'atterrissement du barrage une série de seuils dont le couronnement passera par cette ligne.

Supposons que l'on adopte des seuils de 1 m. de hauteur, et soit V la position du premier de ces ouvrages ; VV' devant être égal à 1 m., VV$_1$ sera égal à 4 m., et par suite on aura :

$$vr = \frac{4}{5} Qr$$

d'où

$$Qv = \frac{1}{5} Qr = \frac{1}{5} \times 384{,}60 = 76^m90,$$

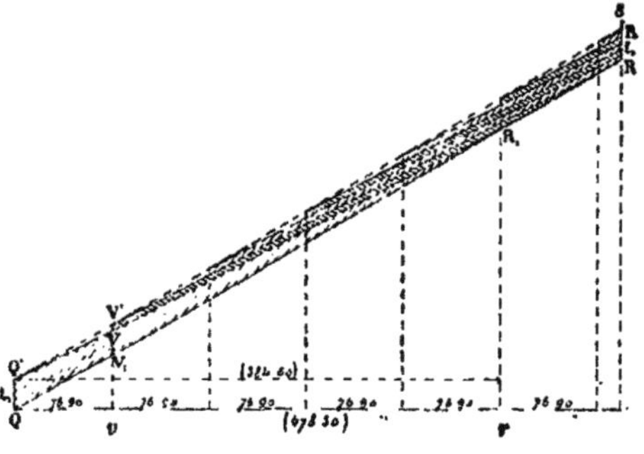

Fig 162.

La pente des dépôts qui se formeront derrière ce seuil sera égale à 0,107, puisque le couronnement de cet ouvrage sera à la même hauteur au-dessus du fond que celui du barrage principal ; la ligne supérieure des dépôts sera donc parallèle à Q'R, et par conséquent tous les seuils suivants devront être fondés à 76,90 l'un de l'autre.

Si l'on voulait relever le lit parallèlement à lui-même à l'aide d'un seul barrage, il faudrait donner à cet ouvrage une hauteur de 6 m. (voir le 10ᵉ problème dont les données sont les mêmes que dans le cas actuel).

Par suite des glissements qui se sont produits à chaque crue importante depuis plusieurs années, notamment sur la rive gauche, il existe sur les versants de nombreuses crevasses en avant desquelles se sont formées des dépressions où viennent se concentrer les neiges.

Pour empêcher de pénétrer jusqu'au plan de glissement les eaux de fusion qui ne trouvent pas un écoulement facile, on établira un réseau de drains que l'on conduira, par la voie la plus rapide, dans des collecteurs établis suivant les lignes de plus grande pente.

Grâce à ce drainage et au relèvement du fond du lit, dont la largeur passera de 5 m. à 13m.90, on pourra espérer que les glissements s'arrêteront, surtout si l'on a soin de faire transporter contre les berges, après chaque crue, les gros blocs déposés par les eaux dans le milieu du courant.

90. Traitement de la région supérieure. — Pour retenir dans la région supérieure les matériaux provenant de la clappe on fondera un premier barrage de 4 m. de hauteur dans la section RS ; c'est un emplacement très propice, attendu que le terrain est rocheux et que, de plus, la pente de compensation s'est établie de S en T.

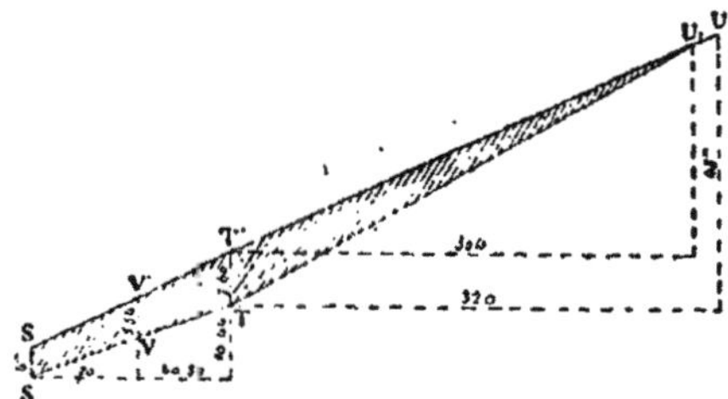

Fig. 163.

La section normale (fig. 163) est constante de S en V sur 70 m. de longueur; mais elle change de V en T et elle prend encore une autre valeur au delà du point T.

Les éléments de la section normale en S sont indiqués dans le premier et dans le deuxième tableau des renseignements ; nous indiquons de plus, dans le tableau ci-dessous, les différents calculs à faire pour arriver à la détermination du point U_1, trace de la ligne suivant laquelle les dépôts viennent se raccorder avec le fond du lit :

Hauteur du barrage	Hauteur de l'atterrissement au changement de profil	Forme des profils en travers				Calcul de la pente de l'atterrissement				Pente du profil en long	Longueur de l'atterrissement	Observations
		Largeur au fond	Largeur à la hauteur de l'atterris¹ α'	e'	z'	f'	H'	C'	tg α'			
(1)	(2)	(3)	(4)	(5)	(6)	(7)	(8)	(9)	(10)	(11)	(12)	(13)
4ᵐ	—	8,50	13,80	0,600	2,35	0,104	1,33	16,42	0,102	0,08	70	
	VV' = 5,54	9,20	15,85	0,600	2,35	0,073	1,11	18,46	0,114	0,08	60,50	
	TT' = 7,60	8,70	17,82	0,600	2,35	0,0578	1,00	20,17	0,125	0,15	304	
											434ᵐ50	

A l'aide des chiffres de ce tableau, on arrive facilement à déterminer, par application des formules (18) et (19) du 12° problème, le volume complet des dépôts; on a, en effet :

$$\text{Volume SS'V'V} = \frac{70}{6}[3 \times 8,50(4 + 5,54) + 0,60(4^2 + 5,54^2 + 9,54^2)] = 3802^{mc}$$

$$- \quad \text{VV'T'T} = \frac{60,5}{6}[3 \times 9,20(5,54 + 7,6) + 0,60(5,54^2 + 7,6^2 + 13,14^2)] = 4869$$

$$- \quad \text{TT'U}_1 = \frac{1}{2} \; \frac{8,70 \times 7,60^2 + \frac{2}{3} \times 0,60 \times 7,60^3}{0,15 - 0,125} = 13562$$

$$\text{Total......} \quad 22233^{mc}$$

Si l'on connaît le volume annuel moyen des matériaux fournis par la clappe au torrent, on pourra évaluer approximativement le nombre d'années pendant lequel fonctionnera le barrage; cette période écoulée, il faudra prévoir l'établissement d'un nouveau mur fondé en gradins au-dessus du premier (voir article 79), et ainsi de suite.

91. Arrêt des matériaux dans le canal de déjection. — Si, dès le début des travaux, l'on voulait arrêter le charriage des matériaux, soit dans le but de protéger d'importantes voies de communication, soit pour sauver d'une ruine immédiate les cultures et les habitations voisines, il pourrait être utile d'arrêter les matériaux dans le canal de déjection XYZ (fig. 164), en suivant les principes émis par M. Scipion Gras (voir article 64).

Proposons-nous, par exemple, de déterminer le volume de la
retenue qui se produirait derrière un simple cordon en maçonnerie établi dans la section X.

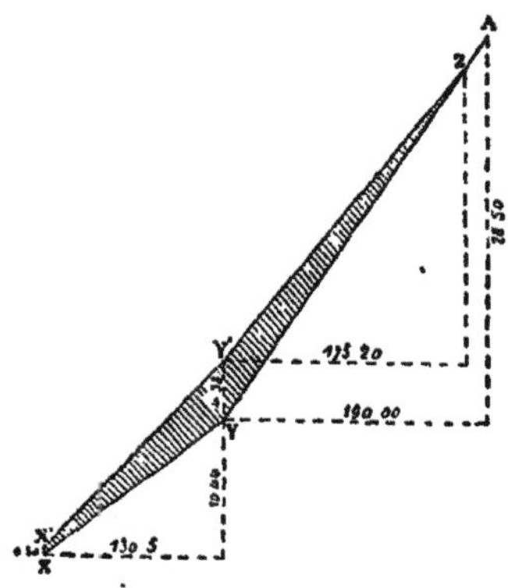

Fig. 161.

Cette section faisant partie du tronçon inférieur, il faudra
prendre les données fondamentales dans la station d'expériences
PQ ; le tableau ci-dessous donne le résultat des calculs faits pour
déterminer le point Z suivant lequel les dépôts viendront rejoindre
le fond du lit :

Hauteur du barrage	Hauteur de l'atterrissement au changement de profil	Forme des profils en travers				Calcul de la pente de l'atterrissement				Pente du profil en long	Longueur de l'atterrissement	Observations
		Largeur au fond	Largeur à la hauteur de l'atterris. d'	e'	ξ'	f'	H'	C'	$tg\,\alpha'$			
(1)	(2)	(3)	(4)	(5)	(6)	(7)	(8)	(9)	(10)	(11)	(12)	(13)
0,50	———	20	20,60	0,60	2,35	0,0532	1,07	23,11	0,109	0,08	130,5	
	4,38	19,20	21,46	»	»	0,0376	0,90	26,57	0,125	0,15	175,2	
											305,7	

Dès lors, il devient facile de calculer le volume des dépôts ; on a, en effet :

$$\text{Vol. XX'Y'Y} = \frac{130,5}{6}\,[3\times20(0,50+4,38)+0,6(0,5^2+4,38^2+4,88^2)] = 6933^{mc}$$

$$\text{Vol. YY'Z} = \frac{1}{2}\,\frac{19,20\times4,38^2+\frac{2}{3}\times0,60\times4,38^3}{0,150-0,125} = \qquad 8036$$

$$\text{Total.....}\quad 14969^{mc}$$

Avec deux cordons semblables, on arrêterait plus de matériaux qu'avec le barrage de l'article précédent.

92. Correction des ravins. — Dans le ravin principal on établira des barrages rustiques de 2 m. de hauteur.

Il est facile de calculer la distance à laquelle doivent être fondés ces murs. Voici les éléments recueillis sur le terrain :

Pente de fond du lit : 0,35.

$$\text{Eléments de la section qui est trapézoïdale et à peu près constante.}\quad \begin{cases} l' = 5^m \\ e' = 0,644 \\ \xi' = 2,40 \end{cases}$$

D'autre part on sait, d'après le deuxième tableau des renseignements, que le rapport existant entre le débit du tronçon supérieur et celui du tronçon inférieur est égal à 0,84 ; cela montre que le rapport entre le débit du ravin principal et celui du tronçon inférieur est de 0,16. Enfin, les colonnes (5) et (6) du même tableau donnent les valeurs de la surface et du périmètre mouillés correspondant à la moyenne des hauteurs maxima observées dans la station PQ dont la pente de fond est fournie par le premier tableau ; ces trois valeurs, dont nous avons déjà fait un usage fréquent, sont : 22^{mq}56, 14m.40 et 0,07.

Dans ces conditions, on trouve successivement (voir problème n° 6) :

$$\text{Rapport des débits} \left(\frac{m}{n}\right) = \frac{1}{0,16} = 6,25.$$

Largeur du barrage au couronnement $(a') = 5+2\times2\times0,644 = 7,56.$

$$S' = \frac{22,56}{6,25} = 3^{mq}61$$

$$f' = \frac{3,61}{7,56^2} = 0,063$$

$$\frac{H'}{a'} = \frac{-1 + \sqrt{1 + 4 \times 0,641 \times 0,063}}{2 \times 0,641} = 0,060$$

$$H' = 0,060 \times 7,56 = 0,38$$

$$C' = 7,56 + 0,38 \times 2,40 = 8,47$$

$$\operatorname{tg} \alpha' = 6,25 \times \frac{8,47}{14,40} \times 0,07 = 0,257$$

La pente générale des atterrissements étant égale à 0,257, la longueur de chaque atterrissement, c'est-à-dire l'espacement entre les barrages, sera :

$$\frac{2}{0,35 - 0,257} = 21^{m}50.$$

Dans les ramifications secondaires, on emploiera des barrages vivants partout où la pente sera inférieure à 0,20. Sur les pentes plus fortes, on façonnera le lit au moyen de branchages, conformément aux indications données dans l'article 49.

93. Profils des deux barrages supérieurs. — Il y a lieu de se demander si le barrage de retenue à fonder en S devra être curviligne ou rectiligne. Or nous avons précisément choisi, comme exemple du problème 13, le cas particulier de l'ouvrage dont nous nous occupons. Pour en calculer le volume, qui a été trouvé égal à 118m³140, abstraction faite du couronnement et de l'aqueduc, nous avons admis un rayon d'extrados de 18 m., ce qui correspond à peu près à la flèche de $\frac{1}{10}$.

Ce volume nous paraissant exagéré, nous avons recommencé les calculs pour des rayons d'extrados de 16 m., 14 m. et 12 m., les deux premiers cas correspondant aux flèches de $\frac{1}{9}$ et de $\frac{1}{8}$ (voir l'article 68) ; les résultats de ces calculs sont consignés dans le tableau ci-dessous :

| Rayon de l'extrados | Epaisseur | | Rayon de l'intrados | Distance du centre de gravité au parement intérieur. | Trapèze générateur | Angle au centre | Arc correspondant à l'angle au centre pour le rayon 1 | Rayon du cercle décrit par le centre de gravité | Volume | | | Observations |
| | à la base | au couronnement | | | Surface | | | | Partiel | d'un coté du barrage | Total | |
(1)	(2)	(3)	(4)	(5	(6)	(7)	(8)	(9)	(10)	(11)	(12)	(13)
16	4,90	0,90			côté	droit						
			14,10	0,73	7	23,40	0,4130	15,27	44,146			
			14,50	0,64	3,60	4,10	0,0204	15,39	4,130			
			14,70	0,55	2,20	4,20	0,0233	15,45	0,792			
			14,90	0,50	1	4,20	0,0233	15,50	0,361	46,429		
					côté	gauche						
			14,10	0,73	7	24	0,4189	15,27	44,787			
			14,46	0,61	3,90	2,50	0,0494	15,39	2,968			
			14,62	0,57	2,74	2,30	0,0436	15,43	1,844			
			14,78	0,53	1,70	2,30	0,0436	15,47	1,147			
			14,94	0,49	0,78	2,30	0,0436	15,51	0,524	51,270	97,699	
14	4,70	0,70			côté	droit						
			12,30	0,63	6	27,20	0,4770	13,37	38,265			
			12,70	0,51	3	4,20	0,0233	13,49	0,943			
			12,90	0,46	1,80	4,20	0,0233	13,54	0,564			
			13,10	0,40	0,80	4,40	0,0291	13,60	0,317	40,086		
					côté	gauche						
			12,30	0,63	6	28,30	0,4974	13,37	39,896			
			12,66	0,53	3,26	2,30	0,0436	13,47	1,914			
			12,82	0,49	2,26	2,50	0,0494	13,51	1,416			
			12,98	0,43	1,38	3	0,0524	13,57	0,981			
			13,14	0,39	0,62	3	0,0524	13,61	0,442	44,849	84,435	
12	4,50	0,60			côté	droit						
			10,50	0,56	5,25	33	0,5760	11,44	34,595			
			10,86	0,45	2,61	1	0,0175	11,55	0,527			
			11,04	0,39	1,56	2	0,0349	11,61	0,633			
			11,22	0,34	0,69	2	0,0349	11,66	0,281	36,036		
					côté	gauche						
			10,50	0,56	5,25	34	0,5934	11,44	35,636			
			10,82	0,46	2,85	3	0,0524	11,54	1,723			
			10,96	0,42	1,97	3,30	0,0611	11,58	1,394			
			11,10	0,38	1,20	3,40	0,0640	11,62	0,892			
			11,25	0,35	0,54	4,10	0,0727	11,65	0,457	40,102	76,138	

Nous n'avons pas continué plus loin nos investigations. L'épaisseur au couronnement étant de 0,60 avec le rayon 12, c'est-à-dire la plus petite que l'on puisse admettre dans une bonne construction, toute augmentation dans la courbure ne produirait pas une grande diminution dans le volume; nous admettrons donc pour profil du barrage un trapèze rectangle ayant 1m.50 à la base et 0m.60 en tête.

Proposons-nous maintenant de chercher quel serait le volume d'un barrage rectiligne d'égale stabilité. Pour calculer l'épaisseur à donner à ce mur, faisons usage des tables graphiques nᵒˢ 1 et 2. Admettons 7 kg. par centimètre carré pour la valeur N du coefficient de résistance permanente et 2.360 kg. pour le poids de la maçonnerie.

Si ce dernier poids était de 2.200 kg., $\frac{h}{N}$ étant égal à $\frac{4}{7}$ ou à 0,571, le rapport de l'épaisseur moyenne à la hauteur serait 0,467 (table graphique nᵒ 1); mais le facteur de correction étant 0,95 pour le poids de 2.360 kg. (voir table graphique nᵒ 2), ce rapport se trouve réduit à 0,467 × 0,95 = 0,444, et l'épaisseur moyenne est 0,444 × 4 = 1m.76, soit 1m.80 en chiffres ronds.

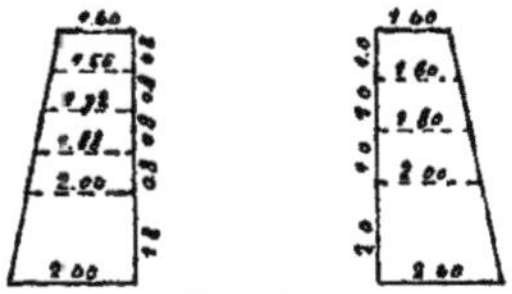

Fig. 165.

L'épaisseur moyenne étant déterminée, nous avons construit la fig. 165 qui donne, le fruit étant de 0,20, les épaisseurs du profil aux deux bases et à chaque redan représenté sur l'élévation de la figure 153. Voici la série des calculs à effectuer pour arriver au volume cherché :

Côté droit de l'axe.

$$\frac{2,40 + 2}{2} \times 2 \times 5,66 = 24,904$$

$$\frac{2 + 1,80}{2} \times 1 \times 6,07 = 11,533$$

$$\frac{1,80 + 1,60}{2} \times 1 \times 6,48 = 11,016$$

$$\frac{1,60 + 1,40}{2} \times 1 \times 6,48 = 9,720$$

$$\left. \right\} \quad 57,173$$

Côté gauche de l'axe.

$$\frac{2,40+2,04}{2}\times 1,80\times 5,88 = 21,379$$

$$\frac{2,04+1,88}{2}\times 0,80\times 6,52 = 10,223$$

$$\frac{1,88+1,72}{2}\times 0,80\times 7,15 = 10,296 \qquad 62,062$$

$$\frac{1,72+1,56}{2}\times 0,80\times 7,78 = 10,207$$

$$\frac{1,56+1,40}{2}\times 0,80\times 8,41 = 9,957$$

Volume cherché, abstraction faite du couronnement de l'aqueduc 119,235

Ce volume est à peu près égal à celui d'un barrage curviligne dont la flèche serait de $\frac{1}{10}$ (voir le tableau du problème 13), mais il est bien supérieur à celui que l'on obtiendrait en adoptant un rayon de 12 m. (voir le tableau ci-dessus), qui correspond à une flèche de $\frac{1}{6}$ environ. Le calcul que nous venons de présenter justifie donc le choix que nous avons fait du profil curviligne de 1m.50 à la base et de 0m.60 au couronnement.

La section Q étant également favorable à l'établissement d'un barrage curviligne, on reconnaîtra, en recommençant les mêmes calculs, qu'il y a économie à adopter ce système. Le barrage rectiligne serait plus cher.

Profil des barrages de la région inférieure. — Dans la région inférieure, les emplacements n'étant pas suffisamment solides pour que l'on puisse y fonder avec sécurité des barrages curvilignes, nous adopterons la forme rectiligne.

La figure 166 représente la série des redans à effectuer dans le barrage projeté au point A du profil en long, pour que cet ouvrage soit solidement encastré dans les berges. La section droite est représentée par le trapèze P'PQQ' et les fondations auront 2 m. de profondeur.

Pour calculer l'épaisseur moyenne à adopter, nous recommencerons le raisonnement de l'article précédent.

Si le poids de la maçonnerie était de 2.200 kg., $\frac{h}{N}$ étant égal à

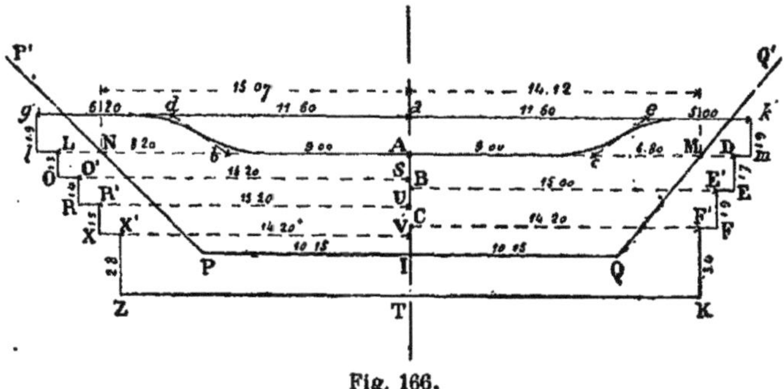

Fig. 166.

$\frac{5}{7} = 0,715$, le rapport de l'épaisseur moyenne à la hauteur serait
0,477 (*table graphique n° 1*). Mais le facteur de conversion étant
0,95 pour le poids de 2.360 (voir *table graphique n° 2*), ce rapport se trouve réduit à $0,477 \times 0,95 = 0,453$, et l'épaisseur
moyenne cherchée est :

$$0,453 \times 5 = 2,265, \text{ soit } 2\text{m}.30 \text{ en chiffres ronds.}$$

La largeur au couronnement étant assez grande, nous adopterons une cuvette plate dont les ailes seront inclinées à 36° (voir
la colonne (4) du quatrième tableau des renseignements) ; nous
prendrons 18 m. pour la base inférieure, la largeur au fond du
lit étant de 20m.30. Quant à la hauteur, nous la calculerons par
la formule :

$$at + t^2 \cot g \; \varphi = D \qquad , \text{ de l'article 86.}$$

Le barrage devant se trouver sur le passage des laves, il faudra, pour le calcul de D, avoir egard à cette circonstance. Or,
d'après la colonne (4) du troisième tableau des renseignements,
la hauteur moyenne des courants visqueux étant de 3m.10 dans
la section PQ où s'est établie la pente de compensation, la surface
mouillée correspondante est :

$$10 \times 3,10 + 0,644 \times 3,10^2 = 37^{mq}15.$$

C'est cette surface que nous adopterons pour le débouché. En
mettant cette valeur à la place de D dans l'équation précédente,

en remplaçant, en outre, les lettres a et cotg φ par leurs valeurs respectives 18 et 1,376, on arrive à l'expression :

$$18t + 1,376t^2 = 37,15.$$

Ce qui donne :
$$t = 1\text{m}.90.$$

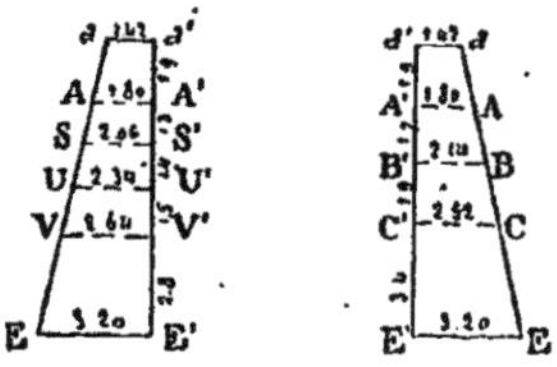

Fig. 167.

Cela étant, nous avons construit la figure 167 qui donne, le fruit étant de 0,20, les épaisseurs du profil aux deux bases et à chaque redan. Voici la série des calculs qui permettent d'arriver au volume du mur, abstraction faite de l'aqueduc :

Côté droit.

$$\frac{3,20 + 2,52}{2} \times 14,20 \times 3,40 = \qquad 138,074$$

$$\frac{2,52 + 2,14}{2} \times 15 \qquad \times 1,90 = \qquad 66,405$$

$$\frac{2,14 + 1,80}{2} \times 15,80 \times 1,70 = \qquad 52,913$$

$$\frac{1,9}{6}(1,42 \times 16,80 + 1,80 \times 18,60) = \quad 18,154$$

$$\Bigg\} \quad 275,546$$

Côté gauche.

$$\frac{3,20 + 2,64}{2} \times 14,20 \times 2,80 = \qquad 116,099$$

$$\frac{2,64 + 2,34}{2} \times 15,20 \times 1,50 = \qquad 66,316$$

$$\frac{2,34 + 2,06}{2} \times 16,20 \times 1,40 = \qquad 49,896$$

$$\frac{2,06 + 1,80}{2} \times 17,20 \times 1,30 = \qquad 43,155$$

$$\frac{1,9}{6}(1,42 \times 20,60 + 1,80 \times 22,60) = \quad 22,135$$

$$\Bigg\} \quad 297,601$$

mc
573,147

Nous allons chercher maintenant s'il n'y aurait pas avantage à atterrir artificiellement le barrage par l'écrétement des berges, sachant que le prix moyen de la maçonnerie est de 12 fr., et que le prix d'un mètre cube de remblai peut être évalué à 0,50.

L'épaisseur moyenne du barrage à admettre pour résister à la poussée des terres sera obtenue facilement à l'aide des *tables graphiques n°ˢ 4, 5 et 6*. Les données seront fournies par le quatrième tableau des renseignements de la page 336, et par celui de l'article 88 ; d'après ces tableaux, le poids d'un mètre cube d'atterrissement est de 1.850 kg., l'angle φ du talus naturel des terres est de 36°, et la pente des dépôts qui se formeront derrière le barrage est de 0,147. Or en consultant la table graphique n° 4, on trouve $c = 0,28$ pour $\varphi = 36°$ et tg $\alpha' = 0,147$; la fonction δc étant égale à $1.850 \times 0,28 = 518$, la table graphique n° 5 montre que le rapport de l'épaisseur moyenne à la hauteur serait 0,217, si le poids d'un mètre cube de maçonnerie était égal à 2.200 ; et enfin la table graphique n° 6 indique le chiffre 0,95 pour le *coefficient de correction* à adopter dans le cas où le poids spécifique de la maçonnerie est 2,36. Dès lors l'épaisseur moyenne cherchée est égale à : $5 \times 0,217 \times 0,95 = 1m.03$, soit 1m.10 en chiffres ronds, ce qui porte la base à 2 m. d'épaisseur avec le fruit de 0,20.

C'est ici le cas d'appliquer les idées émises dans la remarque de l'article 72. Si l'on donnait au barrage le fruit de 0,20 avec une épaisseur de 2 m. à la base, la partie supérieure de l'ouvrage pourrait manquer de solidité ; nous avons donc adopté le profil représenté sur la figure 168, ce qui conduit, pour le volume de la maçonnerie, au chiffre de 321m³906 calculé ci-dessous, en faisant, *comme précédemment*, abstraction du vide de l'aqueduc :

Côté droit.

$$\frac{2 + 1,47}{2} \times 14,20 \times 3,40 = 83,776$$

$$\frac{1,47 + 1,17}{2} \times 15 \times 1,90 = 37,620$$

$$\frac{1,17 + 0,90}{2} \times 15,8 \times 1,70 = 27,797$$

$$\frac{1,9}{6}(0,60 \times 16,80 + 0,90 \times 18,60) = 8,493$$

$$157,686$$

Côté gauche.

$$\left.\begin{array}{lr} \frac{2 + 1,56}{2} \times 14,20 \times 2,80 = & 70,784 \\ \frac{1,56 + 1,33}{2} \times 15,20 \times 1,50 = & 32,940 \\ \frac{1,33 + 1,11}{2} \times 16,20 \times 1,40 = & 27,664 \\ \frac{1,11 + 0,90}{2} \times 17,20 \times 1,30 = & 22,477 \\ \frac{1,9}{6}(0,60 \times 20,60 + 0,90 \times 22,60) = & 10,355 \end{array}\right\} 164,220$$

Total. $\overset{mc}{321,906}$

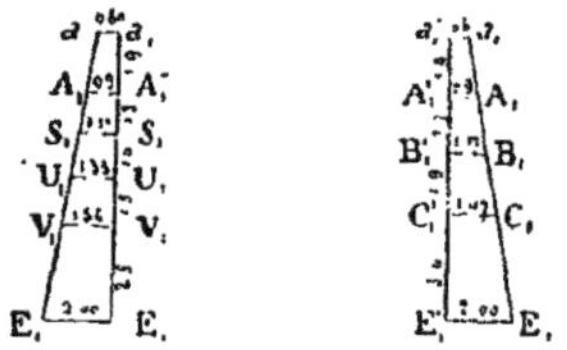

Fig. 168.

Pour déterminer, d'autre part, le volume V de l'atterrissement à produire artificiellement en arrière du barrage, nous ferons usage des formules 16 et 17 du onzième problème. La pente du fond du lit étant égale à 0,25 et la demi-somme des cotangentes des inclinaisons des berges à 0,890 (voir le tableau de l'art. 88), nous trouvons successivement :

$$d = h \operatorname{cotg} \varphi = 5 \times \operatorname{cotg} 36° = 6,88$$

$$h' = 5 - 6,88 \times 0,25 = 3,28$$

$$d' = \frac{6,88 \times \sin 11°}{\sin 61°} = 6,88 \times \frac{0,191}{0,875} = 1,50$$

$$V = \frac{6,88}{6}[3 \times 20,30 \times 8,28 + 0,890(5^2 + 3,28^2 + 8,28^2)]$$

$$+ \frac{1,50}{6} \times (3 \times 20,30 \times 3,28 + 2 \times 0,890 \times 3,28^2) = 740^{mc}.$$

Dès lors, on réalisera, par l'atterrissement artificiel, une économie de

$$(573,147 - 321,906) \times 12 - 740 \times 0,50 = 2645 \text{ fr.}$$

Remarque. — Il serait intéressant de savoir quelle épaisseur il faudrait donner à un barrage curviligne pour qu'il pût résister à la poussée de l'eau dans la section A.

Or, en admettant la solution la plus favorable de l'article précédent, c'est-à-dire la flèche de $\frac{1}{6}$, on trouverait que le rayon de l'extrados devrait être de 25 m. environ. En portant ce chiffre dans la formule générale, on arriverait à 3m.30 pour l'épaisseur à la hauteur du fond du lit. Cette épaisseur étant plus forte que celle du barrage rectiligne de même stabilité, on en conclut que celui-ci est plus avantageux, d'autant plus que l'on trouvera encore une économie dans la diminution de la longueur.

Il sera facile, du reste, de se convaincre que la forme curviligne n'est avantageuse que dans les sections étroites des torrents.

95 Entretien des atterrissements. — Une fois que les grands travaux seront terminés, il importera de continuer la série des observations dans les stations d'expériences, afin de suivre les évolutions de la pente de compensation. Nous avons indiqué, à la fin de l'article 60, les calculs à faire pour déterminer l'emplacement des seuils de la deuxième période. La résolution de cette question étant très simple, nous n'y reviendrons pas. Nous ne saurions mieux terminer notre étude sur la correction des torrents qu'en citant textuellement les paroles prononcées récemment par M. Demontzey, au Congrès forestier de Vienne :

« L'extinction d'un torrent une fois obtenue, à la suite des tra-
« vaux de correction, par le reboisement intégral des parties
« affouillables de son bassin, aura pour résultat la transforma-
« tion de ce torrent jadis dévastateur en un ruisseau de mon-
« tagne bienfaisant. C'est alors qu'on pourra judicieusement
« faire le choix des ouvrages à maintenir et à entretenir.

« Quant aux autres, il suffira de les ouvrir en leur milieu sui-
« vant le périmètre mouillé de la section du nouveau ruisseau et
« de racheter la différence de niveau par une série de petits
« seuils rustiques, occupant simplement la faible largeur du
« nouveau lit, le reste de l'atterrissement se trouvant recouvert
« et fixé par une vigoureuse végétation forestière. On aura ainsi
« reconstitué les ruisseaux naturels de montagne, aux eaux
« claires et bienfaisantes et à crues inoffensives. »

TROISIÈME PARTIE

TRAVAUX DE REBOISEMENT

CHAPITRE XIX

DIFFICULTÉS DE L'ENTREPRISE

---

96. Considérations générales. — Nous n'avons nullement l'intention de faire une étude approfondie sur les travaux de reboisement ; mais il nous était difficile de ne pas parler de ces travaux qui, sur certains versants, ne peuvent être exécutés sans une consolidation préalable du sol. Notre tâche se trouve du reste simplifiée par la publication de livres spéciaux et notamment du traité de M. Demontzey, dans lequel nous avons largement puisé. C'est un simple récit que nous allons faire, notre intention étant uniquement de montrer aux lecteurs de l'Encyclopédie les conditions dans lesquelles ont été entrepris la restauration et le reboisement des montagnes du midi de la France, ainsi que les résultats obtenus par l'administration forestière.

Ces montagnes se présentent sous l'aspect de trois chaînes principales : les Pyrénées, les Cévennes et les Alpes.

Dans les Pyrénées les roches, de formation ignée, sont très solides et peu affouillables ; l'exposition générale est celle du Nord, le climat est assez humide ; les forêts et les pâturages, que l'homme n'a pu encore détruire, y sont dans un état de conservation relative ; et si, sur certains points, d'importants travaux de consolidation sont nécessaires, les travaux de reboisement ne sont pas appelés à occuper de vastes étendues, et sont relativement faciles à exécuter.

Les essences qui croissent spontanément dans les Pyrénées sont principalement le hêtre et le sapin dans la haute montagne, le chêne mélangé au hêtre sur les versants d'altitude moyenne, le chêne seul sur les derniers contreforts du massif. On rencontre, indépendamment de ces essences principales, quelques peuplements de pin sylvestre dans les Hautes-Pyrénées et les Pyrénées-Orientales ; des massifs de pins de montagne dans les Hautes-Pyrénées, la Haute-Garonne, l'Ariège et surtout dans les Pyrénées Orientales ; puis, à l'état isolé, des érables, des tilleuls, des frênes et des ormes. L'épicéa y est inconnu, et il y aurait témérité à l'introduire en dehors de sa station naturelle.

Dans les Cévennes les roches sont surtout granitiques et schisteuses. Malgré l'aptitude bien connue de ces terrains pour la culture forestière, les sommets y sont complètement dénudés, et de nombreux torrents se sont formés sur les versants. Les pluies s'y manifestent avec une violence inconnue dans d'autres régions ; lors des inondations du mois de septembre 1890, des pluviomètres placés à Génolhac, sur la rive droite de la Cèze, ont accusé 87 centimètres d'eau en 72 heures. Cependant les travaux de reboisement accomplis en exécution de la loi de 1860 n'ont pas présenté de très grandes difficultés. Les populations ont accepté sans trop murmurer les conséquences de l'application de cette loi, et les bras n'ont pas manqué pour mener à bien l'œuvre entreprise. D'un autre côté ces montagnes ne s'élèvent guère au-delà de 1500 mètres ; et quoique le climat présente, au point de vue de la réussite des repeuplements, quelques-uns des inconvénients que nous signalerons plus loin en parlant des Alpes, les terrains conservent toujours une certaine fraîcheur grâce à l'imperméabilité de la roche sous-jacente et à la végétation arbustive que l'on y rencontre encore habituellement. Il en résulte que les procédés employés pour les semis et les plantations rentrent généralement dans les conditions ordinaires, tout en réclamant néanmoins plus de soins et de précautions que dans les Vosges ou dans le Jura.

Les Cévennes sont caractérisées forestièrement par la végétation spontanée du châtaignier dans les régions basses, du chêne rouvre et du pin sylvestre dans les régions moyennes, du hêtre et du sapin dans les régions les plus élevées. On trouve, en mélange avec le hêtre, le frêne et l'aune blanc dans les parties humides, l'érable à feuilles d'obier et l'alisier blanc dans les parties sèches.

Nous nous sommes assez étendu dans la première partie (article 11) sur la nature minéralogique des roches qui constituent les Alpes pour être dispensé d'y revenir ici. Les essences forestières qui croissent spontanément sur les flancs de ces montagnes sont dans les régions basses le pin d'Alep, le chêne vert, le chêne rouvre ; dans les régions moyennes l'orme, le frêne, le sapin, le pin sylvestre ; dans les régions élevées l'épicéa, le mélèze, le pin de montagne, l'aune vert, le pin cembro qui monte jusqu'à 2500 mètres.

Ici, les difficultés furent nombreuses au début des travaux. Les forestiers se trouvaient en face d'une œuvre grandiose, mais tout à fait neuve pour laquelle tout leur manquait, guide et tradition; non seulement ils eurent à lutter contre toutes les forces aveugles de la nature, mais encore à combattre les résistances qu'ils trouvaient chez ceux-là même qui auraient dû les aider dans leur tâche ingrate. Nous allons d'abord dire quelques mots des difficultés morales de l'entreprise, puis nous passerons en revue les difficultés matérielles qui tiennent à la disposition des terrains à reboiser, au climat et à la nature du sol.

97. Difficultés morales. — La loi de 1860 avait divisé en deux classes les travaux de restauration des montagnes.

Dans la première classe étaient rangés les travaux dont l'exécution était réclamée par l'intérêt général, et qui portaient le nom de *travaux obligatoires*. Chaque fois que l'intérêt public était en jeu, l'État, après avoir déterminé les périmètres des terrains à reboiser, mettait en demeure les propriétaires d'avoir à exécuter les travaux et, en cas de refus, se mettait immédiatement en mesure de procéder lui-même au reboisement. Lorsque les terrains appartenaient à des particuliers l'État pouvait les acquérir, soit à l'amiable, soit par voie d'expropriation ; lorsqu'ils appartenaient aux communes, il pouvait les occuper et y exécuter d'office les travaux de reboisement, mais il était tenu de les restituer, soit contre le remboursement des sommes avancées par lui, soit contre l'abandon de la moitié de la partie reboisée, partie sur laquelle la commune conservait un droit de parcours pour les troupeaux. Enfin, pour bien montrer son caractère conciliant, la loi stipulait que le reboisement ne pouvait annuellement porter que sur un vingtième de l'étendue de chaque périmètre.

Dans la seconde classe étaient rangés les travaux qui, bien qu'utiles au point de vue général, n'avaient pas un caractère d'urgence assez accentué pour justifier une dérogation au respect du droit de propriété. L'État se bornait à y favoriser le reboisement par des primes en argent ou par des distributions de graines et de plants. Ces travaux portaient le nom de *facultatifs*.

Ces dispositions, pourtant conciliantes, mécontentèrent les propriétaires intéressés, à cause des restrictions qu'elles apportaient au droit de pâturage ; et c'est pour faire taire les nombreuses réclamations qui s'élevèrent à cette époque que le gouvernement fit voter la loi de 1864, d'après laquelle le regazonnement pouvait remplacer le reboisement d'une partie des périmètres. Le parlement, en adoptant cette loi, espérait donner satisfaction aux réclamants, et trouver dans la reconstitution des pâturages un moyen efficace, comme la forêt, d'éteindre les torrents. Les évènements trompèrent cette attente ; on reconnut bien vite que le gazonnement ne peut avoir d'utilité, au point de vue de l'amélioration des pâturages, que dans les hautes régions ; car c'est là seulement que la végétation herbacée se maintient à l'état serré. Dans les régions situées au-dessous, ce ne sont plus les mêmes espèces végétales ; on ne rencontre que des touffes isolées qui, séchant pendant l'été, sont sans la moindre influence sur les eaux versées sur le sol par les orages. Devant ces constatations, il fallut revenir aux prescriptions de la loi de 1860.

La lutte fut souvent vive entre les forestiers et les montagnards que les premiers s'efforçaient de sauver, malgré eux, des ruines qui les menaçaient.

Bien souvent l'on manqua de bras pour commencer les travaux, et il fallut faire venir des ouvriers étrangers, notamment des Piémontais. Mais les montagnards cherchèrent à les empêcher de travailler, et l'on dut quelquefois avoir recours à la force armée comme en témoigne le récit suivant, que nous empruntons à un article publié en 1881 par M. Clavé dans la *Revue des Deux Mondes*. Il s'agit du torrent de Vachères [1].

1. Le reboisement des Alpes, par M. Clavé. *Revue des Deux Mondes*, tome 43, année 1881.

« Débouchant sur la rive gauche de la Durance, à 1500 m. en
« aval d'Embrun, ce torrent occupe le fond d'une grande vallée
« dont les versants ont environ 3000 m. d'altitude. Le bassin de
« réception, dont l'étendue n'a pas moins de 6000 hectares, com-
« prend plusieurs communes dont l'existence même était mena-
« cée au moment des crues. Celles-ci étaient prolongées et ter-
« ribles, surtout lorsque les neiges accumulées dans les parties
« supérieures fondaient subitement sous l'action des pluies du
« printemps ; les eaux alors coulaient entre des berges de plus
« de 100 m. de hauteur, qu'elles minaient par le pied, et qui s'é-
« boulaient avec fracas, entraînaient avec elles des masses
« énormes de boues, de sables et de rochers, et se répandaient
« dans la Durance en détruisant les routes et les ponts et en for-
« mant un immense lit de déjections de plusieurs kilomètres
« d'étendue. Le sol de la montagne, crevassé de tous côtés, ex-
« posait les cultures et les habitations à être entraînées par le
« courant. Il était impossible de laisser les choses dans cet état, et
« dès la promulgation de la loi on s'occupa de fixer le périmètre
« des terrains à reboiser et à consolider. Il semble qu'en pré-
« sence des dangers qu'elles couraient, les communes auraient
« dû se montrer favorables à cette opération ; il n'en fût rien.
« L'une d'elles, il est vrai, celle de Baratier, ne s'y montra pas
« hostile : mais les deux autres, celle des Orres et celle de St-
« Sauveur, firent une opposition des plus vives. Néanmoins, on
« passa outre, et dès 1864, les travaux commencèrent.
« Tout alla bien pendant quelques jours, mais bientôt les po-
« pulations de ces deux villages se ruèrent sur les chantiers et
« forcèrent les ouvriers à les abandonner. Le sous-préfet, qui
« vint sur les lieux, vit son autorité méconnue et dût se retirer.
« Le juge d'instruction, bien qu'escorté par la gendarmerie, dût
« en faire autant et laisser entre les mains des émeutiers les pri-
« sonniers qu'il avait d'abord fait arrêter. L'agitation ne se cal-
« ma que sur une dépêche arrivée de Paris, annonçant que l'opé-
« ration serait suspendue jusqu'après la promulgation de la loi
« sur le gazonnement. En 1865 les travaux furent repris sur la
« commune de Baratier, avec le consentement des habitants. En
« 1867, on fit *mettre en défends*, c'est-à-dire à l'abri du pâtu-
« rage, une partie des terrains des communes des Orres et de
« St-Sauveur et, grâce à la prudence et à la fermeté qu'on dé-
« ploya, on réussit à retourner si complètement l'opinion que

« les plus opposants durent reconnaître l'utilité de cette me-
« sure. »

Ajoutons que les montagnards, voyant l'herbe et l'arbre pousser sur des versants qu'ils avaient toujours vus dépouillés de végétation, se rapprochèrent peu à peu. L'argent fit le reste; on
donna de bons salaires, on occupa les ouvriers aux moments où
ils n'avaient rien à faire ; on utilisa même les femmes et les en-
fants.

Le bien-être qui s'en suivit montra l'œuvre du reboisement
sous un aspect plus favorable. Enfin, quand les habitants virent
des ravins, des torrents maîtrisés par les arbres qu'ils avaient
plantés, par les clayonnages et les fascinages qu'ils avaient construits, ils furent bien obligés de reconnaître l'utilité des travaux
entrepris.

C'est dans cette période si difficile du début que l'on put constater l'antagonisme entre les sections d'une même commune ;
celles du fond de la vallée réclamaient constamment des secours
contre les incursions que faisaient les torrents sur leurs propriétés, tandis que celles des montagnes protestaient contre tous
travaux de nature à restreindre la jouissance de leurs pâturages.

En face de cet antagonisme, qui n'était que l'expression locale
des besoins des populations de la plaine et de la montagne, le
législateur dut rechercher les causes du mauvais vouloir des
populations pastorales, et il finit par reconnaître que leur résistance n'était pas sans reposer sur quelque fondement.

Malgré les atténuations dont le législateur de 1860 avait entouré son œuvre (primes, subventions, indemnités pour priva-
tion temporaire de pâturage), le reboisement était, en réalité,
exécuté aux frais des populations de la montagne. L'administration forestière exécutait sur les propriétés des communes des
travaux que celles-ci devaient payer un jour, soit en argent, soit
en terrain.

Sans doute les abus du pâturage étaient la cause principale du
mal, et les populations montagnardes pouvaient en être rendues
responsables vis-à-vis des cultivateurs des vallées inférieures.
Mais les communes de la montagne répondaient à juste titre
qu'elles étaient pauvres et hors d'état de rembourser de pareilles
dépenses, que les abus tant reprochés étaient l'œuvre de généra-
tions depuis longtemps éteintes, que la génération actuelle n'a-

vait usé du pâturage que suivant les traditions et la pratique locale toujours tolérée, et qu'il n'y a de faute à réparer que lorsqu'il existe un devoir légal méconnu et violé.

La nécessité s'imposait dès lors d'examiner à fond la principale question du problème économique de la restauration des montagnes : qui doit supporter la dépense des travaux ?

Fallait-il continuer à l'imposer uniquement aux fils des auteurs du mal, pauvres, déshérités et souffrant eux-mêmes de l'état actuel ?

Fallait-il, ainsi que cela se pratique en Suisse et en Allemagne, répartir la dépense au moyen de taxes locales entre les propriétaires des riches vallées du bas, qui seront appelés à bénéficier un jour des travaux à exécuter ?

Fallait-il constituer des syndicats entre auteurs et victimes, c'est-à-dire entre les communes de la montagne et les communes de la plaine, pour répartir la dépense des travaux exécutés par l'État aux frais des intéressés ?

Les difficultés que présentaient les différentes combinaisons, suscitées par la recherche de l'absolue justice, en ont démontré l'inopportunité et ont inspiré le seul principe praticable, éminemment national et digne d'un grand et généreux pays comme la France.

La loi du 4 avril 1882 dispose que toute la dépense de la restauration des montagnes sera supportée par l'État ; en même temps elle a sagement gradué l'importance des travaux suivant l'état de dégradation des terrains à reboiser.

Distinguant le mal existant et le mal probable, elle a créé, suivant une expression très juste du rapporteur, les mesures curatives et les mesures d'hygiène.

Partout où la montagne est ravagée par les torrents, un périmètre de restauration établi par une loi spéciale viendra permettre à l'administration d'acheter les terrains (particuliers ou communaux) à l'amiable ou par voie d'expropriation (loi du 3 mai 1841), et d'y effectuer tous travaux de consolidation et de reboisement, avec la sécurité du maître opérant sur son terrain. Telles sont les mesures curatives.

Les simples mesures d'hygiène sont de deux natures :

1° Quand la dégradation existe sans présenter des dangers imminents, un périmètre de *mise en défends*, rendu exécutoire par un décret rendu en conseil d'État, viendra interdire aux propriétaires particuliers ou communaux tout acte de jouissance, mais à charge d'indemnité annuelle débattue contradictoirement avec l'administration. Celle-ci ne pourra faire exécuter que les travaux qui, sans changer la nature de la superficie, lui sembleront utiles pour assurer la consolidation du sol. Ce périmètre de mise en défends ne durera que dix années, à l'expiration desquelles l'administration sera libre de l'abandonner ou de l'acquérir.

2° Quand l'abus du pâturage fait craindre pour l'avenir des dégradations analogues à celles qui existent ailleurs, une réglementation du droit de parcours peut être imposée aux communes des régions montagneuses désignées dans des décrets d'administration publique.

Cette réglementation porte sur la possibilité du pâturage, le nombre de têtes de bétail à admettre, la saison du parcours. Comme elle n'enlève aucune jouissance aux propriétaires, et qu'elle a uniquement pour but d'éviter les abus autant dans leur intérêt propre que dans l'intérêt général, elle ne donne lieu tout naturellement à aucune indemnité.

Le législateur de 1882 a réglé le sort des travaux effectués en vertu des lois de 1860 et de 1864. Les périmètres de reboisement ont été revisés ; les terrains les moins dégradés ont été rendus aux communes et en partie soumis au régime forestier ; les autres ont été compris dans des périmètres de restauration que l'État a achetés à l'amiable ou par voie d'expropriation.

Enfin, par une disposition généreuse, l'État a fait abandon aux communes de la créance qu'il avait contre elles pour les travaux exécutés de 1860 à 1882 ; il a été seulement tenu compte de la plus-value acquise par les terrains restaurés, quand il s'est agi de les acheter.

Cet ensemble de dispositions très sages et très libérales permet de proportionner l'importance des travaux aux crédits alloués annuellement par les Chambres. Le caractère de travaux publics reconnu à l'œuvre du reboisement lui assure la garantie d'une jurisprudence ferme et bien assise. Il y a lieu d'espérer dès lors que les plaintes dont la montagne a si longtemps retenti n'auront plus occasion de se faire entendre, ce qui mettra fin à des difficultés morales et économiques si pénibles pour tout le monde.

98. Difficultés provenant de la nature du climat. —

Considérées au point de vue du climat, les Alpes peuvent être divisées en deux catégories distinctes : la haute Proven ce vallée de la Durance), le comté de Nice et les hautes régions de la Savoie d'une part ; le Dauphiné et les vallées inférieures de la Savoie d'autre part. Dans la première le climat est très sec par suite de la rareté des brouillards et des pluies, de la courte durée des orages ; dans la seconde l'air est plus humide, les pluies plus fréquentes, les orages de plus longue durée.

Dès le début des travaux on se trouvait donc, pour la majeure partie des terrains à reboiser, en présence d'un ennemi redoutable, la sécheresse du climat. Cette sécheresse se manifeste surtout dans les régions basses et sur les versants situés aux expositions chaudes des régions moyennes. Ceux-ci sont généralement déboisés et là, comme partout, on voit jusqu'où peut aller la cupidité humaine qui, peu soucieuse des intérêts de l'avenir, détruit les forêts sur les terrains où pousseront les meilleurs herbes, et sur lesquels la durée du parcours sera prolongée par suite de la disparition plus rapide de la neige à chaque printemps.

Quand plus tard le forestier interviendra pour réparer les dommages, il se trouvera en face de terrain nus, desséchés, privés de très bonne heure de la neige qui les abritait et exposés dès lors à tous les dégâts des gelées printanières. S'il n'y prend garde, les jeunes plants qu'il va introduire sur ces terrains seront bientôt soulevés par les alternatives de gel et de dégel. Chacun sait, en effet, que les plantes restées sans abri, et exposées alternativement aux premiers soleils du printemps et aux gelées qui leur succèdent, se déchaussent avec la plus grande facilité. Ce phénomène s'explique aisément : quand le sol est sous l'influence d'un grand froid, l'eau qu'il contient se transformant en glace augmente de volume et soulève les jeunes plants avec les terres qui les soutiennent ; puis lorsque la chaleur revient brusquement, sans transition, l'eau reprend rapidement son volume primitif, et les matières terreuses les plus lourdes retombent, laissant en l'air les jeunes tiges avec les particules de terre les plus légères.

Nous verrons plus tard comment on remédie, dans la mesure du possible, aux effets des gelées. Nous ne nous occuperons ici que des moyens à opposer à la sécheresse du sol.

La question qui se posait au début des travaux était celle-ci:

faut-il défoncer le sol avant de pratiquer les semis ou les planta-
tations, ou bien introduire directement la végétation ligneuse
dans des terres non ameublies? M. Parade, auteur de la *Culture
des bois de l'École forestière*, venait d'écrire en 1860 les lignes
qui suivent:

« Il est d'expérience que les labours profonds et répétés, ainsi
« que le nettoiement trop soigné du sol, ne sont pas en général
« favorables à la réussite des semis d'essences forestières. L'a-
« nalogie qu'on a prétendu exister sous ce rapport entre la cul-
« ture des bois et la culture des céréales est une erreur.

« Les céréales, en effet, germent promptement et, aussitôt
« levées, elles ne demandent que quelques semaines pour s'en-
« raciner à une profondeur assez considérable ; puis, continuant
« à croître rapidement, elles ne tardent pas à devenir assez hautes
« et assez fournies pour couvrir entièrement le sol et empêcher
« son dessèchement. Enfin ces plantes, qui sont annuelles,
« atteignent leur maturité à l'époque des fortes chaleurs et ne
« courrent plus aucun risque de périr.

« Il en est tout autrement de nos essences forestières. La plu-
« part d'entre elles, d'abord, ont des graines qui ne supportent
« que d'être très peu recouvertes, et néanmoins demeurent quel-
« quefois longtemps en terre avant de germer ; en second lieu,
« les jeunes plants pendant la première année (et souvent même
« jusqu'à la deuxième et la troisième) restent petits et délicats
« de racines et de tige, et ne couvrent point le terrain. Il peut donc
« arriver que, par un défoncement complet et très soigné, la terre
« ameublie se dessèche à une profondeur plus grande que celle à
« laquelle la semence est placée, et qu'ainsi la germination se
« trouve entravée ; il peut arriver encore que la jeune plantule,
« bien que formée, soit entièrement saisie par la chaleur, et pri-
« vée ainsi de la fraîcheur indispensable à sa nutrition. Certains
« sols même (principalement les sols calcaires), lorsqu'ils sont
« trop ameublis, présentent un danger de plus, celui de donner
« prise aux gelées de l'arrière saison et du printemps. Ces gelées
« dans ce cas, boursoufflent la terre à sa surface et soulèvent ainsi
« les jeunes plants naissants ; puis, lorsque vers le milieu du
« jour, le soleil opère rapidement le dégel, les radicelles se dé-
« chaussent et, privés de leur assiette, les plants tombent et dé-
« périssent. »

Quelques années après, à la suite d'une mission dans les Alpes accomplie par M. Mathieu, alors professeur d'histoire naturelle à l'École forestière, l'opinion contraire commença à percer, et elle a complètement prévalu aujourd'hui. Tout le monde est d'accord maintenant pour reconnaître que l'ameublissement du sol est nécessaire, car c'est seulement dans ce cas que la racine, en raison de son mode de croissance, peut facilement s'allonger ; en outre cet ameublissement, en détruisant la cohésion des particules terreuses, permet à l'air de circuler librement ; le sol, devenu plus poreux, absorbe plus facilement l'humidité de l'atmosphère, et retient une partie des eaux pluviales qui glissaient auparavant sur des surfaces tassées ; enfin la terre, présentant plus d'aspérités, devient plus favorable à la production des rosées.

Toutes ces conditions réunies font qu'un jeune plant enraciné dans un terrain défoncé peut résister plus facilement aux ardeurs du soleil et aux sécheresses prolongées. C'est si vrai que l'on peut élever dans des pépinières, sans abri et sans arrosage, les essences d'un tempérament délicat, telles que le hêtre et le sapin.

L'ameublissement du sol trouve surtout son utilité dans les climats chauds ; car, loin de favoriser la dessiccation du sol, comme on l'a prétendu bien longtemps, il en maintient au contraire la fraîcheur. Quand, en effet, un terrain n'est pas cultivé, les particules terreuses qui le constituent sont liées entre elles d'une façon très intime ; et si la surface vient à se dessécher, elle produit un appel incessant de l'humidité des couches situées au-dessous d'elles, de sorte que le dessèchement se propage rapidement de haut en bas. Si, au contraire, on défonce un terrain sec, on rompt la solidarité des différentes couches entre elles ; celle de la surface ne peut plus attirer vers elle l'humidité inférieure et joue le rôle d'un écran protecteur contre la chaleur du dehors.

Des faits nombreux sont venus confirmer cette théorie mise en lumière par M. Mathieu.

« Il suffit, dit M. Demontzey (page 180 de la deuxième édition « de son ouvrage), de culbuter, en plein été, au milieu des plus « fortes sécheresses, une fourmillière ou une butte de terre meu-« ble d'un certain volume, pour constater que son intérieur « recèle encore une humidité qu'on n'avait pas soupçonnée.

« Dans les reboisements que nous dirigions il y a plus de « vingt ans en Algérie, à Orléansville, un des climats les plus tor-

« rides de cette colonie, nous ne sommes arrivé, après de nom-
« breux essais infructueux de toutes les méthodes connues, à des
« résultats certains qu'en défonçant profondément un terrain
« calcaire sec et rocailleux, soumis à des chaleurs qui attei-
« gnaient jusqu'à près de 70 degrés au soleil et 48 degrés à
« l'ombre, et à un climat où le plus souvent, du mois d'avril au
« mois de décembre, les pluies, absolument absentes, étaient
« remplacées par les bouffées brûlantes du siroco. Dans les
« divers reboisement- que nous avons fait exécuter depuis, dans
« les climats chauds en France, le défoncement des plus mauvais
« sols a produit les mêmes bons résultats. C'est donc sur une
« longue et constante expérience que nous pouvons nous baser
« pour poser en principe que le *défoncement préalable devra
« être d'autant plus la règle que le climat sera plus sec et le sol
« plus sujet à la dessiccation par sa nature ou son exposition.* »

C'est surtout dans les climats secs de la Provence que cette
règle doit recevoir son application ; dans le Dauphiné, dans la
Savoie, dans les régions montagneuses du plateau central, le climat est plus humide, les pluies plus fréquentes. Bien que l'ameublissement du sol soit, là comme ailleurs, une excellente opération, il n'est plus aussi généralement indispensable, il ne s'impose plus, et les meilleurs guides à suivre pour savoir s'il y a
lieu de cultiver les terrains à reboiser ne peuvent être que des
raisons de rapidité et d'économie bien entendue.

En envisageant la question au point de vue de l'altitude, on
reconnaîtra que si le défoncement du sol est souvent nécessaire
dans les régions inférieures, il n'est indispensable dans les régions
moyennes, qu'aux expositions chaudes, et qu'il devient l'exception
dans les régions supérieures, où diminuent considérablement les
chances de dessiccation. Il existe une règle pratique qui peut servir
de guide sur les sols renfermant des traces de végétation herbacée;
cette règle consiste à prévoir le défoncement du sol partout où les
herbes sèchent dès le mois de juillet. Si cette observation fait défaut, on se guide sur les résultats obtenus dans les régions soumises aux mêmes conditions climatériques, et l'on fait, si c'est
nécessaire, quelques essais préalables sur de faibles étendues.

Il est une remarque très importante à faire au sujet de la culture du sol sur les versants méridionaux des régions moyennes:
Nul ne peut contester que le soulèvement des terres produit par
les alternatives de gel et de dégel ne soit favorisé par le défonce-

ment, ainsi que l'a fait remarquer M. Parade. Il importe de combattre ce phénomène, et pour trouver les moyens de défense, il suffit comme toujours d'observer la nature. Or, il est à remarquer que, sur les sols couverts d'herbes et de broussailles, les dangers de soulèvement sont atténués, qu'une simple pierre protégeant le pied d'un jeune plant suffit quelquefois pour éviter le déchaussement. Les abris rendent moins brusques les passages du froid à la chaleur, les gelées deviennent moins fortes par suite de la diminution du rayonnement nocturne, et l'échauffement du sol se fait moins rapidement. Prenons bonne note de ces observations dont nous nous servirons plus tard.

Signalons une dernière difficulté résultant du climat et qui n'est pas de minime importance. Nous avons vu dans l'article 96 que la végétation forestière s'arrête dans les Alpes à 2.500 m. Or nous avons montré, dans la deuxième partie de cette étude, que pour arriver à l'extinction complète des torrents, il faut pousser les reboisements aussi haut que possible dans les bassins de réception. On a été obligé quelquefois de faire des semis et des plantations à 2900 m. ou 3000 m. et l'on comprend combien ces travaux sont difficiles à exécuter dans ces hautes régions, dont rien n'égale la rudesse du climat.

Il peut arriver que les bassins de réception pénètrent plus haut que la limite de la végétation forestière ; dans ce cas ce serait folie de fonder les moindres espérances dans le reboisement des terrains les plus élevés de ces bassins ; nulle puissance humaine ne saurait y faire venir des arbres. On se contentera de restaurer l'état gazonné, de développer les rares espèces arbustives qui peuvent y réussir et de consolider les ravines provoquées par les eaux pluviales et la fonte des neiges.

99. Difficultés provenant de la disposition et de la constitution des terrains. — Celui qui n'a pas visité les Alpes ne peut se faire une idée des difficultés de toute nature que l'on rencontre à chaque pas, si l'on veut remonter un torrent jusqu'à sa source. Ces obstacles n'ont pas arrêté les forestiers dans l'accomplissement de leur tâche ; séjournant des mois entiers dans la montagne, n'ayant souvent pour refuge qu'une simple baraque en planches, ils étudiaient le régime des torrents et levaient tous les plans qui pouvaient les guider dans les mesures à prendre pour en arrêter les ravages. Plus tard, dans l'exécution, il fallut aller s'installer au milieu des chantiers d'ouvriers pour stimuler leur zèle en donnant l'exemple du devoir poussé jusqu'à l'abnégation ; il fallut faire transporter des plants et des graines par des chemins que les mulets eux-mêmes avaient de la peine à suivre. Parfois des gardes furent descendus par des cordes dans de véritables précipices pour y semer quelques poignées de graines.

Il n'y avait qu'un moyen de remédier à de pareilles situations, c'était de créer des chemins et des sentiers. Nous montrerons dans l'article 105, comment l'on effectue la distribution de ces chemins, et comment on les trace.

Ainsi que nous l'avons fait remarquer précédemment (article 14), les principaux terrains que l'on rencontre dans les Alpes sont les calcaires, les marnes noires et les terrains de transport.

Or l'expérience de nombreuses années a démontré que ce sont les terrains calcaires qui ont le plus besoin d'une culture préalable, car ce sont ceux qui perdent le plus facilement leur humidité en cas de dessèchement. D'autre part, ce sont évidemment les sols les plus légers qui sont le plus aptes à subir les soulèvements provenant des alternatives de gel et de dégel ; et il est remarquable que, parmi ceux-ci, les terrains calcaires sont aussi ceux qui donnent le plus de prise à ces soulèvements. Il résulte de là que ces terrains sont plus difficiles à reboiser que les terrains argileux ou siliceux.

Les marnes, plus connues sous le nom de *terres noires,* sont également très accessibles à la dénudation et au soulèvement. Mises à sec, elles deviennent très affouillables, et ce sont elles qui donnent naissance aux torrents les plus dangereux. De plus, les sulfures de fer qu'elles renferment se transforment en sulfates au contact de l'air. Ces derniers finissent par se décomposer, et l'acide sulfurique se combine avec la chaux et la magnésie pour former des sels se présentant sous l'aspect d'efflorescences blanches.

Ces efflorescences, d'une saveur stiptique très prononcée, forment un obstacle à la germination des plantes qui n'ont pas une croissance très rapide, et dont les racines peuvent rester longtemps en contact avec ces principes qui, d'après M. Mathieu, sont trop abondants pour ne pas être vénéneux.

Il résulte de là que le repeuplement des terres noires constitue, comme nous le verrons plus tard, l'un des problèmes les plus difficiles du reboisement des Alpes.

Les terrains de transport ne renferment pas de poison à leur
surface, mais ils sont très affouillables, et l'on a de la peine à y
installer la végétation, parce que les jeunes plants sont exposés
à être entraînés avant de se développer.

Certains terrains, quoique présentant une couche de terre végétale suffisante, ne sont pas assez stables pour qu'on puisse y
introduire immédiatement les essences définitives. Ces terrains,
soit qu'ils présentent des pentes trop raides, soit qu'ils reposent
sur des talus n'ayant pas encore atteint leur pente naturelle, ou
pour toute autre cause, se décapent constamment à la surface.
Ici les travaux à exécuter sont assez compliqués; avant de faire
des plantations, il faut stabiliser le sol qui doit les supporter; le
but que l'on se propose d'atteindre n'est pas la constitution immédiate de forêts susceptibles de grands revenus, mais seulement
la création d'obstacles naturels à l'enlèvement des terres.

CHAPITRE XX

NOTIONS GÉNÉRALES SUR LES REBOISEMENTS ; MÉTHODES EMPLOYÉES

———

100. Tracé des périmètres. — La première question qui se présente est celle du tracé du périmètre des terrains à restaurer. On ne peut le limiter aux berges des torrents et des ravins, car ces berges constamment affouillées tendraient par leurs éboulements à agrandir sans cesse le bassin de réception, si les terres voisines n'étaient elles-mêmes fixées par la végétation ; M. Surell indiquait dès 1841 les règles à suivre, règles dont la justesse a été confirmée par l'expérience :

« On commencerait, dit-il, par tracer sur l'une et l'autre des
« deux rives du torrent une ligne continue qui suivrait toutes les
« inflexions de son cours, depuis son origine la plus élevée jus-
« qu'à la sortie de sa gorge. La bande comprise entre chacune
« de ces lignes et le sommet des berges formerait ce que j'appel-
« lerai une zone de défense. Les zones des deux rives se rejoin-
« draient dans le haut en suivant le contour du bassin et borde-
« raient ainsi le sommet dans toute son étendue, ainsi qu'une
« ceinture. Leur largeur, variable avec les pentes et avec la con-
« sistance du terrain, serait d'environ 40 mètres dans le bas,
« mais elle croîtrait rapidement à mesure que la zone s'élèverait
« dans la montagne, et elle finirait par embrasser des espaces de
« 400 à 500 mètres. Ce tracé s'appliquerait non seulement à la
« branche principale du torrent, mais encore aux divers torrents
« secondaires qui s'y déversent. Il s'appliquerait encore aux ra-
« vins que reçoit chacun des torrents secondaires, et, poursuivant
« ainsi une branche après l'autre, il ne s'arrêterait qu'à la
« naissance du dernier filet d'eau. » Comme ces zones de dé-

fense iraient continuellement en s'élargissant de bas en haut, elles convergeraient vers les sommets et tendraient à se confondre, de façon à former une bande continue dans la partie supérieure, et à n'y laisser aucune place vide.

101. Interdiction du pâturage. — Une fois le périmètre des terrains à reboiser déterminé, la première mesure à prendre est l'interdiction absolue du pâturage. Cette interdiction, qu'il était très difficile d'assurer et de maintenir sous la législation de 1860, devient la chose la plus simple avec la loi de 1882, les habitants ne pensant même pas à réclamer le pâturage sur des terrains qui ne·leur appartiennent plus. Elle a pour but de raffermir le sol déchiré par les sabots des moutons (voir article 14), puis de conserver et même d'étendre la végétation primitivement livrée à la dent des bestiaux.

Le but a été généralement atteint en ce qui concerne le raffermissement du sol, et le résultat que l'on obtient est d'autant meilleur que les pentes sont moins roides.

En ce qui regarde le maintien et l'extension de la végétation, la mise en défends des terrains stables a presque toujours produit d'excellents résultats dans les régions basses. Sur les versants élevés, elle peut encore avoir une réelle efficacité dans les contrées où le climat est humide comme dans l'Isère et la Savoie; c'est ainsi que dans le périmètre du bourg d'Oisans (Isère), cette mesure sauva de la ruine 36 hectares de taillis d'aunes et de saules que les chèvres abroutissaient journellement ; ces taillis, complétés par quelques plantations, opposèrent bientôt aux déjections du torrent de St-Antoine une barrière presque infranchissable. Mais dans la vallée de la Haute-Durance, la ruine des montagnes est tellement avancée, le sol est si aride et le climat si dissolvant, qu'il faudrait de nombreuses années de mise en défends pour n'arriver encore qu'à de très faibles résultats. Il faut surtout attribuer ce fait aux alternatives de gel et de dégel qui, comme nous l'avons dit précédemment, détruisent très rapidement la végétation.

Ajoutons que l'interdiction du pâturage ne pourrait avoir aucun effet dans les terrains instables, pas plus que dans ceux qui sont complètement dépourvus de végétation. Peut-être dans l'avenir pourra-t-on obtenir quelques résultats sur ces terrains par de simples mesures de protection en s'appuyant sur la loi du 4 avril 1882, aux termes de laquelle ainsi que nous l'avons fait remarquer dans l'article précédent, l'administration a le droit, pendant dix ans, d'exécuter tous les travaux accessoires ayant pour but de hâter la consolidation du sol, à la condition toutefois de ne pas changer la nature de la superficie.

En suivant les règles tracées par cette loi, on pourrait constituer dans chaque torrent deux périmètres, l'un de *mise en défends* comprenant la plus grande partie du bassin de réception, l'autre *de restauration* renfermant les terrains les plus dégradés de ce bassin et les berges situées en aval du goulot. Ces derniers seraient immédiatement achetés et soumis aux travaux de correction et de reboisement; les autres, sur lesquels on se contenterait de faire quelques travaux de consolidation, se raffermiraient d'autant plus vite que l'accès en serait complètement interdit aux bestiaux. De cette manière la dépense immédiate serait atténuée, et dans dix ans il serait temps d'acquérir le périmètre de mise en défends.

102. Reboisement des terrains stables. — *Semis.* — Quand le terrain a été préparé à l'avance, les semis se font tantôt par *lignes*, et tantôt *en plein* sur toute la largeur de la partie cultivée. Ce dernier procédé est préférable dans les terrains où l'on redoute la sécheresse ou les alternatives de gel et de dégel. Quand les gelées printanières sont très à craindre on mélange, dans le cas du semis en plein, aux semences résineuses de la graine de sainfoin, plante fourragère très rustique, pouvant croître sur les pentes roides, et peu exigeante en matière de sol ; d'une croissance très rapide au début, elle dépasse bien vite en hauteur les jeunes plants ligneux, et, comblant les vides qu'ils laissent entre eux, les protège contre les agents extérieurs, pluie, grêle, gel, dégel, etc.

On a exécuté quelquefois, notamment sur les terrains siliceux des Cévennes, des semis à la volée après extraction préalable des genêts. Cette opération est généralement très coûteuse, et elle n'est employée que dans le cas où l'on trouve des concessionnaires consentant à arracher les plantes encombrantes moyennant délivrance des produits.

Si le terrain n'a pas été préparé à l'avance, on peut employer les semis *à la volée* ou les semis par *petits potets*.

Les semis à la volée sur terrain non préparé n'ont jamais

réussi dans les Alpes que sur les sols siliceux, et ils ont un grave inconvénient, celui d'absorber une grande quantité de graines.

On fait quelquefois, aux grandes altitudes, des semis sur la neige ; mais on ne peut guère les pratiquer que sur des terrains déjà gazonnés où les jeunes brins doivent trouver un abri immédiat contre le déchaussement provoqué par le dégel.

On nous a cité à cet égard un exemple très curieux : Dans la forêt de Barcelonnette existait, en 1844, un grand vide de 175 hectares produit par l'abus du pâturage. Le brigadier Allard, préposé aussi méritant que modeste, faisait alors les fonctions de chef de cantonnement à Barcelonnette. Ayant obtenu l'acquiescement de la commune, il acheta à très bon marché des graines de pin et de mélèze qu'il mélangea avec du sable de rivière; puis ayant embauché quelques ouvriers, il fit exécuter des semis sur la neige. L'opération dura 9 jours et réussit parfaitement. L'année suivante les habitants cherchèrent à détruire le peuplement naissant, mais le brigadier parvint à le sauver, et un semis complet couronna l'œuvre qu'il avait entreprise avec tant de dévouement et si peu de ressources.

Sur les clappes, où toute culture est généralement impossible, on est souvent obligé de recourir à ce procédé. Mais il ne réussit que si les éboulis, par suite d'une mise en défends sévère, ont pris leur pente naturelle, et se sont recouverts d'un peu de terre végétale, grâce au développement de quelques plantes herbacées telles que la petite oseille des rochers qu'un solide enracinement rend très précieuse, le groseiller épineux, le cytise à feuilles sessiles, l'amélanchier, etc.

On peut aussi, sur les clappes, semer à la volée après la fonte des neiges ; il faut dans ce cas faire pénétrer les graines le plus profondément possible entre les amas pierreux, afin de les préserver contre la sécheresse et l'entraînement par les eaux; on obtient ce résultat en les lançant fortement par un mouvement de bas en haut.

Le semis par petits potets consiste à creuser des trous d'une dimension très restreinte, puis à répandre sur la terre émiettée de la surface une pincée de graines que l'on recouvre très légèrement. Il est de règle constante que ce procédé ne doit être appliqué que dans les parcelles présentant encore quelques débris de végétation, que l'on peut compléter au besoin par des semis de graines fourragères. On emploie quelquefois une autre méthode pour les semis de hêtre et de sapin, dont la tigelle est sensible : on ouvre des rigoles étroites dont on rejette la terre sur les bords, de façon à leur donner 0^m10 à 0^m12 de profondeur. On sème au fond de ces rigoles et, au fur et à mesure que les plants grandissent, on rabat la terre autour d'eux, jusqu'à ce que le terrain soit complètement nivelé.

Plantations. — Que le terrain soit préparé ou non à l'avance, la plantation se fait par petits potets.

Dans les Alpes et dans les Pyrénées on emploie beaucoup la plantation *par touffes* qui consiste à mettre plusieurs plants, de deux à quatre, dans le même trou. On a beaucoup critiqué cette méthode tant au point de vue cultural qu'on point de vue économique. On a prétendu d'abord que les plants d'une même touffe se gênent mutuellement et qu'aucun d'eux ne peut prendre un tempérament robuste faute d'une nourriture suffisante. Ces critiques pourraient être fondées si la même touffe renfermait un grand nombre de plants, mais on ne dépasse jamais le chiffre de quatre et l'on peut, du reste, proportionner ce chiffre à la fertilité du terrain. Ajoutons que généralement l'un des jeunes sujets prend le dessus et reste seul au moment de la formation du massif.

Quant au reproche que l'on a fait à ce mode de coûter plus cher que la plantation par pieds isolés, il ne paraît pas plus fondé ; car s'il nécessite un plus grand nombre de plants, il permet d'employer des sujets plus jeunes et il évite les regarnissages, qui non seulement sont très dispendieux, mais qui peuvent nuire, à cause du passage des ouvriers, aux sujets bien portants.

Il nous paraît néanmoins qu'il y a lieu de faire une réserve au sujet des essences de lumière, telles que le mélèze et le pin. Si l'un des brins prend le dessus, les autres, ne pouvant supporter d'être dominés, végètent mal et sont dès lors exposés aux dégâts des champignons. C'est ce que nous avons constaté en 1888 dans le périmètre de Curusquet (Basses-Alpes), où une plantation par touffes de pins sylvestres n'avait pas donné de très bons résultats. On pourrait, dans une certaine mesure, obvier à cet inconvénient, en faisant un dégagement aussitôt qu'on constate le moindre état de gêne ; car, si l'on attend trop longtemps, l'opération devient très difficile.

Quand la plantation est terminée, on protège les jeunes plants avec les plus grosses pierres que l'on rencontre dans le voisinage. Si le sol est garni de gazon ou de broussailles, on dispose les potets de façon que les jeunes sujets soient le mieux abrités possible par ces débris de végétation. Dans les terrains où l'on ne rencontre ni pierres, ni végétation herbacée ou arbustive, on remplace ces abris naturels par un semis de sainfoin (voir article 111 pour l'exécution).

Il est un autre procédé que l'on emploie très rarement parce qu'il est très coûteux, c'est la plantation *par mottes*; dans ce système, les racines des brins d'une même touffe ne sont pas séparées les unes des autres, comme dans le système précédent ; la motte de terre qui les réunit reste adhérente et est mise dans les trous avec les plants eux-mêmes.

La plantation par mottes est employée dans les pierrailles, et dans les terrains rocailleux dépourvus de terre végétale ; elle a quelquefois réussi dans les clappes, et nous en indiquerons dans l'article suivant une application aux terrains instables.

Enherbement préalable. — Dans les terrains stables complètement dénudés, il serait souvent impossible d'introduire la végétation ligneuse, si l'on n'avait la précaution d'enherber préalablement le sol. Cet enherbement se fait avec de la graine de sainfoin, mélangée à des semences de graminées, telles que *le calamagrostis argenté* désigné vulgairement sous le nom de *bauche*. et la *fenasse* qui n'est autre chose qu'un mélange de *fromenthal*, de *pimprenelle*, de *brome des prés*, de *houque molle*, etc. Ce mélange est des plus heureux; le sainfoin pousse vite, mais, s'il ne peut se régénérer, son rôle tutélaire ne dure pas plus de trois ou quatre ans. Les graminées, au contraire, sont très vivaces, mais elles ne procurent d'abri que la deuxième année au plus tôt. Celles-ci commencent donc leur rôle de protection avant que le sainfoin ait cessé le sien.

Ces enherbements formés de sainfoin et de graminées sont très utiles dans les hautes régions, où la végétation forestière est très lente.

Choix des essences. Pour le choix des essences à employer dans les reboisements des terrains stables, on a généralement suivi les enseignements de la nature. On s'est servi surtout des essences indigènes, à l'exception d'un très petit nombre, telles que le pin laricio de Corse, le pin noir d'Autriche et le cèdre qui, à certains points de vue, n'avaient pas leur équivalent dans le pays. On a, du reste, étudié avec le plus grand soin leurs exigences en matière de sol, de climat, d'exposition, etc., et l'on a cherché à les mettre dans les meilleures conditions de végétation.

Le pin d'Alep est l'arbre le plus précieux des régions basses : il est très répandu en Algérie ; en France on le rencontre surtout en Provence ; il s'élève jusqu'à 700 mètres aux expositions chaudes, mais il ne monte qu'à 400 mètres dans les autres. Il pousse sur les sols calcaires les plus arides, sur la roche nue même pourvu qu'il y trouve des fissures dans lesquelles il puisse insérer ses racines. Il forme la base de tous les travaux de repeuplement dans le Var et les Alpes maritimes.

Le chêne vert, comme le pin d'Alep, montre des préférences très marquées pour les terrains calcaires; on le trouve quelquefois en mélange avec ce dernier, mais il s'élève plus haut que lui, et on le rencontre parfois à 1200 mètres aux expositions chaudes.

Le chêne rouvre s'élève jusqu'à 1200 mètres dans les Alpes comme dans les Cévennes, et jusqu'à 1500 mètres dans les Pyrénées ; il s'accommode de toutes les natures de sol, tout en préférant les expositions fraîches et les terrains d'une certaine profondeur.

Le chataigner n'est abondant que dans les Cévennes ; dans cette dernière région il monte jusqu'à 900 mètres ; franchement calcifuge il se plaît surtout dans les terrains siliceux et il est indifférent sous le rapport de l'exposition.

Le chêne liège est pour ainsi dire spécial au littoral méditerranéen et ne pénètre pas profondément dans l'intérieur des terres; il ne s'élève que jusqu'à 700 mètres. Il est exigeant sous le rapport des qualités physiques du sol et ne vient en massif que dans les terrains fertiles; aussi son emploi est-il très restreint dans les reboisements. Néanmoins il faudra l'utiliser chaque fois qu'on le pourra, car ses produits sont très recherchés. Il n'aime pas beaucoup les terrains calcaires.

Le pin maritime se plaît surtout sur les terrains siliceux ; si on le rencontre quelquefois sur des terrains calcaires, c'est sans doute parce que ses racines ont pu s'enfoncer dans des fissures où elles trouvent de la terre renfermant une faible quantité de chaux. Ce pin s'élève jusqu'à 800 mètres dans les Pyrénées orientales et jusqu'à 1000 mètres dans les Cévennes et dans les Alpes ; il redoute les terrains compactes et marécageux ; il vient bien en mélange avec le chêne liège.

Voilà les essences qui, dans les régions basses, peuvent croître en massif ; citons-en deux autres que l'on ne rencontre que par pieds isolés, mais qu'il ne faut pas néanmoins négliger dans le reboisement des terrains dénudés : ce sont le caroubier, qui vient dans tous les sols, même les plus arides, pourvu que des crevasses lui permettent d'enfoncer ses racines, et le pin pinier qui s'accommode des terrains secs et sablonneux. Ces deux arbres, dont le couvert épais maintient la fraîcheur du sol, viennent bien en mélange avec le pin d'Alep.

Citons encore, comme végétation arbustive des régions inférieures : la corroyère à feuilles de myrte, arbrisseau drageonnant très propre à fixer les terres argileuses et marneuses ; le cytise à feuilles sessiles, le sumac des corroyeurs et le sumac fustet, qui croissent très bien sur les sols secs et pierreux, enfin le genêt d'Espagne, espèce des sols calcaires.

Les deux essences les plus précieuses de la région moyenne sont le pin sylvestre et le pin noir d'Autriche.

Le pin sylvestre, qui commence vers 600 ou 900 mètres, s'élève dans les Cévennes jusqu'à 1200 mètres, dans les Alpes jusqu'à 1800 mètres, et dans les Pyrénées jusqu'à 2000 mètres ; sans être rebelle aux terrains calcaires, il préfère les terrains siliceux. Sa rusticité, sa facilité de vivre à des altitudes très différentes et sur des sols médiocres ou mauvais, son puissant enracinement font de cet arbre un des plus avantageux que l'on puisse utiliser dans les reboisements.

Le pin noir rend, dans les terrains calcaires, les mêmes services que le pin sylvestre dans les terrains siliceux ; mais son aire d'habitation est moins étendue ; elle est comprise entre 600 mètres et 1000 mètres dans les Cévennes et entre 1200 et 1600 ou 1700 mètres dans les Alpes et les Pyrénées. Indifférent sous le rapport de l'exposition, il réussit dans les lieux les plus secs et même dans les pierrailles.

Le sapin et le hêtre, que l'on rencontre entre 1000 mètres et 1400 mètres dans les Cévennes, entre 1200 mètres et 1800 mètres dans les Alpes, et qui dépassent 2000 mètres dans les Pyrénées, ne peuvent être employés pour le reboisement des terrains nus que dans des cas tout à fait exceptionnels ; leurs jeunes plants sont très sensibles aux influences atmosphériques, et pour végéter réclament généralement, pendant un certain nombre d'années, un abri sérieux produit par un couvert assez complet. On ne peut donc, dans la plupart des cas, que les introduire ultérieurement, comme substitution d'essences, dans un bois préexistant ; et à ce titre l'emploi de ces arbres doit être plutôt considéré comme amélioration de peuplement plutôt qu'œuvre de reboisement. Nous citerons cependant des plantations de sapin faites en sol nu sur le mont Lozère, et qui ont très bien réussi. On fait aussi, un peu partout dans les Cévennes, des semis de hêtre à découvert, mais en recouvrant successivement les tigelles par une sorte de buttage, comme nous l'avons indiqué précédemment.

Le cèdre se trouve à peu près dans les mêmes conditions que les deux essences dont nous venons de parler ; il a été peu employé jusqu'alors dans les reboisements des montagnes du midi de la France, et n'a pas encore fait preuve d'une grande vitalité ; il est d'une transplantation difficile ; il semble bien venir en mélange avec les pins noir et sylvestre.

Entre 1000 et 1200 mètres on voit apparaître dans les Alpes l'épicéa, le mélèze et le pin de montagne, qui tous trois s'élèvent jusqu'à 2400 mètres.

L'épicéa, qui est très sensible aux influences atmosphériques dans les premières années, qui réclame du sol une certaine fraîcheur, et qui affectionne plus particulièrement les expositions du Nord et de l'Est, n'est, pour ces motifs, que d'un emploi assez restreint dans le reboisement des montagnes ; on l'utilise néanmoins, à cause des qualités de son bois, chaque fois qu'on peut le mettre dans les conditions qui lui conviennent.

Le mélèze, au contraire, est le pivot des travaux de reconstitution des massifs des régions élevées ; c'est le *chêne de la montagne*. Dès sa jeunesse, il résiste admirablement aux influences atmosphériques les plus rudes, et ne réclame aucun abri. On cherche à le propager partout où le permettent ses expositions préférées, celles du Nord et de l'Est. Non seulement il résiste à la dent des moutons en repoussant de souche tant qu'il est jeune, non seulement il répare plus facilement que d'autres résineux les accidents qui lui surviennent de la part des vents et de la neige, en raison de la facilité avec laquelle il se regarnit de branches, mais il est aussi bien l'arbre des pâturages que celui des forêts. Jusqu'à ce jour cependant il n'a pas donné de très bons résultats ni dans les Cévennes, ni dans les Pyrénées, où il est trop loin de sa station naturelle.

Le pin de montagne est une essence des plus précieuses pour le reboisement de certains hauts versants qui présenteraient des conditions de sol et d'exposition défavorables à l'épicéa ou au mélèze. Il est moins en butte que le pin sylvestre et le pin noir aux dégats occasionnés par les neiges abondantes, à cause de la disposition de ses rameaux imitant celle des branches d'un candélabre. Il réussit parfaitement dans les Alpes et il fait merveille dans les Pyrénées.

Enfin le pin cembro est le dernier représentant de la végétation forestière ; d'un tempérament très robuste, il supporte vaillamment les plus rudes climats. Ses branches disposées en forme de candélabre, comme celles du pin de montagne, ne donnent qu'une faible prise aux vents les plus violents, et bravent le poids de la neige et du givre.

Un certain nombre d'essences feuillues méritent, par la qualité et la valeur de leur bois, d'être introduites dans les massifs à créer ; citons particulièrement : l'orme champêtre qui peut monter dans les Alpes jusqu'à 1500 mètres aux bonnes expositions. Indifférent à la nature minéralogique du sol, il préfère les terrains meubles et un peu frais ; sa place est tout indiquée sur les atterrissements des barrages ; son enracinement latéral et oblique lui donne une solide assiette ; son couvert est épais, son feuillage abondant fournit un excellent fourrage ;

Le frêne commun, qui monte dans les Alpes jusqu'à 1800 mètres ; indifférent à la nature minéralogique, il préfère les terrains frais et fertiles ; ses fortes racines et ses branches de grandes dimensions le rendent très propre à l'affermissement des terres; il est très bon pour la fixation des atterrissements ;

L'érable sycomore et l'érable à feuilles d'obier, que l'on rencontre à différentes altitudes et qui s'élèvent jusque dans la région du mélèze, ce qui les rend précieux au point de vue du reboisement ; leur bois a une très grande valeur ;

Le tilleul, dont l'enracinement est à la fois pivotant et traçant et qui croît dans les sols les plus secs ; on le rencontre jusqu'à 1500 mètres ;

Le cerisier-merisier qui va jusqu'à la limite supérieure du hêtre et qui réussit très bien dans les sols secs et graveleux;

Le sorbier des oiseleurs et l'alisier blanc qui montent encore plus haut que l'érable sycomore ; le premier préfère les terrains siliceux frais et profonds, et le second accepte très bien les calcaires les plus rocheux ;

Le peuplier blanc et le peuplier noir, qui s'élèvent jusqu'à 1800 m. et qui, ayant une préférence marquée pour les-terrains frais, sont très utilisés pour fixer les lits des torrents ;

L'aune blanc et le tremble dont les racines traçantes drageonnent considérablement, et qui s'élèvent aussi très haut ; ils végètent dans tous les sols, mais il leur faut un peu de fraîcheur.

Nous nous réservons de donner, dans l'article suivant, la nomenclature des essences de second ordre ou des arbustes employés à la fixation des terres.

103. Reboisement des terrains instables. — *Fixation du fond des ravins.* — Occupons-nous d'abord de la fixation des atterrissements des barrages.

Une fois que la pente d'équilibre du fond du lit d'un torrent a été obtenue à l'aide des travaux décrits dans le chapitre X, il faut arriver rapidement à l'implantation de la végétation sur les atterrissements des barrages. Dans ces conditions, l'emploi des essences feuillues est tout indiqué, car elles sont susceptibles d'être plantées lorsqu'elles ont acquis un développement que ne comporterait pas l'emploi des résineux, et dès lors elles jouent immédiatement un rôle important pour la retenue des matériaux.

Les atterrissements des barrages sont les meilleurs terrains des régions torrentielles ; on y trouve de la terre, de la fraîcheur, de l'abri ; aussi doit-on y favoriser autant que possible l'introduction d'essences de rapport telles que les frènes, les ormes, les érables. Mais ces essences, outre qu'elles ne pourront pas être plantées serrées, ne suffiraient pas pour remplir le rôle de protection nécessaire à la fixation des terres ; on introduit alors dans les intervalles des boutures de peupliers ou de saules, qui donnent dès la première année toute la stabilité désirable. Les rejets qui en proviennent sont recépés à courts intervalles, ce qui fournit des matériaux utiles pour l'exécution d'autres travaux.

Nous avons vu, dans le chapitre X, que la correction des ravins peut se faire de plusieurs manières. Lorsqu'on emploie le procédé ordinaire, on reboise, comme il vient d'être dit, les atterrissements des barrages rustiques ou vivants. On emploie quelquefois pour ces travaux, l'aune blanc dans les régions moyennes, l'aune vert et le saule daphné dans les régions élevées.

La correction par atterrissements artificiels (article 48) a été très souvent employée dans les Alpes. Pour ne parlerque des travaux que nous avons visités, nous citerons le torrent du Curusquet (Basses-Alpes), le périmètre de Remollon et celui de Ste-Marthe (Hautes-Alpes). Dans le premier de ces torrents, le lit et les berges d'un grand nombre de ravins sont formés de marnes roc'_uses qui, complètement dénudées, se délitaient continuellement sous l'influence des agents extérieurs ; sur les sommets des berges on exploita les blocs de marne les moins durs, et les débris servirent à combler les ravins. Cela fait, on établit de distance en distance de petits fascinages à une seule fascine, constituant autant de barrages vivants. Bientôt après, on put reboiser en feuillus les intervalles des fascinages; en effet, pendant que les matériaux rocheux de l'atterrissement, soustraits aux influences atmosphériques, formaient une assise inébranlable, ceux de la surface, en se délitant, fournissaient la terre nécessaire à la végétation ligneuse. Dans le périmètre de Rémollon, ce n'étaient plus des marnes, mais des terrains de transport dans lesquels l'appauvrissement du sol avait atteint ses dernières limites ; on combla les ravins par l'écrètement des berges et la démolition des demoiselles ; puis l'on planta des robiniers, des érables, des cytises, des saules, des peupliers, des aunes. Dans le torrent de Ste-Marthe, on fit un nivellement transversal en émoussant les arêtes aiguës des berges, et en comblant les dépressions voisines à l'aide de leurs débris ; sur les terres rapportées on disposa des rangées de fascines en pin, fixées par des piquets de mélèze enfoncés dans la roche ; cette opération divisa les terres et força l'eau à se répandre sur toute la surface ; on fit alors des semis de graines fourragères, et deux ans après le sol était protégé contre toute érosion.

Lorsqu'on se trouve à proximité d'un peuplement forestier, on peut coucher dans le fond des ravins des arbres munis de leurs branches, que l'on fixe par leurs extrémités à des piquets enfoncés dans le roc ; ces arbres sont placés dans le sens de l'axe du ravin, le gros bout en bas ; ils sont enchevêtrés les uns dans les autres et forment un corps solide et inébranlable. Au bout d'un certain temps les détritus provenant des berges s'infiltrent dans les branches, qui, en pourrissant, se transforment elles-mêmes en terreau, et il en résulte un sol amendé favorable au développement des plantes ligneuses ou herbacées qui s'y jettent et que l'on y introduit. On voit ainsi la verdure « monter à l'assaut des berges » pour employer l'expression de M. Carrière, inspecteur des forêts, qui a utilisé ce procédé dans le périmètre de Seyne (Basses-Alpes) ; dans ces dernières années il a été reproduit avec succès dans la vallée de l'Ubaye.

On peut aussi fixer le fond des ravins à l'aide de branches de saules couchées, d'une berge à l'autre, dans des sillons de 0 m. 10 à 0 m. 15 de profondeur ; il faut avoir soin de faire sortir çà et là les rameaux qui entourent ces branches ; les racines se développent rapidement, s'enchevêtrent et constituent un lit inaffouillable.

Fixation des berges. — Dans le cas des berges instables il faut, avant de songer à introduire la végétation forestière, créer des obstacles capables de briser l'écoulement des eaux et d'enrayer l'entraînement des terres.

Pour créer ces obstacles, on a employé une foule de moyens qui peuvent cependant être rangés en trois classes : les semis de graines fourragères, les clayonnages et les cordons de feuillus.

Les semis de graines fourragères sont utilisés dans les terrains les moins ravinés, dans ceux où l'on a l'espoir de pouvoir introduire immédiatement les essences définitives ; on emploie le sainfoin mélangé avec de la fenasse et de la bauche ; les semis se font généralement par sillons horizontaux, c'est-à-dire dirigés suivant les courbes de niveau du terrain ; deux ou trois ans après, quand l'enherbement a pris un développement suffisant, on fait des plantations par mottes analogues à celles que nous avons décrites au sujet des clappes. Ce système de plantation, qui a été beaucoup employé dans la vallée de l'Ubaye, et notamment dans le torrent de Riou-Bourdoux, a donné d'excellents résultats ; il y a rarement des manquants, et l'on a immédiatement des arbres véritables qui végètent très vite et qui protègent le sol contre les éboulements.

Les clayonnages sont d'excellents auxiliaires lorsqu'on a le bois sur place ; aussi sont-ils très employés en Suisse ; ils ont sur les fascinages l'avantage d'être filtrants, de ne laisser passer que l'eau claire et de retenir les boues à leur amont ; mais l'eau claire elle-même est considérablement retardée dans sa marche par les ouvrages inférieurs, et il en résulte que les terres s'imbibent de

l'humidité nécessaire à la réussite des jeunes plants à introduire
sur les atterrissements. En général, ces clayonnages sont parallèles; leur hauteur est comprise entre 0 m. 20 et 0 m. 50 ; leur
écartement, variable suivant la pente, doit être réglé de façon à
arriver sûrement à la consolidation du sol ; c'est affaire d'expérience. Si l'on ne possédait pas suffisamment l'habitude de ce
genre de travaux, on pourrait procéder à des essais préalables.
Quelquefois les clayonnages sont disposés en losanges ; cette
manière d'opérer, qui est très coûteuse, peut avoir son utilité sur
des terrains très inclinés où les terres sont continuellement en
mouvement. Citons encore les clayonnages en forme d'angles dont
les sommets sont à l'amont ; les côtés de chaque angle n'ont pas
plus de 10 à 15 mètres, et les différents ouvrages sont disposés de
façon que l'un d'eux recouvre l'intervalle compris entre deux
autres situés dans la bande inférieure ; ce système, que l'on peut
employer sur les terrains recouverts de pierres mouvantes, offre
cet avantage que les éboulements, divisés par des pieux enfoncés
dans le sol en lignes inclinées, ne produisent plus des effets aussi
désastreux et ne peuvent du reste atteindre les jeunes plants in-
troduits dans les angles.

Enfin l'on peut disposer les piquets des clayonnages sur une
circonférence, de sorte que les branches entrelacées affectent la
forme d'une surface cylindrique fermée ; on obtient ainsi des
sortes de *corbeilles* dans lesquelles on introduit la végétation,
après y avoir déposé un panier de terre.

Les cordons de feuillus sont employés sous différentes for-
mes ; citons les principales :

Tantôt on creuse une succession de petits fossés interrompus
dans lesquels on place des fascines, des plants, ou des boutures
de saule et d'aune ; ce système réussit très bien et il donne de
bons résultats partout où il peut être appliqué.

Tantôt on établit de véritables haies horizontales dont les plants
se touchent, de manière à produire un effet sûr et rapide ; ces
lignes brisées sont établies dans des banquettes préparées à l'a-
vance, ou bien rez-terre, sans saillie apparente, à l'aide d'un procédé très ingénieux imaginé par notre regretté camarade Couturier, alors qu'il était chef d'une commission de reboisement dans
les Basses-Alpes. Nous reviendrons, dans le chapitre suivant, sur
la construction de ces haies de soutien ; disons seulement ici que
les essences les plus avantageuses pour leur confection sont le

robinier, l'érable, le coudrier, l'aubépine, le prunier de Briançon, puis le saule pourpre et le saule diapré employés sous forme de boutures.

Broussaillement. Quand les terrains sont trop mouvants ou trop infertiles pour qu'on puisse avoir l'espoir d'y voir prospérer les essences définitives, même sous la protection des travaux de soutien que nous venons d'énumérer, on emploie des essences feuillues, et l'on choisit celles dont la croissance est la plus rapide, celles qui forment des souches puissantes, celles qui drageonnent le mieux, celles qui sont le plus susceptibles d'être recépées et marcottées, celles en un mot qui sont le plus capables de fixer promptement le sol. Le frêne, le cerisier-mahaleb, l'aune, le robinier, les saules et les peupliers ont donné de bons résultats ; puis, parmi les arbustes et les buissons, les cytises, le cornouiller, l'épine-vinette, le buis, le baguenaudier, les bugranes, l'hippophaé, le genêt cendré, le genévrier sabine, l'églantier, l'amélanchier, ont été employés avec succès. Ces plantes, introduites autour des cordons et sur leurs atterrissements, forment de petits taillis que l'on propage ensuite par le recépage et le marcottage.

On emploie quelquefois, sur les terrains les moins inclinés, un procédé que l'on appelle la *plantation en corbeilles*, et qui a été imaginé par M. Carrière. Il consiste à creuser un trou en forme de tronc de cône renversé, autour des parois duquel on plante une série de tiges feuillues, de 3 ou 4 ans, espacées de 0^{m}10 à 0^{m}15 ; puis on remplit l'intérieur avec de la terre fertilisée, qui assure la reprise des plants. On forme ainsi des centres de verdure, qui s'étendent bien vite par le marcottage. Quand on craint les gelées, on recouvre la terre par de grosses pierres qui ont, en outre, l'avantage de consolider le sol.

Dans les terres noires il ne faut pas songer à introduire immédiatement les grandes espèces, même en s'en tenant aux essences feuillues. « En cela, dit M. Boppe, professeur de sylviculture « à l'école forestière, il faut encore suivre les indications de la « nature, c'est-à-dire commencer par les espèces inférieures les « plus rustiques ; à mesure que la terre perd son poison, elle accepte des végétaux d'un ordre d'autant plus élevé que la couche « désinfectée est elle-même plus profonde. On peut ainsi mesu-« rer l'instant où on pourra lui confier des arbres à nourrir [1]. »

1. *Traité de sylviculture*, par L. Boppe, professeur de sylviculture à l'école nationale forestière. Berger-Levrault, Nancy et Paris.

Ce qui réussit le mieux au début, ce sont les boutures de saule et de peuplier, l'aune blanc et l'hippophaé à cause de leur puissance drageonnante, le tilleul à cause de sa croissance rapide et de son aptitude à former de nombreux rejets, le prunier de Briançon, les bugranes ; enfin, parmi les graminées, le calamagrostis argenté, le chiendent, le tussilage-pas-d'âne, et exceptionnellement la fétuque bleue.

104. Choix du mode de repeuplement. — Le choix du mode de repeuplement, semis ou plantation, dépend du climat, de la nature minéralogique et de l'état superficiel du sol, du tempérament et des exigences des essences adoptées, ainsi que du rôle qui leur est assigné, enfin du prix de la main-d'œuvre, des graines et des plants.

Les feuillus étant généralement destinés dans les régions torrentielles, ainsi que nous l'avons vu précédemment, à fixer et à consolider les terres, il est clair que c'est à la plantation surtout qu'il faudra avoir recours pour obtenir ce résultat le plus sûrement et le plus rapidement. Il ne saurait y avoir d'exception que pour les chênes et le caroubier dont les pivots se développent facilement dès la première année, avec peu de chevelu, ce qui rend la reprise des plants moins certaine et la préparation du sol plus coûteuse ; il est vrai que l'on peut éviter cet inconvénient par un recépage du pivot fait en pépinière ; mais cette opération a des résultats assez imparfaits et augmente encore les frais de la plantation, de sorte que, tous comptes faits, le semis s'exécute plus facilement et coûte moins cher, quels que soient la nature minéralogique et l'état superficiel du sol.

Quand le terrain à reboiser présente une couche de terre fertile garnie de quelques plantes herbacées ou ligneuses, le semis et la plantation peuvent également réussir ; mais si le sol est complètement nu et sans terre végétale, les semis ne prennent pas, et il est presque toujours préférable d'employer la plantation. Le semis est au contraire préférable dans les terrains couverts de débris de pierres qui, abritant le sol contre le tassement, en maintiennent l'ameublissement et en conservent la fraîcheur.

Enfin, en ce qui concerne les résineux à introduire en montagne, l'expérience de nombreuses années a démontré que la plantation réussit mieux que le semis sur les sols exposés au desséchement et au soulèvement produit par les alternatives de gel et de dégel.

Faisons application de ces observations à la question spéciale qui nous occupe.

Dans les régions basses, le pin d'Alep et le pin pinier, généralement utilisés pour le reboisement des terrains secs, réussissent généralement mieux par la plantation que par le semis; il n'y a d'exception que pour les terrains rocailleux. Ajoutons que les oiseaux font une guerre acharnée aux graines de ces pins, et que les sauterelles s'attaquent à leurs pousses herbacées. Le pin maritime, au contraire, ne présente aucune chance de réussite en plantation, à cause du développement exagéré de son pivot et de l'absence presque complète de chevelu.

Dans les régions moyennes, les pins sylvestre et noir, qui sont habituellement employés dans les plus mauvaises conditions de sol et d'exposition et qui ont à redouter, outre les dangers que nous venons de signaler pour les pins d'Alep et pinier, les effets du soulèvement produit par les gelées printanières, ne réussissent guère sous forme de semis, malgré leur tempérament robuste. Le sapin reprend également mieux par la plantation ; car son tempérament, très délicat au début, a besoin d'être fortifié en pépinière.

Restent les essences principales des régions supérieures : l'épicéa, le mélèze, le pin de montagne et le pin cembro. Le pin de montagne est exclusivement employé par voie de plantation ; sa graine est d'un prix élevé, et de plus c'est l'essence des expositions relativement chaudes, des sols les plus arides et les plus ingrats. Quant aux trois autres essences, on les reproduit tantôt par semis et tantôt par plantations ; à ces hautes altitudes où le temps pendant lequel s'opère la végétation est considérablement réduit, il faut employer les deux modes pour aller plus vite.

Ici la sécheresse n'est plus à craindre, les nuits étant plus fraîches et les pluies plus fréquentes ; d'autre part on rencontre par ci par là quelques gazons ruinés, quelques restes de pelouses; on sèmera à l'abri de ces végétaux et l'on plantera dans les terrains nus.

Les jeunes plants feuillus devant, à cause du rôle qu'ils ont à remplir, posséder une certaine taille au moment où on les introduit dans les périmètres, et devant être surtout d'une reprise facile, il est nécessaire de provoquer en pépinière la venue d'un chevelu abondant, condition que l'on obtient par le *rigolage* ou le *repiquage*, qui n'est autre chose qu'une transplantation dans la même pépinière.

Les essences résineuses, ne devant généralement être plantées que sur les sols préalablement consolidés, n'ont pas besoin d'être repiquées ; l'expérience de nombreuses années a démontré que dans les montagnes du midi, cette opération coûteuse appliquée aux conifères ne produit pas, dans l'ensemble des résultats obtenus, une plus-value comparable à l'élévation des frais qu'elle nécessite. En second lieu, l'obligation de rigoler tous les plants à employer dans une aussi vaste entreprise entraînerait des dépenses énormes pour l'acquisition des terrains. Enfin, les racines délicates des résineux supportant difficilement le transport, il vaut mieux les cultiver sur de petites places disséminées dans les périmètres, et présentant des conditions climatériques analogues à celles qu'auront à subir plus tard les jeunes sujets.

De là, deux genres de pépinières.

1° Les pépinières *permanentes* ou *centrales* destinées à fournir à toute une région des plants de tout âge et de toutes dimensions, et devant être disposées de façon à ce que l'on puisse y pratiquer tous les soins culturaux en usage ;

2° Les pépinières *locales* ou *volantes*, qui n'exigent aucun de ces soins, et dont les emplacements doivent être choisis de manière à diminuer le plus possible la durée des transports.

Les feuillus en général sont élevés dans les premières, et les conifères dans les autres. On peut être amené cependant à cultiver des résineux dans les pépinières centrales, si l'on veut constituer une réserve destinée à entrer en ligne en cas de non réussite, ou de travaux complémentaires.

CHAPITRE XXI

EXÉCUTION DES TRAVAUX DE REBOISEMENT

105. Tracé des chemins. — Il est rare que l'on rencontre, dans les périmètres, un nombre de chemins ou de sentiers suffisant pour donner accès à toutes les parcelles à reboiser. On profite de cette circonstance pour tracer, au début des travaux, toutes les voies, larges ou étroites, qui seront nécessaires plus tard à la conservation et à l'exploitation de la forêt que l'on va créer. Ces voies sont de trois sortes : les routes forestières, les chemins muletiers et les sentiers. On n'ouvre les premières que sur une largeur de 3 m., de manière à faciliter seulement la circulation des charrettes ; on leur donne 12 °/₀ de pente au maximum ; chaque fois qu'elles traversent un ravin, on les fait passer sur un mur ayant la forme d'un barrage ordinaire, avec un aqueduc pour l'écoulement des eaux des crues modérées, et un couronnement horizontal à flèche réduite construit de façon à éviter le danger de détournement des eaux. On donne aux chemins muletiers 1ᵐ50 à 2ᵐ de largeur, et on fait aller les pentes jusqu'à 18 p. °/₀ ; enfin les sentiers n'ont qu'une largeur de 0ᵐ60 à 1ᵐ20, et leurs pentes sont les mêmes que celles des chemins muletiers.

Presque toutes ces voies devant être établies à mi-côte, on se contente généralement d'en tracer le profil en long ; et le devis des dépenses est tout simplement basé sur le prix du mètre courant.

Pour tracer ce profil en long, on peut se servir avec avantage du clisimètre Goulier modifié par M. Bellieni, opticien à Nancy.

Cet instrument se compose essentiellement d'une boîte en bois ABCD (fig. 169) fermée par un verre dans lequel se trouve un perpendicule P mobile autour d'un axe, et portant un index qui parcourt un arc divisé, donnant les pentes de deux en deux pour cent. La division est double, et l'origine commune des deux graduations est le point battu par l'index lorsque le côté supérieur de la boîte est horizontal.

La visée se fait a l'aide d'un œilleton O et d'une pointe F. On

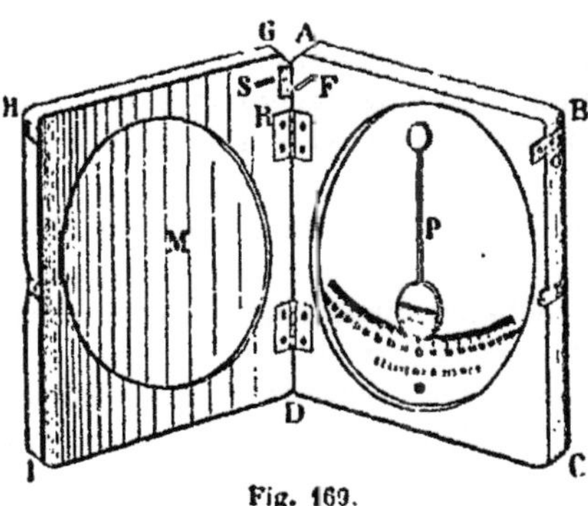

Fig. 169.

incline légèrement la main à diverses reprises pour laisser prendre au perpendicule sa position d'équilibre, en ayant soin d'agir avec un doigt sur un bouton placé derrière la boîte, de manière à neutraliser l'action d'un ressort dont la pression empêche le perpendicule de se mouvoir librement.

Enfin, le constructeur a adapté à l'instrument un couvercle à charnière DIHG muni d'une glace M, et dans lequel il a pratiqué une fenêtre R et un petit trou cylindrique S destiné à servir de logement à la pointe F quand on ferme l'appareil.

C'est grâce à l'addition de cette glace, permettant à l'opérateur de faire directement la lecture, que l'on peut utiliser le clisimètre Goulier pour le tracé d'une droite ayant une pente déterminée. Cette lecture se fait très facilement, à la condition de donner au couvercle une inclinaison convenable, grâce à laquelle en outre se trouve dégagée la fenêtre R qui permet la visée.

Il est commode, pour faire cette visée, d'appuyer l'angle D du côté inférieur de la boîte sur un bâton que l'on fait reposer tout simplement sur le sol; on s'affranchit ainsi des erreurs inévitables provenant des tremblements dont on ne peut se défendre lorsque l'observation est un peu longue. Pour faire l'opération simplement, on se procurera deux bâtons d'égale longueur, puis l'on fixera sur la tête de l'un d'eux un morceau de carton sur lequel on tracera une ligne de foi dont la hauteur correspondra à celle de la ligne de visée obtenue quand l'instrument reposera sur l'autre.

Le clisimètre Goulier peut aussi servir à mesurer la hauteur d'un arbre, à déterminer une horizontale et à mesurer la pente d'un talus ou le fruit d'un mur ; cette pente ou ce fruit est indiqué par l'index quand, le perpendicule étant libre, le côté BC de la boîte repose sur le talus ou sur le mur.

106. Préparation du sol. — Nous avons indiqué, dans le chapitre précédent, les circonstances dans lesquelles la préparation du sol est nécessaire ; il nous reste à énumérer les procédés employés pour cette opération.

Nous ne parlerons que pour mémoire de la culture en plein, qui n'est applicable que dans les sols profonds et peu inclinés. Les terrains des régions torrentielles étant généralement arides, pierreux et à pentes rapides, c'est au bras de l'homme qu'il faut avoir recours pour les défoncer. Cette culture se pratique par *bandes alternes*, dont la largeur, diminuant quand la déclivité augmente, peut varier de 0^m30 à 0^m60. En principe, l'axe longitudinal de ces bandes doit être horizontal, le profil en travers ayant une inclinaison contraire à celle du terrain. L'expérience a démontré qu'il suffit, pour accorder les raisons culturales avec les principes d'économie, de pratiquer le défoncement sur une profondeur de 0^m40 à 0^m50. Quant à l'écartement des bandes, on le fait varier de 1^m à 3^m suivant la nature des essences à employer pour le reboisement.

Les bandes peuvent être continues ou bien interrompues de distance en distance.

Les bandes continues, outre qu'elles procurent au sol une culture plus complète et plus uniforme, ont l'avantage de s'opposer à l'enlèvement des terres ainsi qu'au ravinement produit par les eaux qui, venant, au contraire, se déposer lentement sur un terrain nouvellement travaillé, lui apportent toujours quelque fraîcheur. Elles se comportent évidemment comme les barrages des ravins et provoquent une sorte de colmatage éminemment propice à la réussite des jeunes plants. Mais elles sont difficiles à tracer ; si l'on veut maintenir leur axe horizontal, cela ne peut être qu'au détriment de la régularité, car il faut nécessairement que cet axe suive toutes les inflexions des courbes de niveau ; d'un autre côté, si, dans le but d'obtenir plus tard un massif plus régulier, on tient à maintenir un écartement à peu près constant entre deux bandes consécutives, elles ne peuvent plus rester horizontales, et alors les eaux, ayant des tendances à s'accumuler sur les points bas, peuvent à un moment donné produire une rupture et un commencement de ravinement.

Les bandes interrompues ne présentent pas ces inconvénients, car on pourra toujours calculer quelle devra être la longueur à donner à la partie cultivée pour que leur axe longitudinal puisse être parfaitement horizontal, avec écartement constant. Elles ont en outre l'avantage d'être plus économiques, et nous allons chercher à le démontrer : Les plants dans leur jeunesse doivent, si l'on veut qu'ils puissent se soutenir mutuellement, n'être pas très éloignés les uns des autres ; mais il n'est pas nécessaire qu'ils soient régulièrement espacés ; quand ils auront grandi, les branches se rejoindront et le massif sera constitué. Cela étant, supposons qu'on veuille avoir 6000 plants sur un hectare, et que l'on ait reconnu la nécessité d'admettre dans l'ensemble de la plantation, mais seulement par groupes, un écartement d'un mètre entre deux plants d'un même groupe. Si nous employons le système des bandes continues, il n'y aura pas de raison pour ne pas adopter un espacement régulier dans l'ensemble ; et, pour obtenir le résultat que nous cherchons, il nous faudra 6000 m. de bandes cultivées. Si, au contraire, nous adoptons des bandes interrompues de 4 m. de longueur, nous pourrons facilement mettre 5 plants dans chacune d'elles ; par conséquent, pour obtenir 6000 plants, il nous faudra 1200 bandes, soit 4800 mètres de défoncement.

M. Demontzey donne (page 188 de la 2ᵉ édition) la description de bandes, qu'il appelle *bandes brisées*, ayant une longueur de 5 à 6 mètres, séparées l'une de l'autre par une partie non cultivée pouvant varier de 1 m. à 3 m., et disposées de telle façon que le milieu de chacune d'elles coïncide avec le milieu de l'espace non défoncé de la ligne inférieure. Avec cette disposition l'on réalise les avantages des deux systèmes précédents : action mécanique des bandes continues, écartement constant et économie des bandes interrompues.

Il a été reconnu que, pour la facilité du travail manuel, il ne faut pas défoncer le sol sur une longueur inférieure à un mètre. Dans le cas où les bandes interrompues n'ont guère que cette dimension, elles sont plus connues sous le nom de *trous* ou de *potets*.

Les trous sont très économiques, et il est facile de le voir en reprenant notre exemple de tout à l'heure ; si l'on admet que l'on puisse mettre deux plants dans chaque potet, il ne faudra plus que 3000 mètres de défoncement pour obtenir 6000 plants sur un hectare. Ils offrent en outre un avantage cultural qui n'est pas à dédaigner : avec le système des bandes on est souvent obligé de sacrifier des débris de végétation dont la conservation pourrait être utile à la bonne venue des jeunes plants ; tandis que les trous, à cause de leur faible longueur, peuvent être creusés facilement dans les parties vides.

Il résulte de cette discussion que les potets devront presque toujours être adoptés, chaque fois que l'on n'aura pas à craindre le ravinement des terrains à reboiser.

Ce n'est pas ici le lieu de donner la description des outils que l'on emploie dans les travaux de reboisement ; je veux dire néanmoins un mot de la *pioche à pic,* qui a été presque généralement adoptée dans les contrées torrentielles, et qui est le résultat final d'études comparatives faites sur les différents instruments de ces contrées.

Cette pioche pèse 4 kilogr. ; sa douille est ovale. D'un côté de cette douille se trouve un taillant dont la largeur, qui est de 0^{m}07 à l'extrémité, va en diminuant vers le centre où elle n'est plus que de 0,045 ; de l'autre côté se présente un pic très solide. Les deux branches sont sensiblement égales et forment, dans leur ensemble, un arc de cercle dont la corde a 0^{m}55 et la flèche 0^{m}08. Cet instrument ne fatigue pas beaucoup l'ouvrier ; grâce à son poids, les contre-coups sont évités, et le travail utile est augmenté.

C'est avec cet instrument que l'on ouvre les bandes ; les pierres que l'on y trouve sont enlevées et posées sur le bord inférieur ; il faut avoir bien soin de les placer à la main suivant leur talus naturel ; si on les disséminait sans ordre, elles seraient plutôt dangereuses qu'utiles.

Le sol est préparé quelques mois à l'avance, dans le courant de l'été ou aux approches de l'hiver, suivant que les reboisements doivent être effectués à l'automne ou au printemps, afin de laisser aux agents extérieurs le temps d'agir avec efficacité.

Lorsqu'on emploie le système des potets dans les climats très secs, on pratique souvent de petites rigoles, en forme de chevrons, disposées de façon à amener dans les trous les eaux qui passent dans leurs intervalles.

Dans les plis de terrain on construit un petit mur en pierres sèches, de 0m50 de hauteur, que l'on atterrit artificiellement avec de la terre prise dans le voisinage; lorsqu'on ne rencontre pas suffisamment de pierres pour construire un mur, on remplace celui-ci par une fascine de saule.

Dans les clappes on ouvre les bandes et les trous après avoir disposé à la partie inférieure toutes les pierres que l'on a dû enlever pour découvrir la terre.

Dans les marnes schisteuses, qui se désagrègent très rapidement sous l'influence des agents extérieurs, il est bon de ne préparer le sol qu'au moment où l'on va introduire la végétation. Au contraire, dans les marnes dures, qui ne se laissent que très peu pénétrer par la pioche, le travail de défoncement doit être fait à plusieurs reprises. Si l'on voulait opérer en une seule fois, comme pour les terres ordinaires, on serait entraîné à des frais énormes, et d'un autre côté les produits de la désagrégation de la roche, qui sont les seuls matériaux sur lesquels on puisse compter pour le comblement des potets ou des bandes, la terre végétale étant absente, seraient complètement insuffisants. On opère alors de la manière suivante : « On se contentera d'abord d'ouvrir les « trous et les bandes sur la profondeur à laquelle la pioche ou le « pic pourra pénétrer; la meilleure saison pour cela est la fin de· « l'hiver; quand la roche est bien saturée d'eau, elle est plus « tendre et l'outil pénètre plus facilement dans les fentes de re- « trait qui divisent les strates. On posera avec soin tous les dé- « bris en talus bien assujettis sur le fond inférieur des trous, qui « seront abandonnés pendant un an aux influences météorologi- « ques, et l'on recommencera un nouveau creusement à la fin de « l'hiver suivant ; généralement deux saisons suffiront pour ob- « tenir une profondeur convenable.

« Il restera alors à combler les trous. Pour cela on râclera « avec soin tous les produits du délitement de la roche dans les « intervalles des trous, avant les pluies du printemps ; c'est le « moment le plus favorable, car le délitement le plus énergique « se manifeste par les gelées de la fin de l'hiver. Ces éléments « terreux combinés avec ceux fournis par la surface des talus de « déblai serviront à remplir les trous ; s'ils sont insuffisants, on « répétera ultérieurement le même balayage. » (Demontzey, page 197 de la 2e édition).

107. Des graines. — Les graines des essences feuillues employées dans le reboisement des montagnes sont généralement mûres à l'automne ; il n'y a d'exception, en ce qui concerne les essences forestières, que pour l'orme dont le fruit entre en maturité au mois de mai, le bouleau, le caroubier et le cerisier dont les fruits sont murs dans le courant de l'été, aux mois de juillet ou d'août ; dans la série des arbrisseaux et des arbustes, les bugranes et le sumac fustet murissent en juillet, la lavande et l'amélanchier en août.

Les semences sont généralement cueillies sur les arbres à l'exception des glands, des châtaignes et des faînes ; en ramassant ces dernières graines, il faut avoir soin de laisser de côté les premières tombées, qui sont généralement piquées des vers. On peut, du reste, apprécier leurs qualités à l'aide d'une simple observation : ainsi un bon gland doit remplir exactement son enveloppe extérieure, coupé il doit être blanc, frais et luisant, la radicule qui pousse vers la pointe doit être saine et fraîche ; une châtaigne est bonne quand sa saveur est agréable, quoiqu'un peu acerbe, quand elle est ferme, bien remplie et son germe intact ; la faine, fendue en deux, doit être fraîche, blanche et succulente.

Quant aux semences que l'on récolte directement sur les arbres, on peut aussi en vérifier les qualités par le même procédé ; en général la graine doit être bien pleine, posséder une odeur et une consistance fraîches. La couleur des bonnes semences est variable suivant les espèces ; ainsi celles de l'érable et du tilleul doivent être verdâtres ; celle du robinier brun foncé, etc.

Il existe d'autres méthodes de vérification, telles que l'immersion dans l'eau ou l'application sur une plaque de fer rougi ; le premier procédé n'est employé que pour les graines lourdes, les bonnes restent au fond et les autres surnagent ; dans la seconde méthode, les semences de bonne qualité éclatent en sautillant, les mauvaises se consument lentement.

La graine de l'orme est très difficile a conserver ; on la sème immédiatement après la récolte, ce qui nécessite des travaux particuliers dans les pépinières, comme nous le verrons plus tard. Pour des raisons analogues le noyau de la merise se sème en juillet et les bugranes en août. Les graines du caroubier, du robinier et du cytise peuvent être sans danger conservées pendant une année au moins ; aussi choisit-on généralement le printemps pour l'exécution des semis. Les semences des autres feuillus ne peuvent guère être conservées que six mois; et comme dans les régions méridionales dont nous nous occupons, rien ne s'oppose à ce que les semis soient faits à l'automne, c'est généralement cette saison que l'on choisit ; on réalise ainsi une économie sérieuse sur les frais de conservation et d'entretien des graines. Si cependant il restait à la fin de l'année un stock de semences non employées il faudrait, pendant l'hiver, les mettre à l'abri contre un commencement de germination et aussi contre toute cause de détérioration.

A l'exception de la graine du pin d'Alep qui est mure en juin et se dissémine en juillet et août, et de celle du cèdre dont l'époque de la dissémination est très variable, les semences des essences résineuses murissent en automne et se disséminent au printemps.

On demande à l'étranger les graines de pin noir d'Autriche, d'épicéa, de mélèze et de pin sylvestre. La première seule de ces essences n'est pas indigène en France, et l'on est obligé d'avoir recours au pays d'origine. En ce qui concerne la graine d'épicéa, le commerce français ne peut pas lutter avec le commerce étranger, à cause de la cherté de la main-d'œuvre, des difficultés d'accéder pendant l'hiver dans des massifs généralement situés très haut ou sur des pentes très raides, et surtout par suite des habitudes nomades des montagnards pendant la mauvaise saison. Pour extraire la graine du mélèze, il faut employer des machines qui n'existent pas encore en France. On a fait, dans les Alpes, quelques essais de récolte sur la neige ; mais ce procédé ne peut évidemment donner qu'une faible quantité de semences. Enfin le pin sylvestre, que l'on achète en Allemagne, est destiné à venir au secours des sècheries, quand l'approvisionnement n'est pas suffisant.

On ne demande généralement au commerce français que le pin maritime; pour obtenir la graine il suffit d'introduire les cônes dans des fours ordinaires quelques heures après en avoir retiré le pain.

Les autres semences peuvent être récoltées directement par les soins de l'administration forestière.

La désarticulation des cônes de sapin s'obtient à l'aide d'une simple torsion faite à la main ; on opère de la même manière pour les cônes de cèdre, que l'on a préalablement trempés plusieurs jours dans l'eau ; les cônes du pin cembro sont soumis à un léger battage suivi d'un lavage destiné à séparer des écailles les graines, que l'on sèche ensuite.

Pour ouvrir les cônes de pin d'Alep, de pin pinier, de pin sylvestre et de pin de montagne, on les expose pendant quelques jours à la chaleur solaire de l'été, dans des endroits exposés au sud et abrités contre les vents. On peut se contenter de les remuer sur des toiles tout simplement posées sur le sol, et de les passer au crible pour en extraire la graine.

Il est très utile de se rendre compte de la faculté germinative des graines résineuses, tant pour reconnaître si les fournisseurs ont satisfait aux conditions de leur cahier des charges, que pour savoir comment effectuer le dosage, au moment de l'exécution du semis. Tous les essais de ce genre ont été, depuis 1872, centralisés au domaine des Barres (Loiret).

On prend à cet effet, et au hasard, parmi les graines préalablement nettoyées au tarare, un nombre déterminé de ces graines que l'on place entre deux flanelles arrosées au pulvérisateur deux fois par 24 heures, et exposées dans une serre chaude à une température de 20 à 25 degrés centigrades. Les épreuves sont continuées pendant trois semaines ; les graines qui ont germé sont enlevées au fur et à mesure et le nombre en est inscrit sur un calepin spécial.

On a fait aussi des expériences sur le décroissement qui s'opère dans la faculté germinative au fur et à mesure que la graine vieillit. Cette décroissance, assez peu sensible pour le pin maritime et pour le pin d'Alep, commence à devenir importante pour l'épicéa, le pin sylvestre, le pin noir, le pin de montagne, est très considérable pour le mélèze et énorme pour le pin cembro et le sapin.

Il faut conclure de ces expériences que s'il y a peu d'inconvénients à laisser passer une année entre la dissémination et l'emploi des graines du pin maritime et du pin d'Alep, il n'en est pas de même pour les autres semences. Parmi les graines récoltées directement par l'administration, le sapin, le pin cembro et le cèdre n'ont pas besoin de la chaleur solaire, comme nous l'avons fait remarquer ci-dessus ; mais pour le pin sylvestre et le pin de montagne il serait désirable que les graines fussent séchées pendant l'hiver afin de pouvoir être employées au printemps qui suit la maturité. Ce résultat ne peut être obtenu qu'à l'aide de sécheries à étuve, dont on trouvera la description dans un excellent ar-

ticle de M. Thil, inspecteur des forêts, paru dans la *Revue des
eaux et forêts*, de janvier à août 1884. [1]

Nous donnons, d'après M. Demontzey, le taux moyen de la valeur germinative exigible pour les principales essences.

Pin d'Alep	79,60 p.	0/0
Pin maritime	79,60	—
Pin pinier	85	—
Pin sylvestre	80	—
Pin noir	82	—
Cèdre	85	—
Sapin	85	—
Pin de montagne	78,40	—
Epicéa	75 à 80	—
Mélèze	10 à 35	—
Pin cembro	80	—

99. Pépinières centrales. — L'emplacement d'une pépinière permanente doit être choisi d'après les conditions suivantes : [2]

1° Se trouver dans une position aussi centrale que possible
par rapport aux différents cantons à reboiser et qu'elle devra ap-
provisionner, en tout ou en partie ;

2° Présenter un accès facile pour le transport des plants ainsi
que des engrais et des amendements à y employer ;

3° Être à la portée de la résidence de la personne chargée de
diriger l'exploitation ;

4° Posséder un sol d'une fertilité moyenne ou meilleure encore,
car elle doit produire des plants vigoureux et bien équilibrés,
très aptes à une reprise certaine et prompte ;

5° Ne pas occuper des fonds bas et humides où les gelées et le
déchaussement sont le plus à redouter ; mais, au contraire, des
versants en pentes très douces, exposés de préférence à l'Est et
au Nord-Est, afin d'éviter une trop grande précocité au printemps, et un trop grand prolongement de la végétation en automne ;

---

1. Achat. récolte et préparation des graines résineuses employées par l'Administration des forêts. — Paris. *Revue des eaux et forêts*, janvier à août 1884.
2. Landolt. *La forêt, manière de la rajeunir et de la soigner*, 3° édition.

6° Être susceptible d'irrigation à l'eau courante, surtout dans les régions à climat sec ;

7° Présenter une surface aussi homogène et un périmètre aussi régulier que possible, permettant une bonne division et facilitant les clôtures.

Il n'est rien dit, dans cette nomenclature, de la constitution minéralogique du sol ; le mieux, dans cette matière, serait de choisir un terrain présentant une certaine analogie avec les terrains à reboiser. Mais dans les régions torrentielles les plants extraits d'une même pépinière devront généralement pouvoir végéter sur tous les sols. Dans ces conditions, il faudra préférer un terrain siliceux, terrain neutre qui n'exclut aucune essence, terrain meuble qui donne lieu au minimum de frais de culture et d'extraction, et dans lequel se développe abondamment le chevelu des jeunes plants.

On a cru pendant longtemps qu'une pépinière installée sur un sol trop riche rendrait les plants trop exigeants et en compromettrait la reprise sur des terrains plus maigres. C'est une erreur généralement reconnue aujourd'hui ; ce que l'on recherche surtout dans les jeunes sujets élevés en pépinière, c'est l'abondance des racines ; et il est bien clair que celles-ci se développent plus abondamment dans un sol fertile que dans un sol maigre.

Il est très rare que l'on rencontre dans un périmètre de reboisement toutes les conditions énumérées ci-dessus ; plutôt que de s'exposer à des mécomptes il vaut mieux louer ou acheter un terrain favorable.

L'emplacement d'une pépinière étant choisi, il faut en déterminer l'étendue. Il y a, à cet égard, une règle empirique qui consiste à donner à la pépinière autant d'ares qu'il y a d'hectares à reboiser annuellement. Cette règle ne s'applique qu'à la surface nécessaire aux semis ; il faut y ajouter l'étendue à réserver pour les repiquages, étendue plus considérable que la première.

La surface totale de la pépinière étant déterminée, on trace d'abord de grandes divisions séparées par des chemins charretiers de 2 m. 50 à 3 m. de largeur. Chacune de ces divisions est partagée elle-même en carrés de 12 à 15 ares par des allées de 1 m. pouvant être parcourues par des brouettes. Enfin chaque carré est divisé en planches de 1 m. 20 de largeur séparées par des sentiers de 0 m. 30 permettant de donner aux jeunes semis tous les soins qu'ils réclament, sans être obligé de pénétrer dans les parties cultivées.

Le nivellement général doit être dirigé de manière à favoriser l'irrigation des carrés, tout en les protégeant contre les grands écoulements d'eaux pluviales.

Le défoncement n'est pas généralement poussé au-delà de 0 m. 40; comme un terrain trop récemment ameubli ne retiendrait pas l'eau et offrirait aux racines des interstices qui pourraient en provoquer le desséchement, on fait la culture principale entre le 1er novembre et le 15 mars, après avoir recouvert le sol d'une bonne couche de fumier. Il suffit alors, à l'époque des semis, d'un simple labour, pour que le terrain soit propre à le recevoir. Tout en faisant le défoncement, on enlève les plus grosses pierres, que l'on utilise pour l'empierrement des chemins.

Nous avons indiqué, dans l'article précédent, la saison la plus favorable pour les semis de chaque essence.

Les graines d'orme, de bouleau et d'aune sont semées en plein sur les planches ; on les recouvre ensuite, sur une épaisseur d'un à deux centimètres, d'une couche de terreau préparé, dans des fosses étanches, par assises alternantes de 0 m. 15 de fumier et de 0 m. 03 de sable, puis passé à la claie. Pour empêcher les eaux extérieures de pénétrer dans les fosses, on maçonne leurs parois ; il est clair que si le terreau était trop mouillé, les eaux en excès pourraient entraîner dans le sol les éléments nutritifs.

Les autres essences feuillues sont semées par sillons réglés à un écartement qui varie de 0m15 à 0m20. Les glands sont enfoncés à 0m04 environ de profondeur ; il en est de même des graines lourdes et charnues, telles que celles du prunier de Briançon, du noisetier, de l'aubépine, du cornouiller sanguin. Les semences demi-lourdes, comme celles du robinier et du cytise sont enterrées à 0m03, et les graines légères des autres espèces feuillues à 0m02. Dans le système des semis par sillons, le terreau n'est employé que pour les érables, le robinier, le cytise et l'ailanthe glanduleux ; on se contente de recouvrir de terre émiettée les autres essences. Ce système offre plusieurs avantages ; il permet de suivre plus nettement les progrès que font les semis ; il facilite un égal développement, dans les deux sens, des racines et des branches ; il permet de se rendre facilement compte des ressources offertes par les pépinières ; enfin il rend plus facile l'enlèvement des mauvaises herbes et plus tard l'extraction des jeunes plants.

Les opérations nécessaires à la bonne venue et à l'entretien des jeunes plants sont au nombre de trois : le *sarclage*, le *binage* et l'*irrigation*.

Le sarclage consiste dans l'enlèvement des mauvaises herbes, qui, se développant plus rapidement que les jeunes plants, pourraient en entraver la végétation soit en les étouffant, soit en vivant à leurs dépens. Il doit être affectué avant la dissémination des semences, afin d'éviter leur propagation dans le sol ; de plus il doit être fait par un temps humide, car si l'on opérait pendant la sécheresse l'herbe pourrait se casser, et ses racines restant en terre donneraient de nouvelles pousses. Cette opération est facilitée par le système des semis par sillons, qui permet à l'ouvrier de mieux distinguer les mauvaises herbes.

Le binage est une légère culture que l'on donne de temps en temps au sol pour lui rendre sa mobilité et pour enlever la croûte superficielle qui se forme surtout lorsqu'une grande chaleur succède rapidement à la pluie, et qui peut provoquer le dessèchement du sol en entravant la circulation de l'air. C'est un travail très utile, économique d'ailleurs, et qu'il ne faut pas craindre de renouveler chaque fois que l'on en reconnaît la nécessité.

On pratique l'irrigation soit par *infiltration*, soit par *aspersion*. Dans le premier cas on creuse dans les sentiers de petites rigoles dans lesquelles on fait pénétrer un léger filet d'eau ; ce filet est maintenu, à l'aide de petits barrages ou de petites vannes, assez longtemps pour que l'eau qui pénètre latéralement dans les planches soit remontée à la surface après avoir imbibé le sous-sol. Par cette opération on lutte non seulement contre le tassement du terrain, mais en maintenant une fraîcheur suffisante près de la surface on empêche les pivots de s'allonger, ce qui est une condition importante dans la question qui nous occupe.

Ce système d'irrigation doit être installé avant la distribution des planches, car l'aménagement intérieur de la pépinière en dépend. A défaut d'eau courante, on peut se servir d'un réservoir convenablement placé et dans lequel on recueille les eaux pluviales.

Le mode d'irrigation par aspersion repose sur l'établissement d'une distribution souterraine ; sur la conduite, que l'on peut faire en bois, sont disposés des regards munis de petits tuyaux flexibles terminés par des pommes d'arrosoir. Ce système peut être préféré au précédent dans le cas d'un terrain peu perméable, et si la pression de l'eau est assez considérable.

Il ne suffit pas de protéger les jeunes plants contre l'envahissement des mauvaises herbes et contre la sécheresse ; il faut aussi les défendre contre les attaques incessantes des animaux. On se débarrasse des gros en faisant de bonnes clôtures ; pour combattre les ravages des petits, on emploie différents procédés : on tend des pièges aux souris et aux taupes ; on fait quelquefois fuir les rats en répandant sur les planches du tan épuisé ; on lutte contre les mulots en trempant les graines dans une substance ayant une odeur désagréable ; on protège les semis contre les oiseaux en mélangeant aux semences un peu de minium qui y reste adhérent, ou en les effrayant soit à l'aide d'un fouet, soit avec les coups souvent répétés d'un pistolet ; on prétend que le meilleur moyen de se débarrasser des courtillères, c'est de les attirer dans de petits fossés dans lesquels on répand du fumier chaud ; elles recherchent beaucoup cet engrais qui leur procure de la chaleur et des vers. Quand aux vers blanc, on a indiqué différents procédés parmi lesquels nous citerons l'irrigation, un binage assez profond pratiqué aussitôt après l'éclosion des larves, une couverture de feuilles sur les semis, un répandage de goudron entre les plants attaqués.

Nous avons dit, dans l'article 104, que certaines essences et notamment les chênes, prennent, dès la première année, un pivot très développé au détriment du chevelu. Il faut, à un certain moment, supprimer une partie de ce pivot, pour favoriser le développement des radicelles. On y arrive à l'aide d'une bêche dont le fer, bien tranchant et faisant un angle avec le manche, est enfoncé obliquement, à droite et à gauche de chaque sillon, pour atteindre les racines de tous les plants ; les fentes qui se sont produites pendant l'opération sont refermées avec le pied. Cette opération ne peut être employée que dans des terrains complètement dépourvus de pierrailles et même de gravier.

On n'élève qu'exceptionnellement les résineux dans les pépinières centrales. Lorsqu'on a recours à cette culture, on établit généralement les sillons à 0^{m}12 les uns des autres. Pour protéger les semis contre les effets du vent et du soleil, on établit un rideau formé de boutures de peupliers et de plants de feuillus de 1^m de hauteur environ ; la nécessité où l'on se trouve de ménager de chaque côté du rideau un petit sentier de 0^{m}30, impose l'obligation de donner aux planches une largeur de 1^{m}80 au lieu de 1^{m}20. Puis, une fois que les jeunes semis sont levés, on garnit les intervalles des sillons avec de la mousse fraîche. En pratiquant ce dernier abri on s'affranchit presque complètement des travaux d'entretien dont nous avons parlé tout à l'heure ; il n'y a plus de mauvaises herbes, plus de croûtement, plus de sécheresse, et par conséquent plus n'est besoin de sarclages, de binages ni d'irrigations.

Pour rigoler ou repiquer les jeunes plants on ouvre, dans des planches préparées comme celles dont nous venons de parler, des rigoles espacées de 0 m. 45 à 0 m. 60 suivant la taille des plants que l'on veut obtenir. Une fois qu'une rigole est ouverte, on y dispose régulièrement les plants en les appuyant contre une de ses parois et en ménageant, entre chacun d'eux, un espacement qui peut varier de 0 m. 05 à 0 m. 60 ; puis on remblaie à l'aide de terres fournies par le creusementt de la rigole voisine.

Les plants ainsi rigolés portent le nom de *basses tiges*, de *tiges moyennes* ou de *hautes tiges*, suivant qu'ils doivent être employés après un an de repiquage, ou bien après deux ans, ou enfin après trois ans et plus.

Les plants repiqués devront recevoir tous les soins dont il a été parlé précédemment : sarclages, binages et irrigations, couverture de mousse si c'est nécessaire.

J'ai dit, dans l'article 80, que l'on pouvait avoir intérêt à se procurer des boutures et des plançons en pépinière. Le meilleur moyen consiste à élever un certain nombre de sujets que l'on exploite périodiquement.

Il y a avantage, d'après M. Demontzey, à espacer les boutures à 0 m. 50 dans tous les sens ; après les avoir coupées en biseau, aux deux extrémités, sur une longueur de 0 m. 45, on les plante dans des trous de 0 m. 40 de profondeur ouverts au plantoir, ce qui les fait émerger de 0 m. 05. Il faut avoir soin de presser fortement la terre près d'elles avec un piquet en bois. On peut ainsi obtenir la première année 1600 boutures par are, à raison de quatre par pied ; ce chiffre est doublé la deuxième année, et quadruplé la troisième. Il faudra sarcler, biner et irriguer chaque fois que cela sera nécessaire.

Pour faire l'arrachage des plants on ouvre une petite tranchée parallèle à chaque sillon, et l'on y renverse les plants à l'aide d'une bêche que l'on enfonce du côté opposé.

La taille des pieds bouturés se fait par une section bien nette ; les branches doivent être coupées rez-tronc.

Le transport des plants feuillus d'un an et des plants résineux se fait dans des corbeilles, les racines étant placées au centre ; on n'a pas à craindre l'échauffement de ces organes, grâce aux nombreux vides qui existent dans le tressage des osiers. Les feuillus peuvent supporter un voyage de cinq à six jours ; il n'en est pas de même pour les résineux, dont les racines sont très délicates.

C'est aussi dans des corbeilles que l'on expédie les boutures. Pour les plants de moyennes et de hautes tiges, on se contente de les emballer par paquets ficelés avec des harts ; on les empile dans des charrettes, on les recouvre avec de la paille ou des herbes sèches, et l'on étend encore une bâche par dessus pour éviter le desséchement.

Quand les plants doivent être recépés au moment de la plantation, on peut couper, à 0 m. 10 du collet, les jeunes sujets en pépinière, afin de diminuer le prix du transport ; mais il ne faut pas faire de recépage définitif.

109. Pépinières volantes. — Voici les caractères essentiels des pépinières volantes :

Elles ne servent généralement qu'une fois ; à cause de leur situation on ne peut y faire les fumures indispensables à une pépinière pouvant donner plusieurs séries de plants. On ne s'en sert que pour les résineux et quelques essences feuillues d'un ordre secondaire, telles que le robinier et l'aubépine.

Le seul caractère qu'elles possèdent en commun avec les pépinières centrales, c'est le défoncement du sol. On n'y fait pas tous les travaux d'entretien indiqués pour ces dernières ; mais en revanche, comme on ne peut en général les établir que sur des terrains en pente, il faut soutenir les bandes soit avec des gazons battus, soit par des murs en pierres sèches ou de petits clayonnages.

Dans les régions inférieures il n'est pas nécessaire d'abriter les jeunes plants. Aux expositions chaudes de la région moyenne, on mélange des graines de sainfoin avec les semences de résineux. Dans les régions supérieures, lorsqu'on a à craindre les coups de soleil, la grêle et le soulèvement du sol, et quand on ne rencontre aucune parcelle recouverte de végétation ligneuse, on fait un semis préalable de sainfoin par sillons écartés de 0 m. 12 à 0 m. 15 ; puis, au printemps suivant, on exécute les semis de résineux entre les lignes de fourragères. Il faut rechercher autant que possible les expositions du Nord et de l'Est.

Il est clair que si l'on rencontre, près des périmètres, des terrains boisés, il faudra les utiliser pour l'établissement de pépinières volantes.

Voici quels en sont les avantages.

1° Possibilité d'élever les jeunes plants dans les conditions climatériques où ils devront végéter, et par suite plus grandes chances de succès.

2° Économie dans la dépense. M. Demontzey établit que l'are de semis ne revient qu'à 14 fr. dans les pépinières volantes, au lieu de 28 fr. dans les pépinières centrales.

3° Possibilité de conserver plus longtemps les jeunes plants en pépinière à cause du moindre degré de fertilité du sol, et partant de ne les utiliser que dans les meilleures conditions. On peut arrêter le travail de transplantation à la moindre pluie, au moindre grand vent.

4° Diminution dans les frais de transport, et par suite moins de chances de détérioration, pendant la route, des jeunes plants résineux qui, comme nous l'avons déjà fait remarquer, sont très délicats.

5° Possibilité d'élever les sujets nécessaires à la plantation en mottes des clappes et des terrains instables préalablement gazonnés.

110. Exécution des semis à demeure. — Les instruments employés pour les semis à demeure sont l'araire, la pioche à pic, la binette et le râteau.

La binette est une réduction de la pioche à pic, dont nous avons donné la description dans l'article 106 ; elle est moins lourde et sa pointe, au lieu d'être effilée comme dans la pioche, est triangulaire.

Chacun connaît le hache-prés ; c'est l'instrument que l'on emploie dans les prés pour découper les gazons.

Le râteau dont on fait usage dans les reboisements présente une tête en bois dur armée de grandes dents en fer assez écartées. On lui donne une résistance et un poids suffisants pour qu'il puisse, au besoin, être utilisé comme une pioche.

Semis des régions inférieure et moyenne. Pour les semis de

glands on se sert, dans les terrains labourés, de l'araire et d'une
herse légère dont on diminue encore la puissance en plaçant
entre ses dents des branches flexibles ; les glands ne doivent
être recouverts que de 0ᵐ02 à 0ᵐ03 ; il en faut de 20 à 25 hectolitres par hectare. Dans les terrains préparés par bandes on se
sert de la binette ; en admettant un écartement de 2ᵐ entre les
bandes, il faut de 6 à 12 hectolitres de glands par hectare. Dans
les terrains non préparés on peut aussi se servir de l'araire ; on
creuse d'abord un premier sillon de 0ᵐ20 de largeur, puis immédiatement, tout contre celui-ci, un second sillon de même largeur ; un ouvrier, armé d'un râteau, remplit à moitié ce second
sillon avec de la terre ameublie provenant du défoncement ; puis
arrive le semeur qui dispose ses glands tout près l'un de l'autre ;
quand il a fini sa tâche, on trace un troisième sillon qui fournit
la terre nécessaire au remplissage de celui du milieu. Enfin, on
égalise au râteau la bande formée par l'ensemble des trois sillons. On fait varier de 1ᵐ50 à 3ᵐ l'écartement des bandes et il
faut, pour un hectare, de 8 à 16 hectolitres de glands.

Mais généralement dans les terrains non préparés, et notamment pour le chêne rouvre, on se sert de la pioche ' pic, à l'aide
de laquelle on ouvre de petits potets ; en deux coups de pioche
le trou est fait ; on en talute la partie supérieure pour achever
d'en remplir le fond avec de la bonne terre ; enfin l'on met par
dessus une douzaine de glands que l'on recouvre de 0ᵐ02 à 0ᵐ03
avec de la terre provenant d'une petite rigole faite à l'amont du
trou pour faciliter l'arrivée des eaux pluviales.

Il faut choisir, autant que possible, pour l'emplacement des potets, les parties situées en amont des restes de végétation (arbustes ou touffes de plantes herbacées) que l'on rencontre généralement dans les parcelles à reboiser en chêne rouvre ; c'est là
que sont réunies les meilleures conditions tant au point de vue
des facilités que l'on y trouve pour la confection des trous, qu'au
point de vue de la végétation.

On a remarqué que les sols pierreux et graveleux sont les plus
favorables pour les semis de chêne par potets. Cette observation a
donné l'idée, chaque fois qu'on peut le faire sans trop grande dépense, de placer les pierres les plus grosses en aval des trous et
en forme de croissant ; ces pierres protègent les jeunes plantes
contre les grands vents et contre le déchaussement.

Les semis de châtaignier se font de la même manière que les semis de chêne.

Nous avons dit (article 102) que, dans les régions méridionales, le semis à la volée ne réussit que dans les terrains siliceux, et que de plus il absorbe une grande quantité de graine. Il ne semble donc applicable qu'au pin maritime, qui préfère ce genre de terrain et dont la semence n'est pas d'un prix élevé. Quand le sol a été labouré, on fait un léger hersage tout simplement avec des fagots d'épines.

Les pins d'Alep, noir et sylvestre s'emploient généralement dans des terrains préalablement défoncés. Le meilleur mode consiste donc à semer en plein avec mélange de graines de sainfoin, si l'on en reconnaît la nécessité.

Ce genre de semis se fait au râteau. Après nivellement de la bande ou du trou, on sème sur toute la largeur de la surface ameublie, puis on pioche légèrement avec le râteau ; de cette façon l'on n'entraîne pas trop les graines tout en les recouvrant suffisamment.

Dans le cas où l'on préférerait faire des semis en ligne à la binette, on intercalerait entre les sillons d'autres lignes destinées à être recouvertes de graines de sainfoin. Il y aurait même quelquefois avantage à faire les semis de sainfoin un an avant les autres, afin que les jeunes plants résineux trouvent un abri en naissant.

Les semis par potets et à la pioche à pic ne sont guère applicables aux pins noir et sylvestre ; ils ne pourraient réussir que dans des terrains meubles et sur des sols recouverts de végétation herbacée ou arbustive, mais alors dans ces conditions il y aurait avantage à essayer l'introduction d'essences d'un meilleur rapport.

Semis des régions supérieures. Nous avons dit précédemment que pour l'épicéa, le mélèze et le pin cembro il faut, à cause du peu de temps dont on dispose, faire marcher concurremment les semis et les plantations. Lorsqu'on se décide à semer, on peut rencontrer plusieurs cas : Si le sol est encore suffisamment garni de gazons et de broussailles, on opère par petits potets que l'on dispose en amont de ces plantes, dans le petit bourrelet de terre végétale qui s'y forme. Chaque trou, ouvert d'un seul coup de pioche, reçoit une pincée de graines que l'on recouvre très légèrement à la main. Généralement les vestiges de végétaux ligneux, que l'on rencontre dans ces régions, ont été réduits à l'état de buissons par la dent des bestiaux. Dans ces conditions, il est urgent d'opérer un recépage consistant à couper les bois entre deux terres ; on obtient ainsi un grand nombre de rejets élancés qui fournissent au sol un abri très précieux. L'effet du recépage est d'autant plus efficace que l'on peut augmenter considérablement la zone de protection en couchant, quand ils sont suffisamment flexibles, les brins munis de leurs branches dans des rigoles de 0 m. 15, à 0 m. 20 de profondeur disposées en forme de rayons. Après les avoir recouverts de terre on y tasse avec le pied quelques mottes de gazon, ou à défaut quelques pierres, en ne laissant à l'air libre que leurs extrémités ; des racines se produisent sur les parties enterrées. Il est facile de se rendre compte, par des chiffres, de l'influence de ces marcottages : Bien souvent les rejets d'un an arrivent à une hauteur de 1 m. 50 à 2 m. ; en admettant que la souche occupait primitivement un cercle de 0 m. 50 de diamètre, le cercle de protection après le marcottage aura un diamètre 6 ou 8 fois plus grand suivant que les brins auront 1 m. 50 ou 2 m. de hauteur, et par suite la surface de ce cercle deviendra 36 ou 64 fois plus considérable que celle du cercle primitif.

Si le terrain n'est recouvert que de gazons courts disséminés, on ouvre, au milieu de ces gazons, à l'aide du pic, des trous de 0 m. 20 environ de profondeur ; ces trous sont remplis de terre meuble provenant de l'émiettement des parois ; on y sème quelques graines que l'on recouvre d'un centimètre environ ; puis on raffermit le gazon par un coup du plat de la pioche. Dans le cas où les gazons seraient insuffisants dans leur rôle protecteur, on mélangerait du sainfoin avec les graines résineuses.

Enfin dans les pelouses que l'on rencontre quelquefois sur des surfaces isolées de quelques mètres carrés, on enlève avec le hache-prés un petit gazon en forme de coin ; puis dans le godet ainsi formé on jette quelques graines qui se trouvent protégées par le gazon.

Quand on fait des semis sur la neige, il faut choisir une belle journée, afin que les graines répandues dans la matinée puissent s'enterrer de quelques millimètres dans la surface neigeuse fondue par les rayons du soleil, et ne soient pas balayées par les vents. Des semis de mélèze faits dans ces conditions sur les versants du bassin de réception des torrents de Riou-Chanal (Basses-Alpes), ont donné des résultats assez satisfaisants.

Dans les terrains stables les semis de graines fourragères se font soit à la volée, soit par potets ; *les premiers sont exécutés* dans les sols rocailleux, peu compacts, et aussi sur les terrains peu inclinés ; les ouvriers, disposés en virée horizontale, font à chaque pas, à l'aide d'une pioche, une ouverture dans le sol ; puis un semeur, placé à l'amont, lance ses graines sur toute la surface ameublie. Les semis par potets se font comme ceux des semences résineuses ; les trous, qui ont une longueur de $0^m,10$ à $0^m,15$, sont placés à $0^m,50$ de distance dans le sens horizontal et à 1 mètre dans le sens perpendiculaire ; on leur donne une disposition analogue à celle des bandes brisées.

Les sillons horizontaux tracés dans les terrains instables ont $0^m,10$ à $0^m,12$ de largeur et 0^m10 de profondeur ; leur écartement varie de 1 à 2 mètres suivant la pente.

Saison favorable pour faire les semis. D'une manière générale la saison la plus favorable pour exécuter les semis est celle de la dissémination de la graine ; en adoptant cette règle, on ne fait que suivre les indications de la nature. Les semis d'automne ont, du reste, de nombreux périls à redouter, notamment les ravages de certains animaux (mulots, corbeaux, etc.) à la voracité desquels ils restent longtemps exposés, et les gelées tardives qui viennent les surprendre à l'âge le plus critique.

Dans les régions torrentielles on ne fait guère que des semis de résineux ; aussi adopte-t-on sans conteste le printemps pour l'exécution de ces travaux, la dissémination des graines ne se faisant généralement qu'à la fin de l'hiver ou aux premières chaleurs. Il y a néanmoins une réserve à faire au sujet des terrains situés aux grandes altitudes ; le printemps étant très court, on est obligé quelquefois de semer à l'automne ; on ne peut plus choisir les meilleures conditions pour la réussite ; on sème *quand on peut.*

Il faut remarquer également qu'aux expositions chaudes de la région moyenne, il n'y a qu'un court intervalle entre la fonte des neiges et l'arrivée de la sécheresse. De tout ce qui précède il résulte qu'il est nécessaire de venir en aide au travail de la germination. Pour atteindre ce résultat, on trempe les graines dans des barriques d'eau transportées sur les périmètres ; pour le pin sylvestre, le pin noir, l'épicéa et le pin de montagne, il suffit d'une immersion de 48 heures ; mais pour les semences de mélèze et de pin cembro, dont l'enveloppe est plus dure, il faut consacrer à l'immersion 15 jours ou 3 semaines, à moins de mélanger à l'eau un cinquième environ de purin, ou quelques gouttes d'acide chlorhydrique.

Les semis de graines fourragères des terrains stables se font indifféremment soit au début du printemps, soit vers le milieu d'août, car les neiges arrivent vers la fin de septembre. Dans les terrains instables, il importe que les semences restent en terre le moins de temps possible avant la germination ; aussi doit-on faire les semis au printemps.

111. Exécution des plantations. — Que le terrain soit ou non préparé à l'avance, la plantation se fait dans de petits potets ouverts à la pioche ; la longueur de ces potets est dirigée suivant l'horizontale et les dimensions en sont calculées de façon que les racines puissent être étalées dans leur position naturelle. La terre meuble étant sortie du trou, on y introduit le plant, en l'appliquant contre la paroi d'aval afin d'éviter le déchaussement sous l'influence de l'érosion des eaux, et en ayant soin que le collet soit au niveau du sol. On repousse alors la terre meuble sur les racines, on achève de remplir le trou par un coup de pioche, puis on tasse légèrement le sol du pied.

Quand la plantation se fait par touffes de 2 à 4 plants, la longueur des petits potets peut varier de 0 m. 25 à 0 m. 30 et la largeur de 0 m. 12 à 0 m. 15 ; tous les collets doivent être à la même hauteur.

Il est absolument nécessaire que les jeunes plants soient abrités contre la sécheresse et le déchaussement. Quand on trouve sur place des pierres en assez grande quantité, on dispose les plus petites sur la surface du trou, et les plus grosses en forme de croissant autour des plants. Si l'on rencontre quelques débris de végétation herbacée, on ouvre les trous dans les mottes du gazon, en en réduisant le plus possible les dimensions. Si le terrain est recouvert de broussailles, on plante sur les bourrelets de terre végétale déposée en amont. Enfin, si aucune de ces circonstances favorables ne se présente, on remplace l'abri naturel par un semis de sainfoin pratiqué dans une rigole ouverte à l'aval de chaque plant ou de chaque touffe.

Pour le reboisement des clappes et des terrains préalablement enherbés, on extrait en mottes, dans des pépinières volantes, les plants que l'on considère comme assez robustes pour fixer le sol, et on les dépose dans des trous préparés à l'avance. Ce procédé a été appliqué dans les clappes du périmètre de Seyne, et sur quelques terrains instables des périmètres de la vallée de l'Ubaye.

Les banquettes destinées à la création de haies de feuillus sont disposées horizontalement, avec un léger dévers du côté de la montagne ; leur écartement, variable avec la pente, doit être réglé de manière à éviter tout glissement du sol; on ne peut indiquer de règle à cet égard, c'est une affaire d'observation qui ne dépend que des circonstances locales. Quand le sol de la banquette est aride, on le défonce sur une certaine largeur en ayant soin de laisser un intervalle entre la partie cultivée et la surface du talus, afin d'éviter les éboulements ; on plante très dru et l'on sème des graines fourragères entre les lignes de plants.

Les talus des banquettes étant forcément très roides, il faut les soutenir avec de petits clayonnages partout où on le juge nécessaire. Ce procédé a été appliqué avec succès dans le torrent de Sainte-Marthe (Hautes-Alpes).

La méthode Couturier permet de supprimer les clayonnages. Les banquettes sont ouvertes de l'aval à l'amont; quand la première est défoncée, on couche perpendiculairement à la direction générale du versant et la tête en avant, des plants très rapprochés et disposés de façon que leur collet se trouve à 0 m. 10 environ de l'arête extérieure du plafond. Ces plants étant assujettis provisoirement, à l'aide d'un peu de terre empruntée au talus de la banquette, on creuse au-dessus une deuxième rigole semblable et les déblais qui en proviennent sont utilisés pour combler la première. On opère ainsi jusqu'à la partie supérieure du versant ; de cette façon les matériaux provenant des déblais prennent leur pente d'équilibre, et il n'est pas besoin de barrages de soutien.

Pour achever la consolidation du sol on fait, suivant le cas, soit des semis de fourragères entre les haies de feuillus, soit des plantations de gros plançons de saule en lignes très rapprochées.

La plupart des feuillus sont recépés au moment de la plantation ; cette opération est faite sur les lieux mêmes ; on ne laisse que 0 m. 03 de tige et 0 m. 15 de pivot, puis l'on rafraîchit le chevelu en faisant disparaître toutes les parties endommagées.

En ce qui concerne le choix de la saison à adopter pour les

plantations de résineux, M. Demontzey se prononce nettement en faveur du printemps, et il appuie son opinion sur une expérience de nombreuses années. Il n'y a d'exception que pour les régions élevées, au sujet desquelles nous répéterons ce que nous avons dit pour les semis : à ces hautes altitudes, le printemps étant très court, ainsi que l'automne, on plante *quand on peut.*

FIN.

TABLES NUMÉRIQUES

Rayon moyen	Parois très unies (ciment lissé, bois raboté avec soin)	Parois unies (Planches, pierre de taille)	Parois peu unies (maçonnerie de moellons)	Parois en terre
		Facteur de la vitesse		
0.05	61.6	46.8	26.4	.
0.10	71.6	55.6	34.5	16.3
0.15	74.5	59.0	39.5	19.6
0.20	76.1	62.4	43.0	22.3
0.25	77.2	64.1	45.6	24.4
0.30	77.9	65.3	47.7	26.3
0.35	78.4	66.2	49.3	28.0
0.40	78.8	66.9	50.6	29.4
0.45	79.1	67.5	51.8	30.7
0.50	79.3	67.9	52.7	31.9
0.55	79.5	68.3	53.5	33.0
0.60	79.7	68.7	54.2	34.0
0.65	79.8	68.9	54.9	35.0
0.70	80.0	69.2	55.4	35.8
0.75	80.1	69.4	55.9	36.6
0.80	80.2	69.6	56.3	37.3
0.85	80.2	69.7	56.8	38.0
0.90	80.3	69.9	57.1	38.7
0.95	80.4	70.0	57.4	39.3
1.00	80.4	70.1	57.7	39.8
1.10	80.6	70.3	58.3	40.9
1.20	80.6	70.5	58.7	41.8
1.30	80.7	70.7	59.1	42.7
1.40	80.8	70.8	59.5	43.4
1.50	80.8	70.9	59.8	44.1
1.60	80.9	71.0	60.0	44.8
1.70	80.9	71.1	60.3	45.4
1.80	81.0	71.2	60.6	45.9
1.90	81.0	71.2	60.7	46.4
2.00	81.0	71.3	60.9	46.9
2.10	81.1	71.4	61.0	47.3
2.20	81.1	71.4	61.2	47.7
2.30	81.1	71.5	61.3	48.1
2.40	81.1	71.5	61.4	48.5
2.50	81.2	71.6	61.5	48.8
2.60	81.2	71.6	61.6	49.1
2.70	81.2	71.6	61.8	49.4
2.80	81.2	71.7	61.9	49.7
2.90	81.2	71.7	61.9	50.0
3.00	81.2	71.7	62.0	50.2
3.10	81.3	71.7	62.1	50.4
3.20	81.3	71.8	62.1	50.7
3.30	81.3	71.8	62.2	50.9
3.40	81.3	71.8	62.3	51.1
3.50	81.3	71.8	62.3	51.3
3.60	81.3	71.9	62.4	51.5
3.70	81.3	71.9	62.5	51.7
3.80	81.3	71.9	62.5	51.9
3.90	81.3	71.9	62.6	52.0
4.00	81.3	71.9	62.6	52.2
4.25	81.4	72.0	62.7	52.5
4.50	81.4	72.0	62.8	52.9
4.75	81.4	72.0	62.9	53.2
5.00	81.4	72.0	63.0	53.5
5.25	81.4	72.1	63.1	53.7
5.50	81.4	72.1	63.1	53.9
5.75	81.4	72.1	63.2	54.2
6.00	81.4	72.1	63.2	54.4

Table numérique II

Degrés	Sinus	Cotang.	$\frac{1}{\text{sinus}}$	Degrés	Sinus	Cotang.	$\frac{1}{\text{sinus}}$
1	0.017	57.290	58.824	31	0.515	1.664	1.942
30	0.026	38.188	38.462	30	0.523	1.632	1.912
2	0.035	28.636	28.571	32	0.530	1.600	1.887
30	0.044	22.904	22.727	30	0.537	1.570	1.862
3	0.052	19.081	19.231	33	0.545	1.540	1.835
30	0.061	16.350	16.393	30	0.552	1.511	1.812
4	0.070	14.301	14.286	34	0.559	1.483	1.789
30	0.078	12.706	12.821	30	0.566	1.455	1.767
5	0.087	11.430	11.494	35	0.574	1.428	1.742
30	0.096	10.385	10.417	30	0.581	1.402	1.721
6	0.105	9.514	9.524	36	0.588	1.376	1.701
30	0.113	8.777	8.450	30	0.595	1.351	1.681
7	0.122	8.144	8.197	37	0.602	1.327	1.661
30	0.131	7.596	7.684	30	0.609	1.303	1.642
8	0.139	7.115	7.194	38	0.616	1.280	1.623
30	0.148	6.691	6.757	30	0.623	1.257	1.605
9	0.156	6.314	6.410	39	0.629	1.235	1.590
30	0.165	5.976	6.064	30	0.636	1.213	1.572
10	0.174	5.671	5.747	40	0.643	1.192	1.555
30	0.182	5.396	5.495	30	0.649	1.171	1.541
11	0.191	5.145	5.236	41	0.656	1.150	1.524
30	0.199	4.915	5.025	30	0.663	1.130	1.508
12	0.208	4.705	4.808	42	0.669	1.111	1.495
30	0.216	4.511	4.630	30	0.676	1.091	1.479
13	0.225	4.331	4.444	43	0.682	1.072	1.466
30	0.233	4.165	4.292	30	0.688	1.054	1.453
14	0.242	4.011	4.132	44	0.695	1.036	1.439
30	0.250	3.867	4.000	30	0.701	1.018	1.427
15	0.259	3.732	3.861	45	0.707	1.000	1.414
30	0.267	3.606	3.745	30	0.713	0.983	1.403
16	0.276	3.487	3.628	46	0.719	0.966	1.391
30	0.284	3.376	3.522	30	0.725	0.949	1.379
17	0.292	3.271	3.425	47	0.731	0.933	1.368
30	0.301	3.172	3.322	30	0.737	0.916	1.357
18	0.309	3.078	3.236	48	0.743	0.900	1.346
30	0.317	2.989	3.155	30	0.749	0.885	1.335
19	0.326	2.904	3.067	49	0.755	0.869	1.325
30	0.334	2.824	2.904	30	0.760	0.854	1.316
20	0.342	2.747	2.924	50	0.766	0.839	1.305
30	0.350	2.675	2.857	30	0.771	0.824	1.297
21	0.358	2.605	2.703	51	0.777	0.810	1.287
30	0.367	2.539	2.725	30	0.783	0.795	1.277
22	0.375	2.475	2.667	52	0.788	0.781	1.269
30	0.383	2.414	2.611	30	0.793	0.767	1.261
23	0.391	2.356	2.558	53	0.799	0.754	1.253
30	0.399	2.300	2.506	30	0.804	0.740	1.244
24	0.407	2.246	2.457	54	0.809	0.727	1.236
30	0.415	2.194	2.410	30	0.814	0.713	1.229
25	0.423	2.145	2.361	55	0.819	0.700	1.221
30	0.431	2.097	2.320	30	0.824	0.687	1.214
26	0.438	2.050	2.283	56	0.830	0.675	1.205
30	0.446	2.006	2.242	30	0.834	0.662	1.199
27	0.454	1.963	2.203	57	0.839	0.649	1.192
30	0.462	1.921	2.165	30	0.843	0.637	1.186
28	0.469	1.881	2.132	58	0.848	0.625	1.179
30	0.477	1.842	2.096	30	0.853	0.613	1.172
29	0.485	1.804	2.063	59	0.857	0.601	1.167
30	0.492	1.767	2.033	30	0.862	0.589	1.160
30	0.500	1.732	2.000	60	0.866	0.577	1.155
30	0.508	1.698	1.969	30	0.870	0.566	1.149

Table numérique II (*Suite*)

Degrés	Sinus	Cotang.	$\frac{1}{\text{sinus}}$	Degrés	Sinus	Cotang.	$\frac{1}{\text{sinus}}$
61	0.875	0.554	1.148	76	0.970	0.249	1.031
30	0.879	0.543	1.188	30	0.973	0.240	1.028
62	0.883	0.532	1.133	77	0.974	0.231	1.027
30	0.887	0.521	1.127	30	0.976	0.222	1.025
63	0.891	0.510	1.122	78	0.978	0.213	1.022
30	0.895	0.499	1.118	30	0.980	0.203	1.020
64	0.899	0.488	1.112	79	0.982	0.194	1.018
30	0.903	0.477	1.107	30	0.983	0.185	1.017
65	0.906	0.466	1.104	80	0.985	0.176	1.015
30	0.910	0.456	1.099	30	0.986	0.167	1.014
66	0.914	0.445	1.094	81	0.988	0.158	1.012
30	0.917	0.435	1.091	30	0.989	0.149	1.011
67	0.920	0.424	1.087	82	0.990	0.141	1.010
30	0.924	0.414	1.082	30	0.991	0.132	1.009
68	0.927	0.404	1.079	83	0.993	0.123	1.007
30	0.930	0.394	1.075	30	0.994	0.114	1.006
69	0.934	0.384	1.071	84	0.995	0.105	1.005
30	0.937	0.374	1.067	30	0.995	0.096	1.005
70	0.940	0.364	1.064	85	0.996	0.087	1.004
30	0.943	0.354	1.060	30	0.997	0.079	1.003
71	0.946	0.344	1.057	86	0.998	0.070	1.002
30	0.948	0.335	1.055	30	0.998	0.061	1.002
72	0.951	0.325	1.052	87	0.999	0.052	1.001
30	0.954	0.315	1.048	30	0.999	0.044	1.001
73	0.956	0.306	1.046	88	0.999	0.035	1.001
30	0.959	0.296	1.043	30	1.000	0.026	1.000
74	0.961	0.287	1.041	89	1.000	0.017	1.000
30	0.964	0.277	1.037	30	1.000	0.009	1.000
75	0.966	0.268	1.035				
30	0.968	0.259	1.033				

Table numérique III

Distance du centre de gravité d'un trapèze rectangle au parement vertical pour une base supérieure de

Base inférieure	0.60	0.70	0.80	0.90	1.00	1.10	1.20	1.30	1.40	1.50	1.60	1.70	1.80	1.90	2.00	2.10	2.20	2.30	2.40	2.50	2.60	2.70	2.80	2.90	3.00	Base inférieure
0.80	0.35				1.04	1.05	1.07	1.08	1.10	1.12	1.14	1.16	1.18	1.20	1.22	1.24	1.26	1.28	1.31	1.33	1.35	1.37	1.40			2.90
0.90	0.38	0.40				1.08	1.10	1.11	1.13	1.15	1.17	1.19	1.20	1.23	1.25	1.27	1.29	1.31	1.33	1.36	1.38	1.40	1.42	1.45		3.00
1.00	0.41	0.43	0.45				1.13	1.14	1.16	1.18	1.20	1.21	1.23	1.25	1.27	1.30	1.32	1.34	1.36	1.38	1.40	1.43	1.46	1.48	1.50	3.10
1.10	0.44	0.46	0.48	0.50			1.18	1.20	1.21	1.23	1.24	1.26	1.28	1.30	1.33	1.35	1.37	1.39	1.41	1.43	1.46	1.48	1.50	1.53	1.55	3.20
1.20	0.47	0.49	0.51	0.53	0.55			1.22	1.24	1.26	1.27	1.29	1.31	1.33	1.35	1.37	1.39	1.41	1.44	1.46	1.48	1.51	1.53	1.55	1.58	3.30
1.30	0.50	0.51	0.53	0.55	0.58	0.60			1.27	1.29	1.30	1.32	1.34	1.36	1.38	1.40	1.42	1.44	1.46	1.49	1.51	1.54	1.55	1.58	1.60	3.40
1.40	0.53	0.54	0.57	0.58	0.61	0.63	0.65			1.31	1.33	1.35	1.37	1.39	1.41	1.43	1.45	1.47	1.49	1.51	1.54	1.56	1.58	1.60	1.63	3.50
1.50	0.56	0.57	0.59	0.61	0.63	0.65	0.68	0.70			1.36	1.38	1.40	1.42	1.44	1.46	1.48	1.50	1.52	1.54	1.57	1.59	1.61	1.63	1.65	3.60
1.60	0.59	0.60	0.62	0.64	0.66	0.68	0.70	0.73	0.75			1.41	1.43	1.45	1.47	1.49	1.50	1.53	1.55	1.57	1.60	1.62	1.64	1.66	1.68	3.70
1.70	0.62	0.63	0.65	0.67	0.69	0.71	0.73	0.75	0.78	0.80			1.46	1.47	1.50	1.52	1.53	1.56	1.58	1.60	1.62	1.64	1.66	1.68	1.71	3.80
1.80	0.65	0.67	0.68	0.70	0.72	0.74	0.76	0.78	0.80	0.83	0.85			1.50	1.53	1.54	1.56	1.58	1.60	1.63	1.65	1.68	1.69	1.71	1.73	3.90
1.90	0.68	0.70	0.71	0.73	0.75	0.77	0.79	0.81	0.83	0.85	0.88	0.90			1.56	1.57	1.59	1.61	1.63	1.65	1.67	1.70	1.72	1.74	1.76	4.00
2.00	0.71	0.73	0.74	0.76	0.78	0.80	0.82	0.84	0.86	0.88	0.90	0.93	0.95			1.60	1.62	1.64	1.66	1.68	1.70	1.73	1.75	1.77	1.79	4.10
2.10	0.74	0.76	0.77	0.79	0.81	0.83	0.85	0.86	0.89	0.91	0.93	0.95	0.98	1.00			1.65	1.67	1.69	1.71	1.73	1.75	1.77	1.80	1.82	4.20
2.20	0.78	0.79	0.80	0.82	0.84	0.86	0.88	0.90	0.91	0.94	0.96	0.98	1.00	1.03	1.05			1.70	1.72	1.74	1.76	1.78	1.80	1.82	1.84	4.30
2.30	0.81	0.82	0.83	0.85	0.87	0.88	0.90	0.92	0.94	0.96	0.98	1.01	1.03	1.06	1.09	1.10			1.75	1.77	1.80	1.81	1.83	1.85	1.87	4.40
2.40	0.84	0.85	0.87	0.88	0.90	0.91	0.93	0.95	0.97	0.99	1.01	1.03	1.06	1.08	1.10	1.13	1.15			1.80	1.82	1.84	1.86	1.88	1.90	4.50
2.50	0.87	0.88	0.90	0.91	0.93	0.95	0.96	0.98	1.00	1.02	1.04	1.06	1.08	1.11	1.13	1.15	1.18	1.20			1.85	1.87	1.89	1.91	1.93	4.60
2.60	0.90	0.92	0.93	0.94	0.96	0.98	0.99	1.01	1.03	1.05	1.07	1.09	1.11	1.13	1.16	1.18	1.20	1.23	1.24			1.90	1.92	1.93	1.95	4.70
2.70		0.95	0.96	0.97	0.99	1.01	1.02	1.04	1.06	1.08	1.10	1.12	1.14	1.16	1.18	1.21	1.23	1.25	1.28	1.30			1.94	1.96	1.98	4.80
2.80			0.99	1.01	1.02	1.04	1.05	1.07	1.09	1.10	1.13	1.15	1.17	1.19	1.21	1.23	1.26	1.28	1.30	1.33	1.35			1.99	2.01	4.90
	0.60	0.70	0.80	0.90	1.00	1.10	1.20	1.30	1.40	1.50	1.60	1.70	1.80	1.90	2.00	2.10	2.20	2.30	2.40	2.50	2.60					

Table numérique IV

Longueurs des arcs de cercle pour le rayon 1

Angle au centre	Longueur de l'arc	Angle au centre	Longueur de l'arc	Angle au centre	Longueur de l'arc	Angle au centre	Longueur de l'arc
0	0.0000	23	0.4014	46	0.8029	68	1.1868
30	0.0087	30	0.4101	30	0.8116	30	1.1955
1	0.0175	24	0.4189	47	0.8203	69	1.2043
30	0.0262	30	0.4276	30	0.8290	30	1.2130
2	0.0349	25	0.4363	48	0.8378	70	1.2217
30	0.0436	30	0.4450	30	0.8465	30	1.2304
3	0.0524	26	0.4538	49	0.8552	71	1.2392
30	0.0611	30	0.4625	30	0.8639	30	1.2479
4	0.0698	27	0.4712	50	0.8727	72	1.2566
30	0.0785	30	0.4799	30	0.8814	30	1.2653
5	0.0873	28	0.4887	51	0.8901	73	1.2741
30	0.0960	30	0.4974	30	0.8988	30	1.2828
6	0.1047	29	0.5061	52	0.9076	74	1.2915
30	0.1134	30	0.5148	30	0.9163	30	1.3002
7	0.1222	30	0.5236	53	0.9250	75	1.3090
30	0.1309	30	0.5323	30	0.9337	30	1.3177
8	0.1396	31	0.5411	54	0.9425	76	1.3265
30	0.1483	30	0.5498	30	0.9512	30	1.3352
9	0.1571	32	0.5585	55	0.9599	77	1.3439
30	0.1658	30	0.5672	30	0.9686	30	1.3526
10	0.1745	33	0.5760	56	0.9774	78	1.3614
30	0.1832	30	0.5847	30	0.9861	30	1.3701
11	0.1920	34	0.5935	57	0.9948	79	1.3788
30	0.2007	30	0.6021	30	1.0035	30	1.3875
12	0.2094	35	0.6109	58	1.0123	80	1.3963
30	0.2181	30	0.6196	30	1.0210	30	1.4050
13	0.2269	36	0.6283	59	1.0297	81	1.4137
30	0.2356	30	0.6370	30	1.0384	30	1.4224
14	0.2443	37	0.6458	60	1.0472	82	1.4312
30	0.2530	30	0.6545	30	1.0559	30	1.4399
15	0.2618	38	0.6632	61	1.0647	83	1.4486
30	0.2705	30	0.6719	30	1.0734	30	1.4573
16	0.2793	39	0.6807	62	1.0821	84	1.4661
30	0.2880	30	0.6894	30	1.0908	30	1.4748
17	0.2967	40	0.6981	63	1.0996	85	1.4835
30	0.3054	30	0.7068	30	1.1083	30	1.4922
18	0.3142	41	0.7156	64	1.1170	86	1.5010
30	0.3229	30	0.7243	30	1.1257	30	1.5097
19	0.3316	42	0.7330	65	1.1345	87	1.5184
30	0.3403	30	0.7417	30	1.1432	30	1.5271
20	0.3491	43	0.7505	66	1.1519	88	1.5359
30	0.3578	30	0.7592	30	1.1606	30	1.5446
21	0.3665	44	0.7679	67	1.1694	89	1.5533
30	0.3752	30	0.7766	30	1.1781	30	1.5620
22	0.3840	45	0.7854				
30	0.3927	30	0.7941				

TABLES GRAPHIQUES

Par suite des exigences du format, les *tables graphiques* ci-après ne sont
que des *extraits*. Il sera facile d'en construire de plus étendues, pour les
besoins de la pratique.

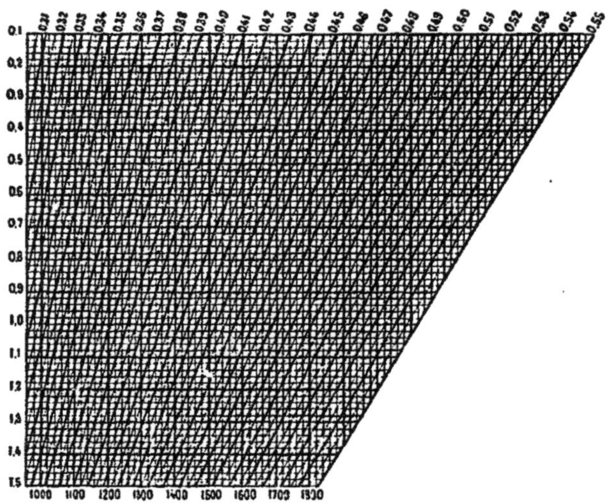

Table graphique N° 1

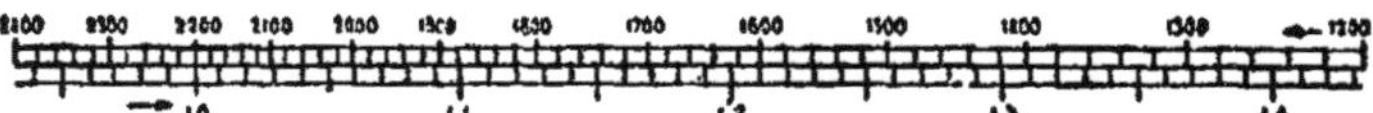

Table graphique N° 2

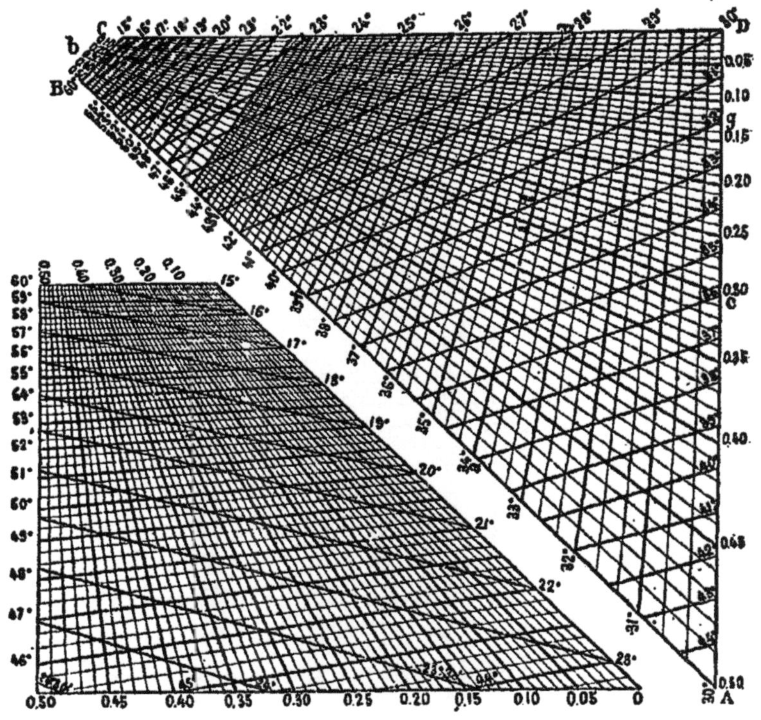

Table graphique N° 3

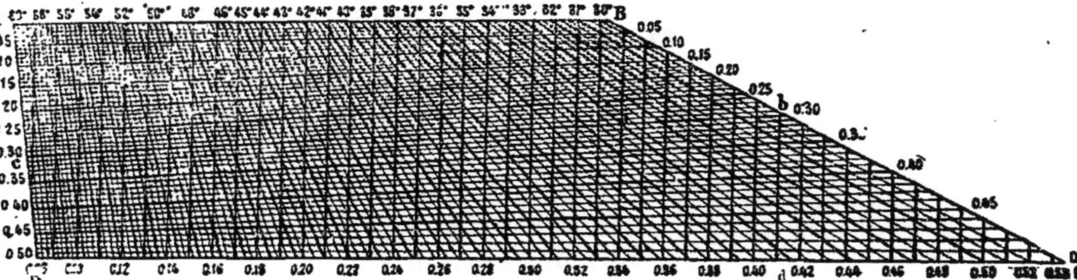

Table graphique N° 4

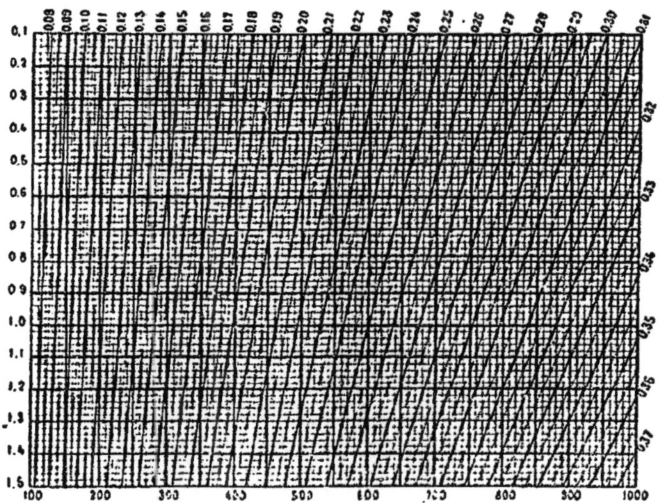

Table graphique Nº 5

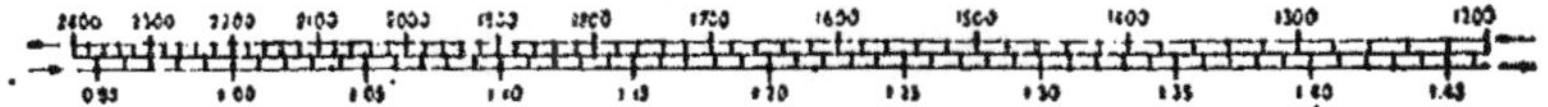

Table graphique Nº 6

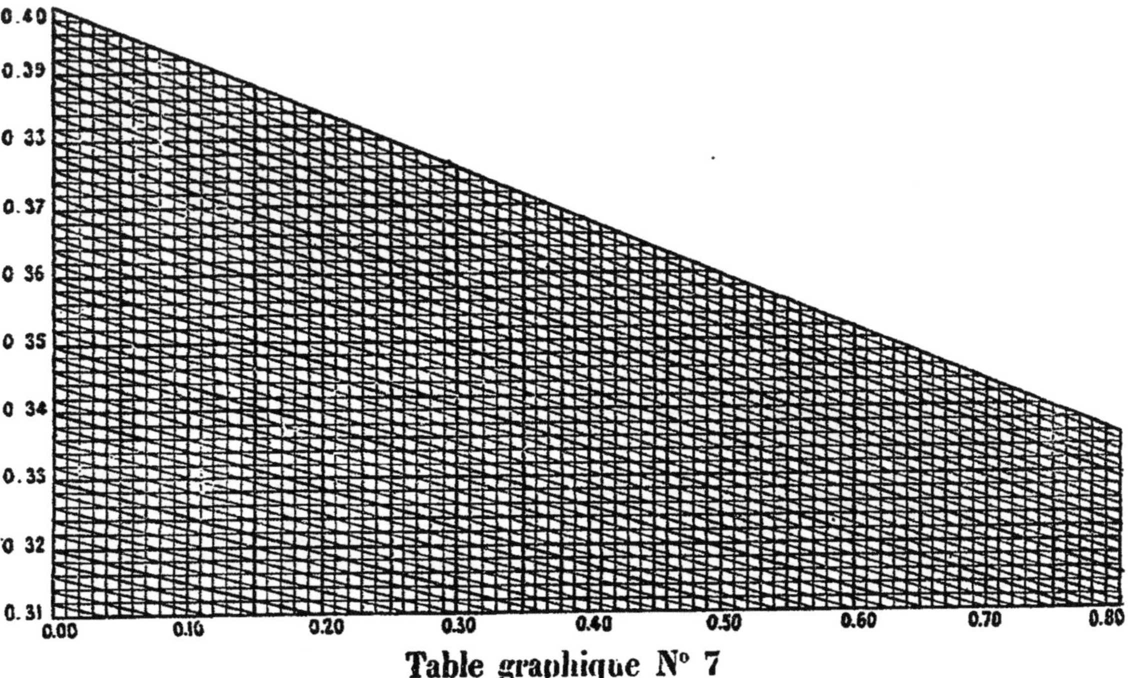

Table graphique N° 7

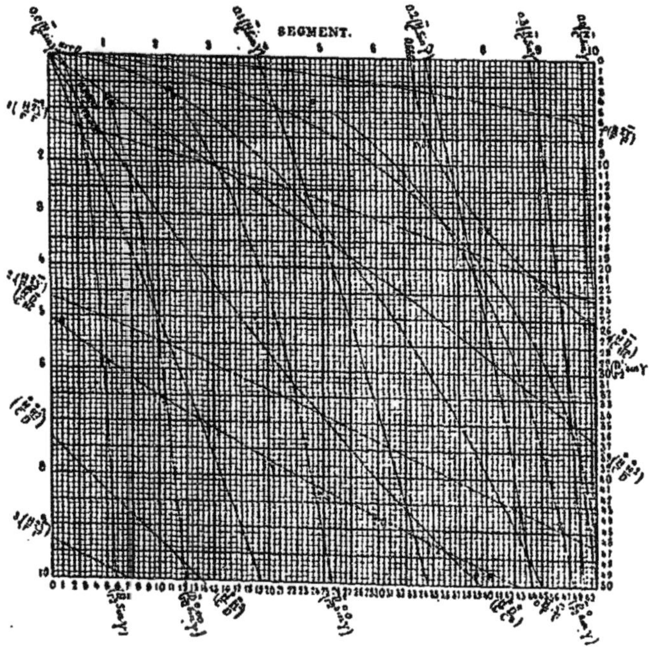

Table graphique N° 8

ERRATA

Au milieu du côté gauche, *fermer la parenthèse après* $\dfrac{D}{HC}$.

En bas, au droit de 6, *ajouter 0,000 au-dessus de l'expression entre parenthèses.*

En bas, au droit de 45 à 47, *ouvrir la parenthèse après 0 et la fermer à la fin.*
  Mettre 2γ au lieu de γ.

Côté droit, vis à vis 20-30, *au lieu de* $\dfrac{D'}{r'^2}\sin\gamma$, *mettre* $\left(\dfrac{D}{r'^2}\sin\gamma\right)$.

Laval, imprimerie et stéréotypie E. JAMIN, 41, rue de la Paix.

www.ingramcontent.com/pod-product-compliance
Ingram Content Group UK Ltd.
Pitfield, Milton Keynes, MK11 3LW, UK
UKHW021003140726
13695UKWH00001B/72